MANIPULADOS

MANIPULADOS

Brittany Kaiser

COMO A CAMBRIDGE ANALYTICA E O FACEBOOK INVADIRAM A PRIVACIDADE DE MILHÕES E BOTARAM A DEMOCRACIA EM XEQUE

Tradução
Roberta Clapp e Bruno Fiuza

Harper Collins

Rio de Janeiro, 2020

Copyright © 2019 by Brittany Kaiser. All rights reserved.
Título original: Targeted: The Cambridge Analytica Whistleblower's Inside Story of How Big Data, Trump, and Facebook Broke Democracy and How It Can Happen Again

Todos os direitos desta publicação são reservados à Casa dos Livros Editora LTDA.
Nenhuma parte desta obra pode ser apropriada e estocada em sistema de banco de dados ou processo similar, em qualquer forma ou ameio, seja eletrônico, de fotocópia, gravação etc., sem a permissão do detentor do copyright.

Diretora editorial: *Raquel Cozer*

Gerente editorial: *Alice Mello*

Editor: *Ulisses Teixeira*

Copidesque: *Ana Paula Martini*

Revisão: *Anna Beatriz Seilhe*

Capa: *Guilherme Peres*

Diagramação: *Abreu's System*

CIP-Brasil. Catalogação na Publicação
Sindicato Nacional dos Editores de Livros, RJ

K19m
Kaiser, Brittany, 1986-
Manipulados : como a Cambridge Analytica e o Facebook invadiram a privacidade de milhões e botaram a democracia em xeque / Brittany Kaiser ; tradução Roberta Clapp, Bruno Fiuza. – 1. ed. – Rio de Janeiro : Harper Collins, 2020.
368 p.

Tradução de: Targeted
ISBN 9788595086548

1. Kaiser, Brittany, 1986-. 2. Redes sociais on-line – Aspectos morais e éticos. 3. Executivas – Estados Unidos – Biografia. I. Clapp, Roberta. II. Fiuza, Bruno. III. Título.

19-60813 CDD: 926.58
CDU: 929:658

Meri Gleice Rodrigues de Souza – Bibliotecária CRB-7/6439

Os pontos de vista desta obra são de responsabilidade de seu autor, não refletindo necessariamente a posição da HarperCollins Brasil, da HarperCollins Publishers ou de sua equipe editorial.

HarperCollins Brasil é uma marca licenciada à Casa dos Livros Editora LTDA.
Todos os direitos reservados à Casa dos Livros Editora LTDA.
Rua da Quitanda, 86, sala 218 — Centro
Rio de Janeiro, RJ — CEP 20091-005
Tel.: (21) 3175-1030
www.harpercollins.com.br

Este livro é dedicado à Verdade.
Que ela possa libertar a todos nós.

Sumário

Prólogo

Não há nada como um passeio de carro com agentes do FBI para nos fazer questionar nossas escolhas de vida. Era justamente nessa situação em que eu me encontrava na manhã de 18 de julho de 2018, serpenteando pelas ruas de Washington, rumo a uma entrevista com os investigadores do procurador--especial Robert Mueller.

Minha viagem naquela manhã consistiu em fazer dois passeios de carro, na verdade — o primeiro me levou a um café que o Departamento de Justiça havia escolhido de maneira aleatória. Essas foram as informações que o motorista recebera antes de eu embarcar: o lugar seria escolhido sem planejamento e sem que qualquer pessoa fosse avisada de antemão. Então, quando estivéssemos em movimento, ele seria informado por rádio para onde deveríamos ir. O segundo motorista estava esperando no café. Assim como o primeiro, ele usava terno escuro e óculos de sol, mas havia um segundo homem com ele. Do segundo carro — equipado, como o primeiro, com vidros escuros —, vi os monumentos reluzentes da cidade, brilhantes, repentinos e muito brancos, espocando como flashes enquanto passávamos.

Quando me acomodei no banco de trás entre meus dois advogados, era difícil não pensar sobre como eu tinha ido parar ali, a caminho de uma conversa com agentes federais sobre meu papel na agora infame empresa de marketing político Cambridge Analytica; sobre como uma situação na qual entrei com a melhor das intenções para mim e para minha família dera uma reviravolta tão terrível e incontornável; sobre como, ao longo do processo de querer aprender a usar dados e informações confidenciais para fins benéficos e, ao mesmo tempo, ajudar meus pais em um momento financeiro difícil, acabei comprometendo meus valores políticos e pessoais; sobre como uma mistura de ingenuidade e ambição me fez estar de maneira direta, e perturbadora, do lado errado da história.

Pouco mais de três anos e meio antes, eu fora admitida na empresa-mãe da Cambridge Analytica, o SCL Group — sendo mais específica, no seu departamento de projetos humanitários, o SCL Social —, trabalhando sob o comando do CEO da empresa, um homem chamado Alexander Nix. Durante os anos que se passaram desde este salto de fé, nada saiu como eu tinha planejado. Como democrata de longa data e ativista engajada que trabalhara anos a fio em apoio a causas progressistas, dei início à minha colaboração com a Cambridge Analytica fingindo acreditar que não me envolveria com a base de clientes nem com o trabalho envolvendo relações públicas com o Partido Republicano. Não demorou muito, porém, para eu começar a me afastar dos meus princípios pouco a pouco, diante da dificuldade de conseguir financiamento para projetos humanitários, por um lado, e, por outro, do fascínio exercido pelo sucesso. Na Cambridge Analytica, havia a promessa de ganhar dinheiro de verdade pela primeira vez em toda a minha carreira, e também uma forma de abraçar a ideia de que eu estava ajudando a construir uma empresa revolucionária de marketing político do zero.

Ao longo do processo, fui exposta à grande variedade de esforços da Cambridge, tanto para adquirir dados sobre o maior número possível de cidadãos norte-americanos quanto para utilizá-los de modo a influenciar o comportamento deles na hora de votar. Também vi como as negligentes políticas de privacidade do Facebook e a total falta de supervisão do governo federal sobre dados pessoais permitiram que os objetivos da Cambridge se concretizassem. Mas, acima de tudo, entendi como a Cambridge se aproveitou de todas essas forças para ajudar a eleger Donald Trump.

Enquanto o carro seguia, eu e os meus advogados ficamos sentados em silêncio, nos preparando para o que estava por vir. Todos nós sabíamos que eu compartilharia qualquer ponto da minha trajetória em detalhes; a questão agora era o que eles iam querer saber. A maioria das pessoas parecia querer respostas, fossem profissionais ou pessoais, sobre como uma coisa daquelas pôde acontecer. Houve várias razões pelas quais permiti que os meus valores fossem tão distorcidos — da situação financeira da minha família à falácia de que Hillary venceria, independentemente do que eu ou a empresa em que eu trabalhava fizéssemos. Porém, cada uma dessas razões era apenas parte da história. Talvez a mais verdadeira de todas tenha sido o fato de que, em algum momento, eu perdi meu norte e, depois, a mim mesma. Aceitei aquele emprego acreditando ser uma profissional que sabia o quanto o mundo da política era cínico e confuso, apenas para constatar inúmeras vezes o quanto eu mesma era ingênua.

E, agora, cabia a mim consertar as coisas.

O carro deslizava pelas ruas da capital, e comecei a sentir que estávamos perto do nosso destino. A equipe do procurador-especial me avisara para não ter medo nem ficar surpresa se, ao chegar ao local onde aconteceria o interrogatório, uma multidão de repórteres estivesse à espera. Embora fosse um prédio de acesso restrito, ao que parecia, o acesso não era mais tão restrito assim. A imprensa havia percebido que o local estava sendo usado para interrogatório de testemunhas.

Uma repórter, avisou o motorista, estava escondida atrás de uma caixa de correio. Ele a reconheceu do noticiário da CNN. Tinha visto a mulher perambulando nas imediações do edifício por oito horas seguidas, certa vez. Usando salto alto, segundo ele. "Essa gente é capaz de tudo!", exclamou.

Quando nos aproximamos do local e viramos a esquina em direção a uma garagem nos fundos, o motorista me disse para desviar o rosto das janelas, mesmo que fossem escuras. Durante os preparativos para a conversa com o procurador-especial, fui orientada pelos meus advogados a reservar o dia inteiro para isso. Disseram-me que ninguém sabia por quanto tempo eu seria interrogada pela defesa ou pela acusação. Não importava quão demorado fosse, estava pronta. Afinal de contas, ter ido até lá fora decisão minha.

Um ano antes, tinha resolvido ir a público, para lançar luz sobre os lugares escuros que conhecera e me tornar uma informante. Fiz isso porque, ao me deparar com a realidade do que a Cambridge Analytica havia feito, vi com muita clareza como fui equivocada. Fiz isso porque era a única maneira de tentar remediar as coisas com as quais eu havia colaborado. Mas, acima de tudo, fiz isso porque contar a minha história para quem estava interessada em ouvi-la era a única maneira de aprendermos e, com sorte, nos prepararmos para o que está por vir. Aquela era a minha missão no momento — acionar o alarme sobre a forma como a Cambridge Analytica operava e sobre os perigos que o Big Data representava, para que, da próxima vez, os eleitores de ambos os lados estivessem cientes de tudo o que está em jogo na guerra de informação que a nossa democracia está encarando.

O motorista nos levou cada vez mais fundo na garagem, dando voltas e voltas para baixo.

Por que tão fundo?, me perguntei. Mas, é claro, eu já sabia a resposta: privacidade é algo difícil de se conseguir nos dias de hoje.

1

Um almoço tardio

INÍCIO DE 2014

A primeira vez que vi Alexander Nix foi através de uma grossa vidraça. Esta talvez seja a melhor forma de se ver um homem como ele.

Eu me atrasara para um almoço de negócios organizado às pressas por um amigo muito próximo, Chester Freeman, que estava agindo, como de costume, como meu anjo da guarda. Tinha combinado de me encontrar com três amigos dele, dois homens que já conhecia e um que não, todos procurando talentos que trabalhassem na área de interseção entre política e mídias sociais. Eu incluía essa área como parte da minha experiência na política, já que trabalhei na campanha de Obama em 2008. Embora ainda estivesse atarefada com a pesquisa da minha tese de doutorado, buscava um emprego que fosse bem-remunerado. Mantive o fato em segredo para quase todos, exceto Chester, mas eu precisava de uma fonte de renda estável o mais rápido possível, para quitar dívidas e ajudar a minha família em Chicago. Aquele almoço seria a oportunidade para fechar uma consultoria supostamente lucrativa e de curto prazo, e fiquei grata a Chester pela ajuda oportuna.

Quando cheguei, no entanto, o almoço estava quase no fim. Tivera outros compromissos naquela manhã e, apesar dos meus esforços, me atrasei, encontrando Chester e os dois amigos que eu já conhecia amontoados no frio, do lado de fora do restaurante japonês, fumando seus cigarros pós-refeição enquanto apreciavam a vista das mansões georgianas, dos imponentes hotéis e das lojas caras do distrito de Mayfair. Os dois homens eram de um país da Ásia Central e, assim como Chester, estavam de passagem por Londres a negócios. Recorreram a ele para encontrar alguém que pudesse ajudá-los com comunicação digital (campanhas de e-mail e mídias sociais) em uma importante eleição porvir no país deles. Embora eu não conhecesse muito bem nenhum dos dois, eram ambos homens poderosos com quem já estivera antes e de quem havia gostado, e, ao nos reunir ali para aquele almoço, Chester tinha apenas a intenção de fazer um favor a todos nós.

Em um sinal de boas-vindas, ele enrolou um cigarro para mim e se inclinou para acendê-lo. Chester, seus dois amigos e eu começamos a conversar, nos protegendo do vento cada vez mais forte. Enquanto Chester estava parado ali, à luz da tarde, corado e feliz, não pude deixar de ficar impressionada ao pensar na trajetória dele. Havia pouco tempo, ele fora nomeado como diplomata para tratar de negócios e relações comerciais pelo primeiro-ministro de uma pequena nação insular, mas, quando nos conhecemos, na Convenção Nacional do Partido Democrata em 2008, ele era um idealista de 19 anos de cabelos desgrenhados vestindo um *dashiki* azul. A convenção ocorrera em Denver, e Chester e eu estávamos em uma fila enorme do lado de fora do Broncos Stadium, esperando para ver Hillary Clinton endossar Barack Obama como candidato do partido, quando, por acaso, começamos a conversar.

Tínhamos percorrido um longo caminho desde então, e cada um de nós agora contava com uma mistureba de experiências políticas no currículo. Já havia um bom tempo que compartilhávamos o sonho de "ficarmos grandinhos o suficiente" para trabalhar com política internacional e diplomacia e, recentemente, ele me enviara, cheio de orgulho, uma foto do certificado que recebeu após a sua nomeação diplomática. E apesar de Chester, que agora estava diante de mim do lado de fora do restaurante, parecer mesmo um diplomata recém-empossado, eu ainda o enxergava como o amigo tagarela e genial que conhecia havia anos, e que considerava como um irmão.

Enquanto fumávamos, Chester me pediu desculpas pelo almoço arranjado de última hora. Isso se devia em parte ao fato de se tratar de um grupo bastante heterogêneo, e, no momento em que explicava isso, apontou para a vidraça, através da qual vislumbrei o terceiro convidado — o homem, ainda sentado lá dentro, que mudaria a minha vida e, depois, o mundo.

O sujeito parecia apenas mais um empresário de Mayfair com seu celular colado ao ouvido, mas, como explicou Chester, ele não era um empresário comum. Seu nome era Alexander Nix e ele era o CEO de uma firma que trabalhava com campanhas eleitorais, baseada na Inglaterra. A empresa se chamava SCL Group, sigla para Strategic Communications Laboratories, o que me pareceu o tipo de nome que um conselho administrativo daria a uma agência de publicidade superestimada com pretensões científicas. Na verdade, segundo Chester, o SCL Group era uma empresa de grande sucesso. Ao longo de 25 anos, tinha assinado contratos com departamentos de defesa e participado de eleições em diversos países ao redor do mundo. Sua função básica, disse ele, era colocar presidentes e primeiros-ministros no poder — e, em muitos casos, garantir que eles permanecessem naquelas posições. Mais recentemente, o SCL Group havia trabalhado na campanha de reeleição do primeiro-ministro para quem Chester trabalhava agora, e presumi que fora assim que o meu amigo conhecera aquela figura.

Levei algum tempo para processar tudo aquilo. Com certeza, a intenção de Chester ao nos reunir ali naquela tarde era um emaranhado de interesses conflitantes em potencial. Eu estava lá para fazer um *pitch*, ou seja, apresentar os meus serviços aos dois amigos dele, mas agora me parecia claro que o CEO da empresa de campanhas eleitorais estava ali pelo mesmo motivo. E me dei conta de que, somadas ao meu atraso, à minha juventude e à minha falta de experiência, sem dúvida o CEO já teria fechado o negócio que eu desejava ter feito.

Espiei o homem através da vidraça. Ele, então, não me parecia mais um cara qualquer. Com o telefone ainda ao ouvido, ele de repente ganhou um ar muito sério e profissional. Estava claro que eu havia sido superada e descartada. Fiquei triste, mas me esforcei para não deixar transparecer.

"Imaginei que você iria gostar de conhecê-lo", falou Chester. "Como pode imaginar, ele é um bom contato e tal." Aquilo significava, quem sabe, trabalho remunerado no futuro. "Ou", sugeriu o meu amigo, sob outra perspectiva, "no mínimo, um conteúdo interessante para a sua tese".

Assenti. Ele provavelmente tinha razão. Por mais decepcionada que estivesse sobre o que presumi ser uma oportunidade de negócio perdida, fiquei curiosa do ponto de vista acadêmico. O que o CEO de uma companhia daquelas faz? Eu nunca tinha ouvido falar de uma empresa de campanhas eleitorais.

Do meu tempo com Obama e do meu mais recente trabalho voluntário em Londres com a organização de expatriados Democrats Abroad, do Partido Democrata, e com o supercomitê de ação política Ready for Hillary, minha experiência era a de que os gerentes de campanha faziam campanhas, trabalhando no próprio país com, claro, o apoio de um pequeno grupo de elite de especialistas que recebem muito bem e de um exército de funcionários mal pagos, voluntários e estagiários não remunerados, como eu. Após a campanha de Obama em 2008, é verdade que conheci pessoas que depois se tornariam consultores profissionais de campanha, como David Axelrod, que havia sido estrategista-chefe de Obama e se tornou assessor do Partido Trabalhista britânico; e Jim Messina, outrora chamado de "a pessoa mais poderosa em Washington da qual você nunca ouviu falar",* que havia liderado a campanha de Obama em 2012, se tornara seu chefe de gabinete na Casa Branca e continuaria a aconselhar líderes estrangeiros, de David Cameron a Theresa May. Mesmo assim, jamais havia imaginado que existissem empresas inteiras dedicadas a eleger pessoas para cargos políticos no exterior.

Olhei para aquela figura do outro lado do vidro em parte com curiosidade, em parte com espanto. Chester tinha razão. Eu podia não ter conseguido um trabalho de imediato, mas talvez conseguisse um no futuro. E com certeza poderia aproveitar aquela tarde para a minha pesquisa.

O restaurante era bastante agradável, com boa iluminação, piso de madeira clara e paredes de cor creme, ao longo das quais havia obras de arte japonesas penduradas de forma ordenadíssima. Conforme me aproximava da mesa,

---

* Ari Berman, "Jim Messina, Obama's Enforcer", *The Nation*, 30 de março de 2011, http://www.thenation.com/article/159577/jim-messina-obamas-enforcer.

examinei o homem que eu observara por um tempo do lado de fora. Ele terminou a ligação, e Chester nos apresentou.

Agora, a uma curta distância, pude ver que Nix não era um empresário de Mayfair como outro qualquer, no fim das contas. Ele era o que os britânicos chamam de *posh*, algo como "elegante", "refinado". De aparência imaculada e tradicional, estava vestido com um terno sob medida azul-marinho escuro, gravata de seda e camisa de colarinho americano engomada — Savile Row da cabeça aos pés, cujos sapatos reluziam de tão engraxados. Ao seu lado havia uma maleta de couro gasto com fecho de latão à moda antiga; a impressão é de que poderia ter sido do avô dele. Apesar de ser norte-americana, eu morava no Reino Unido desde o fim do ensino médio, e sabia reconhecer um membro da alta-roda britânica quando via um.

Alexander Nix, no entanto, era o que eu chamaria de *ultra-alta-roda*. Tinha a beleza típica dos rapazes britânicos de colégio interno — Eton, conforme vim a descobrir — e era elegante, com um queixo fino como uma flecha e a compleição levemente ossuda típica de quem não gasta tempo algum na academia. Seus olhos eram de um azul brilhante, opaco e marcante, e sua pele era suave e sem rugas, como se jamais tivesse tido um momento de preocupação na vida. Em outras palavras, era o privilégio em pessoa. E ali, parado à minha frente naquele restaurante do West End, eu conseguia facilmente imaginá-lo em cima de um cavalo empunhando um taco de polo.

Tentei adivinhar sua idade. Se era tão bem-sucedido quanto Chester dissera, devia ser pelo menos uma década mais velho que eu, e sua postura, metade confiança, metade seriedade, sem deixar de parecer até certo ponto tranquila, sugeria uma vida de início de meia-idade, aristocrática, com uma pitada de meritocracia. A impressão que dava era de que ele havia nascido em berço de ouro, mas que se valera dessa vantagem para trilhar um caminho próprio, como Chester apontara.

Nix me cumprimentou com entusiasmo, como se eu fosse uma velha amiga, apertando a minha mão com força. Quando nos sentamos em uma mesa grande, distante da maioria das outras em um canto do restaurante, na mesma hora ele voltou sua atenção para os outros dois amigos de Chester, sem, contudo, parecer descortês, e, com desenvoltura, retomou o fio da meada do que deveria ser a conversa que travavam antes de eu chegar.

Pisando um pouco no acelerador, Nix entrou no modo *pitch*. Reconheci porque eu mesma sabia fazer aquilo. Tinha aprendido sozinha a fazer o *pitch* para os meus clientes em trabalhos de consultoria, embora fosse capaz de perceber o quanto Nix era mais habilidoso. Eu não tinha nem metade do charme e da experiência dele e, sem dúvida, não tinha a *excelência*. O que ele apresentava era tão brilhante quanto o polimento dos seus sapatos caros.

Fiquei ouvindo enquanto ele expunha a longa história da empresa para a qual trabalhava. O SCL Group havia sido fundado em 1993. Desde então, realizara mais de duzentas eleições e implementara projetos de defesa, políticos e humanitários em cerca de cinquenta países; quando Nix os enumerou, parecia a lista de membros de um subcomitê da ONU: Afeganistão, Colômbia, Índia, Indonésia, Quênia, Letônia, Líbia, Nigéria, Paquistão, Filipinas, Trindade e Tobago e outros mais. Naquele momento, Nix estava no SCL havia onze anos.

Aquele mero acervo de experiências e trabalhos era surpreendente e humilhante para mim. Não pude deixar de notar que eu tinha 6 anos quando o SCL foi fundado, e que, enquanto eu estava no jardim de infância, no ensino fundamental e no ensino médio, Nix participava da construção de um pequeno — mas poderoso — império. E embora, comparado aos dos meus colegas, meu currículo parecesse muito bom — eu tinha feito uma boa cota de trabalho internacional quando morava no exterior e desde o tempo em que fui estagiária na campanha de Obama —, não podia competir com Nix.

"Agora, estamos chegando aos Estados Unidos", Nix dizia, sem conter o entusiasmo.

Havia pouco, o SCL conseguira estabelecer uma presença lá, e o objetivo de curto prazo de Nix era executar o máximo possível de eleições intercalares no país em novembro de 2014 para, em seguida, dominar o negócio eleitoral como um todo, incluindo uma campanha presidencial, se conseguisse pôr as mãos nela.

Era algo audacioso de se dizer. Mas ele já havia garantido as campanhas intercalares de alguns candidatos e de iniciativas notáveis. Ele fechara contrato com um congressista do Arkansas de nome Tom Cotton, formado em Harvard e veterano da Guerra do Iraque, que estava concorrendo a uma cadeira no Senado. Também firmara com a lista inteira de candidatos do Partido Republicano em *todas* as corridas eleitorais na Carolina do Norte. E roubou os negócios de um super PAC, um comitê de ação política poderoso e cheio de recursos, de propriedade do embaixador da ONU, John Bolton, uma figura controversa da direita com quem eu estava bastante familiarizada.

Eu morava no Reino Unido havia anos, mas conhecia pelo menos alguns dos expoentes do neoconservadorismo americano, como Bolton. Ele era o tipo de figura difícil de ser ignorada: um testa de ferro linha-dura, que, junto com vários outros neocons, havia sido apontado como o cérebro e o dinheiro por trás de uma organização obscura chamada Groundswell, cuja intenção, entre outras coisas, era minar a presidência de Obama e alimentar a polêmica em torno de Hillary Clinton no que tangia ao ataque terrorista em Bengasi em 2012,* questão que eu conhecia bem. Eu tinha trabalhado na Líbia e conhecia o embaixador Christopher Stevens, que morreu no ataque, devido, em parte, a decisões tomadas pelo Departamento de Estado Norte-Americano que considerei equivocadas.

Fiquei ali sentada, bebendo chá, e tomei nota mental da lista de clientes de Nix. À primeira vista, eles poderiam parecer apenas um monte de Republicanos, mas a política de cada um era tão profundamente oposta às minhas convicções que eles formavam uma verdadeira galeria de vigaristas, nêmeses da maioria dos meus heróis, como Obama e Hillary. Os nomes que Nix listou eram, na minha opinião, párias da política — ou melhor dizendo, tubarões, em cujas águas eu jamais poderia me imaginar nadando com segurança.

Sem contar que os grupos de interesse para os quais Nix trabalhava, com causas que variavam do direito ao porte de armas aos movimentos antiaborto, eram abomináveis para mim. Durante toda a vida, eu apoiara causas indiscutivelmente orientadas à esquerda.

Nix estava bastante empolgado consigo mesmo, com a empresa e com as pessoas e os grupos que conseguira arrebanhar. Dava para ver nos seus olhos.

---

* David Corn, "Inside Groundswell: Read the Memos of the New Right- Wing Strategy Group Planning a '30 Front War'", *Mother Jones*, 25 de julho de 2013, https://www.motherjones.com/politics/2013/07/groundswell-rightwing-group-ginni-thomas/.

Ele estava tão ocupado, disse, tão ocupado e tão esperançoso com o futuro, que o SCL Group precisou abrir uma empresa nova só para administrar o trabalho nos Estados Unidos.

Essa empresa se chamava Cambridge Analytica.

Ela estava no mercado havia menos de um ano, mas o mundo deveria prestar atenção nela, disse Nix. A Cambridge Analytica estava prestes a começar uma revolução.

A revolução a que Nix se referia tinha a ver com Big Data e análise de dados.

Na era digital, os dados eram "o novo petróleo". A coleta de informações era uma "corrida armamentista", segundo ele. A Cambridge Analytica havia amealhado um arsenal de dados sobre o público norte-americano de tamanho e escopo sem precedentes, o maior, até onde ele sabia, reunido por qualquer um até então. Os bancos de dados monstruosos da empresa continham de 2 mil a 5 mil pontos de dados individuais (ou seja, informações pessoais) de todos os indivíduos com idade superior a 18 anos nos Estados Unidos. Isso significava cerca de 240 milhões de pessoas.

Nix parou por um momento e olhou para mim e para os amigos de Chester, como se para dar tempo de assimilarmos aqueles números.

Mas simplesmente *ter* Big Data não era a solução, disse ele. Ainda mais importante era saber o que fazer com aquilo. Isso envolvia formas mais científicas e precisas de dividir as pessoas em categorias: "democrata", "ambientalista", "otimista", "ativista" e assim por diante. E, durante anos, o SCL Group, empresa-mãe da Cambridge Analytica, vinha identificando e classificando pessoas com base no mais sofisticado método de psicologia comportamental, o que lhe dava a capacidade de transformar em uma mina de ouro algo que, de outro modo, seria apenas uma montanha de informações sobre a população norte-americana.

Nix nos contou sobre o seu exército particular de cientistas e psicólogos especializados em dados que haviam descoberto uma forma de saber com precisão quais pessoas eles queriam atingir, que tipo de mensagem mandar para elas e onde poderiam alcançá-las. Ele havia contratado os cientistas de dados mais brilhantes do mundo, capazes de esquadrinhar indivíduos por meio de qualquer aparelho (celulares, computadores, tablets, televisões) e qualquer tipo de mídia imaginável (desde áudio até mídias sociais) usando o *microtargeting*. A Cambridge Analytica conseguia pinçar indivíduos e literalmente fazer com que pensassem, votassem e agissem de maneira diferente da que faziam antes. De acordo com Nix, a empresa gastava o dinheiro dos seus clientes em uma comunicação que funcionava de verdade, com resultados *mensuráveis*.

Seria dessa forma, disse ele, que a Cambridge Analytica venceria as eleições nos Estados Unidos.

Enquanto Nix falava, olhei para Chester, na esperança de fazer contato visual para descobrir qual era a opinião dele sobre Nix, mas não consegui chamar sua atenção. Quanto aos amigos de Chester, pude ver pelo olhar nos seus rostos que estavam bastante impressionados com o que Nix contava sobre a empresa norte-americana.

A Cambridge Analytica estava ocupando um nicho importante no mercado. Fora fundada para atender a uma demanda não atendida. Os Democratas de Obama estavam dominando o espaço das comunicações digitais desde 2007. Os Republicanos acabaram ficando muito para trás em termos de inovação tecnológica. Após a derrota esmagadora em 2012, a Cambridge Analytica chegara para equilibrar o jogo em uma democracia representativa, oferecendo ao partido a tecnologia que lhe faltava.

Quanto ao que Nix era capaz de fazer pelos amigos de Chester, cujo país não tinha Big Data devido à falta de penetração da internet, o SCL poderia dar início àquela tarefa e usar as mídias sociais para transmitir a mensagem deles. Enquanto isso, também poderia produzir campanhas mais tradicionais, como redigir plataformas eleitorais e programas de governo e até conduzir pesquisas de opinião e analisar públicos-alvo.

Os homens agradeceram a Nix. Àquela altura, no entanto, eu já os conhecia o suficiente para perceber o quanto aquele *pitch* deixara ambos aturdidos. Eu sabia que o país deles não tinha a infraestrutura para executar o que Nix planejava fazer nos Estados Unidos, e sua estratégia não parecia propriamente acessível, mesmo para dois homens com bolsos bem cheios.

Da minha parte, fiquei chocada com o que Nix havia compartilhado — atordoada, para dizer a verdade. Nunca tinha escutado nada parecido com aquilo. Ele falara sobre nada menos que usar informações privadas das pessoas para influenciá-las e, portanto, afetar economias e sistemas políticos em todo o mundo. Ele fez parecer fácil convencer eleitores a tomar decisões irreversíveis — não indo contra a própria vontade, mas, no mínimo, indo contra o julgamento que fariam por si próprios — e mudar o comportamento habitual deles.

Ao mesmo tempo, admiti, ainda que apenas para mim, que estava impressionada com as capacidades daquela empresa. Desde o comecinho do meu trabalho com campanhas políticas, desenvolvi interesse especial pela análise de Big Data. Não era programadora nem cientista de dados, mas, assim como outros millennials, era o tipo de pessoa que experimentava todo tipo de tecnologia recém-surgida e vivia uma vida digital desde a infância. Eu estava predisposta a enxergar os dados como parte integrante do meu mundo, algo que, na pior das hipóteses, poderia ser útil para fazer coisas boas, e, na melhor, seria transformador.

Eu mesma havia utilizado dados, ainda que de forma rudimentar, em campanhas eleitorais. Além de ter feito um estágio não remunerado na equipe de Novas Mídias de Obama, fui voluntária na campanha de Howard Dean nas primárias, quatro anos antes, e depois, na campanha presidencial de John Kerry, assim como no próprio Comitê Nacional Democrata e na disputa de Obama ao Senado. O uso básico de dados para escrever e-mails a eleitores indecisos sobre os temas com os quais eles mais se importavam era "revolucionário" na época. A campanha de Howard Dean quebrou todos os recordes de captação de recursos ao alcançar as pessoas através da internet pela primeira vez.

Meu interesse por dados tinha a ver com a minha expertise em revoluções. Leitora ávida a vida inteira, nunca parei de estudar, mas sempre me envolvi com o mundo de forma ampla. Na verdade, sempre me pareceu essencial que os acadêmicos buscassem formas de tecer os fios das ideias sublimes que elaboravam em suas torres de marfim em tecidos que fossem de fato úteis para o restante das pessoas.

Ainda que tenha envolvido uma transferência pacífica de poder, é possível dizer que a eleição de Obama foi a minha primeira experiência de uma revolução. Eu estivera presente na animada celebração em Chicago na noite em que ele foi eleito para o primeiro mandato presidencial, e aquele festa com milhões de pessoas nas ruas fazia lembrar um golpe político.

Também tive o privilégio (e, às vezes, senti o perigo) de estar em países onde revoluções se desenrolavam em silêncio, ou onde tinham acabado de estourar, ou onde estavam prestes a acontecer. Durante a graduação, estudei por um ano em Hong Kong, e lá trabalhei como voluntária junto a ativistas que transportavam refugiados da Coreia do Norte por uma rota clandestina através da China até um lugar seguro. Assim que concluí a graduação, passei algum tempo na África do Sul, onde trabalhei em projetos com ex-estrategistas de guerrilha que ajudaram a derrubar o apartheid. Logo após a Primavera Árabe, trabalhei na Líbia pós-Kadafi, e até hoje mantenho o meu interesse por iniciativas diplomáticas independentes naquele país e meu envolvimento com elas já vem de longa data. Não é de todo errado afirmar que tenho o estranho hábito de me meter em lugares que estão passando pelos seus momentos mais turbulentos.

Também tinha estudado de que formas os dados podiam ser usados para o bem, observando como determinadas pessoas os utilizavam para se empoderar na busca por justiça social e, em alguns casos, expor casos de corrupção e seus agentes. Em 2011, escrevi a minha dissertação de mestrado usando dados governamentais vazados pelo Wikileaks como principal fonte de referências. Os dados revelavam o que havia acontecido durante a Guerra do Iraque, expondo inúmeros casos de crimes contra a humanidade.

Desde 2010, o "hacktivista" (ou hacker-ativista) Julian Assange, fundador da organização, havia declarado guerra virtual àqueles que travaram uma guerra literal contra a humanidade, disseminando arquivos secretos que provaram ser prejudiciais tanto para o governo quanto para o exército norte-americano. O vazamento desses dados, chamados de "Arquivos da Guerra do Iraque", alavancou o debate público sobre a proteção das liberdades civis e dos direitos humanos contra abusos de poder em todo o mundo.

Agora, como parte da minha tese de doutorado em diplomacia e direitos humanos, continuação de meu trabalho anterior, eu uniria o meu interesse por Big Data à minha experiência com turbulências políticas, analisando como os dados poderiam ser usados para salvar vidas. Eu estava particularmente interessada em algo chamado "diplomacia preventiva". Tanto a ONU quanto as organizações não governamentais (ONGs) no mundo todo procuravam formas de empregar dados em tempo real para evitar atrocidades, como o genocídio ocorrido em Ruanda em 1994, no qual ações de prevenção teriam sido tomadas caso os dados tivessem sido postos à disposição das pessoas responsáveis. O monitoramento "preventivo" dos dados — de tudo, desde o preço do pão ao aumento da ocorrência de insultos raciais no Twitter — poderia fornecer às organizações de manutenção da paz as informações necessárias para identificar, monitorar e intervir de forma pacífica nas sociedades de alto risco antes da escalada dos conflitos. A coleta e a análise adequadas de dados poderiam impedir violações de direitos humanos, crimes de guerra e até guerras em si.

É claro que eu compreendia as implicações dos recursos que, de acordo com Nix, o SCL Group possuía. Seu papo sobre dados, somado ao seu discurso a respeito de revoluções, me deixou inquieta sobre quais eram suas intenções e sobre os riscos que seus métodos podiam representar. Isso me fez relutar em compartilhar o que eu sabia sobre dados e quais tinham sido as minhas experiências com eles, e fiquei grata naquele dia em Londres quando notei que ele já estava concluindo a conversa com os amigos de Chester e se preparando para ir embora.

Felizmente, Nix havia prestado pouca atenção em mim. Quando não estava falando sobre a empresa, conversamos de forma genérica sobre meu trabalho em campanhas eleitorais, e fiquei aliviada por ele não ter perguntado nada específico sobre minha participação na equipe de Novas Mídias de Obama, sobre meus esforços na prevenção e na exposição de crimes de guerra e justiça criminal, nem sobre minha paixão pelo uso de dados em diplomacia preventiva. Eu enxergava Nix a partir do que ele era: alguém que usava dados como um meio para atingir determinados objetivos, e que trabalhava, isso era patente, para muitas pessoas nos Estados Unidos que eu considerava de oposição. Tive a impressão de conseguir passar despercebida.

Achava que os amigos de Chester decidiriam por não trabalhar com Nix. Sua presença e sua apresentação haviam sido grandiosas e extravagantes, afetadas demais tanto para eles quanto para o restante da mesa. Sua efervescência fora encantadora e persuasiva; ele até mesmo procurara contrabalançar a ausência de modéstia usando uma refinada sofisticação britânica, mas sua arrogância e sua ambição eram desproporcionais para as necessidades deles. Nix, no entanto, parecia alheio à discrição daqueles homens. Enquanto arrumava suas coisas para ir embora, não parou de tagarelar sobre como poderia ajudá-los com públicos especificamente segmentados.

Quando ele se levantou, percebi que ainda teria tempo de fazer o meu *pitch* para os amigos de Chester. Assim que Nix saísse, pretendia abordá-los, em particular, com uma proposta simples e modesta. Mas quando Nix começou a se mexer, Chester gesticulou para mim, sinalizando que eu deveria me juntar a ele para me despedir de forma adequada.

Lá fora, no frio, em meio à luz da tarde desvanecente, Chester e eu passamos alguns longos segundos de silêncio constrangedor diante de Nix. No entanto, se eu bem conhecia Chester, ele nunca era capaz de tolerar nem mesmo o mais curto momento de silêncio.

"Ei, minha amiga consultora democrata, você deveria trocar uma ideia qualquer dia desses com meu amigo consultor republicano!", falou ele.

Nix olhou Chester com surpresa e estranhamento, em um misto de preocupação e incômodo. Ele visivelmente não gostava de ser pego desprevenido e nem que lhe dissessem o que fazer. Mesmo assim, enfiou a mão no bolso do paletó e pegou uma pilha bagunçada de cartões de visita e começou a folheá-los. É óbvio que os cartões não eram dele. Tinham cores e tamanhos variados, e deviam ser de empresários e clientes em potencial, como os amigos de Chester em visita a Londres, outros homens a quem ele teria apresentado seu *pitch* em almoços como aquele.

Por fim, quando pescou um dos próprios cartões, ele o estendeu a mim com um floreio, aguardando que eu o pegasse.

O cartão dizia: ALEXANDER JAMES ASHBURNER NIX. Desde o peso do papel em que havia sido impresso até a tipografia com serifa, tudo nele emanava realeza.

"Permita-me embebedá-la e depois roubar os seus segredos", disse Alexander Nix, e então riu, mas eu podia jurar que a brincadeira tinha um fundo de verdade.

2

Mudando de lado

OUTUBRO — DEZEMBRO DE 2014

Meses depois de ter sido apresentada a Alexander Nix, eu ainda não tinha conseguido garantir nenhum trabalho que melhorasse substancialmente a situação financeira em que a minha família se encontrava. Em outubro de 2014, mais uma vez pedi ajuda a Chester para encontrar o tipo de emprego de que eu precisava, de meio período, e, em resposta, ele agendou para mim uma reunião com o primeiro-ministro com quem trabalhava.

Era uma oportunidade única de oferecer estratégias de mídias digitais e sociais ao líder de uma nação. O primeiro-ministro estava se candidatando à reeleição após sucessivos mandatos, mas enfrentava forte oposição no país e estava preocupado com a possibilidade de ser derrotado. Chester queria me apresentar a ele para ver de que forma eu poderia ser útil.

Foi assim que, sem querer, me encontrei com Alexander Nix pela segunda vez.

Eu estava na sala de espera do hangar de um jato particular no aeroporto de Gatwick, aguardando a reunião com o primeiro-ministro agendada para aquela manhã, quando a porta se abriu e Nix entrou. Eu tinha chegado adiantada, a reunião com Nix era a primeira do dia, e, claro, *tinha* que ter sido agendada para antes da minha. De novo, foi puro azar.

"O que você está fazendo aqui?", perguntou ele, com uma expressão ao mesmo tempo ameaçadora e amedrontada. Ele apertou a maleta de couro gasto contra o peito e se inclinou para trás, fingindo estar assustado. "Está me perseguindo?"

Eu ri.

Quando contei a ele o que estava fazendo ali, Nix me respondeu que havia trabalhado com o primeiro-ministro nas eleições anteriores. Ficou fascinado ao saber que eu estava ali "na esperança" de fazer o mesmo.

Ficamos ali jogando conversa fora. Ao ser chamado para a reunião, se levantou e me fez um convite, meio que da boca para fora. "Você deveria ir ao escritório do SCL algum dia desses para aprender um pouco sobre o que fazemos lá", falou. E desapareceu.

Embora ainda estivesse desconfiada, acabei aceitando o convite de fazer uma visita a Alexander Nix no escritório do SCL. Alguns dias após o nosso encontro acidental em Gatwick, Chester me ligou para dizer que "Alexander" tinha entrado em contato com ele, e que havia perguntado se nós três poderíamos nos encontrar e, quem sabe, conversar sobre o que cada um de nós vinha pensando em relação às eleições que o primeiro-ministro estava prestes a enfrentar.

Aquela proposta me deixou surpresa de uma forma ao mesmo tempo inusitada e prazerosa. De algum modo, ter esbarrado comigo no hangar devia ter chamado a atenção de Alexander. Talvez ele não estivesse acostumado a ver uma mulher da minha idade demonstrar ousadia. Qualquer que fosse o motivo, a reunião que ele propôs tinha como objetivo trabalhar *em conjunto*, o que me parecia muito mais positivo do que agir um contra o outro, já que ele tinha uma vantagem clara e, acima de tudo, porque eu precisava mesmo de um trabalho.

Em meados de outubro, Chester e eu fomos juntos ao escritório do SCL, que ficava escondido em um dos cantos do Green Park, próximo ao Shepherd Market. Para chegar lá era preciso pegar um beco e entrar em uma ruazinha chamada Yarmouth Place. Estava localizado em um prédio de aspecto deteriorado que parecia não passar por uma reforma desde os anos 1960, ocupado por diversas pequenas startups desconhecidas, como a empresa de vitaminas prontas para beber com que o SCL compartilhava o andar. Caixas de madeira cheias de garrafinhas bloqueavam quase toda a passagem até a sala de reuniões no térreo, que era compartilhada por todos os inquilinos e precisava ser alugada por hora — não era o que eu esperava de uma equipe em teoria tão elegante de consultores políticos.

Mas foi naquela sala que Chester e eu nos encontramos com Nix e Kieran Ward, que Alexander nos apresentou como sendo o seu diretor de comunicações. Ele disse que Kieran tinha atuado *in loco* pelo SCL em muitas eleições estrangeiras; parecia ter apenas 30 e poucos anos, mas a expressão no seu olhar me dizia que ele já tinha passado por poucas e boas.

Havia muita coisa em jogo na eleição do primeiro-ministro, Alexander falou. Segundo ele, o primeiro-ministro tinha "um ego inflado". Chester assentiu. Aquela era sua quinta tentativa de ocupar o cargo e, em meio à insatisfação, pessoas próximas a ele estavam pedindo que abandonasse a disputa. Na reunião com ele em Gatwick, Alexander o tinha avisado que, se ele "não estivesse preparado para encarar a tormenta", sem dúvida sairia derrotado, mas havia pouco tempo para agir. A eleição seria dali a alguns meses, logo após a virada do ano.

Alexander começou a falar sobre o que o SCL planejava fazer, e então se conteve. Olhou para Chester, depois para mim. "Mas vocês nem mesmo sabem o que a gente faz, não é?", e, em um pulo, saiu porta afora e voltou com um laptop. Ele apagou as luzes e abriu uma apresentação de PowerPoint, que projetou em uma grande tela presa à parede.

"Nossos filhos", começou ele, segurando um controle, "não viverão em um mundo com '*blanket advertising*'", falou, referindo-se à comunicação destinada a um público amplo, veiculada como uma gigantesca explosão homogênea. "Pois o *blanket advertising* é impreciso demais."

Ele abriu um slide que dizia: "A publicidade tradicional cria marcas e fornece validação social, mas não muda comportamentos." No canto esquerdo do slide, havia um anúncio da loja de departamentos Harrods anunciando 50% de desconto em letras garrafais. À direita, estavam os logotipos do McDonald's e do Burger King: os arcos e a coroa.

Aqueles tipos de anúncio, explicou, eram apenas informativos ou, se funcionavam de alguma forma, era apenas "demonstrando" a lealdade de um cliente que já existia a uma determinada marca. A abordagem estava ultrapassada.

"O SCL Group oferece *messaging* projetado para o mundo do século XXI", disse Alexander. Se um cliente dele desejava alcançar novos consumidores, "era preciso", explicou, "não apenas alcançá-los, mas 'convertê-los'". "Como o McDonald's poderia convencer alguém que nunca comeu um de seus hambúrgueres a fazê-lo?"

Ele deu de ombros e passou para o slide seguinte.

"O Santo Graal das comunicações", disse ele, "é quando você começa a mudar o comportamento das pessoas".

O slide seguinte dizia: "Marketing comportamental". À esquerda, havia a imagem de uma praia com uma placa branca e quadrada onde estava escrito: "Praia particular". À direita, havia uma placa triangular, de cor amarelo-claro, semelhante a um sinal de cruzamento de ferrovia. Dizia: "Cuidado. Tubarão avistado".

Qual delas era mais eficaz? A diferença era quase cômica.

"Fazendo uso do conhecido medo que as pessoas têm de serem comidas por um tubarão, qualquer um sabe que a segunda placa afastaria as pessoas que quisessem nadar na sua parte da praia", disse Alexander. *Sua parte da praia?*, pensei. *Imagino que ele esteja acostumado a fazer* pitches *para pessoas que têm as próprias praias.*

Ele prosseguiu, sem pausa: o SCL não era uma agência de publicidade. Era uma "agência de mudança de comportamento", explicou.

Em processos eleitorais, campanhas publicitárias haviam desperdiçado bilhões de dólares em mensagens como a placa de "Praia particular", que não funcionam na prática.

No slide seguinte, havia um vídeo e uma imagem, ambos tirados de propagandas eleitorais. O vídeo era composto por uma série de fotos do rosto de Mitt Romney e inserções do público aplaudindo, com um discurso do candidato como trilha sonora. Concluía com a frase: "Uma nova e forte liderança". A imagem era a de um gramado ressecado, coberto de placas com nomes de candidatos. Romney, Santorum, Gingrich — praticamente não importava quem era. Estava claro demais o quão estáticas eram as placas, como era fácil ignorá-las.

Alexander deu uma risadinha. "Como vocês podem ver", disse, "nenhum desses sinais 'converte' ninguém". Ele abriu os braços. "Se você é um Democrata e vê uma placa de Romney no quintal de alguém, não vai ter um momento súbito de conversão como Paulo a caminho de Damasco e mudar de partido."

Todos rimos.

Fiquei ali, fascinada. Eu trabalhava com comunicação havia anos e nunca tinha pensado em analisar o *messaging* daquela maneira. Nunca vira ninguém falar sobre a monotonia da publicidade contemporânea. E, até aquele momento, enxergava a campanha de Novas Mídias de Obama em 2008, da qual participara como uma estagiária dedicada, como muito sofisticada e perspicaz.

Essa campanha tinha sido a primeira a usar as mídias sociais para se comunicar com os eleitores. Promovemos Obama no Myspace, no YouTube, no Pinterest e no Flickr. Eu, inclusive, criei a primeira página do Facebook do então senador, e guardo com carinho a lembrança do dia em que Obama entrou no escritório de Chicago, apontou para a sua foto de perfil na tela do meu computador e exclamou: "Ei, sou eu!"

Agora eu via que, por mais arrojados que tenhamos sido à época, de acordo com a ótica de Alexander, fomos informativos, repetitivos e rechaçáveis demais. Não tínhamos *convertido* ninguém. A maior parte do nosso público consistia em apoiadores declarados de Obama. Ou eles tinham enviado os seus contatos, ou nós os havíamos coletado com a permissão deles, depois de terem postado mensagens nas nossas páginas. Não fomos nós que chegamos até *eles*; foram eles é que vieram até *nós*.

Nossos anúncios haviam se baseado em "validação social", explicou Alexander; eles apenas reforçavam uma lealdade preexistente à "marca". Postamos conteúdos sobre Obama nas redes sociais sem parar e, da mesma maneira que o aviso de "Praia particular", o vídeo repetitivo de Romney e as placas idiotas que não provocavam "mudanças comportamentais", fomos apenas "excessivamente informativos" e fornecemos mera "validação social" para o nosso público que já adorava Barack Obama. Uma vez que tínhamos fisgado a atenção dos adoradores de Obama, enviávamos a eles ainda mais mensagens com excesso de informação e detalhes. Nossa intenção pode até ter sido a de manter aceso o interesse deles ou de garantir que todas aqueles indivíduos votassem, mas, de acordo com o paradigma de Alexander, estávamos apenas os sobrecarregando de dados dos quais eles não precisavam.

"Querido fulano", eu me lembro de ter escrito. "Muito obrigada por escrever para o senador Obama. Infelizmente, Barack está tomado pelos compromissos da campanha. Meu nome é Brittany, e estou respondendo em nome dele. Aqui vão alguns links de políticas sobre blá, blá, blá, blá, blá."

Por mais entusiasmados que estivéssemos — nossa equipe de Novas Mídias tinha centenas de pessoas e a campanha ocupou dois andares de um arranha-céu no centro de Chicago naquele verão —, eu agora via o quanto o nosso *messaging* era simplório, talvez até mesmo tosco.

Alexander abriu outro slide, com tabelas e gráficos mostrando como a empresa dele fazia muito mais do que elaborar um *messaging* eficaz. Eles sabiam se comunicar com as pessoas certas, utilizando uma metodologia científica. Antes mesmo do início das campanhas, o SCL fazia pesquisas e contratava cientistas de dados para fazer análises e identificar com precisão os públicos-alvo do cliente. A ênfase era dada, claro, na dimensão heterogênea do público.

Eu sentia um orgulho especial pelo fato de a campanha de Obama ter ficado famosa devido à segmentação do público-alvo, separando as pessoas de acordo com os assuntos de interesse, os estados em que viviam e se eram homens ou mulheres. Contudo, sete anos haviam se passado desde então. A empresa de Alexander ia muito além da demografia tradicional.

Ele abriu um slide que dizia: "O público-alvo está mudando". À esquerda, havia uma foto do ator Jon Hamm como Don Draper, o típico executivo de publicidade nova-iorquino dos anos 1960 da série *Mad Men*.

"A publicidade *old-school* da década de 1960", disse Alexander, "é apenas um pessoal inteligente como nós, sentados ao redor de uma mesa como essa, inventando slogans como 'Coca Cola é isso aí!' e 'Beanz Meanz Heinz'* e gastando todo o dinheiro dos clientes para lançar aquilo ao mundo, na esperança de que dê algum resultado".

Contudo, se na década de 1960 a publicidade era orientada por uma abordagem que ia "de cima para baixo" (chamada, no meio, de *top-down*), em 2014, ela era orientada pela metodologia contrária (que recebeu o nome

* Slogan do feijão enlatado da marca Heinz (famosa no Brasil pelo ketchup), que, a despeito da perda da rima, poderia ser traduzido como "Pensou em feijão, pensou Heinz". [N. dos T.]

de *bottom-up*). Graças aos avanços na ciência de dados e na análise preditiva, podíamos saber muito mais sobre as pessoas do que imaginávamos, e a empresa de Alexander as observava para determinar o que o público precisava ouvir para ser influenciado a ir na direção em que *você*, o cliente, queria que fosse.

Ele abriu outro slide. Dizia: "Análise de dados, ciências sociais, comportamento e psicologia".

A Cambridge Analytica havia surgido a partir do SCL Group, que, por sua vez, evoluíra do Behavioural Dynamics Institute, ou BDI, um consórcio de cerca de sessenta instituições acadêmicas e centenas de psicólogos. A Cambridge Analytica agora empregava psicólogos em dedicação exclusiva que, em vez das velhas pesquisas de opinião, desenvolviam métodos de análise política e usavam os resultados para classificar pessoas. Eles usavam a metodologia psicográfica para assimilar a complexidade da personalidade de cada indivíduo e conceber formas de orientar o comportamento delas.

Em seguida, por meio da "modelagem de dados", ou seja, a criação de modelos a partir das informações coletadas, os gurus da equipe criavam algoritmos capazes de prever de forma certeira o comportamento dessas pessoas ao receber determinadas mensagens, cuidadosamente elaboradas de forma específica para elas.

"Que mensagem Brittany precisa ouvir?", Alexander me perguntou, e passou para outro slide. "Precisamos criar anúncios apenas para a Brittany", falou ele, olhou para mim de novo e deu um sorriso. "Tratando apenas de coisas com as quais ela se importa, mais nada."

Ao final da sua apresentação, ele exibiu uma foto do Nelson Mandela.

Mandela fazia parte do meu panteão pessoal de super-heróis. Eu havia trabalhado com um dos seus melhores amigos na África do Sul, que tinha sido preso com ele na ilha Robben. Eu até mesmo ajudara a organizar um evento do Dia da Mulher na África do Sul para a companheira de longa data de Mandela, Winnie, mas nunca tive a chance de apertar a mão dele em pessoa. Agora, lá estava ele, diante de mim.

Alexander disse que, em 1994, o trabalho que o SCL efetuou junto com Mandela e o Congresso Nacional Africano fez cessar os atos de violência durante a votação. Isso afetou o resultado de uma das eleições mais importantes da história da África do Sul. Ali, na tela, havia uma reluzente mensagem de apoio do próprio Mandela.

Como não ficar impressionada?

Alexander precisou abandonar a reunião de repente por causa de um imprevisto, mas nos deixou sob os cuidados do talentoso Kieran Ward, que continuou a nos mostrar o que o SCL fazia.

Eles tinham começado pelo trabalho nas eleições da África do Sul, e agora atuavam em nove ou dez eleições por ano, em lugares como Quênia, São Cristóvão e Nevis, Santa Lúcia e Trindade e Tobago. Kieran havia trabalhado *in loco* em alguns desses países.

Em 1998, o SCL se expandiu no mundo corporativo e comercial e, após o Onze de Setembro, começou a trabalhar com defesa, junto aos Departamentos de Estado e de Segurança Interna dos Estados Unidos, à OTAN, à CIA e ao FBI. A empresa também enviou especialistas ao Pentágono para ministrar treinamentos.

O SCL também tinha um departamento social. Ele fornecia marketing voltado para a saúde pública, em estudos de caso nos quais, explicou, haviam convencido pessoas em países africanos a usar preservativos, e pessoas na Índia a beber água limpa. O departamento tinha contratos com agências da ONU e com ministérios da saúde do mundo todo.

Quanto mais eu ouvia falar do SCL, mais aquilo me emocionava. E, quando Alexander voltou a se juntar a nós para jantar em um restaurante próximo, aprendi mais sobre aquele homem e me afeiçoei a ele também.

Alexander tinha uma visão muito menos estreita do mundo do que eu havia julgado a princípio. Tinha um diploma em história da arte pela Universidade de Manchester. Depois de se formar, trabalhou no mercado financeiro, em um banco de investimentos centenário no México, um país que eu amava muito. Trabalhou também na Argentina, depois voltou para a Inglaterra, acreditando que poderia transformar o SCL Group em algo bem maior do que era naquele momento — uma mera coleção de projetos dispersos. Tendo começado praticamente do zero, havia convertido a empresa em um pequeno império em pouco mais de uma década.

Alexander gostara de disputar eleições no Caribe e no Quênia. Quando mencionou que havia supervisionado o trabalho da empresa na África Ocidental, fiquei emocionada. O SCL capitaneara o maior projeto de pesquisa em saúde de Gana, e como o meu trabalho mais recente havia sido sobre a reforma do sistema de saúde no Norte da África, encontramos um campo de interesse comum.

Contei a ele sobre meu projeto atual e falei sobre alguns dos meus trabalhos na África do Sul, em Hong Kong, em Haia, no Parlamento Europeu e junto a ONGs como a Anistia Internacional. Mais uma vez, não comentei nada sobre o meu trabalho em campanhas eleitorais. Acho que o gancho já havia surgido, mas eu ainda não estava pronta. A Cambridge Analytica trabalhava para a oposição.

De qualquer modo, a conversa fora agradável e, ao meu lado, durante toda a noite, Chester se vangloriava tanto dos meus feitos que parecia uma verdadeira carta de recomendações ambulante.

"Bem", disse Alexander depois de ouvir tudo o que eu tinha feito, "uma pessoa como você não fica parada esperando as oportunidades caírem do céu, não é?"

Confesso que não fiquei exatamente surpresa quando Chester me ligou na manhã seguinte dizendo que Alexander havia entrado em contato com ele para perguntar se achava que eu estaria disposta a voltar ao SCL para uma entrevista formal. Eu sabia que Alexander provavelmente não tinha muitas oportunidades de conhecer uma jovem como eu, não porque eu fosse assim tão especial, mas por causa do universo em que ele vivia.

Eu era uma norte-americana de 26 anos que parecia não ter medo de conviver em ambientes de alto risco e com alto nível de testosterona. Ele fora criado em uma sociedade fechada de jovens privilegiados, predestinado a habitar um mundo constituído por homens iguais a ele.

Eu tinha sentimentos conflitantes, no entanto, em relação a trabalhar na Cambridge Analytica.

Fora emocionante entender como uma empresa tão pequena na Grã-Bretanha poderia ser tão ousada e ter um impacto tão grande em sistemas políticos, culturas e econômicos. Fiquei intrigada com a sofisticação da tecnologia e com o potencial da companhia para ser utilizada em benefício da sociedade. Mas eu estava preocupada com os atuais clientes da empresa nos Estados Unidos. Como não estaria? Não tinha escapatória: eu era uma democrata convicta.

Mas precisava de um emprego. Dona de um espírito empreendedor e aguerrido, não tinha medo de fazer coisas que me dessem dinheiro, mesmo que não fossem a minha primeira opção. Saíra da minha zona de conforto desde a mais tenra idade, me alistando como voluntária na campanha de Howard Dean nas primárias, em 2003, e depois na disputa de John Kerry à presidência no ano seguinte, com apenas 15 anos. Para poder me bancar enquanto fazia o trabalho não remunerado pelo qual eu era apaixonada, durante os anos de universidade no Reino Unido, aceitei todo tipo de trabalho, desde aprendiz de *sommelier*, garçonete (um pouco menos glamouroso) e, quando fiquei mesmo sem dinheiro, me dividia entre o balcão e a faxina de pubs baratos, limpando vômito do chão.

Então, quando estava começando os meus estudos de mestrado e doutorado, em 2012, passei a iniciativas mais arrojadas. Montei uma startup de eventos que colocou funcionários e empresas do governo em contato com líbios para debater meios de ajudar o país a ter estabilidade na esteira da Primavera Árabe. Trabalhei meio período como diretora de operações de uma associação britânica de comércio e investimentos especializada em estreitar os laços entre o Reino Unido e outras nações, como a Etiópia, onde era difícil fazer negócios ou se envolver em assuntos diplomáticos.

No início de 2014, enquanto ainda estava cursando o doutorado, me candidatei a uma disputada vaga no supercomitê de ação política Ready for Hillary (RFH) e na própria campanha presidencial de Hillary Clinton, me valendo de toda a rede de contatos que havia cultivado ao longo dos anos no Comitê Nacional Democrata e, mais recentemente, no Democrats Abroad, em Londres. No entanto, nenhum dos meus mais recentes esforços para trabalhar com o Partido Democrata ou com causas liberais ou humanitárias havia me proporcionado oportunidades de trabalho que pagassem de verdade as contas.

Todas as poucas vagas (mal remuneradas) no supercomitê RFH já haviam sido preenchidas, e a campanha de Hillary ainda não tinha começado de fato.

Depois, corri atrás de um emprego dos sonhos, para trabalhar com meu amigo John Jones, conselheiro da rainha, *barrister** de Doughty Street Chambers e um dos advogados de direitos humanos de maior destaque do mundo. (Na sua equipe estava a igualmente incrível Amal Alamuddin Clooney.)

John era um defensor sem precedentes das liberdades civis ao redor do globo. Ele defendeu alguns dos personagens mais controversos do mundo, desde Saif al-Islam Kadafi, segundo filho de Muammar Kadafi, até o presidente liberiano Charles Taylor. Em tribunais na antiga Iugoslávia e em Ruanda, Serra Leoa, Líbano e Camboja, ele enfrentou questões espinhosas como contraterrorismo, crimes de guerra e extradições, e fez isso a serviço da defesa do direito internacional dos direitos humanos. Mais recentemente, ele havia assumido o caso do fundador do WikiLeaks (e principal fonte de material para minha dissertação de mestrado), Julian Assange, que estava fugindo da extradição para a Suécia e havia pedido asilo na embaixada do Equador em Londres.

John e eu havíamos nos tornado amigos. Nossa admiração pelo polêmico informante nos aproximara, e fazíamos piada sobre a rivalidade entre as escolas preparatórias em que havíamos estudado; ele era britânico, mas frequentara a Phillips Exeter Academy, rival da minha escola, a Phillips Academy Andover, ambas fundadas no final do século XVIII por dois membros da família Phillips. Eu ainda não tinha o título de *barrister*, mas John vira em mim entusiasmo e potencial para fazer um bom trabalho, e estava tentando obter fundos para financiar um cargo que ele queria que eu ocupasse em Haia, onde pretendia abrir uma filial do Doughty Street chamada Doughty Street International.

No entanto, o dinheiro ainda não havia surgido. E, ainda que tivesse, não teria sido o volume de capital que outros advogados costumam ganhar. Assim era a vida de quem trabalhava com direitos humanos. John e sua pequena família sacrificaram tudo em nome da crença que tinham na justiça, com um padrão de vida muito mais modesto do que o de outros advogados também conhecidos

---

* *Barrister* é jurista habilitado a atuar como advogado de defesa, sobretudo em tribunais superiores. [N. do E.]

por todo o planeta, visto que John trabalhava *pro bono* na maioria dos casos. Em parte por princípio, em parte por praticidade, ele era um vegetariano sem frescuras que ia onde quer que pudesse ir de bicicleta.

Embora eu sonhasse em levar uma vida autêntica e genuinamente ética como a de John algum dia, isso não estava no meu horizonte naquele momento. Em casa, meus pais beiravam a pobreza, o desfecho de uma década inteira de infortúnios.

Por muitos anos, a família do meu pai foi proprietária de imóveis comerciais e de uma rede de academias e spas sofisticados; minha mãe pôde se dedicar apenas à criação dos filhos; e eu e minha irmã mais nova, Natalie, tínhamos crescido em uma família privilegiada de classe média alta, desfrutando de escola particular, aulas de dança e música e de viagens em família à Disney e ao Caribe.

Entretanto, quando veio a crise do *subprime* em 2008, os negócios da família foram afetados. Vários outros problemas ocorreram, também fora do controle dos meus pais. Em pouco tempo, nossas economias tinham desaparecido. Anos antes, minha mãe trabalhava na Enron e, quando o escândalo envolvendo a empresa veio à tona 2001, ela perdeu todo o dinheiro da aposentadoria.

Meu pai agora estava desempregado; minha mãe, que ficara 26 anos sem trabalhar, teve que voltar ao mercado de trabalho. Enquanto isso, eles renegociaram o financiamento da casa e venderam todos os seus ativos até que, quando o banco ligou, eles não tinham nada além dos objetos pessoais.

Durante esse período, algo muito preocupante estava acontecendo com o estado de espírito do meu pai. Ele vivia apático e de um jeito estranho. Quando tentávamos falar com ele sobre isso, meu pai não parecia estar de fato ali. Seus olhos eram assustadoramente vazios. Passava os dias na cama ou em frente à televisão, e se alguém lhe perguntava como andavam as coisas, ele respondia sem rodeios, dizendo que estava tudo bem. Parecia claro que se tratava de depressão, mas meu pai se recusou a procurar terapia ou tomar remédios. Ele se recusou até mesmo a procurar um médico. Queríamos sacudi-lo, fazê-lo acordar, mas parecia impossível.

Quando Alexander Nix entrou em contato com Chester para me chamar para uma entrevista de emprego no SCL, em outubro de 2014, minha mãe havia conseguido um emprego como comissária de bordo. Ela tivera que se mudar para Ohio, onde ficava a companhia aérea, e passava os dias em hotéis com colegas de trabalho. Em casa, meu pai estava sobrevivendo à base de ajuda do governo. Minha mãe, que fora criada com recursos limitados em bases militares norte-americanas, jamais havia imaginado ter que passar por tudo aquilo de novo. Mas tudo estava ali, diante de todos nós.

Por mais que eu tivesse as minhas reservas sobre o SCL, não podia me dar ao luxo de ser exigente. Eu encontraria um jeito de conciliar a conclusão do meu doutorado com o trabalho como consultora. Precisava de um emprego que ajudasse a sustentar a mim e à minha família. Não estava pensando só no presente, mas também no futuro.

Alexander já nasceu aristocrata. No século XVIII, sua família teve participação na famosa Companhia das Índias Orientais. Ele era casado com a herdeira de uma companhia naval norueguesa.

Embora eu tivesse sido criada com muitos privilégios, nada havia restado. Agora eu era uma estudante pobre com o hábito de gastar além da conta, sem conseguir economizar um centavo. Minha casa era um conjugado caindo aos pedaços em East London. Eu tinha um ótimo currículo, mas sabia que, se quisesse trabalhar com Alexander, precisaria me esforçar.

Pesquisei sobre as novidades em termos de campanhas digitais e de análise de dados. Atualizei os meus conhecimentos em marketing sem fins lucrativos e em técnicas de propaganda. Depois, passei o melhor terno que tinha, herança dos tempos da minha mãe na Enron.

Quando cheguei para a entrevista, Alexander estava no meio de uma ligação urgente. Ele me entregou um documento enorme, de quase sessenta páginas, e me disse para ler enquanto ele terminava. Era uma versão preliminar do novo manual do SCL, uma verdadeira enciclopédia. Fiquei ali folheando aquela coisa, ciente de que só conseguiria ler com atenção mais tarde, mas me ative a um capítulo que falava sobre como a empresa usava PSYOPs em campanhas humanitárias e de defesa.

O termo era familiar, e me deixou mais intrigada do que incomodada. Abreviação de *psychological operations*, "operações psicológicas", que na verdade é um eufemismo para "guerra psicológica", as PSYOPs podem ser usadas em situação de guerra, mas foram suas aplicações para a manutenção da paz que haviam chamado a minha atenção. Influenciar o público "hostil" talvez pareça aterrorizante, mas as PSYOPs também podem ser empregadas, por exemplo, para ajudar jovens de nações islâmicas a desistir de se juntar à Al-Qaeda ou a diminuir o conflito entre facções rivais em dias de votação.

Eu ainda devorava as informações do manual quando Alexander me chamou na sua sala. Eu esperava que o santuário particular de um homem que se apresentava como tão sofisticado contivesse alguma evidência desse universo que ele habitava, mas a sala era pouco mais que uma caixa de vidro, sem ornamentos. Não havia fotos pessoais nem souvernires. O mobiliário consistia em uma mesa, duas cadeiras, um monitor de computador e uma estante estreita de livros.

Alexander se recostou na cadeira e juntou as mãos pelas pontas dos dedos. Por que razão, ele me perguntou, eu estava interessada em trabalhar para o SCL Group?

Brinquei dizendo que havia sido *ele* quem tinha me chamado.

Ele riu. "Mas, falando sério, por quê?", insistiu ele, de forma delicada.

Respondi que havia acabado de organizar uma enorme conferência internacional de assistência médica para o governo britânico, a MENA Health, e sabia que outra, sobre segurança, estava a caminho. Por mais emocionante que houvesse sido o trabalho, fora também exaustivo.

Ele me ouviu com atenção e, depois, quando deu outros detalhes da empresa, fiquei ainda mais interessada. A certa altura, dei uma espiada na estante de livros e, quando ele me pegou fazendo aquilo, gargalhou.

"É só a minha coleção de literatura fascista", disse ele, e deu um tapinha no ar como que de desdém. Não entendi direito o que quis dizer com aquilo, então ri também. Ficou claro que alguma coisa naquela estante o deixava constrangido, e ele fez questão de deixar claro que alguns dos títulos conservadores que eu havia notado com desaprovação também não eram lá os seus preferidos, por assim dizer.

Conversamos um pouco mais e, quando chegamos ao meu trabalho em saúde pública na África Oriental, ele se levantou da cadeira em um pulo e disse:

"Tem algumas pessoas aqui que você *precisa* conhecer." Então, me levou até uma sala maior e me apresentou a três mulheres, cada uma mais interessante e cheia de energia do que a outra.

Uma delas trabalhara por mais de uma década com diplomacia preventiva para o Secretariado da Commonwealth, protegendo pessoas no Quênia e na Somália implicadas em disputas tribais ao negociar com chefes de milícias. Seu nome era Sabhita Raju. Ela havia ocupado o cargo dos meus sonhos, e agora estava no SCL.

Outra integrante da equipe era a ex-diretora de operações do Comitê Internacional de Resgate (International Rescue Committee, ou IRC), que se dedicara por mais de quinze anos a salvar vidas. Seu nome era Ceris Bailes.

E a terceira havia recebido prêmios da ONU pelo seu trabalho com o meio ambiente. No seu país natal, a Lituânia, ela trabalhara para o partido liberal. Seu nome era Laura Hanning-Scarborough.

Gostei muito de todas, e fiquei empolgada ao descobrir que tinham uma sólida formação em trabalho humanitário e, ainda assim, trabalhavam para o SCL. Com certeza, havia boas razões para que cada uma delas tivesse feito aquela escolha.

Elas pareciam tão interessadas no meu trabalho quanto eu estava no delas. Contei sobre as experiências que tive no leste da África do Sul, quando levei 76 voluntários a Pienaar, uma cidade que vivia em pobreza extrema, a fim de trabalhar para uma instituição de caridade chamada Tenteleni, que ensinava matemática, ciências e inglês às crianças. Também contei sobre um projeto de lobby que fiz no Parlamento Europeu, quando tive o privilégio de instruir os deputados europeus sobre como forçar as nações do continente a incluir a Coreia do Norte nas suas prioridades de política externa. E expressei meu profundo interesse em trabalhar na África pós-Ebola, sobretudo em Serra Leoa e na Libéria.

Elas pareciam animadas com as perspectivas de eu levar projetos daquele tipo para o SCL.

Pouco tempo depois da entrevista, Alexander ligou e me fez uma proposta. Eu poderia trabalhar para a empresa como consultora, exatamente como eu queria.

Não seria ótimo, disse ele, ter a logística e as despesas dos meus projetos cobertas pelo SCL Group? Ele empregava pessoas inteligentes e eficazes, utilizava tecnologias e metodologias de ponta e tinha uma infraestrutura de base — sem contar que estar lá me proporcionaria a oportunidade de aprender a trabalhar com comunicação direcionada a partir de dados em iniciativas práticas, como diplomacia preventiva. Eu veria de perto, com meus próprios olhos, como aquilo funcionava e o que precisava ser aperfeiçoado, e tudo isso contribuiria para eu escrever a minha tese e concluir o meu doutorado.

E o trabalho envolvia alto grau de singularidade. Eu poderia usá-lo como trampolim para realizar vários sonhos: me tornar diplomata, ativista internacional de direitos humanos ou até mesmo trabalhar com consultoria política, como faziam David Axelrod ou Jim Messina.

Era tentador, mas eu ainda tinha minhas reservas.

Eu não queria trabalhar para o Partido Republicano. Na época, a Cambridge Analytica acabara de fechar contrato com a campanha de Ted Cruz, e Alexander deixara bem claro que pretendia conquistar o Partido Republicano nos Estados Unidos.

Além disso, por mais que eu precisasse muito de dinheiro, não queria me comprometer a ficar na empresa para sempre. Eu queria prestar consultoria e ganhar bem por isso, mas com a liberdade de escolher os meus próprios projetos.

Alexander deve ter lido a minha mente. Ele me falou que o meu trabalho na empresa estaria ligado somente ao SCL Group. Não havia necessidade de trabalhar no lado norte-americano, disse ele.

Ele me ofereceu uma consultoria de meio período e o que me parecia um salário satisfatório, com a promessa de aumento se eu tivesse um bom desempenho.

"Vamos namorar um pouco antes de casar, não acha?", disse ele. "Então, o que quer fazer?"

Nos meus primeiros trabalhos, estive cercada de pessoas que se pareciam comigo e pensavam da mesma maneira que eu — ativistas jovens, de orientação progressista, com um orçamento apertado. A primeira vez que me deparei com pessoas diferentes de mim foi quando comecei a trabalhar com direitos humanos. Naquela arena, conheci membros do parlamento inglês, líderes renomados e empresários de sucesso em todo o mundo. Alguns eram ricos e todos eram poderosos. Fiquei cara a cara com gente que fazia parte do "outro lado", e sempre tive sentimentos conflitantes em relação a eles e ao significado daquele envolvimento.

Eu me recordo do momento em que me dei conta de que precisaria encontrar um jeito de conciliar minhas crenças mais fundamentais com a eficácia em sentido amplo. Foi em 20 de abril de 2009. Eu estava do lado de fora do prédio da ONU em Genebra. Tinha ido até lá com outras pessoas para protestar contra a presença de Mahmoud Ahmadinejad, então presidente do Irã. Ele fora convidado a fazer o discurso de abertura na segunda Conferência Mundial contra o Racismo, em Durban.

Ahmadinejad, um fanático religioso, estava no poder havia quase quatro anos e, naquele período, tinha violado liberdades civis e direitos humanos. Entre outras coisas, punia mulheres que apareciam em público usando o que ele chamava de "*hijab* impróprio". Na opinião dele, e de acordo com o seu governo, a homossexualidade não "existia"; o vírus HIV havia sido criado pelos ocidentais para deter nações em desenvolvimento como a dele; Israel deveria ser varrido do mapa; e o Holocausto era uma invenção sionista.

Em suma, era um homem que eu e grande parte do mundo alfabetizado tinha aprendido a desprezar.

Naquele dia, diante do prédio da ONU com outros integrantes de uma organização chamada UN Watch, conforme ia chegando um homem após o outro — embaixadores e príncipes, reis e homens de negócios —, fiquei pensando: concordassem ou não com Ahmadinejad, aqueles indivíduos tinham o poder e a influência para estar na mesma sala que ele, ouvi-lo discursando e dialogar sobre o assunto.

Olhei para a multidão de manifestantes da qual eu fazia parte. Muitos ali se pareciam comigo — alguns eram estudantes de pós-graduação, jovens, usando jeans rasgados, tênis gastos e botas baratas. Eu respeitava aquelas pessoas, acreditava no que elas faziam, e acreditava em mim mesma.

Contudo, naquele dia, baixei o cartaz de protesto e me esgueirei pelas portas de vidro sem que ninguém notasse que eu havia entrado. Na recepção, consegui um cartão do tipo que os alunos fazem para poder usar a biblioteca, branco com uma faixa azul no topo, quase idêntico aos crachás que os diplomatas usavam nas lapelas.

E, usando o meu melhor terno de segunda mão, paramentada com o crachá, fui para o auditório sem que ninguém me questionasse.

Quando Ahmadinejad começou a proferir os seus impropérios anti-Israel, vi a chanceler Angela Merkel, da Alemanha, e outros líderes europeus se retirarem. Eram pessoas poderosas, e o ato de protesto deles chegou às manchetes dos jornais. Exerceu pressão sob a ONU para rever a posição do Irã na conversa global. Meus amigos do lado de fora e o protesto que eles fizeram passaram quase despercebidos. Pelo visto, para fazer a diferença de verdade, era preciso estar lá dentro, não importava quantas concessões tivessem que ser feitas, e não se podia ter medo de estar na mesma sala que pessoas que discordavam das suas crenças, ou que até mesmo lhe insultassem.

Durante a maior parte da minha vida, fui uma ativista ferrenha, intensa e, às vezes, inflamada e contestadora, recusando qualquer envolvimento com aqueles que discordassem de mim ou que eu julgava corruptos de alguma maneira. Agora, eu era mais pragmática. Tinha chegado à conclusão de que poderia fazer um bem maior ao mundo se parasse de me irritar com o outro lado. Comecei a aprender isso quando Barack Obama, no começo de seu primeiro mandato, anunciou que se sentaria à mesa com qualquer um disposto a se encontrar com ele. Não haveria objeção, nem mesmo em relação aos considerados "líderes desonestos". E, conforme fui ficando mais velha, mais eu compreendia os motivos de ele ter dito isso.

Eu sabia que trabalhar para a Cambridge Analytica provocaria uma mudança radical na minha vida. Na época, acreditava que o que estava prestes a fazer me daria a oportunidade de ver de perto como o outro lado funcionava, de ter mais compaixão pelas pessoas e de ter maior capacidade de trabalhar com aqueles de quem eu discordava.

Era isso que estava na minha cabeça quando disse sim a Alexander Nix. Eram essas as minhas expectativas quando fiz a travessia para desbravar o outro lado.

3

Poder na Nigéria

DEZEMBRO DE 2014

A equipe do SCL tinha entre dez e quinze funcionários em período integral — dentre eles alguns britânicos, alguns canadenses, um australiano, três lituanos e um israelense —, e eu estava sempre me revezando em reuniões com cada um deles e aprendendo um pouco mais. Ou tinham a minha idade, ou eram um pouco mais velhos, a maioria com mestrado, mas também havia muitos com doutorado. Todos já haviam acumulado uma experiência impressionante trabalhando em organizações com e sem fins lucrativos, em todo tipo de atividade, do setor bancário à alta tecnologia, passando pela indústria de petróleo e gás e pela realização de programas humanitários na África.

Eles foram parar no SCL porque a empresa oferecia a eles a oportunidade única de trabalhar em um lugar na Europa que parecia uma startup do Vale do Silício. Eram extremamente sérios e trabalhadores. O tom era moderado e profissional, com uma urgência subliminar que, apesar de discreta, parecia mais típica de Nova York que de Londres. Trabalhavam horas sem-fim e davam duzentos por cento de si. Alguns haviam integrado as recentes campanhas eleitorais nos Estados Unidos e tinham acabado de retornar ao escritório de Londres, tendo sido recebidos como heróis. Passaram um ano morando em escritórios no Oregon, na Carolina do Norte e no Colorado, palcos das disputas mais acirradas. Os que permaneceram em Londres haviam trabalhado tão pesado quanto, emprestando as suas expertises nos países em que o SCL Group também atuava.

Cada um dos meus colegas tinha um conjunto de habilidades extremamente especializadas, que faziam com que tivessem papéis bastante específicos dentro da empresa.

Kieran, o diretor de comunicações que eu conhecera durante a entrevista, fazia de tudo, desde *branding* de partidos políticos até estratégias globais de *messaging*. Sua lista de prêmios em publicidade era impressionante, e seu trabalho em *branding* corporativo era melhor que a maioria que eu já tinha visto. Ele era o segundo mais antigo na empresa, depois de Alexander, e me mostrou um portfólio de mais de trinta programas de governo e plataformas partidárias que o SCL havia escrito e que ele projetara.

Embora estivesse na empresa há apenas alguns anos, Peregrine Willoughby-Brown — apelidado de Pere, que se pronunciava "Perry" —, um canadense, já tinha trabalhado em diversos países, lidando com campanhas eleitorais, administrando grupos focais, coletando dados e segmentando eleitores. Ele estivera em Gana, trabalhando no enorme projeto de saúde pública sobre o qual Alexander havia me falado. Pere me ajudou a ter uma ideia de como era participar de campanhas estrangeiras em países que não os Estados Unidos. Nas nações em desenvolvimento, a logística podia ser um pesadelo. O simples acesso a determinadas regiões era difícil; as estradas, às vezes, ficavam interditadas ou nem existiam. Porém, a maioria dos problemas, disse ele com um sorriso no rosto, era com as pessoas, como quando pesquisadores locais não apareciam ou simplesmente abandonavam o emprego após o primeiro pagamento.

Jordan Kleiner era um britânico de ar jovial com um enorme pavão tatuado no peito. Seu trabalho era extrair significado das pesquisas da empresa e servir de ligação entre as equipes de pesquisa e as de comunicações e operações. Também atuava como uma espécie de ponte entre o pessoal de dados e o de criação, e sabia como transformar uma pesquisa em textos e imagens eficazes.

Na ótica de uma pessoa recém-chegada, a equipe era formada por grandes pensadores e solucionadores de problemas de orientação liberal que, em dezembro de 2014, não pareciam muito incomodados pelo fato de a empresa ter firmado contrato com clientes conservadores — em parte, acredito eu, porque eles ainda não tinham se aprofundado muito nisso. As eleições intercalares norte-americanas tinham os apresentado a militaristas e figuras excêntricas, mas era possível pensar neles como exceções, e a empresa estava apenas começando a fechar os contratos para as primárias do Partido Republicano.

Naquele momento, o clima no escritório era alegre, os laços de camaradagem eram fortes e os membros do grupo não eram competitivos entre si, pois havia poucas pessoas e suas funções não se sobrepunham com muita frequência.

Os funcionários do SCL e da Cambridge Analytica estavam motivados graças ao panorama que Alexander havia enxergado. A oportunidade aberta a eles era equivalente à dos primórdios do Facebook, e não foi preciso muito tempo para que a rede social fizesse uma oferta pública de ações avaliada em 18 bilhões de dólares. Alexander queria um resultado semelhante e, como eram millennials, a equipe via o bebê de Mark Zuckerberg como um modelo de inovação notável em um nicho que ninguém pensara em ocupar antes.

A Cambridge Analytica se baseava na mesma noção idealista de "conectividade" e "engajamento" que impulsionara o Facebook. A razão de ser da empresa era aumentar o engajamento em um território desconhecido, e quem trabalhava ali visivelmente acreditava, da mesma forma que os primeiros empregados do Facebook, que estava construindo algo importante, algo que o mundo só ainda não sabia o quanto era indispensável.

Alexander ocupava uma caixa de vidro à entrada do escritório, enquanto a diminuta equipe de cientistas de dados ocupava outra, nos fundos, repleta de computadores, onde permaneciam com as caras grudadas às incontáveis telas.

Alguns eram um pouco esquisitos e reservados. Um deles, um romeno de olhos castanho-escuros, quase nunca os desgrudava do monitor. Sua especialidade era design de pesquisa; ele era capaz de dividir um país em regiões e fazer amostras de estatísticas precisas de populações, que poderiam ser utilizadas pelos seus colegas para identificar públicos-alvo. Outro, um lituano que se vestia como um britânico elegante e quase sempre ia trabalhar usando um blazer de veludo, era especialista em coleta de dados e estratégia.

Os dois codiretores de análise de dados eram o dr. Alexander Tayler, um australiano ruivo e taciturno, e o dr. Jack Gillett, um inglês simpático de cabelos escuros. Tayler e Gillett haviam sido colegas de turma na Universidade de Cambridge e, após a formatura, trabalharam algum tempo em posições discretas de grandes empresas — Gillett no Royal Bank of Scotland, e Tayler na Schlumberger, uma companhia do ramo petrolífero. Ambos haviam chegado ao SCL graças à oportunidade de desenvolver programas de análise de dados de ponta e ter maior independência.

Tayler e Gillett tinham à disposição um banco de dados robusto e maleável, que oferecia enorme vantagem à empresa sempre que era necessário executar uma nova campanha política. Em geral, toda vez que uma campanha tem início, os responsáveis pelos dados precisam criar um banco do zero ou comprar um de algum fornecedor. O banco de dados do SCL era próprio, e a empresa podia adquirir cada vez mais conjuntos de dados e modelar esses pontos da forma mais adequada ao projeto de cada cliente. Embora depois eu fosse descobrir o verdadeiro custo dessa "vantagem" e a disputa legal necessária para convencer os clientes a compartilhar seus dados conosco para sempre, de início me pareceu uma ferramenta bastante benigna e poderosa.

Na primeira campanha de Obama, não tínhamos nenhuma análise preditiva avançada. Nos seis anos seguintes, as coisas mudaram muito. Alexander disse que os dados eram um "recurso natural" incrível. Era o "novo petróleo", disponível em grandes quantidades, e a Cambridge Analytica estava a caminho de se tornar a maior e mais influente empresa de coleta e análise de dados do mundo. Era uma oportunidade sem precedentes para aqueles com espírito empreendedor e aventureiro. Havia espaços a serem conquistados e dados a coletar. Era a época de lua de mel em uma indústria nova em folha. Era como um novo "Velho Oeste", de acordo com Alexander.

Alexander quase nunca estava no escritório. A empresa tinha acabado de concretizar uma enorme virada política nos Estados Unidos, vencendo 33 das 44 disputas nas eleições intercalares norte-americanas, uma marca inédita. Uma taxa de sucesso de 75% para uma agência estreante era surpreendente, e Alexander fazia corpo a corpo, valendo-se do triunfo da empresa para impulsionar novos negócios. Até onde eu entendia, quando estava nos Estados

Unidos, ele ficava voando de lá para cá para se encontrar com Bill Gates e outros da mesma estirpe, e, em Londres, entretia bilionários britânicos como sir Martin Sorrell.

O escritório do SCL não era o tipo de lugar para onde alguém levava empresários importantes ou chefes de estado. O espaço em si era sujo e sem janelas, sombrio até mesmo ao meio-dia. O carpete era de um cinza industrial desgastado, o teto rebaixado todo desalinhado, com buracos e manchas esquisitas. Além das duas caixas de vidro, uma para Alexander e outra para os cientistas de dados, o escritório consistia em uma sala única com cerca de cem metros quadrados, na qual a equipe inteira se amontoava, confinada em duas mesas grandes colocadas lado a lado. O único outro espaço onde era possível ter conversas privadas era uma sala minúscula de mais ou menos 2,5 por três metros, com uma mesa e duas cadeiras, sem nenhuma ventilação, cujo apelido era "Solitária". Enquanto os funcionários ficavam espremidos ali feito sardinhas em lata, Alexander preferia levar potenciais clientes a bares ou restaurantes chiques nas redondezas.

Quando enfim tive a chance de me sentar com ele no seu escritório na segunda semana de dezembro, falamos sobre vários projetos que eu poderia levar a cabo. Ele deixou claro que, se eu quisesse correr atrás de projetos sociais ou humanitários, teria que conseguir verba para financiá-los. Ele me deu sinal verde para continuar o trabalho em um projeto em regiões da África afetadas pelo ebola, que eu queria pôr em prática junto com a Organização Mundial da Saúde e com os governos da Libéria e de Serra Leoa. Com a ajuda de Chester e sua incomparável agenda de contatos, eu falaria com ambas as nações e tentaria fechar um "pacote completo".

Alexander também sugeriu que eu ficasse de olho em futuras eleições. Ele me pediu para falar de tempos em tempos com o primeiro-ministro de Chester e os homens da Ásia Central com quem ele tinha tratado no restaurante japonês onde havíamos sido apresentados. Conversamos também sobre outras oportunidades, algumas através de contatos meus, outras por meio de Chester e outros amigos cosmopolitas.

Ao falar com os clientes pela primeira vez, eu precisava determinar três coisas de imediato, Alexander me disse. A primeira era "Existe uma necessidade?", ou seja, analisar se havia algum projeto em potencial. A segunda era "Você tem verba?". E a terceira, tão importante quanto a segunda, era "Você tem um cronograma?". Se alguém não tivesse um cronograma, não haveria urgência em seguir adiante com o projeto e, independentemente da verba de que o cliente dispusesse, aquela oportunidade provavelmente não levaria a lugar algum.

Alexander disse que eu precisava de um título, algo que "causasse boa impressão, mas sem muito exagero". Não faria diferença dentro da empresa, explicou ele, seria apenas uma espécie de "cartão de visitas" que eu poderia apresentar ao abordar os clientes.

Sugeri "assessora especial", que agradou Alexander porque refletia o meu status de meio período e era vago o suficiente. Eu gostava porque era o título dado aos enviados da ONU cujos trabalhos eu cobiçava, como "assessor especial de direitos humanos".

Agora, só faltava pôr a mão na massa.

Quando eu ainda estava começando, pedindo doações nas ruas de Chicago, dispondo de apenas sessenta segundos para convencer alguém a me fornecer seus dados do cartão de crédito para fazer contribuições mensais a uma instituição de caridade da qual a pessoa nunca tinha ouvido falar, eu me acostumara à rejeição e perdera o medo de abordar desconhecidos. E, em trabalhos recentes, havia falado com embaixadores e outros dignitários e empresários estrangeiros, passado vários dias por semana tanto na Câmara dos Comuns quanto na Câmara dos Lordes. Eu poderia falar com um empresário indiano nascido no tempo da ocupação britânica ou com o primeiro-ministro de qualquer país, fosse grande ou pequeno.

Foi com essa ousadia que, em dezembro de 2014, entrei em contato com o príncipe Idris bin al-Senussi, da Líbia, um país que eu conhecia muito bem — com os meus próprios olhos, na verdade. Um amigo fez as apresentações. O príncipe conhecia algumas pessoas que precisavam da nossa ajuda. Faltavam apenas alguns meses para as eleições presidenciais na Nigéria, e os homens, bilionários nigerianos da indústria do petróleo, alinhados com o atual presidente, estavam aterrorizados com a possibilidade de ele sair derrotado nas urnas. "São homens muito religiosos", disse o príncipe Idris. "Eles temem pelas vidas deles e de suas famílias", o príncipe me confidenciou, "caso o atual mandatário não ganhe".

Eu respondi que o SCL já havia feito um trabalho eleitoral na Nigéria em 2007. Isso o deixou animado. Ele queria colocar todo mundo em contato o mais rápido possível. Será que Alexander e eu poderíamos voar naquele dia para Madri e encontrar os nigerianos?

Alexander estava mais que pronto, ainda que um pouco cético em relação à minha ousadia de principiante. Ele tinha um pequeno conflito de agenda e não poderia ir de imediato. Eu teria que ler o maior número possível de estudos de caso, elaborar uma proposta para os nigerianos e depois viajar sozinha para Madri. Meu chefe chegaria apenas no segundo dia, para, então, fazer um *pitch* mais formal. Será que eu estava pronta para enfrentar o desafio de fazer todo o resto antes de ele chegar?

Eu estava ao mesmo tempo apavorada e empolgada. Seria a primeira vez que representaria a empresa, e minha compreensão da profundidade e da amplitude dela ainda era muito superficial. Eu estava no cargo havia pouco mais de duas semanas. Também não sabia quase nada sobre a Nigéria, exceto que era o país mais populoso da África, com 200 milhões de habitantes. Tinha apenas um conhecimento primário da sua história e do atual estado da política nigeriana, e não sabia quase nada sobre as questões e os personagens envolvidos na iminente eleição presidencial. Ainda assim, mesmo tão cedo, um contrato viável parecia estar diante de mim, e, segundo Alexander dissera, poderia valer milhões. A perspectiva nigeriana atendia a todos os critérios: havia um projeto, os clientes tinham verba e era urgente. Sim, falei a Alexander. Eu iria para Madri.

Nos preparativos para a reunião, vasculhei o escritório do SCL em busca de qualquer informação que pudesse encontrar sobre a campanha eleitoral nigeriana de 2007. Como não havia muito material específico sobre ela, examinei documentos e estudos de caso de outros projetos ao redor do mundo. Virei a noite trabalhando e elaborei uma proposta com a ajuda de um membro júnior da equipe. Era o suficiente para começar, principalmente diante de toda a pressa, mas, com as eleições marcadas para 14 de fevereiro de 2015, havia tão pouco tempo que nem tínhamos esperança de fechar o contrato — não que aquilo fosse me desanimar, claro.

A situação na Nigéria era complexa. Os clientes em potencial apoiavam o atual presidente, um homem chamado Goodluck Jonathan. Jonathan era cristão e progressista, informou meu amigo advogado especialista em direitos humanos John Jones, conselheiro da rainha. O atual presidente era um líder que implementara reformas substanciais no país desde que assumira o cargo, em 2010, e era visto por alguns como um defensor da juventude e dos desfavorecidos. Além disso, havia trabalhado para reverter desastres ambientais, incluindo o envenenamento por chumbo que matou cerca de quatrocentas crianças em uma região pobre do país, e buscara estabilizar o setor de energia, privatizando a rede elétrica, que não era confiável. Mas seu governo era corrupto, e nos últimos tempos se tornara impopular após várias derrotas, entre elas o fracasso público de resgatar duzentas alunas sequestradas pela organização Boko Haram. Não muito tempo antes, o líder nigeriano havia sido acusado de planejar um atentado terrorista. Contudo, como meu amigo John Jones me esclareceu, nas eleições, Jonathan era o menor dos dois males.

A alternativa era Muhammadu Buhari.

Em três décadas, Buhari esteve envolvido em dois golpes militares. No primeiro, foi nomeado governador da província, e, no segundo, assumiu a presidência. Sob o seu governo repressor, manifestara apoio à *sharia* e perseguira estudiosos e jornalistas. Vários grupos apresentaram queixas contra ele na Corte Penal Internacional, acusando-o de violações dos direitos humanos e crimes contra a humanidade (o que Buhari negou. No fim das contas, a Corte não deu prosseguimento às ações).* Na verdade, de acordo com a lei internacional, se as acusações fossem verdadeiras, sua disputa à presidência teria sido ilegal. John concordava com o príncipe e seus amigos da indústria petrolífera quando diziam que, se Buhari vencesse, o país poderia sucumbir à violência.** Faltando pouco para o dia da votação, era uma situação confusa e moralmente nebulosa, mas, como ativista de direitos humanos, eu tinha certeza de que ao menos o SCL estaria do melhor lado.

---

* Julien Maton, "Criminal Complaint Against Nigerian General Buhari to Be Filed with the International Criminal Court on Short Notice", Ilawyerblog, 15 de dezembro de 2014, http://ilawyerblog.com/criminal-complaint-nigerian-general-buhari-filed-international-criminal--court-short-notice/.

** John Jones, "Human Rights Key as Nigeria Picks President", *The Hill*, 20 de fevereiro de 2015, https://thehill.com/blogs/congress-blog/civil-rights/233168-human-rights-key-as--nigeria-picks-president.

Alexander tomou as providências para que eu entretivesse os nigerianos em um hotel de luxo, e me orientou a fazer uma opulenta refeição com eles. Eu nunca havia recebido uma tarefa tão importante diante de tantas coisas em jogo.

Quando cheguei a Madri, o príncipe Idris me aguardava com apenas um nigeriano, e não era nem mesmo quem eu esperava. Ao que parecia, os clientes haviam enviado um representante para participar da reunião. Era um homem alto, imponente e corpulento, entrando na meia-idade, mas pude ver que estava bastante nervoso, o que fez com que eu me sentisse melhor.

Consegui sobreviver ao primeiro dia, apresentando a proposta ao nosso potencial cliente e falando sobre o básico do que eu entendia que o SCL poderia fazer pelos chefes dele. A empresa oferecia serviços como pesquisas de opinião, análise de castas e tribos, pesquisa de oposição e até "inteligência competitiva" — ou seja, coleta de informações de última geração que poderiam ser usadas para pesquisar os antecedentes pessoais e financeiros dos candidatos e explorar o histórico de negociações do partido ou "atividades ocultas". Eu não era tão ingênua a ponto de achar que aquilo não era uma campanha negativa, mas sabia que, àquela altura da competição, talvez fosse necessário mostrar resultados com alguma agilidade.

Não havia tempo para fazer o que o SCL chamava de "auditoria de partido", um censo para coletar detalhes dos eleitores, incluindo a seção onde votavam e a filiação partidária. Também não seria possível identificar com precisão os eleitores cujas posições oscilavam. Mas poderíamos realizar um trabalho intensivo para estimular o comparecimento às urnas em regiões onde já havia grande apoio a Goodluck Jonathan. E se alcançássemos uma margem suficientemente ampla, isso serviria para dissolver qualquer descrédito quanto aos resultados e talvez impedir a violência no período pós-eleitoral.

Fiquei aliviada quando Alexander chegou, no segundo dia, para fazer o *pitch* formal. É impossível negar que vê-lo mergulhar de cabeça naquela tarefa era uma coisa linda. Alexander era a eloquência e a elegância em pessoa. Sua fala era segura e inabalável, uma figura atraente em um terno azul-marinho impecável e gravata de seda, mais carismático do que a maioria dos cavalheiros já vistos. Eu o observava com carinho e um grau de admiração do qual ainda não tinha me dado conta.

O início do *pitch* incluía praticamente os mesmos tópicos que ele abordou quando Chester e eu visitamos o escritório do SCL em outubro — os mesmos slides com fotos de praias e avisos sobre tubarões, os mesmos argumentos sobre *Mad Men*, as mesmas comparações entre as abordagens *top-down* e *bottom-up*, e entre *blanket advertising* e *targeted advertising* com base em pesquisas científicas e psicológicas. No entanto, ele estava fluindo melhor, mais dramático e persuasivo. Parecia fácil, tão perfeitamente administrado e coreografado quanto o melhor TED Talk já visto. Segurando com firmeza o pequeno controle remoto, Alexander parecia ter em mãos um botão capaz de controlar o mundo.

O representante dos bilionários ficou em êxtase, e, assim como o príncipe, se debruçava e balançava a cabeça em aprovação de tempos em tempos. Quando Alexander chegou ao trecho da apresentação que tratava de como a empresa tinha a capacidade de, nas palavras dele, "abordar especificamente vilarejos ou prédios, e até mesmo direcionar o foco para pessoas em particular", os dois arregalaram os olhos.

Como o SCL fazia aquilo era apenas uma fração do que tornava a empresa diferente de todas as outras companhias de campanhas eleitorais do mundo. Eles não eram uma agência de publicidade, disse Alexander, e, sim, uma empresa de comunicações psicologicamente astuta e com precisão científica.

"O maior erro que as campanhas políticas e de marketing cometem é partir do ponto onde estão, em vez de onde querem estar", disse Alexander. "Elas tendem a começar com uma ideia preconcebida do que é necessário. E, em geral, isso toma um determinado tema como base."

Portanto, o SCL, por diversas vezes, se viu em situações nas quais os clientes tentavam dizer o que devia ser feito. Geralmente, os clientes achavam que tinham que espalhar pôsteres por todos os lados e lançar propagandas na televisão, falou Alexander.

"Bem", ele perguntou, "como podemos saber qual é a coisa certa a ser feita?"

O cliente levantou as sobrancelhas.

"Não estamos interessados nem no presidente, nem no partido, nem em quem o cliente é", disse Alexander com desdém. "Estamos interessados no *público*." Ele parou por um segundo para criar expectativa e abriu outro slide. Havia uma foto de uma plateia no cinema olhando para a tela.

"A melhor forma de exemplificar isso é a seguinte", disse, apontando para o slide. "Vamos supor que você é dono de um cinema e quer vender mais Coca-Cola, ok?"

O cliente assentiu.

"Você pergunta a uma agência de publicidade qual é o plano deles, e eles respondem: 'Você precisa de mais Coca-Cola no ponto de venda, precisa de uma ação da Coca-Cola, precisa passar um anúncio da Coca-Cola antes do filme." Alexander balançou a cabeça em desacordo. "E é tudo sobre a Coca-Cola", disse ele. Aquele era o problema das campanhas políticas.

"Mas", prosseguiu, passando para outro slide — que agora mostrava imagens que iam se ampliando na esquerda, na direita e no centro, todas de propaganda e marcas da Coca-Cola, que logo ocuparam a tela inteira —, "se você parar, olhar para o público-alvo e fizer perguntas como 'Em que circunstâncias eles beberiam mais Coca-Cola?', e pesquisasse a resposta, talvez descobrisse que é mais provável que bebam Coca-Cola quando estão com sede."

Ele fez outra pausa dramática.

"Portanto, o que você quer fazer", disse ele, clicando em outro slide, "é simplesmente aumentar a temperatura... da sala."

A imagem no slide era de um termômetro tipo de desenho animado, a coluna de mercúrio vermelha, quase explodindo.

A solução, disse Alexander, não estava no anúncio. "A solução está na plateia." Ele fez outra pausa, para se certificar de que aquilo havia sido assimilado.

A solução está na plateia, pensei. Nunca tinha visto as coisas daquela forma.

Foi um momento fascinante, tão revelador para mim quanto o que ele dissera naquela primeira apresentação que fez sobre a inutilidade do *blanket advertising*. Eis ali um conceito brilhante: para fazer as pessoas agirem, você devia criar as condições sob as quais seria maior a probabilidade de elas fazerem o que você quer que façam. A simplicidade desse conceito era vertiginosa.

Alexander disse que o SCL já tinha feito aquilo diversas vezes, no mundo todo.

Em Trindade e Tobago, em 2010, disse ele, passando mais slides, a empresa havia focado na "etnia mista" do país (metade do país era de ascendência indiana; a outra metade, afro-caribenha). "Líderes políticos de um dos grupos", disse ele, "estavam com dificuldades em fazer com que suas mensagens fossem recebidas pelo outro". Assim, o SCL havia projetado uma ambiciosa campanha eleitoral baseada em grafites que disseminavam mensagens de campanha. E o comparecimento dos mais jovens às urnas aumentou em massa.

Brilhante, pensei. Aumentar o percentual de voto entre jovens era muito difícil durante as eleições.

Em Bogotá, Colômbia, em 2011, o SCL descobriu que, em um país com índices alarmantes de corrupção, a população em geral desconfiava de todos os candidatos na disputa. Desse modo, o SCL "convocou terceiros" para endossar os candidatos. O fato de os próprios habitantes fazerem campanha pelo candidato foi bastante eficaz, sem ter que expor o rosto do candidato ou da candidata.

"Com que rapidez os nigerianos poderiam ver resultados se o SCL atuasse nas eleições que se aproximavam?", perguntou o representante.

Eu sabia o que Alexander ia dizer, porque tinha lido sobre isso no manual: os serviços da empresa tinham "foco em resultado". A empresa sempre trabalhava com seus clientes de forma a garantir que os efeitos dos seus serviços fossem "facilmente identificáveis e mensuráveis".

O representante pareceu satisfeito.

Após a apresentação, Alexander e eu fomos jantar. Falamos sobre a campanha na Nigéria e todas as outras das quais ele participou ao longo dos anos, e percebi que ele talvez fosse o consultor de campanhas eleitorais mais experiente do mundo. Comecei a enxergá-lo como um mentor. E, apesar de não ter tido muito contato com ele nas primeiras semanas de trabalho, Alexander agora tinha me convidado para visitar a família dele ou vê-lo disputar uma partida de polo. Fiquei surpresa quando notei que ambas as opções pareciam muito boas, de fato.

Então, no dia em que voamos de volta para Londres juntos, tivemos um momento tão terno que me fez sentir quase como que igual a ele. Seguindo os hábitos frugais do SCL, nossas passagens eram para a classe econômica, mas, antes de embarcar, ele me convidou para se juntar a ele no lounge da classe executiva, onde brindamos o sucesso vindouro e tomamos uma taça de champanhe grátis. "Saúde", dissemos. Um brinde ao futuro.

De volta a Londres, o Natal se aproximava. Na festa de fim de ano da empresa, um evento cujo tema era a Lei Seca, usei um vestido de melindrosa com um par de luvas brancas compridas que peguei emprestado de um amigo querido que trabalhava com figurinos. Socializei com o máximo de pessoas que pude — Pere, Sabhita e Harris McCloud, um canadense de cabelos loiros e olhos azuis, especialista em comunicação política. Conversei com alguns cientistas de dados, incluindo o dr. Eyal Kazin e Tadas Jucikas, os dois principais assistentes de Alex Tayler. Eu ainda não fazia parte da equipe; era uma novata, um objeto de curiosidade, e era muito difícil falar sobre mim em um ambiente tão barulhento. Mesmo assim, consegui me integrar e conversar com as pessoas o máximo que pude. Alexander não estava lá; tinha ido a Gana com Ceris, para ver se conseguia retomar a negociação com o presidente daquele país. Invejei que ele tivesse trabalho com que ocupar a cabeça.

De repente, um dos cientistas de dados que eu ainda não conhecia veio se apresentar. "E aí, como andam as falcatruas eleitorais?", perguntou ele. Eu não fazia ideia de como responder. Fiquei ali parada, encarando o homem e a bebida que ele segurava: um *espresso martini* recém-servido, congelante. Eu estava tomando a mesma coisa; a taça estava tão gelada que eu não conseguiria segurá-la sem as minhas longas luvas brancas. Apesar do gelo das nossas bebidas, eu me recordo de sentir a temperatura aumentar desconfortavelmente.

Não lembro o que disse; provavelmente dei alguma resposta engraçadinha. Afinal, o que se espera que alguém responda diante de um comentário como aquele? E o que ele queria dizer com aquele comentário, afinal?

Na mesma época em que entrei para o SCL, tinha começado a namorar um escocês adorável chamado Tim. Ele era diferente da maioria dos homens que eu tinha namorado antes, e, de alguma forma, me fazia lembrar de Alexander. Tim também havia estudado em colégios internos britânicos e vinha de uma família rica tradicional. Da mesma forma que Alexander em relação à minha vida profissional, Tim era mais conservador do que a maioria das pessoas que haviam passado pela minha vida. Ele trabalhava com gestão de negócios, a mesma área em que eu acabara de aportar. Ele era a simpatia em pessoa, sempre o mais agitado e alegre, onde quer que estivesse. Vestia-se de maneira muito formal, com ternos de tweed de três peças, e era bonito como os homens que ocupavam as capas da *GQ*.

Eu não tinha falado muito sobre ele para a minha família — não ainda. Não tivera uma experiência muito boa em compartilhar notícias frescas demais. Afinal, quando contei à minha mãe sobre o meu novo emprego, ela ficara aflita. "Ah, não", disse, e me falou que esperava que eu não desistisse do doutorado. Garanti que não pretendia desistir.

Eu não tinha um lar para onde ir naquele Natal. Minha família já havia começado a encaixotar as coisas para entregar a casa. Era muito triste pensar naquilo. Então, em vez disso, me dediquei ao trabalho no SCL, como se, naquele breve período entre o Natal e o Ano-novo, eu fosse ser capaz de impedir que tudo desabasse. Mantive contato com os nigerianos. Talvez fechássemos aquele projeto. Eu estava torcendo; queria que algo desse certo. Gostaria de poder continuar trabalhando durante as férias, para manter a cabeça afastada dos assuntos pessoais, mas o escritório só ficaria aberto até o Natal.

No fim das contas, Tim acabou me convidando para a casa dele na Escócia. Sair de Londres parecia uma boa maneira de me distrair. Os pais de Tim moravam em um par de chalés geminados do final do século XIX, rodeados por um lindo gramado. Eles eram um grupo caloroso e acolhedor, e me distraí no Natal conversando, tomando chá e bebendo ótimo vinho, com conversas e risadas. Eles fizeram com que eu me sentisse em casa. No entanto, dado o que estava acontecendo com a minha família — algo que eu não havia compartilhado com Tim ou com a família dele —, me senti muito feliz e melancólica ao mesmo tempo.

A casa ficava tão escondida no campo que o sinal de celular por lá era bem fraco. Pedi aos pais de Tim permissão para dar o número do telefone fixo deles, para o caso de alguma emergência. Passei o número apenas para a minha mãe, Alexander, o príncipe Idris e os nigerianos. Alexander dissera que, se tudo corresse bem em Madri, poderíamos receber alguma resposta do príncipe ou do representante nigeriano durante o recesso de fim de ano.

"É agora ou nunca", disse ele antes de embarcar para Gana e emendar a viagem com as férias em família. A eleição seria dali a pouco mais de um mês e meio.

Certa noite, o telefone tocou. O irmão de Tim correu para atender. Fiquei escutando do quarto ao lado.

"Não estamos interessados em nada do que você está vendendo!", ouvi--o dizendo, carregado de sotaque escocês. A mãe de Tim estava por perto, e pude escutá-la lutando para pegar o fone da mão dele. Ela sabia que eu estava esperando ligações importantes. Quando a briga terminou, o irmão de Tim entrou no quarto em que eu estava, com o rosto vermelho.

"Umm... Brittany, é para você." Ele fez uma pausa. "É... um príncipe?", falou, dando de ombros.

O príncipe Idris. Eu me aprumei rápido e atendi ao telefone. "Boa noite, Vossa Alteza Real", falei.

Ele tinha ótimas notícias. Já havia ligado para Alexander para contar, e agora compartilhava a história comigo. Os nigerianos queriam fechar negócio — já. E queriam debater a proposta cara a cara. Eles estavam em Washington, capital dos Estados Unidos.

Alexander estava de férias e não ia conseguir comparecer. "Você deve se preparar para encontrar com eles agora mesmo", disse o príncipe Idris.

Depois que desligamos, mal conseguia respirar. É claro que o SCL não me mandaria para lá. Eles tinham funcionários bem mais experientes a quem podiam delegar a tarefa. Eu era apenas uma estudante de pós-graduação que trabalhava lá havia só três semanas e meia, em regime de meio período.

De repente, o telefone tocou de novo. Dessa vez era Alexander. Antes mesmo que eu conseguisse dizer algo além de "alô", ele começou a falar.

"Ok, Brits", disse ele, me chamando por um apelido que nem ele nem qualquer outra pessoa jamais tinha usado. "Você está preparada para essa prova de fogo? Esses caras dizem que estão prontos para assinar, mas querem fechar o negócio em pessoa. *Sempre* feche um negócio em pessoa."

Eu continuei ali, ouvindo.

Todo mundo estava de férias ou fora de alcance, disse Alexander. "Só restou você, minha querida!"

Eu não tinha ideia se era mesmo capaz de fazer aquilo.

"Se você quer mesmo isso e não acha que eles estão nos enganando, é agora ou nunca", disse ele. "Se fecharmos esse contrato, fico te devendo uma."

4

Davos

JANEIRO — ABRIL DE 2015

A viagem a Washington foi melhor do que eu poderia imaginar — melhor do que qualquer um poderia imaginar.

Logo após o Natal, deixei a casa da família de Tim na Escócia e fui ao encontro de um dos bilionários nigerianos por trás de tudo. Quando cheguei, ele já havia se encontrado com funcionários do governo e empresários dos quais esperava ajuda para inflamar a opinião pública contra Muhammadu Buhari. Eles tinham tido pouco êxito até então, e assim o homem estava interessado em fechar contrato com o SCL.

Ele era grande, forte, imponente, sério e rico — a última característica, inclusive, ele fazia questão de deixar bem claro. Eu o achei intimidador. Ele não estava acostumado a fazer negócios com mulheres, e muito menos com uma jovem norte-americana, e tive a impressão de que ele não ficara satisfeito com o fato de Alexander ter me enviado, em vez de ir ele mesmo.

Eu tinha a proposta comigo, e fiz o melhor que pude para deixar claro o que Alexander julgava que o SCL, a seis semanas da eleição presidencial na Nigéria, seria capaz de fazer.

A Nigéria estava dividida entre os dois partidos políticos mais poderosos do país: o People's Democratic Party (PDP), de Goodluck Jonathan, e o partido que apoiava Buhari. Não havia tempo para conquistar eleitores indecisos. Nosso trabalho seria ativar a base de Jonathan para incentivar o comparecimento às urnas e, mais importante, garantir a vitória por ampla vantagem, a fim de evitar que os resultados fossem contestados e, dessa forma, impedir que houvesse um rompante de violência.

Usaríamos o rádio, um dos meios de comunicação mais confiáveis nas áreas rurais do país, como principal meio de comunicação, enchendo a programação de anúncios, entrevistas pagas e depoimentos de cidadãos. Também faríamos alguns anúncios na TV e em jornais, e publicaríamos artigos de opinião. Dado que apenas 10% das famílias tinham acesso à internet, nossa campanha digital seria limitada às áreas urbanas, onde faríamos postagens no Facebook e no Twitter, publicaríamos conteúdo no YouTube e anunciaríamos em banners. Também contaríamos com outdoors em grandes áreas segmentadas, pois não havia dados suficientes para fazer qualquer tipo de *microtargeting*, e, ainda que os dados permitissem, não tínhamos tempo para modelagem, uma abordagem científica de análise de dados para prever o comportamento das pessoas.

Mesmo com todas essas estratégias, falei ao bilionário nigeriano que o SCL não poderia garantir a vitória de Goodluck Jonathan. Porém, àquela altura, repetindo o que Alexander dissera ao representante dele em Madri, éramos a melhor aposta que ele podia fazer.

O homem assentiu. "Qual é o preço?", perguntou.

Alexander dissera que custaria no mínimo 3 milhões de dólares.

O homem recusou e fez uma contraproposta de 1,8 milhão. E questionou se teria algum problema se colocasse todo o dinheiro em um jato particular e o enviasse para nós. Ou, se isso não fosse viável, se poderiam esconder o dinheiro no interior do estofamento de um carro e deixá-lo em um local discreto, cuja localização seria combinada de antemão, removendo as maçanetas e furando os pneus para que ninguém pudesse roubá-lo, acrescentou. Era assim que os contratos eram firmados no país dele, explicou. Chocada, e diante de algo fora da minha alçada, comecei a ligar para Alexander desesperada.

Quando ele atendeu, explicou com naturalidade que não aceitávamos dinheiro, como se aquela alternativa fosse oferecida com frequência, e solicitou uma transferência eletrônica. Não foi um problema: quando voltei à Inglaterra, no dia 2 de janeiro, o dinheiro já tinha batido na conta informada por Alexander. Ele estava nas nuvens. O contrato de 1,8 milhão de dólares era o maior que o

SCL havia fechado em tão pouco tempo. Falou que sabia que eu continuaria levando a oportunidades incríveis a Cambridge Analytica. Ele tinha certeza de que o acordo com os nigerianos não fora apenas sorte de principiante.

Eu estava empolgada também. Imaginei que fosse receber uma bela comissão ou participação nos lucros, talvez até o suficiente para salvar a casa dos meus pais, garantir a eles um pouco de segurança e conforto por algum tempo. Liguei para minha irmã para contar a boa notícia.

Contudo, Alexander tinha outros planos. Não tínhamos combinado nada sobre uma comissão para mim, e o príncipe Idris também esperava alguma coisa, porque havia feito a ponte. Além disso, Alexander havia sido o responsável por escolher a equipe que trabalharia no país, e por estabelecer o orçamento, que seria alto.

Fiquei decepcionada. Conseguira um belo contrato para a empresa, e a única compensação que receberia seria a minha diária. Aquilo não parecia justo. Liguei para Chester para desabafar.

Não sei exatamente em que momento da nossa amizade me dei conta de que Chester era mais privilegiado do que eu mesma jamais teria sonhado em ser. Eu sabia que ele estudara em um colégio interno na Suíça. Sabia que ele viajara o mundo todo, mas só depois descobri que, em muitas das vezes, havia sido em um jatinho particular. Ele não tinha acesso ao dinheiro da família, então precisou correr atrás do próprio sustento e viver daquilo que ganhava, mas, como aquela grana representava uma tábua de salvação com a qual poderia contar se algo desse errado, com certeza ele estava em outro patamar.

Assim, de vez em quando, Chester dizia ou fazia alguma coisa que me lembrava do estrato do qual ele era parte, todas as experiências que havia tido, e, de repente, percebi o quão diferentes éramos. Enquanto ele estava ao telefone me ouvindo desabafar, concordou que o que eu fizera pelo SCL era notável e que eu merecia mais. E foi então que falou que tinha uma ideia para fazer ainda mais conexões e talvez gerar ainda mais negócios para mim, o que renderia uma comissão de verdade do SCL: juntos, ele e eu poderíamos ir a Davos, para a conferência anual do Fórum Econômico Mundial, prevista para o final de janeiro, dali a poucas semanas.

O simples fato de sugerir que fôssemos a Davos era uma daquelas coisas que me fazia pensar de forma muito mais ampla do quanto Chester tinha uma excelente network. Eu sabia que ele já havia participado da conferência antes, mas não fazia ideia do que isso significava. Eu já tinha lido bastante sobre "Davos". Desde 1971, a pequena cidade turística localizada nos alpes Suíços sediava a mundialmente famosa conferência internacional do Fórum Econômico Mundial, uma organização sem fins lucrativos cujos membros eram bilionários e executivos das empresas mais valiosas do planeta. Todos os anos, participavam da conferência, junto aos super-ricos, intelectuais públicos, jornalistas e líderes mundiais das setenta nações de maior PIB. Eles se reuniam para "definir agendas globais, regionais e setoriais",* em encontros que se debruçavam sobre todos os tipos de assunto, desde inteligência artificial até a solução para as crises econômicas. Entre os participantes naquele ano estariam Angela Merkel, a chanceler alemã; o premier chinês, Li Keqiang; o secretário de Estado norte-americano, John Kerry; e líderes de várias empresas da lista Fortune 200.**

Apesar das boas intenções, nos últimos anos a conferência havia se tornado famosa pela decadência — festas, piadas sem graça, gente querendo aparecer e estrelas de cinema que começaram a bater ponto no evento. Em 2011, Anthony Scaramucci, que se tornaria porta-voz de Donald Trump pelo período mais curto da história, organizou uma degustação de vinhos que se transformou, como descreveu um repórter, em "uma enorme bebedeira". Havia boatos de que rolavam orgias, mas Chester disse que isso era ridículo, pois ninguém colocaria a reputação em risco em meio a tamanha visibilidade.***

Não, ele me garantiu. Davos era essencialmente um lugar onde as pessoas iam para fazer negócios, ao longo de uma semana que valia por um ano inteiro, e, portanto, era importante ser o mais discreto possível.

---

* "Our Mission", World Economic Forum, https://www.weforum.org/about/world-economic-forum.

** Jack Ewing, "Keeping a Lid on What Happens in Davos", *New York Times*, 20 de janeiro de 2015, https://dealbook.nytimes.com/2015/01/20/keeping-a-lid-on-what-happens-in-davos/.

*** *Ibid.*

"Por que razão você *não* iria?", disse Chester. Não era exatamente uma pergunta.

Mas "esteja preparada", ele me avisou. "As pessoas são como abutres. Não deixe que elas se aproveitem de você. Não beba demais, e não fale com quem você não precisa falar."

Seu derradeiro conselho? Não fazia sentido levar salto alto, alertou. Davos ficava no alto das montanhas, e suas ruazinhas eram íngremes. Os suíços, disse Chester, tinham tanto zelo por seus pisos de madeira que se recusavam a espalhar sal nas calçadas. Em janeiro, o chão ficava tão escorregadio que se tornava um passatempo para os moradores e participantes do fórum ver os transeuntes, presidentes e até primeiros-ministros caindo de bunda no chão.

"Você não quer passar por isso", falou Chester. "É melhor estar preparada."

Nos primeiros dias de janeiro, Alexander já havia escolhido a equipe que iria para a Nigéria. Ela incluía Pere, Harris e James Greeley, o "pau para toda obra" do SCL. Alexander pensou em me mandar, mas, como eu havia me saído tão bem fechando o contrato, considerou que seria melhor eu ficar em Londres e correr atrás de outros clientes. "Você tem jeito para vendas", dizia ele, tentando me amolecer e me fazer esquecer a vontade de trabalhar *in loco* na campanha.

Enfim, *jeito para vendas*? Aquilo ainda não soava bem, embora eu pudesse dizer que estava pegando o jeito.

"Não desista", falou ele. "Você tem futuro aqui. Pode até se tornar CEO um dia."

No começo, achei que ele estivesse brincando, mas Alexander repetiu aquilo com tanta frequência que passei a acreditar que ele de fato enxergava todo esse potencial em mim.

Encarregados da direção da equipe nigeriana estavam Ceris e um homem que eu nunca havia visto antes. Alexander disse que seu nome era Sam Patten. Era um consultor sênior do SCL Group, um dos mais experientes na nossa lista internacional para realização de campanhas *in loco* em países estrangeiros. Sam trabalhara nas eleições parlamentares de 2014 no Iraque e, em 2012, desempenhara papel crítico na eleição do governo da oposição na Geórgia, a antiga república soviética. Ele também atuara como assessor sênior do presidente George W. Bush.* Infelizmente, embora não soubéssemos disso em 2015, Sam Patten se tornaria um personagem infame na investigação de Robert Mueller sobre o envolvimento da Rússia nas eleições presidenciais norte-americanas de 2016. Seu parceiro de negócios, um ucraniano chamado Konstantin Kilimnik, chamaria a atenção de Mueller no que dizia respeito à conexão de Donald Trump com os russos, e seria acusado de ser espião dos serviços de inteligência russos.

Na época em que o conheci, Sam me pareceu um profissional calejado, confiável e sério, o tipo de pessoa que olha para você no fundo dos seus olhos e fala as coisas sem rodeios. Ele chegou ao escritório em Mayfair no dia 3 de janeiro de 2015, vestindo um blazer bonito, mas usando uma camisa polo por baixo e carregando uma bolsa de laptop surrada que não deixavam dúvidas de que era norte-americano, e de que provavelmente carregava aquela bolsa mundo afora havia anos.

Repassei a Sam o que eu sabia a partir da minha breve experiência com os nigerianos, depois lavei as mãos. O plano era basicamente um esforço de guerra, apenas comunicação de crise: divulgar o máximo de material possível, o mais rápido possível, para provocar o impacto mais significativo possível. Eu batizara a campanha de "Nigeria Forward" (algo como "Avante Nigéria"), e presumi que, nas poucas semanas que nos restavam, seria uma luta otimista, usando todos os recursos possíveis para promover Goodluck Jonathan. Imaginei as inserções de rádio, os vídeos e, claro, os comícios — realizados em um palco desmontável acoplado à traseira de um caminhão, que, segundo me disseram, havia sido usado nos eventos de campanha organizados pelo SCL no Quênia.

Duas semanas depois, o quadro na Nigéria mudou significativamente. Chegou até nós a notícia de que a Comissão Eleitoral planejava adiar as eleições, marcadas para 14 de fevereiro, para o final de março. Os insurgentes do Boko Haram, no norte do país, causavam desordem e ameaçavam impossibilitar a

---

* Strategic Communications Laboratories. *NID Campaign January-February 2015 Final Completion Portfolio*. Londres: Strategic Communications Laboratories, 2015.

votação. Também havia problemas tecnológicos e logísticos. Era difícil distribuir os títulos de eleitor, e os leitores biométricos não estavam funcionando, segundo a Comissão. As eleições foram reagendadas para 29 de março. Embora isso devesse ser uma boa notícia, pois significava que a equipe teria mais tempo para alcançar as metas estabelecidas, o adiamento, junto a outros fatores, faria com que a situação com os nigerianos se tornasse cada vez mais complicada.

A comunidade internacional reagiu ao adiamento, inclusive o secretário de Estado norte-americano John Kerry, que insistiu para que as eleições fossem realizadas a tempo, e alertou o governo nigeriano sobre o uso de "medidas de segurança como pretexto para obstruir o processo democrático".* O All Progressives Congress (APC), partido de Buhari, adversário do presidente, classificou a atitude de "notavelmente provocativa" e "um grande revés para a democracia".** E o secretário-geral da ONU, Ban Ki-moon, "pediu às autoridades que tomassem todas as medidas necessárias para permitir que os nigerianos votassem 'em tempo hábil'".***

O projeto e o contrato eram válidos somente até 14 de fevereiro, o dia original das eleições. Nossa equipe esperava deixar Abuja na véspera, para evitar problemas. Por isso, entramos em contato com os clientes para informá-los de que, se quisessem estender o contrato, de modo que a equipe do SCL ficasse lá por mais tempo, teriam que aumentar a verba, provavelmente um valor igual ou maior ao que já haviam desembolsado. A equipe parecia feliz diante da perspectiva de estender a estadia, de acordo com o feedback que ouvi no escritório — durante o dia, ficavam trabalhando na "sala de operações" montada no hotel Abuja Hilton e, à noite, saíam para beber com a equipe de David Axelrod, que prestava consultoria para a oposição —, e nenhuma reclamação chegou até nós, na sede em Londres.

Fiquei bastante empolgada com a ideia. Se eu renovasse o acordo, teria a chance de receber a comissão que tanto esperava ganhar. No entanto, os nigerianos estavam reticentes quanto a uma extensão de contrato. Eles ainda não

---

* Agências em Abuja, "West Criticises Nigerian Election Delay", *Guardian*, 8 de fevereiro de 2015, https://www.theguardian.com/world/2015/feb/08/nigeria-election-delay-west-us-uk.
** *Ibid.*
*** *Ibid.*

haviam visto progresso suficiente para justificar isso. Nossa equipe podia estar trabalhando sem parar na Nigéria, mas onde estavam os resultados?

Não sabia como responder. Eu tinha experiência suficiente em campanhas eleitorais para saber que leva algum tempo para que os resultados sejam observados e, no caso específico da campanha nigeriana, a prova viria no próprio resultado das eleições. Mas os nigerianos disseram que precisavam ver o que a equipe tinha feito de verdade. Onde estavam os outdoors? Onde estavam as propagandas de rádio? Onde o dinheiro deles fora parar? Eu sabia que levava ao menos duas semanas para colocar a maioria daquelas coisas em prática, mas também sabia que elas já tinham que estar em andamento.

Para tranquilizá-los, Alexander pediu que Ceris escrevesse um relatório detalhado de tudo que havia sido feito até o momento. Enquanto isso, liguei para Chester, para pedir sugestões quanto ao que eu poderia fazer.

A ideia de Chester: vamos convidar os nigerianos para Davos — e Alexander também, para que ele possa se encontrar com eles e tranquilizá-los. Perguntei se poderia convidar meu amigo John Jones, advogado especializado em direitos humanos. Seria perfeito, falei, porque a experiência dele poderia ajudar os nigerianos a usar Davos como plataforma para denunciar Buhari e obter o apoio internacional que tanto desejavam.

Para mim, aquilo parecia uma ideia brilhante.

No entanto, sempre aparece algum problema.

Uma das coisas que Chester planejava fazer em Davos era organizar uma festa — e não era uma festa qualquer, mas uma bastante peculiar. Seria para um consórcio de bilionários que havia fundado uma empresa que queria extrair metais preciosos no espaço, em asteroides, explicou Chester.

Asteroides?

"Isso", respondeu ele. O plano era que os bilionários enviassem foguetes para pousar em asteroides e operar minas neles. Eles ainda não haviam se conhecido cara a cara, portanto queriam fazer isso em Davos. Pediram a Chester que os ajudasse a organizar uma festa com esse fim. Se eu fosse a Davos, poderia ajudar, Chester falou. A empresa de mineração de asteroides nos pagaria bem.

Seria mais dinheiro em um dia do que eu teria ganhado em um mês no SCL. Eu não sabia nada sobre como organizar uma festa em Davos, mas estava disposta a aprender.

Cheguei a Davos com sete dias de antecedência — o que, no final, foi uma ótima ideia —, para me preparar para uma semana inteira de reuniões de altíssimo nível e, claro, organizar a festa. Havia muito o que fazer, e a logística das festas era bastante complicada naquela cidade e naquela época do ano. Chester havia alugado um apartamento no meio da zona de segurança máxima, bem de frente para o Centro de Convenções de Davos, palco da maioria das sessões mais importantes do Fórum Econômico Mundial, e não era fácil entrar e sair dali com coisas. Haveria cozinheiros, bartenders, caminhões cheios de bebidas, comida, móveis e outros suprimentos; e a área ao redor de onde aconteceria a festa era quase tão difícil de entrar quanto Fort Knox.*

A temperatura na noite da festa estava congelante, como costuma acontecer em janeiro em Davos, mas estava tudo pronto. Instalamos aquecedores na parte externa do vasto terraço do prédio, que era onde ficava o bar, e colocamos também cadeiras e banquinhos que brilhavam no escuro, o que dava ao local um aspecto extraterrestre, seguindo a temática do espaço sideral.

E espalhamos sal pelo chão para impedir que os convidados escorregassem.

Lá dentro, no salão, pendurei faixas e ajudei a arrumar o bufê. Aqui e ali, espalhei cartões de visita meus e folhetos do SCL.

Alexander e John Jones chegaram cedo. Estavam animadíssimos. Era a primeira vez que iam a Davos.

Fiquei na porta, recebendo os convidados. Cada um era mais famoso que o outro: o empresário Richard Branson, Ross Perot pai e filho, membros da família real holandesa, e pelo menos mais uma centena de outros. Eles se espalharam pelo terraço, onde podiam ver os bartenders realizando truques de mágica, preparando coquetéis e fazendo malabarismos com fogo. Lá dentro, no meio do salão, podiam ver uma enorme maquete que os aspirantes a mineradores de asteroides haviam montado: a reprodução de um asteroide, no topo do qual estava empoleirada uma engenhoca que parecia um tripé e que se assemelhava a uma plataforma de petróleo.

---

* Local em que o governo americano guarda todo o seu estoque de ouro. [N. dos T.]

Espremido entre os convidados, John Jones parecia feliz. Embora Alexander com certeza sentisse que o SCL pertencia a uma classe mais baixa do que as demais empresas representadas na sala, ele estava contente por ter a chance de fazer contatos e ficou muito feliz ao ver Eric Schmidt, CEO do Google. Antes de se arriscar a falar com Schmidt, ele me confidenciou que a filha dele, Sophie Schmidt, havia sido em parte responsável por inspirar a criação da Cambridge Analytica.

A festa estava correndo perfeitamente bem até o meu telefone tocar: os nigerianos haviam chegado e estavam lá embaixo, do lado de fora do prédio.

Tínhamos planejado uma recepção extravagante para eles. Quando aterrissaram no aeroporto de Zurique, havia uma limusine aguardando, e, no caminho até a cidade, foram escoltados por carros da polícia, com sirenes tocando e luzes piscando, para anunciar que eles eram visitantes importantes.

Mas, quando atendi os nigerianos no telefone, eles não pareciam satisfeitos. Estavam famintos. Onde é que iriam jantar?

Eu os havia convidado para a festa; tinha bastante comida lá, falei. Chester e eu havíamos gastado centenas de dólares do orçamento nisso.

Não, eles disseram; estavam cansados. Queriam comer, ir para os seus quartos e dormir. Não estavam interessados em festa nenhuma. Não haviam comido nada no avião — um voo de doze horas — e queriam frango frito. Eu precisaria encontrar frango frito em algum lugar e fazer a comida chegar até eles.

Não tive escolha a não ser calçar as botas, vestir um casaco e descer para falar com eles na rua gelada lá embaixo. Eles estavam do lado de fora do prédio, onde ainda havia uma fila de pessoas esperando para entrar na festa. Todos os cinco homens afirmaram mais uma vez que não subiriam de jeito nenhum e que exigiam ser alimentados, de preferência com frango.

Expliquei que não poderíamos andar de carro — a limusine não tinha permissão para circular na área central. Como caminhar era a única opção, eu os guiei pelas ruas em meio ao frio extremo.

Eles não estavam preparados para aquele clima. Não usavam botas nem casacos, mas camisas de colarinho fino e sapatos baixos. Escorregando e deslizando, andamos de um restaurante fechado a outro, sem encontrar, é claro, frango frito algum em uma cidade de montanha na Suíça; nem qualquer outra comida, para falar a verdade. Por fim, achei um restaurante que servia massas, e o chef concordou em servir um pouco de frango grelhado por cima delas. Com as embalagens de comida, guiei os nigerianos de volta pelas ruas escorregadias. Atrás de mim, os homens estavam congelando, e mal conseguiam ficar de pé. Carreguei a pilha de refeições de frango com macarrão até o quarto deles, onde me certifiquei de que estavam bem-acomodados, e me despedi. Eles pareciam estar com frio, com fome e muito mais desapontados comigo do que eu gostaria.

Fiquei longe da festa por quase duas horas. Quando voltei, às duas da manhã, ela ainda estava animadíssima.

Não consegui encontrar Chester. Ninguém estava na porta para receber convidados. Ninguém estava no comando. A bebida tinha acabado. A comida havia sido devorada. Pouco antes de eu voltar, os convidados ficaram um pouco agitados demais e uma princesa bêbada levou um tombo na área externa. Apesar de ela não ter se machucado, estava dando um chilique de bêbada que deixou todo mundo em alerta.

Pela segunda vez naquela noite, o barulho e as luzes giratórias das sirenes tomaram conta do ambiente. A polícia suíça estava indo lá para acabar com a bagunça. Com a ajuda do filho do chefe de polícia, conseguimos convencê-los a não levar ninguém detido, mas não pude impedir o fim da festa.

Quando a polícia foi embora, fiquei sozinha no meio do salão vazio. Estava faminta. Tal como os nigerianos, não comia nada há horas.

Alexander ficou tão satisfeito com o balanço de Davos quanto ficara quando fechei o contrato com os nigerianos. Tinha adorado a festa. Pôde conhecer pessoas que, de outra forma, não conheceria e, é claro, o SCL agora tinha um aquário gigante repleto de cartões de visita de algumas das pessoas mais ricas e influentes do mundo.

O que ele ainda não sabia era como a noite havia sido desastrosa para o nosso relacionamento com os nigerianos, e o quanto eles haviam ficado putos ao acordar na manhã seguinte e descobrir que Alexander pegara um voo de volta para Londres sem se dar ao trabalho de conhecê-los pessoalmente.

Quando souberam que Alexander tinha ido embora, exigiram que eu fosse encontrá-los naquele instante. Eles não queriam sair sozinhos. Estava frio demais.

Então, atravessei as ruas escorregadias com as minhas botas que não serviam para aquele propósito, toda encolhida de frio.

Nunca antes um bilionário africano havia gritado comigo. Ele e os outros nigerianos não entendiam por que não estavam sendo mais bem-tratados. Eles eram VIPs, disseram, tão importantes quanto os outros VIPs dali. Por que nenhuma recepção fora organizada para eles? Por que o CEO da minha empresa, ao qual haviam acabado de pagar quase 2 milhões de dólares, não ficou lá para se apresentar? Além de tudo, também estavam descontentes com o trabalho que vínhamos fazendo na Nigéria. Onde estavam as propagandas de rádio? Onde estavam os cartazes? Para onde o dinheiro deles estava indo?

Não sabia como argumentar. Eles nunca haviam investido em uma eleição antes. Não sabiam o que esperar daquilo. Talvez achassem que veriam um comício gigante na traseira de um caminhão com telas de LED piscantes e megafones aos berros. Isso não fazia parte dos planos da equipe. Medir o impacto do trabalho em campanhas eleitorais é uma tarefa complicada e, como eu estava na empresa havia pouco mais de um mês, não tinha como explicar a eles naquele momento por que tudo que o SCL fazia não era tão óbvio para um leigo. Podia ser que os frutos do trabalho do SCL ficassem visíveis apenas no dia das eleições, em março, e eles precisavam ter paciência.

Mas eles não queriam me ouvir. Não era só porque eu era jovem; era também porque eu era mulher. Essa postura estava clara e me deixou bastante desconfortável. Começou até mesmo a parecer ameaçador. Eles eram homens poderosos e ricos, do tipo que não achavam nenhum problema encher um jatinho de nairas, a moeda nigeriana. Do que eles seriam capazes se estivessem descontentes com a forma como esse dinheiro fora gasto?

Quando os coloquei em uma teleconferência com Alexander, eles ficaram mais serenos e respeitosos. Não gritaram, mas também não estavam satisfeitos. No entanto, Alexander parecia alheio à gravidade da situação.

Combinei um encontro de John Jones com eles. Talvez eles pudessem achar uma forma de trabalhar em conjunto. Discutimos estratégias para expor Buhari na imprensa e denunciar os seus supostos crimes de guerra, mas, quando deixei os nigerianos a sós com ele e voltei ao meu apartamento, tive a sensação de que o contrato não seria renovado para além de 14 de fevereiro. Os nigerianos ainda não tinham se posicionado, mas a maneira como me trataram fora humilhante. Como eu poderia procurá-los de novo e mencionar a extensão do contrato? As coisas estavam tomando uma direção ruim e, pior ainda, enquanto eu ficava ali tomando conta deles, não tinha tempo de prospectar oportunidades para o SCL, de modo que a viagem não resultaria em novos negócios.

Como se tudo isso não bastasse, naquela manhã, o site Business Insider publicou um texto sobre a noite anterior: "Festa em Davos encerrada pela polícia depois de servirem bebida suficiente para duas noites", dizia a manchete.*

Quando o telefone tocou, era Alexander. Talvez ele tivesse visto o artigo. Mesmo que o meu nome não tivesse sido citado, aquilo poderia ser negativo para o SCL. Talvez os nigerianos tivessem ligado para soltar os cachorros com ele.

Mas Alexander estava nas nuvens. Aparentemente, nada do que eu imaginara tinha acontecido.

"Brittany", disse ele. "Davos foi ótimo! Agradeço a você e a Chester pela excelente recepção! Estou ligando para oferecer aquela vaga em tempo integral no SCL que você queria!", disse ele, provavelmente piscando do outro lado da linha. "Chega de consultoria. Você vai fazer parte da equipe de uma vez por todas."

Haveria um bônus, ele acrescentou: 10 mil dólares a mais por ano; um salário fixo, com benefícios; cartão de crédito da empresa. Eu poderia correr atrás dos projetos de que gostava, contanto que eles trouxessem o mesmo tipo de dinheiro que a campanha nigeriana. Seria um enorme desafio, mas o começo tinha sido promissor.

"Bem-vinda a bordo", ele falou.

---

* Nicholas Carlson, "Davos Party Shut Down After Bartenders Blow through Enough Booze for Two Nights", *Business Insider*, 23 de janeiro de 2015, https://www.businessinsider.com/davos-party-shut-down-by-swiss-cops-2015-1.

5

Termos e condições

FEVEREIRO — JULHO DE 2015

Não demorou muito para que a vaga em tempo integral no SCL me permitisse circular no escalão mais alto da empresa. Em um e-mail com cópia para apenas um punhado de pessoas — Pere, Kieran, Sabhita, Alex Tayler e eu (funcionários que Nix considerava importantes e "divertidos", segundo o próprio) —, ele nos convidou para ir à sua casa, na região central de Londres, para um almoço no fim de semana.

Situada no Holland Park, era uma casa típica da cidade — ele também tinha uma casa de campo —, uma mansão de quatro andares, erigida em pedra, cujo interior lembrava um clube exclusivo ou o tipo de cômodo que você veria no palácio de Buckingham, exceto pelo fato de que as obras de arte que cobriam as paredes do chão ao teto não eram dos Velhos Mestres, mas, sim, provocativamente modernas.

Começamos ao meio-dia, com champanhe *vintage* na sala de estar, e continuamos por horas depois de termos sentado à mesa, sempre com champanhe correndo solto. Alexander e os outros contaram histórias de guerra sobre o tempo em que trabalharam juntos na África. Em 2012, por exemplo, ele levou uma equipe do SCL e sua família para o Quênia, para que ele próprio pudesse comandar a campanha eleitoral do país no ano seguinte. Como não tinha muitos funcionários na época, aquilo fora difícil. A coleta de dados era restrita a pesquisas de porta a porta, e a comunicação era feita através de apresentações itinerantes nos palcos montados nas traseiras dos tais caminhões que mencionei antes.

"É por isso que o que estamos fazendo nos Estados Unidos é tão emocionante", disse Alexander. "Bater de porta em porta não é a única maneira de obter dados agora. Os dados estão por toda parte. E agora todas as decisões são baseadas neles."

Ficamos na casa de Alexander até a hora do jantar, e então todo mundo, já um pouco alto, foi a um bar em algum lugar ali perto para continuar bebendo, depois a outro lugar para comer, e depois para outro bar, onde encerramos a noite.

Foi o tipo de evento memorável do qual é difícil lembrar de forma completa no dia seguinte, embora no escritório eu tenha começado a ver que a empolgação de Alexander sobre os Estados Unidos era mais do que conversa fiada provocada pela bebida.

De fato, enquanto eu continuava a correr atrás de projetos globais, meus colegas do SCL estavam cada vez mais focados nos Estados Unidos, e o trabalho deles não era mais confinado à Solitária. Eles passavam o dia inteiro absortos em conversas que eu ouvia por alto sobre Ted Cruz, o novo cliente. No final de 2014, ele havia assinado um contrato modesto conosco, mas que, agora, estava sendo revisto para quase 5 milhões de dólares em serviços. Kieran e o restante da equipe de criação estavam produzindo toneladas de conteúdo para o senador texano. Eles ficavam com a cara enfiada nos computadores produzindo sem parar anúncios e vídeos, que eventualmente mostravam uns aos outros e aos quais, muitas vezes, reagiam fazendo careta.

Alexander também tinha foco total nos Estados Unidos. Os assessores de campanha de Cruz haviam concordado em assinar contrato sem uma cláusula de não concorrência, então ele estava livre para correr atrás de outros candidatos republicanos. Em pouco tempo, fechou com o dr. Ben Carson. Em seguida, começou a oferecer os seus serviços para todos os outros dezessete pré-candidatos do partido. Por um tempo, Jeb Bush avaliou contratar os nossos serviços; Alexander disse que Jeb chegou a viajar para Londres para se encontrar com ele. No fim das contas, porém, disse que não queria se envolver com uma empresa que cogitava trabalhar ao mesmo tempo para os seus adversários.

Os Bush eram o tipo de família que exigia lealdade obstinada daqueles com quem trabalhavam.

A equipe de dados da Cambridge Analytica se preparou para a corrida presidencial dos EUA em 2016 levando em conta a interpretação dos resultados das eleições intercalares de 2014. Metidos nos aquários, eles fizeram estudos de caso da bem-sucedida operação do supercomitê de ação política de John Bolton, da campanha de Thom Tillis ao senado e de todas as campanhas da Carolina do Norte. Para demonstrar como a Cambridge tivera êxito, prepararam um conteúdo explicativo sobre como dividiram o público-alvo entre os que eram "Republicanos convictos", "Republicanos regulares", "Alvos de incentivo ao comparecimento", "Alvos prioritários de influência" e "Incógnitas", e como cada grupo havia recebido mensagens distintas sobre questões que variavam desde segurança nacional até economia e imigração.

Além disso, no laboratório de análise de dados, o dr. Jack Gillett converteu as informações sobre as eleições intercalares em imagens — mapas, ilustrações e gráficos multicoloridos que seriam incluídos nos slides dos próximos *pitches* a serem apresentados. E o dr. Alexander Tayler estava sempre ao telefone, negociando com empresas que vendiam dados pessoais coletados nos Estados Unidos.

Eu ainda buscava projetos para o SCL no exterior, mas, visto que a Cambridge Analytica estava concentrando todos os esforços nas eleições de 2016, passei a ter acesso, ainda que por acaso, a informações confidenciais, como estudos de caso, vídeos, anúncios e conversas ao meu redor. Eu nunca estava em cópia nos e-mails da CA naquele momento, mas havia histórias pairando ao meu redor, e imagens nas telas dos computadores próximos a mim.

Isso representava um dilema ético. No verão anterior, quando Allida Black, fundadora do supercomitê de ação política Ready for Hillary estava na cidade, eu recebera informações completas sobre os planos do Partido Democrata para a eleição. Agora ganhava um salário fixo de uma empresa que trabalhava para o Partido Republicano. Aquilo não parecia correto para mim, e eu sabia que outras pessoas pensariam o mesmo.

Ninguém me pediu, mas comecei a cortar os meus laços com os democratas, embora estivesse constrangida de explicar os motivos. Não queria colocar o

SCL Group na minha página do LinkedIn nem do Facebook. Não queria que nenhum dos militantes democratas que eu conhecia tivesse receio de que eu usasse as informações que eles mesmos haviam me dado contra eles. Por fim, parei de responder aos e-mails do supercomitê Ready for Hillary e do Democrats Abroad, e tomei o cuidado de, quando estivesse escrevendo para amigos democratas, jamais mencionar o SCL. Para as equipes de Clinton, devo ter dado a impressão de ter sumido do mapa de uma hora para a outra. Não foi fácil para mim. Fiquei tentada a ler tudo o que chegava, notícias sobre reuniões e planos bastante interessantes. Então, depois de algum tempo, apenas deixei essas mensagens se acumularem na minha caixa de entrada, sem serem lidas, como relíquias do passado.

Também não queria que meus colegas da Cambridge Analytica ou nossos clientes do Partido Republicano tivessem o mesmo receio. Afinal de contas, eu era uma democrata trabalhando em uma empresa que atendia exclusivamente republicanos nos Estados Unidos. Tirei a campanha de Obama e o Comitê Nacional Democrata do meu perfil do LinkedIn (meu currículo público) e apaguei todas as outras referências públicas que havia feito ao Partido Democrata ou meu envolvimento com ele. Foi doloroso, para dizer o mínimo. Também parei, a contragosto, de usar a minha conta no Twitter, @EqualWrights, uma coletânea de anos e anos das minhas declarações ativistas de esquerda. Por mais doído que fosse fechar aquelas portas e esconder algumas das partes mais importantes da minha pessoa, era necessário, eu sabia, para que pudesse crescer e me tornar a consultora profissional em tecnologias políticas que queria ser. E um dia, quem sabe, eu poderia reabrir aquelas contas e aquela parte de mim.

Minha mudança de identidade não foi apenas virtual. Em Londres, abri uma caixa grande que minha mãe havia me enviado por FedEx; como ela trabalhava em uma companhia aérea, podia fazer remessas internacionais sem gastar quase nada. Ela me enviou ternos e mais ternos de seu antigo guarda-roupa: lindas peças da Chanel e da St. John, e roupas feitas à mão da Bergdorf Goodman — que ela havia usado anos antes, quando trabalhava para a Enron. Lembrei-me dela naquela época, em Houston, saindo cedo para o trabalho. Ela estava sempre arrumadíssima, nos saltos mais altos e naqueles ternos caros, a maquiagem perfeita. Agora, eu havia herdado os ternos. Pendurei-os no armário do novo apartamento que havia alugado em Mayfair.

O apartamento era pequeno, de um cômodo só, onde havia uma bancada de cozinha com um fogão elétrico e um banheiro no fim do corredor, mas o lugar tinha sido escolhido estrategicamente. Era perto do trabalho e, mais importante, ficava no bairro certo e na Upper Berkeley Street. Se um cliente perguntasse, daquele jeito presunçoso típico dos britânicos, "Onde você está hospedada?" — querendo saber, na verdade, onde eu *morava* e a qual classe social eu pertencia —, poderia dizer sem hesitar que morava em Mayfair. Se eles completassem as lacunas na imaginação deles com um apartamento amplo e uma bela vista, melhor ainda. Na verdade, meu apartamento era tão pequeno que eu já estava na metade do caminho quando passava pela porta; e, se eu ficasse parada bem no meio dele, conseguia tocar as paredes de ambos os lados.

Porém, mantinha aqueles detalhes em segredo, e todas as manhãs saía do meu apartamento em Mayfair usando um terno velho e sofisticado da minha mãe, certa de que ninguém veria qualquer diferença entre mim e um filhinho de papai que fosse dono de metade do bairro.

"Quero que você aprenda a fazer *pitch*", Alexander me disse um dia. Eu vinha conversando com clientes sobre a empresa havia meses, mas, no fim das contas, era Nix ou Tayler que tinham que entrar na jogada para fechar o negócio; portanto, o que ele queria é que eu aprendesse a fazer os *pitches* da forma *correta*, com a mesma habilidade e confiança que ele tinha.

Embora fosse o CEO, Alexander ainda era o único vendedor de verdade da empresa, e seu tempo estava ficando cada vez mais escasso. Ele falou que precisava de mim no campo de batalha. Eu nunca havia estado diante de um cliente para fazer uma apresentação em PowerPoint. Segundo Alexander, aquilo era uma arte, e ele seria o meu mestre.

O mais importante, disse ele, é que eu aprendesse a vender a mim mesma, e que conseguisse impressioná-lo. Eu poderia escolher qualquer *pitch* que já tivesse visto ele apresentar: o do SCL ou o da Cambridge Analytica.

Na época, como não estava tendo muita sorte em fechar contratos para o SCL depois do da Nigéria, me ocorreu que talvez precisasse repensar as coisas. Eu também estava ficando cada vez mais desconfortável com aspectos do trabalho do SCL na África. Muitos dos homens africanos com quem lidei não me respeitavam ou não me escutavam porque eu era mulher e jovem. Além disso, minha cabeça vivia cheia de dilemas éticos, pois acordos em potencial às vezes careciam de transparência ou até mesmo beiravam a ilegalidade, na minha opinião. Por exemplo, ninguém nunca queria documentar nada, o que significava que, na maioria das vezes, não havia contratos por escrito. Nos raros casos em que estes existiam, não incluíam nomes reais, fossem de empresas ou de pessoas. Havia sempre uma cortina de fumaça, disfarces e intermediários obscuros. Esses acordos me incomodavam por razões tanto éticas quanto egoístas: toda vez que um negócio não era claro e objetivo, ficavam restritas as minhas chances de argumentar sobre a comissão que me era devida.

Todo dia, eu aprendia novas práticas em teoria comuns na política internacional. Nada era objetivo. Durante a negociação de um trabalho de campanha freelance com representantes de uma empresa israelense de defesa e inteligência, ouvi os contratantes se gabarem de serem capazes de fazer qualquer coisa, desde avisar com antecedência sobre ataques às campanhas dos seus clientes até desenterrar material que pudesse ser útil para contra-ataques e para o *messaging* relacionado à oposição. A princípio, aquilo me pareceu bastante inofensivo, até mesmo perspicaz e útil. A empresa israelense estava em busca de clientes com o mesmo perfil dos clientes do SCL Group e haviam trabalhado em quase tantas eleições quanto Alexander. Como o SCL não tinha equipe suficiente para fazer contra-ataques, a dinâmica da empresa mantinha um quê de combate de guerrilha. Quanto mais eu aprendia sobre as estratégias de cada empresa, ficava claro que ambas pareciam dispostas a fazer o que fosse necessário para vencer, e essa zona cinzenta começou a me incomodar. Eu tinha sugerido que o SCL trabalhasse em parceria com essa empresa, pois achei que, trabalhando juntos, pudessem oferecer maior impacto aos clientes, mas logo fui excluída das tratativas, um hábito corriqueiro de Alexander, e não me mantive a par do que realmente estava sendo feito para alcançar os resultados mencionados.

Tentando mostrar o meu valor e fechar o meu primeiro contrato, apresentei essa empresa israelense aos nigerianos. Não sei ao certo o que eu esperava, além de parecer mais experiente do que era, mas o resultado não foi como eu imaginava. Os nigerianos acabaram contratando os israelenses de forma independente do SCL e soube mais tarde que eles tentaram se infiltrar na campanha de Muhammadu Buhari e obter informações privilegiadas. Na verdade, eles foram bem-sucedidos, e depois repassaram as informações ao SCL. O *messaging* resultante disso desacreditava Buhari e incitava o medo, algo de que não fiquei sabendo na época, visto que Sam Patten estava à frente das operações no país. Por fim, os israelenses e o próprio SCL não foram eficazes a ponto de fazer com que a maré virasse a favor de Goodluck Jonathan. Para ser honesta, a campanha teve menos de um mês de duração, mas, independentemente disso, ele perdeu de forma espetacular para Buhari — por uma diferença de 2,5 milhões de votos. A eleição se tornaria notória porque foi a primeira vez na Nigéria que um presidente em exercício saía derrotado, e também por ter sido a campanha mais cara da história do continente africano.

No entanto, o que mais me preocupava, no que tangia à ética, era onde tinha ido parar o dinheiro dos nigerianos. Como soube por Ceris, do 1,8 milhão de dólares que o bilionário nigeriano pagou ao SCL, a equipe gastou apenas 800 mil no curto espaço de tempo em que trabalhou para Goodluck Jonathan, o que significa que a margem de lucro da empresa havia sido escandalosa.

O restante do dinheiro que eu havia conquistado para a empresa, 1 milhão de dólares, ficou de lucro para Alexander Nix. Dado que a margem normal para projetos era de 15% a 20%, aquela era uma cifra bastante alta; a meu ver, bem acima dos padrões do setor. Isso me deixou desconfiada em relação aos valores cobrados dos clientes em partes do mundo onde os candidatos estavam desesperados para ganhar a qualquer custo. Embora obter altos lucros não fosse ilegal, havia sido profundamente antiético quando Alexander disse aos clientes que estávamos sem verba e que precisávamos de mais para manter a equipe no país até a nova data da eleição. Eu estava certa de que tínhamos mais recursos e, ainda assim, tive medo de revelar a Alexander que estava ciente da margem de lucro. O fato de não ter confrontado ele quanto a isso me assombrava.

Falando francamente, mesmo alguns dos contratos europeus do SCL não me pareceram justos quando enfim prestei atenção aos detalhes. Em um deles para as eleições à prefeitura de Vilnius, capital da Lituânia, alguém de nossa empresa falsificou a assinatura de Alexander para acelerar o fechamento do negócio. Mais tarde, descobri que o acordo em si pode até mesmo ter violado uma lei federal que exigia que campanhas eleitorais fossem fechadas por meio de uma licitação pública. Além disso, ainda sobre esse contrato, havíamos recebido a notificação de que "vencêramos" a concorrência antes mesmo do fim da janela durante a qual as empresas públicas podiam se inscrever.

Quando Alexander descobriu que a sua assinatura fora forjada e que o contrato não era lá muito ortodoxo, me pediu para demitir a pessoa responsável, ainda que ela fosse esposa de um dos seus colegas de Eton. Fiz o que ele pediu. Mais tarde, ficou claro que, embora ele parecesse estar punindo a funcionária por desvio de conduta, o que mais o irritou não havia sido o trabalho feito por trás dos panos, mas o fato de ela não ter recebido do partido político em questão a última parcela do pagamento que era devida ao SCL. Ele me fez ir atrás desse dinheiro e me disse para esquecer Sam e a Nigéria e para me concentrar no próximo salário.

Tudo isso começou a me exaurir, e fiquei nervosa por estar envolvida dos pés à cabeça com o comando global do SCL. Comecei a buscar projetos sociais nos quais pudesse aplicar os meus conhecimentos em outros lugares da empresa. Eu tinha muito a oferecer e ainda precisava aprender sobre dados, mas não deixaria que alguns clientes desonestos minassem minha força de vontade e me impedissem de concluir minha pesquisa de doutorado.

Pelo lado bom, eu estava aprendendo que as inovações mais interessantes estavam acontecendo nos Estados Unidos e que havia dezenas de oportunidades por lá. A maioria delas, felizmente, não tinha nada a ver com o Partido Republicano. Na Europa, na África e em muitas outras nações, o SCL era limitado em sua capacidade de uso de dados, porque a infraestrutura de dados deles era subdesenvolvida. No SCL, eu não conseguia trabalhar em contratos que colocassem em prática nossas ferramentas mais inovadoras e empolgantes e que, conforme acreditava, representavam a melhor expressão do nosso trabalho.

Recentemente, Alexander tinha se vangloriado de quase ter assinado um contrato com a maior instituição de caridade dos Estados Unidos, então mergulhei de cabeça para ajudá-lo a fechar o negócio. O trabalho envolvia ajudar a organização sem fins lucrativos a identificar novos doadores, algo que me atraía bastante, pois eu havia passado tantos anos angariando fundos para instituições de caridade que mal podia esperar para aprender uma abordagem baseada em dados para ajudar novas causas. Na esfera política, o SCL estava se envolvendo com iniciativas populares a favor da construção de reservatórios de água e de trens de alta velocidade, projetos de obras públicas que poderiam fazer a diferença na vida das pessoas. A empresa estava até se aventurando na publicidade comercial, vendendo desde jornais a produtos de saúde de ponta, uma área que eu poderia desbravar, se o meu coração assim desejasse, conforme Alexander me falou.

Eu queria aprender como a análise de dados funcionava e queria fazer isso onde pudéssemos ver e medir as nossas realizações e em um lugar em que as pessoas trabalhassem com transparência e honestidade. Lembrei-me da época em que trabalhei com gente como Barack Obama. Ele tinha sido honrado e impecavelmente moral, assim como as pessoas ao seu redor. A maneira como eles conduziram a campanha foi ética, não envolvendo nenhum doador de grande porte, e Barack insistiu para que nenhuma campanha negativa fosse feita. Ele não atacaria seus rivais Democratas nas primárias nem jogaria sujo com os Republicanos. Senti uma nostalgia do tempo em que vivenciei eleições que ocorreram não apenas de acordo com regras e leis, mas também com ética e princípios morais.

Parecia, a mim, que o meu futuro na empresa, se é que eu teria um, seria nos Estados Unidos.

Eu disse a Alexander que queria aprender a fazer o *pitch* da Cambridge Analytica. E, ao optar por isso, estava optando por ingressar naquela empresa, com tudo a que tinha direito.

Eu não seria capaz de impressionar Alexander com meu *pitch* sem antes me reunir com o dr. Alex Tayler para aprender sobre a análise de dados por trás do sucesso da Cambridge Analytica. O *pitch* de Tayler era mais técnico e mais comprometido com as especificidades do processo de análise, mas ele me mostrou o motivo pelo qual o chamado "tempero secreto" da Cambridge Analytica não tinha a ver com um *único* segredo em particular, mas, sim, com diversos aspectos que diferenciavam a CA de empresas semelhantes. Como Alexander Nix costumava dizer, o tempero secreto era mais uma receita que reunia vários ingredientes. Os ingredientes eram de fato assados em uma espécie de "bolo", segundo ele.

Talvez a primeira e mais importante característica que tornou a CA diferente de qualquer outra empresa de comunicação tenha sido o tamanho do nosso banco de dados. Tayler explicou que o banco de dados era vasto e sem precedentes, tanto em profundidade quanto em amplitude, e ficava maior todo dia. Tínhamos conseguido atingir isso comprando e licenciando todas as informações pessoais existentes em relação a todos os cidadãos americanos. Esses dados eram comprados de qualquer fornecedor que estivesse dentro do nosso orçamento — desde a Experian, até o Axiom e o Infogroup. Compramos dados relacionados à vida financeira dos norte-americanos, aos estabelecimentos onde eles compravam coisas, ao valor que pagavam por elas, aos locais onde passavam férias, ao que costumavam ler.

Comparamos esses dados com outros referentes ao comportamento no âmbito político (práticas eleitorais, informações de acesso público) dessas pessoas e depois com os dados do Facebook (que assuntos elas tinham "curtido"). A partir do Facebook apenas, tínhamos cerca de 570 pontos de dados individuais a respeito dos usuários, e, combinando tudo isso, obtivemos cerca de 5 mil pontos de dados acerca de todos os norte-americanos com mais de 18 anos — cerca de 240 milhões de pessoas.

A principal vantagem do banco de dados, segundo Tayler, era o nosso acesso ao Facebook para o *messaging*. Usávamos a plataforma do Facebook para alcançar as mesmas pessoas sobre as quais tínhamos compilado todos aqueles dados.

O que Alex contou me ajudou a enxergar melhor duas situações pelas quais eu havia passado como parte do SCL Group, a primeira na época em que tinha acabado de chegar. Um dia, em dezembro de 2014, um dos nossos cientistas de dados seniores, Suraj Gosai, havia me ligado pedindo que eu fosse até sua mesa de trabalho, onde ele estava sentado diante do computador com um dos nossos doutores em pesquisa e um dos psicólogos da equipe.

Os três haviam desenvolvido, segundo explicaram, um teste de personalidade chamado "Sex Compass". *Que nome engraçado*, pensei. O objetivo era determinar a "personalidade sexual" de uma pessoa, fazendo perguntas de sondagem a respeito de preferências sexuais, como posição favorita na cama. A pesquisa não era apenas uma distração para o usuário. Era, compreendi então, um meio de coletar pontos de dados das respostas que as pessoas davam sobre si mesmas, que não só levavam à determinação de sua "personalidade sexual", mas também consistiam em um novo mecanismo disfarçado para que o SCL reunisse os dados do usuário e de todos os seus "amigos", além de recolher também pontos de dados úteis sobre personalidade e comportamento.

O mesmo aconteceu com outra pesquisa que chegou à minha mesa. Chamava-se "Musical Walrus". Uma pequena morsa de desenho animado fazia ao usuário uma série de perguntas aparentemente inofensivas para determinar a "verdadeira identidade musical" dessa pessoa. Esse teste também reunia pontos de dados e informações sobre personalidade.

E havia outras atividades on-line que, conforme Tayler explicou, eram um meio de obter ao mesmo tempo os 570 pontos de dados que o Facebook já possuía sobre os usuários e os 570 pontos de dados que possuíam acerca de cada um dos amigos de cada usuário no Facebook. Quando as pessoas se cadastravam para jogar jogos como o Candy Crush, no Facebook, e concordavam com os termos de serviço desse aplicativo, desenvolvido por terceiros, elas assentiam em fornecer seus dados e os dados de todos os seus amigos de graça aos desenvolvedores do aplicativo e, inadvertidamente, a todos com quem esse desenvolvedor decidisse compartilhar as informações. O Facebook autorizava esse acesso por meio do que ficou conhecido como "Friends API", um portal de dados agora famoso que violava as leis de proteção de dados no mundo inteiro, uma vez que não há qualquer legislação, seja nos Estados Unidos, seja em qualquer outro país, que considere legal alguém consentir em nome de outras pessoas adultas e que possam responder por seus atos. Como se pode imaginar, o uso do Friends API se tornou prolífico, totalizando um excelente rendimento para o Facebook. E permitiu que mais de 40 mil desenvolvedores, incluindo a Cambridge Analytica, aproveitassem essa brecha e coletassem dados de usuários desavisados do Facebook.

A Cambridge estava sempre coletando dados e atualizando o seu banco, mantendo-se absolutamente em dia a respeito daquilo com que as pessoas se importavam o tempo inteiro. Complementava os conjuntos de dados comprando todo dia cada vez mais informações da população dos Estados Unidos, que os norte-americanos ofertavam toda vez que clicavam em "sim" e aceitavam "cookies" eletrônicos ou em "concordar" com "termos de serviço" em qualquer site, não apenas em aplicativos do Facebook ou de terceiros.

A Cambridge Analytica comprava esses novos dados de empresas como a Experian, que acompanhava pessoas ao longo de suas vidas digitais por meio de qualquer movimentação ou compra, coletando o máximo possível para depois fornecer score de crédito, e também lucrar com a venda dessas informações. Outras *data brokers*, empresas agenciadoras de dados como a Axiom, a Magellan e a Labels and Lists (também conhecida como L2), faziam a mesma coisa. Os usuários não precisavam "*opt-in*", um procedimento por meio do qual concordam com a coleta dos dados, em geral diante de termos e condições extensos de propósito para desmotivar a leitura —, mas, com uma pequena caixa de seleção atraente e fácil de ser acionada, a coleta de dados é um processo ainda mais simples para essas empresas. Os usuários são forçados a clicar de qualquer maneira, pois, de outra forma, não podem continuar usando o jogo, a plataforma ou o serviço que estão tentando ativar.

O aspecto mais chocante acerca da coleta de dados que aprendi com Alexander Tayler é de onde eles vinham. Sinto muito em lhe dizer que, ao comprar esse livro (talvez até mesmo ao ter acesso a ele, caso tenha baixado o e-book ou a versão em audiolivro), você produziu conjuntos de dados significativos sobre si mesmo que já foram comprados e vendidos ao redor do mundo para que os anunciantes possam controlar a sua vida digital.

Se você comprou esse livro pela internet, seus dados de pesquisa, histórico de transações e o tempo gasto navegando em cada página da Web durante sua compra foram registrados pelas plataformas que usou e pelos cookies de rastreamento que autorizou no seu computador, instalando um dispositivo de rastreamento para coletar os seus dados on-line.

Por falar em cookies, você já se perguntou o que as páginas da Web estão querendo quando solicitam que você "aceite cookies"? Em tese, os cookies deveriam ser uma versão de *spyware* socialmente aceitável, e todos os dias você aceita algum deles. Eles chegam até você envoltos em uma palavra que soa amigável, mas, na verdade, são uma artimanha complexa utilizada contra cidadãos e consumidores inocentes.

Eles rastreiam tudo o que você faz no seu computador ou telefone. Vá em frente e verifique qualquer extensão de navegador como o Lightbeam, do Mozilla (antes chamado de Collusion), o Ghostery, da Cliqz International, ou o Privacy Badger, da Electronic Frontier Foundation, para ver quantas empresas estão rastreando sua atividade on-line. Você pode encontrar mais de cinquenta. Quando usei o Lightbeam pela primeira vez para ver quantas empresas estavam me rastreando, descobri que, ao visitar apenas duas páginas de notícias em *um* minuto, tinha autorizado que os meus dados fossem conectados a 174 sites de terceiros. Esses sites vendem dados para "agregadores de Big Data" ainda maiores, como a Rocket Fuel e a Lotame, onde os dados são o combustível que mantém em funcionamento suas máquinas de produzir propagandas. Todo mundo que entra em contato com os seus dados pelo caminho obtém lucro.

Se você está lendo este livro no seu Kindle (da Amazon), iPad, Google Livros ou Nook (da Barnes & Noble), está produzindo conjuntos de dados precisos que variam de acordo com quanto tempo leva para ler cada página, o momento no qual parou de ler e fez uma pausa e quais trechos marcou ou destacou. Combinadas com os termos de busca que usou para encontrar este livro, essas informações fornecem às empresas que fabricam os dispositivos os dados de que elas tanto precisam para lhe vender novos produtos. Essas lojas desejam estimular o engajamento, e mesmo o menor indício daquilo em que você pode estar interessado é suficiente para dar a elas uma vantagem. E tudo isso continua a acontecer sem que você seja informado ou tenha consentido com todo esse processo em qualquer significado tradicional da palavra *consentimento*.

Agora, se você comprou este livro em uma loja física, supondo que tenha um smartphone com o rastreamento de GPS ativado — ao usar o Google Maps, ele cria dados de localização valiosos que são vendidos para empresas como a NinthDecimal —, seu telefone registrou toda a sua jornada até a livraria e, após chegar, acompanhou quanto tempo passou lá dentro, quanto tempo gastou examinando cada item e até mesmo quais foram os itens que olhou antes de escolher este livro em vez de outros. Ao comprar o livro, se você usou um cartão de crédito ou débito, sua compra foi registrada no seu histórico de transações. A partir daí, seu banco ou a empresa do cartão de crédito vendeu essas informações para agregadores e fornecedores de Big Data, que as venderam tão rápido quanto possível.

Se você estiver em casa lendo isto, o aspirador robô, se você tiver um, está registrando a localização da cadeira ou do sofá em que está sentado. Se utilizar algum assistente ativado por voz como Alexa, Siri ou Cortana, ela grava quando você dá gargalhadas ou chora enquanto lê as revelações nestas páginas. Pode ser que você tenha uma geladeira ou uma cafeteira "smart", que registram a quantidade de café com leite que você toma enquanto lê.

Todos esses conjuntos de dados são conhecidos como "dados comportamentais" e, com eles, os agregadores são capazes de criar uma imagem sua bastante precisa e infinitamente útil. As empresas podem, então, elaborar produtos de modo que eles se alinhem às suas atividades diárias. Os políticos usam esses dados comportamentais para lhe apresentar determinadas informações, de modo que as mensagens deles pareçam coerentes e cheguem no momento certo: pense nas propagandas sobre educação que tocam no rádio no momento exato em que você deixa os filhos na escola. Você não é paranoico. É tudo orquestrado.

É importante entender também que, quando uma empresa compra os seus dados, o custo que ela tem é ridículo se comparado ao valor dessas informações quando revende aos anunciantes o acesso até você. Seus dados permitem que qualquer pessoa, em qualquer lugar, compre anúncios digitais direcionados a você para qualquer finalidade — comercial, política, honesta, nefasta ou inofensiva —, na plataforma certa, com a mensagem certa, no momento certo.

Como resistir a isso? Você faz tudo de forma eletrônica; afinal, é muito conveniente. No entanto, o custo dessa conveniência é imenso: você está entregando de bandeja um de seus bens mais preciosos sem ganhar nada em troca, enquanto outras pessoas lucram. Outras pessoas ganham trilhões de dólares com algo de que você está abrindo mão a todo instante e não sabe.

Seus dados são incrivelmente valiosos, e a CA sabia disso melhor do que você ou a maioria dos nossos clientes.

Quando Alexander Tayler me deu uma aula sobre o que a Cambridge Analytica era capaz de fazer, entendi que, além de comprar dados de fornecedores de Big Data, tínhamos acesso aos dados confidenciais dos nossos clientes, ou seja, dados que eles mesmos produziam e que não podiam ser adquiridos às claras, como os demais. Dependendo dos acordos que firmávamos com os clientes, esses dados poderiam continuar sendo deles ou se tornar parte da nossa propriedade intelectual, de modo que poderíamos utilizar e revender esses dados confidenciais, ou ainda criar modelos a partir deles, como se fossem nossos.

Era uma oportunidade exclusivamente norte-americana. As leis de proteção de dados em nações como o Reino Unido, a Alemanha e a França não permitem tais liberdades. É por isso que os Estados Unidos eram um terreno tão fértil para a Cambridge Analytica e por que Alexander havia considerado o mercado de dados norte-americano como um verdadeiro "Velho Oeste".

Quando a Cambridge Analytica atualizava os dados, ou seja, quando ela alimentava o banco de dados com novas informações, fazíamos vários acordos com clientes e fornecedores. Dependendo desses acordos, os conjuntos de dados poderiam custar milhões de dólares ou nem mesmo um centavo, já que a Cambridge, às vezes, concordava em compartilhar dados com outras empresas em troca dos delas. Não era uma transação monetária. Um exemplo disso vem da Infogroup, que oferece um acordo de "cooperação" de compartilhamento de dados que organizações sem fins lucrativos usam para identificar doadores. Quando uma organização sem fins lucrativos compartilha com a Infogroup sua lista de doadores e quanto cada um doou, em troca recebem os mesmos dados a respeito de outros doadores, seus hábitos, a alíquota de isenção fiscal relacionada às doações e principais preferências filantrópicas.

Com o gigantesco banco de dados que a Cambridge compilara de todas essas diferentes fontes, a empresa passou a fazer outra coisa que a diferenciava dos seus concorrentes. Começou a misturar a massa do "bolo" que Alexander havia mencionado. Embora os conjuntos de dados que possuíamos fossem a base fundamental, foi o que fizemos com eles, nosso uso do que chamamos de "metodologia psicográfica" que tornou o trabalho da Cambridge preciso e eficaz.

O termo *metodologia psicográfica* foi criado para descrever o processo pelo qual pegávamos os testes de personalidade que desenvolvêramos internamente e os aplicávamos ao nosso colossal banco de dados. Usando ferramentas analíticas para entender as personalidades complexas dos indivíduos, os psicólogos conseguiram definir o que os motivava à ação. Em seguida, a equipe de criação elaborou mensagens específicas para esses tipos de personalidade em um processo chamado "*microtargeting comportamental*".

Com o *microtargeting comportamental*, um termo registrado pela Cambridge, eles podiam focar em indivíduos que compartilhavam traços de personalidade e preocupações comuns, e enviar para eles uma mensagem atrás da outra, ajustando e aprimorando seus conteúdos até que conseguíssemos atingir exatamente os resultados que desejávamos. No caso das eleições, queríamos que as pessoas doassem dinheiro, conhecessem o nosso candidato e as questões envolvidas na corrida eleitoral, fossem até as urnas e votassem no nosso candidato. Ao mesmo tempo, e ainda mais perturbador, algumas campanhas também visavam a "dissuadir" algumas pessoas de votar.

De acordo com a descrição que Tayler fez do processo, a Cambridge pegava os dados dos usuários do Facebook coletados a partir de divertidos testes de personalidade — como o Sex Compass e o Musical Walrus, que ele havia criado por meio de desenvolvedores de aplicativos de terceiros — e comparava com dados de fornecedores externos, como a Experian. Depois, atribuímos a milhões de indivíduos pontuações com base no modelo "Big Five" (em geral lembrado a partir do acrônimo OCEAN), obtidas a partir dos milhares de pontos de dados que tínhamos sobre eles.

A pontuação OCEAN surgiu a partir da psicologia comportamental e social no âmbito acadêmico. A Cambridge usou esse tipo de pontuação para definir de que maneira a personalidade das pessoas se constrói. Ao realizar testes de personalidade e combinar pontos de dados, a CA descobriu que era possível determinar em que grau um indivíduo era "aberto a novas experiências" (O, de "*openness*"), "metódico" (C, de "*conscientiousness*"), "extrovertido"

(E, de "*extraversion*"), "empático" (A, de "*agreeableness*") ou "neurótico" (N, de "*neuroticism*"). Uma vez que a CA tivesse modelos desses vários tipos de personalidade, seria possível dar um passo além e associar um determinado indivíduo a outros cujas informações já fizessem parte do banco de dados confidenciais e, a partir disso, alocar as pessoas em grupos. Foi assim que a CA foi capaz de apontar quem, dentre milhões e milhões de pessoas cujos dados a empresa detinha, era majoritariamente O, C, E, A ou N, ou ainda uma combinação de mais de uma dessas características.

Foi a pontuação OCEAN que tornou possível a abordagem em cinco etapas da Cambridge.

Para começar, a CA poderia segmentar todas as pessoas cujas informações tinha em mãos em grupos ainda mais sofisticados e específicos do que qualquer outra empresa de comunicação. (Sim, outras empresas também eram capazes de segmentar grupos de pessoas para além dos dados demográficos mais elementares, como gênero e raça, mas essas empresas, ao tentar definir características mais particulares, como afinidades partidárias ou posicionamento diante de questões políticas, quase sempre utilizavam de pesquisas pouco refinadas para determinar em que pé as pessoas costumavam se encontrar. A pontuação OCEAN era refinada e complexa, permitindo à Cambridge enquadrar pessoas nessas categorias de forma cada vez mais aprofundada. Algumas pessoas eram predominantemente "abertas" e "empáticas". Outras eram "neuróticas" e "extrovertidas". Outras eram ainda "metódicas" e "abertas". Havia 32 grupos principais no total. A quantidade de pontos de "abertura" de uma pessoa indicava se ela gostava de ter novas experiências ou se tendia a ser mais conservadora. A pontuação relacionada a quanto uma pessoa era "metódica" indicava se ela preferia fazer planos a tomar decisões de forma espontânea. A pontuação de "extroversão" revelava o quanto alguém gostava de se relacionar com os outros e fazer parte de uma comunidade. A pontuação de "empatia" indicava se a pessoa colocava as necessidades das outras antes das suas. E a pontuação relacionada a quanto uma pessoa era "neurótica" indicava a probabilidade de ela ser movida pelo medo ao tomar decisões.

Dependendo das diversas subcategorias em que as pessoas eram classificadas, a CA acrescentava os assuntos sobre os quais elas já haviam demonstrado algum interesse (digamos, a partir de posts "curtidos" no Facebook) e segmentava cada grupo com um refinamento ainda maior. Por exemplo, era simplista demais enxergar duas mulheres brancas de 34 anos que compravam na Macy's como a mesma pessoa. Em vez disso, ao utilizar a metodologia psicográfica para traçar os perfis e, depois, adicionar a eles tudo, desde os dados relacionados aos estilos de vida dessas mulheres até os seus registros eleitorais, "curtidas" no Facebook e scores de crédito, os cientistas de dados da CA puderam começar a enxergar cada mulher como profundamente diferente uma da outra. Pessoas em teoria semelhantes não eram bem assim. Portanto, as mensagens direcionadas a elas não deveriam ser as mesmas. Embora isso pareça óbvio — era um conceito que já permeava o mercado publicitário na época em que a Cambridge Analytica surgiu —, a maioria dos consultores políticos não tinha ideia de como ou mesmo que era possível fazer aquilo. Para eles, o método seria uma revelação e um meio de chegar à vitória.

Em segundo lugar, a CA forneceu aos clientes, tanto políticos quanto comerciais, um benefício que colocava a empresa em outro patamar: a precisão dos seus algoritmos preditivos. Alex Tayler, Jack Gillett e outros cientistas de dados da empresa executavam novos algoritmos constantemente, gerando muito mais que meras pontuações na metodologia psicográfica. Eles atribuíam pontuações para todas as pessoas nos Estados Unidos, prevendo, em uma escala de 0 a 100%, a *probabilidade*, por exemplo, de cada uma delas ir votar, a *probabilidade* de cada uma pertencer a um partido político específico ou qual pasta de dente cada uma *provavelmente* preferia. A CA sabia se era mais provável que você desejasse doar para uma causa com base na sua escolha entre clicar em um botão vermelho ou azul, e qual a maior probabilidade, a de você querer ouvir a respeito de política ambiental ou de legislação sobre posse de armas. Depois de dividir as pessoas em grupos usando suas pontuações preditivas, os estrategistas digitais e os cientistas de dados da CA passaram grande parte do tempo testando repetidas vezes esses "modelos" ou grupos de usuários chamados "públicos" e refinando-os com alto grau de precisão, atingindo índices de confiança de até 95%.

Em terceiro lugar, a CA pegou o que aprendeu com esses algoritmos e fez o caminho inverso, usando plataformas como o Twitter, o Facebook, o Pandora (*streaming* de música) e o YouTube para descobrir onde as pessoas que eles queriam atingir gastavam a maior parte do tempo interagindo. Qual era a melhor maneira de alcançar cada uma delas? Poderia ser por meio de algo tão básico e material quanto cartas enviadas para uma caixa de correio de verdade. Poderia ser na forma de um anúncio de televisão ou no que quer que aparecesse entre os primeiros resultados das buscas que essa pessoa fazia no Google. Ao comprar listas de palavras-chave do Google, a CA conseguia alcançar os usuários no momento em que eles digitavam essas palavras nos seus navegadores ou mecanismos de busca. Cada vez que o faziam, lhes eram apresentados conteúdos (anúncios, artigos etc.) que a CA projetara especialmente para eles.

Na quarta etapa do processo, que era mais um ingrediente da "receita de bolo", eles descobriram formas de alcançar públicos-alvo, e testar a eficácia desse alcance, por meio de ferramentas voltadas para o cliente semelhantes àquela que a CA projetou para uso próprio. Essa descoberta colocou a CA muito à frente da concorrência e de todas as empresas de consultoria política do mundo. Chamado Ripon, o software de *canvassing* para campanhas de angariar votos através do porta a porta e do telefone permitiu que os seus usuários acessassem os dados das pessoas quando se aproximavam das suas casas ou ligavam para elas. As ferramentas de visualização de dados também os ajudaram a definir as estratégias que utilizariam antes mesmo de a pessoa abrir a porta ou atender o telefone.

Em seguida, as campanhas seriam projetadas com base no conteúdo que a nossa equipe interna tinha reunido, e a quinta e última etapa, a estratégia de *microtargeting*, permitia que tudo — vídeos, áudios, propagandas impressas — atingisse os alvos identificados. Usando um sistema automatizado que refinava esse conteúdo constantemente, fomos capazes de entender o que levava usuários individuais a enfim se *engajarem* com esse conteúdo de maneira significativa. Foi possível descobrir que eram necessárias entre vinte e trinta variações do mesmo anúncio, enviadas para a mesma pessoa trinta vezes e dispostas de diferentes maneiras nos *feeds* das suas diversas mídias sociais, até que ela clicasse nele e ele surtisse efeito. E a partir dessa descoberta, nossa equipe de criação, que passava o tempo inteiro produzindo conteúdo novo, passou a saber como alcançar essas mesmas pessoas na próxima vez que a CA lhes enviasse algo.

Os *dashboards* ainda mais sofisticados que a CA elaborou nas "salas de operações" da campanha forneceram aos gerentes de campanha e de projeto dados em tempo real, proporcionando a eles métricas atualizadas minuto a minuto sobre a relação entre cada dólar gasto em determinado conteúdo e sua abrangência e a quantidade de impressões e cliques que ele recebia. Bem diante dos seus olhos, eles podiam ver o que estava funcionando e o que não estava, se estavam obtendo o retorno esperado do investimento que tinham feito, e como ajustar sua estratégia para aprimorar aquele processo. Com essas ferramentas, qualquer um que estivesse acompanhando os *dashboards* seria capaz de monitorar, a qualquer momento, até 10 mil "campanhas dentro de campanhas" em andamento diferentes.

O que a CA fazia tinha fundamentação científica. A empresa poderia mostrar aos clientes com clareza o que havia sido feito, quem tinha sido alcançado e, por meio de pesquisas realizadas com uma amostra representativa, apontar quantas pessoas a quem haviam atingido estavam agindo de acordo com o conteúdo do *messaging* direcionado a elas.

Era revolucionário.

Quando aprendi essas coisas com Alex Tayler, fiquei perplexa, mas também fascinada. Não fazia ideia do alcance da coleta de dados nos Estados Unidos e, apesar de ter me lembrado das advertências de Edward Snowden a respeito da vigilância em massa, Tayler me explicou tudo de uma maneira tão pragmática que enxerguei aquilo apenas como "a ordem natural das coisas".

Era tudo tão simples; nada era obscuro ou confuso. Imaginei que era assim que a economia dos dados funcionava. Logo percebi que tinha sido ingênua em pensar que poderia alcançar os meus objetivos com nada menos que um grande banco de dados. Eu não queria ser ouvida? Não queria ser útil? Sim, queria. Naquela época, não conseguia pensar em outra coisa que quisesse tanto quanto aquilo.

Por mais bem-sucedida que essa abordagem em cinco etapas tenha sido, em 2015, soube que ela estava prestes a mudar quando o Facebook anunciou que, a partir do dia 30 de abril, após tantos anos de abertura, ele fecharia os seus dados de usuários para desenvolvedores de "aplicativos de terceiros", ou seja, empresas como a CA. Naquele momento, de acordo com o dr. Tayler, uma parcela considerável da coleta de dados da CA ficaria comprometida. Ele não poderia mais coletar dados de forma livre do Facebook por meio do Friends API.

Não poderia mais usar o Sex Compass ou o Musical Walrus.

Havia muito pouco tempo para coletar todos os dados possíveis antes que a janela se fechasse, o dr. Tayler confidenciou para mim.

E a CA não estava sozinha. No mundo inteiro, todos estavam correndo. O Facebook estava se tornando um "*walled garden*", um espaço limitado e de controle de tecnologia e informação. Depois de 30 de abril, Tayler me disse, o Facebook permitiria que as empresas de coleta de dados usassem as informações que *já houvessem coletado*, que fizessem anúncios na plataforma e usassem as análises realizadas por ela; no entanto, as empresas não poderiam mais coletar dados novos.

Tayler me mostrou listas de milhares de categorias de dados de usuários ainda disponíveis, quando não do próprio Facebook, de um dos seus desenvolvedores. De alguma forma, outros desenvolvedores de aplicativos estavam vendendo dados que haviam coletado do Facebook, portanto, mesmo que a CA não pudesse coletá-los de maneira direta, Tayler ainda poderia comprá-los de inúmeras fontes. Era tão fácil, segundo ele, que nem questionei.

E havia muitas opções do que comprar. Pessoas tinham sido agrupadas de acordo com seu comportamento em relação a tudo, desde marcas de roupas e alimentos preferidos até a partir das suas crenças a respeito de mudanças climáticas. Toda essa informação estava lá para ser adquirida. Olhei para a lista e marquei os grupos que considerei mais interessantes, com base nos clientes que imaginei que poderíamos ter no futuro. Tayler deu as mesmas listas a outros funcionários da CA e pediu que eles também escolhessem grupos.

"Quanto mais, melhor", disse ele.

Agora sei que isso ia contra as políticas do Facebook, mas uma das últimas compras de dados do Facebook realizada por Tayler ocorreria em 6 de maio de 2015, uma semana inteira depois que o Facebook disse que isso não era mais possível. *Que estranho*, pensei. *Como conseguimos obter os dados se o Friends API já estava fechado?*

Depois de um longo período com o dr. Tayler, me sentei e montei o meu *pitch* da Cambridge Analytica, roubando várias ideias de Tayler e de Alexander, até mesmo usando alguns dos seus slides, mas também adaptando-os e adicionando outros para que eu me sentisse mais confortável com a forma com que falava aos clientes sobre a empresa.

Certa tarde, na Solitária, enfim fiz meu *pitch* para Alexander. Quando terminei, ele me disse que eu fizera um trabalho muito bom, mas que precisava trabalhar em alguns detalhes para demonstrar mais clareza e confiança.

"O mais importante é vender a si mesma", falou ele. Segundo Alexander, a venda de dados ocorreria de maneira natural uma vez que os clientes se apaixonassem pela pessoa que está vendendo, e me mandou apresentar o mesmo *pitch* para todas as pessoas no escritório. Foi assim que adquiri não apenas maior conhecimento sobre a empresa, mas também sobre os meus colegas.

Krystyna Zawal, uma polonesa recém-chegada à empresa para ser gerente adjunta de projetos e que aceitava chocolates como moeda de troca, me ajudou a afinar a parte da minha apresentação que usava os estudos de caso vindos do supercomitê de ação política de John Bolton e das eleições intercalares da Carolina do Norte.

Bianca Independente, uma italiana muito divertida que integrava a equipe de psicólogos da empresa, me ajudou a compreender o contexto mais amplo da criação de modelos a partir da pontuação OCEAN, explicando que a expertise da CA nisso vinha da organização sem fins lucrativos da qual o SCL havia surgido: um centro de pesquisa acadêmica da Universidade de Cambridge, chamado Behavioural Dynamics Institute, o BDI. Como Bianca explicou, o BDI tinha sido associado a mais de sessenta instituições acadêmicas, e foi isso que deu ao SCL Group suas credenciais nesse meio. Ela estava trabalhando sem parar para agregar mais conhecimento à empresa por meio de experimentos.

Com Harris McCloud, especialista em *messaging*, e Sebastian Richards, membro da equipe de criação, aprendi maneiras melhores de estruturar conceitos técnicos complexos para facilitar a compreensão dos leigos. E Jordan, que trabalhava na área de pesquisa, me forneceu recursos visuais que me ajudaram a explicar melhor esses conceitos em uma apresentação de slides. Kieran literalmente me ajudou a criar novos slides.

Meus colegas tinham tanta expertise a me oferecer que fiquei quase sem saber por onde começar. Eles me esclareceram muitas coisas e, quando procurei Alexander para fazer o *pitch* de novo na Solitária, me sentia pronta.

Eu me certifiquei de estar com a roupa perfeita, como se ele fosse um cliente de verdade. Estava usando um batom vermelho brilhante. Diminuí as luzes. Então comecei.

"Boa tarde."

Na parede, o logotipo da Cambridge Analytica, uma representação geométrica abstrata do cérebro humano e do córtex cerebral, composto não de massa cinzenta, mas de segmentos matemáticos curtos, impressos em branco sobre um fundo carmim.

"A Cambridge Analytica é a mais atual e mais inovadora empresa no espaço político dos Estados Unidos", falei. "Somos especialistas no que chamamos de ciência da comunicação visando mudança comportamental. Isso significa que nós", passei para o slide seguinte, que mostrava duas peças de quebra-cabeça de tamanhos idênticos se encaixando perfeitamente, "nos fundamentamos na psicologia comportamental, clínica e experimental e combinamos tudo isso com análises de dados de alta qualidade".

Passei para o próximo slide.

"Temos alguns dos melhores cientistas de dados e doutores nessa área, trabalhando junto a psicólogos para montar estratégias baseadas em dados; isso significa que todas as suas estratégias de comunicação não mais vão partir de suposições. Toda a sua comunicação terá embasamento científico."

Em seguida, esclareci como a publicidade informativa e o *blanket advertising* eram inúteis e como o SCL Group estava muito além da velha publicidade da época de *Mad Men*.

Passei para um slide que mostrava um publicitário dos anos 1960 tomando um martíni.

Nosso trabalho se baseava na abordagem *bottom-up*, em vez de *top-down*. Eu disse isso e segui adiante para um slide que explicava o nosso trabalho de pesquisa e a pontuação OCEAN.

Expliquei que não estávamos tentando enquadrar as pessoas em categorias com base na sua aparência ou em quaisquer outras suposições preconcebidas que poderíamos ter a respeito delas, mas de acordo com suas motivações implícitas e suas "alavancas de persuasão".

Ao criarmos modelos, nosso objetivo era afirmar com precisão quantas pessoas compareceriam às urnas (ou seja, se a pessoa provavelmente iria votar) e também quantas votariam em um ou outro partido (se as pessoas de tendência democrata ou republicana no nosso banco de dados eram persuasíveis). Isso nos ajudaria a direcionar os eleitores indecisos, expliquei. E era sobretudo neles que concentrávamos o nosso trabalho.

Passei por todos os slides que segmentavam pessoas categorizadas pela pontuação OCEAN e por centenas de outros algoritmos na categoria "persuasíveis". E mostrei como segmentamos esses persuasíveis ainda mais e continuamos a testar os algoritmos até que nossos modelos atingissem 95% de precisão ou mais.

O exemplo que Alexander me deu para ilustrar o processo de trabalho foi uma iniciativa popular sobre o direito ao porte de armas.

Se tivéssemos um banco de dados com 3,25 milhões de possíveis eleitores, comecei, veríamos que, digamos, 1,5 milhão de pessoas definitivamente votariam contra a iniciativa popular; 1 milhão de pessoas com certeza votaria a favor; e 750 mil pessoas seriam consideradas eleitores indecisos. Então mostrei como, depois de termos analisados esses eleitores a partir da metodologia psicográfica, poderíamos escolher que tipo de *messaging* utilizar.

O meu slide mais potente comparava os eleitores indecisos. Um grupo de eleitores indecisos era "fechado e empático". Essas pessoas tinham recebido um anúncio sobre armas que usava linguagem e imagens que reforçavam os valores tradicionais e familiares.

Mostrei uma imagem com a silhueta de um homem e de um menino, caçando patos ao pôr do sol. O texto dizia: "De pai para filho... desde o nascimento da nossa nação." Ela enfatizava de que maneira as armas podiam ser mostradas como algo que as pessoas compartilhavam com seus entes queridos. Por exemplo, meu avô tinha me ensinado a atirar quando eu era criança.

A imagem seguinte foi direcionada para um público bem diferente: o eleitor indeciso "extrovertido e não empático". O slide mostrava uma mulher.

"A eleitora 'extrovertida e não empática' precisa de uma mensagem que fale sobre sua capacidade de reivindicar os seus direitos. Esse tipo de eleitora gosta de ser ouvida. Sobre qualquer assunto", falei. "Ela sabe o que é melhor para si. Tem um forte locus de controle e odeia que digam a ela o que fazer, principalmente se for o governo."

A mulher no slide empunhava uma arma e tinha uma expressão agressiva no rosto. O texto abaixo dizia: "Não questione o meu direito de ter uma arma e não questionarei sua estupidez em não ter uma." Embora nunca tivesse tido uma arma, eu podia ver parcela de mim mesma na mulher naquele slide.

Aquela era a minha *pièce de résistance.*

Então concluí. Olhando nos olhos de Alexander, disse: "O que a Cambridge Analytica oferece é a mensagem certa para o público-alvo certo, vinda da fonte certa, enviada pelo meio certo, na hora certa. E *é assim* que se ganha."

Fiquei parada, esperando pela resposta dele. Alexander permaneceu sentado por um tempo, quieto.

Ao olhar para ele, não pude deixar de pensar na trajetória que tinha percorrido durante o meu breve período ali e no quanto aquela resposta pesava no meu futuro. Eu queria muito agradá-lo.

Ao longo das últimas semanas, tinha ficado até tarde no escritório, me conectando mais profundamente com os meus colegas. Quando o dia de trabalho chegava ao fim, em geral depois do anoitecer, saíamos para jantar e para beber, e ficávamos acordados até tarde.

Minha vida estava mudando. Eu tinha me tornado parte de um mundo novo, um mundo profissional, mas que se divertia com grande intensidade como se para tentar abafar as insanas horas de trabalho diário e reiniciar as nossas mentes toda noite. Não tenho certeza se isso era apenas parte da mentalidade "work hard, play hard", ou seja, "trabalhe muito, se divirta muito", mas Alexander nos encorajava nisso; ele queria que fôssemos amigos.

Alexander veio de um meio em que o comportamento não tinha consequências. Ele mantinha bebidas alcoólicas na geladeira do escritório, e havia momentos em que, se houvesse boas notícias para compartilhar, como um novo acordo fechado, ele pulava da cadeira como uma rolha de champanhe e abria uma garrafa para que todos pudéssemos celebrar. Pela manhã, chegávamos de ressaca e Alexander brincava sobre quem parecia pior. Ele próprio sempre parecia o que se recuperava melhor, embora, às vezes, depois de ficarmos na rua até de madrugada, ele tivesse "reuniões fora da empresa" pela manhã e só chegasse na empresa à tarde. O restante de nós não podia ser ao luxo de fazer isso, então trabalhávamos o dia inteiro, saíamos à noite, e voltávamos e fazíamos tudo de novo no dia seguinte.

Champanhe, de excelente safra e alto custo, corria solto também nas partidas de polo para as quais Alexander convidava o nosso pequeno grupo de elite. À medida que o clima esquentava e a temporada de polo chegava, tornou-se um hábito passar os finais de semana no clube de polo da rainha Elizabeth II, chamado Guards Polo Club, do qual Alexander também fazia parte e onde podíamos vê-lo jogar.

Eu não sabia muito sobre o esporte, mas sabia que ele havia jogado a vida inteira e que seu time era formidável em termos de habilidade e pedigree. Entre seus companheiros de equipe estavam membros da aristocracia britânica e os principais *global players* que vinham da Argentina e de outros países. Eu entendia pouco dos detalhes do jogo em si, exceto que os tempos, ou quartos, eram conhecidas como *chukkas*, mas, em vez de aprender as nuances do esporte, passei a apreciar a experiência de sentar na arquibancada ou de fazer as refeições no clube enquanto assistia a Alexander cavalgando um animal musculoso pelos vastos campos verdes, bater em uma bolinha com um taco e depois, durante os intervalos, se aproximar para tomar uma taça de champanhe — que eu serviria para ele e que ele beberia ainda montado, como um príncipe.

À noite, dirigíamos à sua casa de campo, próxima dali, que, assim como a sua casa em Londres, era adornada com arte moderna e muito bem abastecida de bebidas alcoólicas. Em meio ao entorpecimento daquilo tudo — e às longas noites em que bebíamos, dançávamos, contávamos histórias bobas, não dormíamos e vivíamos toda aquela alegria —, me vi acreditando que aquele era um mundo do qual eu queria fazer parte. Era um mundo de conforto e sucesso, e eu o desejava como nunca desejara nada antes — e estava determinada a fazer parte dele.

Naquele momento, na Solitária, eu me perguntava se Alexander brindaria a mim e à minha apresentação. Vamos abrir uma garrafa de champanhe e comemorar?

Por fim, ele se inclinou para a frente e proferiu as fatídicas palavras: "Fantástico, Brittany. Você conseguiu", disse ele. "Bravo. Você finalmente está pronta para ir para os Estados Unidos."

6

Encontros e reencontros

JUNHO DE 2015

A história da criação da Cambridge Analytica não envolve o Facebook. Na verdade, foi outro gigante da internet que deu à luz o bebê de Alexander.

Em 2013, uma jovem chamada Sophie Schmidt conseguiu um estágio com Alexander no SCL.* Sophie tinha se formado em Princeton, e o pai dela, como já mencionei, por acaso era Eric Schmidt, diretor-executivo do Google. Durante o estágio, Sophie encantou Alexander com os novos progressos conquistados na empresa do pai dela. Ele logo começou a pedir que ela compartilhasse com ele esses novos recursos, e ela acessava os *dashboards* e explicava a importância de entender toda a métrica. Alexander fazia anotações que mantinha apenas para si, absorvendo as inovações que pareciam se encaixar perfeitamente no seu atual modelo de negócios.

Ele ficou bastante entusiasmado com os novos avanços do Google Analytics. Tudo estava começando a ser orientados por dados, e o Google Analytics agora era usado para coletar e analisar os dados dos visitantes de quase metade dos sites com o melhor desempenho do planeta. Ao colocar cookies de rastreamento nos aparelhos eletrônicos de pessoas ao redor do mundo, o Google Analytics estava acumulando um conjunto de dados comportamentais de uma quanti-

---

* Joseph Bernstein, "Sophie Schmidt Will Launch a New Tech Publication with an International Focus", *BuzzFeed*, 1º de maio de 2019, https://www.buzzfeednews.com/article/josephbernstein/a-google-scion-is-starting-a-new-publication-with-focus-on.

dade imensa de pessoas no mundo inteiro — o que permitia que a empresa fornecesse qualquer coisa aos seus clientes na forma de visualização de dados e de métricas de rastreamento quanto à eficácia de um determinado site. Os clientes podiam ver as taxas de cliques, o que as pessoas estavam baixando, o que estavam lendo e assistindo e quanto tempo gastavam fazendo essas coisas. Eles podiam ver os mecanismos que chamavam a atenção das pessoas e as detinham por mais tempo.

Os avanços do Google em análise de dados não se reduziam ao desempenho da página da web; a empresa aprimorou o rastreamento de anúncios, o que permitiu ao Google Search classificar o conteúdo e colocar conteúdos com alto desempenho no topo do feed. Quanto melhor o desempenho de um conteúdo, mais alto ficava no feed.

Logo depois que o período de estágio de Sophie Schmidt terminou, Alexander começou a criar uma empresa que fazia uso daquele tipo inovador de análise de dados preditiva da qual o Google se utilizava. Fazia todo o sentido integrar análises de dados preditivas e avançadas ao que o SCL vinha fazendo no mundo inteiro há vinte anos. Isso permitiria que o SCL reinventasse e recomercializasse os seus serviços, que já eram orientados por dados.

O SCL vinha se reinventando desde o início. Em 1989, os irmãos Nigel e Alex Oakes, amigos do pai de Alexander, fundaram o *think tank* sem fins lucrativos a respeito do qual o próprio Nigel me falara: o Behavioural Dynamics Institute. O BDI começou a examinar de que maneiras o comportamento humano podia ser entendido e depois influenciado pela comunicação. Fora desta pesquisa, o BDI atingiu uma quantidade significativa de resultados úteis para acabar com a violência, e começou a prestar consultorias para a indústria da defesa. Quando os irmãos Oakes fizeram uma campanha nessa área pelo fim da violência durante as votações na África do Sul em 1994, ajudaram a concretizar a eleição pacífica de Nelson Mandela. Como Alexander me mostrara quando estive nos escritórios do SCL pela primeira vez, o próprio Mandela havia apoiado a empresa.

A primeira era de ouro da companhia começou depois do Onze de Setembro de 2001, quando o SCL se tornou um parceiro essencial dos governos, incluindo o do Reino Unido, na luta contra o terrorismo. A empresa era vital para ajudar a combater as mensagens enviadas pela Al-Qaeda. Conduziu programas de treinamento para exércitos de todo o mundo e recebeu elogios da OTAN. Nigel nunca poderia ter imaginado que, quando os investimentos em defesa secassem durante a segunda década do século XXI, haveria outra maneira de fazer com que o SCL continuasse a ser rentável e relevante na era digital.

Neste trabalho pós-Onze de Setembro, o SCL usou a psicologia social e comportamental desenvolvida no BDI para interpretar dados. Naquela época, não havia muitos dados para comprar, as amostras eram pequenas e toscas, e o processo de coleta de dados era amplo, estruturado sobretudo na forma de grupos focais, pesquisas de porta em porta e por telefone. O SCL poderia comparar algumas informações que possuía sobre as pessoas com o censo ou os dados da ONU, mas o máximo que conseguia fazer era identificar problemas simples e segmentar grupos grandes de forma básica.

O que Alexander buscava quando criou a Cambridge Analytica era trazer o poder da previsibilidade do comportamento para o mercado eleitoral. Ele precisava reunir o máximo possível de dados de uma grande variedade de fontes e ser capaz de "higienizá-los" mais profundamente do que qualquer outra pessoa antes dele. "Higienização" é o processo pelo qual engenheiros de dados comparam informações novas com antigas e corrigem as irregularidades. Na Cambridge Analytica, o primeiro estágio em geral envolvia algo tão rudimentar quanto garantir que o nome e o sobrenome de um indivíduo nos dois conjuntos de dados estivessem corretos, com informações básicas como CEP e datas de nascimento alinhadas. Depois, ocorriam outras "higienizações" específicas. Quanto mais higienizados os dados, mais precisos eram os algoritmos e, portanto, maior a previsibilidade. A análise de dados poderia pegar o que o SCL já fazia e transformar em algo cada vez mais preciso, científico e granular.

Os Estados Unidos eram o lugar certo para iniciar um negócio assim. Como o país não tinha qualquer tipo de regulamentação básica sobre política de privacidade, os dados de todos os indivíduos eram coletados sem a necessidade de consentimento, bastando o fato de eles estarem no país — e a compra e venda de dados continuaram de maneira ininterrupta, praticamente sem supervisão do governo. Havia dados espalhados por todo o território norte-americano; isso ainda acontece hoje em dia.

Enquanto tinha os olhos atentos nos Estados Unidos à procura de clientes para os quais pudesse vender novos produtos fundamentados em dados, Alexander logo começou a mirar nos republicanos. Essa atração pela direita tinha pouco a ver com inclinações pessoais. Alexander era um conservador moderado. Um *tory* que gostava de se considerar acima de alguns dos pensamentos antediluvianos da extrema direita, ele era um defensor do conservadorismo fiscal que era capaz de ser liberal em questões sociais, como, por exemplo, ser favorável ao casamento de pessoas do mesmo sexo. Se o mercado dos Estados Unidos estivesse cheio de clientes democratas, ele teria ido atrás deles com o mesmo vigor. O problema era que esse mercado já estava saturado.

Na sequência das campanhas de Obama em 2008 e 2012, surgiram muitas empresas que atendiam às necessidades de candidatos liberais em relação a dados. As cinco maiores eram a Blue State Digital, a BlueLabs, a NGP VAN, a Civis Analytics e a HaystaqDNA. A BlueLabs foi criada por Chris Wegrzyn, com quem estudei na Andover University e com quem havia trabalhado na campanha de Obama. A estratégia da equipe de Novas Mídias de Obama tinha produzido uma nova era de gurus digitais competindo por espaço na área de comunicação junto à clientela política.

Depois de atuar como diretor de estratégias digitais de Obama nas campanhas de 2008 e 2012, Joe Rospars fundou a Blue State Digital. Rospars e sua equipe na Blue State se descreviam como pioneiros, capazes de entender que "as pessoas não votam apenas no dia das eleições — elas votam todos os dias, com as suas carteiras, com o seu tempo, com os seus cliques, posts e tweets".* Outros membros de nível sênior da equipe de análise de dados da *Obama for America* fundaram a BlueLabs em 2013.** Daniel Porter havia sido diretor de criação de modelos estatísticos na campanha de 2012, "o primeiro da história da política presidencial a usar modelos de persuasão" para identificar eleitores indecisos.

O pai de Sophie Schmidt, Eric, fundou a Civis em 2013, no mesmo ano em que Sophie estagiou na CA. O propósito da Civis era "democratizar a ciência de dados para que as organizações pudessem parar de adivinhar e tomar deci-

* https://www.bluestatedigital.com/who-we-are/.
** https://www.bluelabs.com/about/.

sões com base em números e fatos científicos". Curiosamente, outro pilar da declaração de propósito da empresa era "*No a**holes*".*

Com o novo cenário da mídia já abarrotado de gente à esquerda, os clientes-alvo de Alexander teriam que estar à direita — era a única oportunidade de levar a ciência de dados para a política. Foi uma decisão com base nos negócios, pura e simplesmente.

Para conseguir ideias e financiamento, Alexander procurou os conservadores mais proeminentes dos Estados Unidos, muitos dos quais estavam bastante vinculados. Na sua primeira viagem aos Estados Unidos, ele esteve com Steve Bannon, uma personalidade conservadora da indústria da mídia. Quando entrei no SCL Group, e mesmo depois de conhecer Bannon, não fazia ideia de quem ele era. Mal sabia na época que ele era um ávido produtor de conteúdo da mídia conservadora: audiovisual, impressa e para a internet. A Breitbart News, empresa que Bannon começou a conduzir após a morte do seu fundador, Andrew Breitbart, logo se tornaria a quarta agência de mídia mais popular do país. E a empresa de Steve, Glittering Steel, produziu absolutamente tudo, desde longas-metragens contra Clinton completos a anúncios digitais para comitês enormes de ação política.

Ainda mais importante, as outras pessoas de quem Alexander se aproximou incluíam Robert Mercer e sua filha, Rebekah.

Aparentemente, Steve Bannon disse certa vez que Bob e Bekah, encarregada de desembolsar os fundos do vasto império de Bob, eram "pessoas incríveis... Nunca pediam nada". De acordo com Steve, os Mercer eram pessoas de "valores extremamente classe média" que tinham ficado "ricos no meio da vida". Quando Alexander se aproximou dos Mercer, eles eram bilionários e faziam doações para causas conservadoras.

De fato, Bob Mercer havia iniciado de forma modesta. Ele tinha sido um brilhante cientista de dados da IBM, cujo trabalho inicial foi praticamente todo em inteligência artificial. Ele criou os primeiros algoritmos que permitiam que os computadores compreendessem comandos de voz e foi autor e coautor de muitos dos primeiros artigos da IBM sobre "Watson", o famoso sistema de computação da empresa.

---

* https://www.civisanalytics.com/mission/.

Bob deixou a IBM e se tornou a primeira pessoa a usar modelos preditivos no mercado de ações, o que deu origem ao seu status de barão dos fundos de hedge. Sua empresa de fundos de hedge, a Renaissance Technologies, com sede em Long Island, era (e ainda é) a mais bem-sucedida no mundo, com ativos de mais de 25 bilhões de dólares.* Bekah, uma das três filhas de Bob com sua esposa, Susan, era a mais ativa politicamente e assumiu o controle das estratégias de doação conservadoras da família.

Agora, o que uma família conservadora de doadores poderia querer mais do que um barão da mídia para estar à frente da produção de mensagens e uma empresa de ciência de dados para segmentar e disparar essas mensagens para o seu público? Steve Bannon se tornaria, segundo muitos relatos, o Obi-Wan Kenobi dos Mercer.

Steve, Bob, Bekah e Alexander eram uma combinação óbvia — todos conectados por Mark Block, do Partido Republicano de Wisconsin. Em 2013, Block estava em um avião quando conheceu, por acaso, um especialista em guerra cibernética da Força Aérea americana que teceu inúmeros elogios ao SCL. Block então procurou Alexander. Ele ouvira falar sobre análise de dados durante a campanha de Obama, mas, após conhecer Alexander, percebeu que a visão de Nix estava "anos-luz à frente" do que aquilo que os democratas tinham.**

Block começou a colocar todos a bordo — literalmente. Conforme ele mesmo relatou para um jornalista, na reunião realizada entre Nix, Bannon e os Mercer, ele e Alexander chegaram a um "*sports bar* imundo" próximo ao rio Hudson, local sugerido pelos Mercer. Block e Alexander ficaram perplexos com o motivo pelo qual o bilionário e a filha teriam escolhido aquele lugar. "Que porra é essa?", Block se lembrava de ter dito. Depois que Bekah Mercer mandou uma mensagem para dizer que o pai estava chegando, o "iate de 75 milhões de dólares e 203 pés" da família Mercer, o Sea Owl, "atracou no cais atrás do

---

* Rosie Gray, "What Does the Billionaire Family Backing Donald Trump Really Want?" *The Atlantic*, 27 de janeiro de 2017, https://www.theatlantic.com/politics/archive/2017/01/no-one-knows-what-the-powerful-mercers-really-want/514529/.

** Mary Spicuzza e Daniel Bice, "Wisconsin GOP Operative Mark Block Details Cambridge Analytica Meeting on Yacht", *Journal Sentinel*, 29 de março de 2018, https://www.jsonline.com/story/news/politics/2018/03/29/wisconsin-operative-mark-block-details-meetings-between-cambridge-analytica-and-its-billionaire-back/466691002/.

sports bar". Steve Bannon já estava a bordo com Bob e Bekah.* Block e Alexander subiram também, e o resto é história.

Não foi por acaso que Bob Mercer investiu em uma nova empresa de ciência de dados. Uma das suas frases favoritas era "Não há nenhum dado melhor do que mais dados."** E sua escolha pela direita era bastante óbvia: suas crenças políticas eram muito conservadoras e economicamente libertárias. Verdadeiras ou não, as declarações extremistas de Mercer chamaram a atenção da imprensa. Dizem que ele acredita, entre outras coisas, que a aprovação da Lei dos Direitos Civis de 1964 foi um erro grave — fato que eu desconhecia na época.

Alexander nunca falou diretamente comigo sobre a quantia que Bob Mercer investiu na Cambridge Analytica, mas disse que, no minuto em que terminou de apresentar o seu *pitch* para Bob pela primeira vez — ele lhe explicou tudo, sobre como usar dados para segmentar pessoas e para saber se alguém era um verdadeiro apoiador da causa e, caso não fosse, como fazer para transformá-lo em um —, Mercer já tinha adorado a ideia. A generosidade da família de Bob para causas conservadoras é conhecida por muitos, mas ele viu em Alexander um casamento entre o seu amor pela ciência de dados e as suas motivações políticas. Alexander relembrou a reação de Bob como algo como: "Quanto você quer e para onde devo mandar o dinheiro?"

Desde então, Steve, Bekah e Bob formaram o triunvirato que era o conselho administrativo da nova empresa conhecida como Cambridge Analytica, com Alexander Nix no comando. Àquela altura, Alexander já havia contratado alguns cientistas de dados, mas começou a contratar outros mais e também a instruir os funcionários do SCL Group a dividir o seu tempo entre o trabalho internacional e a construção dos negócios nos Estados Unidos. Os cientistas de dados começaram a comprar o máximo de dados que encontravam e, em meses, a Cambridge Analytica decolou.

* * *

---

* Erin Conway-Smith, "As Nigeria Postpones Its Elections, Has It Chosen Security over Democracy?" *World Weekly*, 12 de fevereiro de 2015, https://www.theworldweekly.com/reader/view/939/-as-nigeria-postpones-its-elections-has-it-chosen-security-over-democracy.

** Vicky Ward, "The Blow-It-All-Up Billionaires", *Huffington Post*, 17 de março de 2017, https://highline.huffingtonpost.com/articles/en/mercers/.

Conheci Bekah Mercer em junho de 2015, quando Alexander me levou aos Estados Unidos pela primeira vez. Eu o havia impressionado em Londres, e isso foi algo muito especial para mim. Embora eu tivesse viajado para os Estados Unidos muitas vezes durante a graduação e a pós-graduação, o fato era que eu já vivia no exterior havia dez anos, a maior parte do tempo como estudante, e não tinha condições de voltar para casa com tanta frequência. Às vezes, eu passava dois anos sem pisar em solo americano.

Eu me sentia bem por estar nos Estados Unidos naquele momento. Precisava admitir que, por mais que me visse morando na Inglaterra para sempre, o Reino Unido havia se tornado cansativo para mim no que tange aos negócios, e não apenas aos negócios do SCL. Os britânicos são extremamente educados, o que significava que você nunca sabe se eles gostavam de verdade de você e se têm alguma intenção de fazer negócios com você.

O que eu amava em relação aos Estados Unidos, e em Nova York em particular, que foi para onde Alexander e eu viajamos a fim de conhecer Bekah, era que, assim como em Londres, todo mundo passava o tempo todo tomado por compromissos tão importantes que era ocupado demais para ficar de papo. Esse tipo de preocupação apenas consigo mesmo pode ser incômoda para algumas pessoas, mas, para mim, Nova York e Londres compartilham uma urgência que acho atraente.

Eu havia passado bem pouco tempo na cidade de Nova York antes daquilo — apenas uns finais de semana aqui e ali, quando eu estava no ensino médio, e pegava o trem com alguns amigos para passar um feriado —, mas agora tinha me lembrado de como a cidade funcionava: pessoas apressadas, absolutamente absorvidas pelas próprias preocupações, sem fazer contato visual com estranhos em um ônibus ou trem.

Ao mesmo tempo, quando se tratava de fazer negócios, os norte-americanos em geral eram muito diretos. Se alguém não gostasse de você ou não tivesse dinheiro para trabalhar com você, não demorava muito para que descobrisse isso. E você sempre sabia se alguém estava tentando enrolá-lo. Pelo menos, era o que achava naquela época.

Era essa a impressão que Bekah Mercer dava. Ela era muito transparente. No dia 15 de junho, quando entramos em seu escritório, apesar de ela não ter muito tempo disponível para passar conosco, foi direta, gentil, agradável e alegre. Fazia contato visual. Estava usando um terno bonito e bem alinhado com saltos. Bekah era alta, tinha o corpo em forma, cabelos ruivos, pele muito clara e uma testa suntuosa. Usava óculos escuros adornados com brilhantes. Suas mãos eram delicadas, mas o seu aperto de mão era forte e confiante, condizente com a categoria de *power broker* da qual fazia parte.

Eu não sabia muita coisa a respeito dela na época, exceto que era uma mulher poderosa. Tinha ouvido a voz dela durante teleconferências; era firme e ia sempre direto ao ponto. Logo descobriria que ela era graduada em biologia e matemática, e mestra em pesquisa operacional e sistemas econômicos de engenharia. Ela havia trabalhado como *trader* em uma firma de investimentos de Nova York.* Dizia-se que era o "animal político" mais feroz da família Mercer.**

Bekah sabia o que queria, e agora eu fazia parte da equipe que daria isso a ela. Quanto a Alexander, ele chamava Bekah de "esposa corporativa", um título a respeito do qual ele dava poucas explicações, exceto dizer que tinha mais em comum com Bekah do que com a própria esposa, Olympia. Entre colecionar arte e montar cavalos de polo, Alexander parecia passar mais do que apenas o tempo necessário para a Cambridge Analytica com Bekah e sua família. De fato, conforme as coisas foram acontecendo, me parecia que ele estava mais próximo dos Mercer do que da própria família.

Na ocasião em que estive com Bekah pela primeira vez, tinha acabado de tomar conhecimento de que ela havia sido a responsável por conectar Alexander e a Cambridge Analytica à campanha de Cruz em 2014. A história foi que, depois que o senador Cruz se encontrou com Alexander e Steve Bannon em Washington no outono de 2014, pouco antes de eu entrar para o SCL, os Mercer investiram 11 milhões de dólares para apoiar o senador Cruz.

Na época, a Cambridge participava de dezenas de eleições menores. Alexander achava que, pela primeira vez nos Estados Unidos, seria capaz de, na melhor das hipóteses, vencer uma corrida eleitoral para o senado ou para o governo de algum estado, se tivesse sorte. Mas isso não era suficiente para os Mercer.

---

* Ibid.

** Ibid.

Conforme relatado pela imprensa, o objetivo de Bekah e Bob era encontrar um candidato presidencial para enfrentar os democratas em 2016, alguém com um perfil disruptivo e que fosse para Washington a fim de mudar a maneira como as coisas funcionavam. Bob e Bekah ficariam conhecidos como os "bilionários que mandam tudo pelos ares".* Eles tinham sido atraídos, diziam, por um conjunto de ideias e uma narrativa sobre o futuro de Washington, apresentado por um consultor político chamado Pat Caddell. A visão de Caddell era de que o que a política americana precisava era de uma figura como o personagem Jefferson Smith, estrelado por James Stewart, no filme *A mulher faz o homem*, de 1947. Caddell queria "identificar uma nova classe de liderança para a política, os negócios e a participação cívica dos Estados Unidos", e saiu em busca dessa figura, a princípio chamando a missão de "Procura-se Smith desesperadamente" (fazendo alusão a outro filme, *Procura-se Susan desesperadamente*).

Bob e Bekah foram atraídos por essa ideia e também saíram em busca de uma figura assim, alguém "que fosse para Washington, combatesse a corrupção e se mantivesse fiel aos seus princípios".**

O fato de o senador Ted Cruz ter sido a escolha dos Mercer era interessante. Os números das pesquisas de opinião de Cruz eram terríveis, pouca gente reconhecia o nome e praticamente todos aqueles que o conheciam pareciam não gostar dele. O senador Lindsey Graham certa vez afirmou que, se uma pessoa desse um tiro em Ted Cruz no meio do plenário do senado, ninguém se daria ao trabalho de chamar uma ambulância. Bekah e Bob com certeza viam as desvantagens de Cruz, mas gostavam muito do que ele representava e contavam com a Cambridge Analytica para levá-lo à Casa Branca.

Pouco a pouco, os esforços da Cambridge começaram a surtir efeito. Logo nos primeiros testes, Alexander se vangloriou de um crescimento de mais de 30% na performance de Cruz a partir do *messaging* de campanha. Mais pessoas começaram a conhecer e a reconhecer o candidato e, em determinado momento, muita gente começou a mudar de ideia. Eles estavam clicando aos montes, participando da campanha e doando em massa. A viabilidade de Cruz como

---

* Ibid.

** Vídeo "We Need 'Smith'", Promise to America, http://weneedsmith.com/who-is-smith.

candidato republicano começou a se tornar realidade, e os políticos notavam o trabalho da Cambridge Analytica.

Embora Bekah e Bob estivessem por trás da CA, ambos gostavam de manter um *low profile*. Alguns os rotulavam de antissemitas e anti-imigrantes, propagadores de discurso de ódio e tribalistas. Outros descreviam Bekah como uma pessoa que "sabia tanto de política quanto alguém que mal aprendeu a falar". Alguns a viam como uma mente diabólica, uma imagem que ela mesma detestava.* Em um artigo publicado no *Wall Street Journal* em 2018, Bekah afirmou que sua "relutância inata em falar com repórteres a havia deixado exposta às fantasias sensacionalistas da mídia". Ela se descrevia como uma mulher comprometida com a pesquisa e o método científico; com um modelo de governo não intervencionista e autônomo; e, entre outras coisas, com "combater a corrupção arraigada em ambos os lados".**

Em junho de 2015, já era quase noite na cidade de Nova York, quando Alexander me apresentou a Bekah no escritório dela, no vigésimo sétimo andar do prédio da News Corp. Ele gentilmente disse a Bekah que eu era o "novo gênio da equipe", que já havia sido muito bem-sucedida no SCL e que estaria liderando toda a gestão de negócios da Cambridge a partir de então.

Bekah me cumprimentou calorosamente e me deu as boas-vindas ao time. Ela disse que precisaria sair em breve, porque já era o fim do dia. (Eu sabia que ela tinha quatro filhos.) Mas esperava que nos encontrássemos de novo.

Eu também esperava.

Alexander tinha um motivo oculto para marcar a reunião tão tarde, já no fim da jornada de trabalho. Ele gostava de Bekah, mas não tinha ido vê-la. Seu objetivo era visitar Brandon Muir, diretor-executivo de uma organização sem fins lucrativos financiada por Bekah. Alexander não gostava nada daquele projeto. Chamava-se *Reclaim New York* e tinha sido criado para ampliar a transparência

---

* Rebekah Mercer, "Forget the Media Caricature. Here's What I Believe", *Wall Street Journal*, 14 de fevereiro de 2018, https://www.wsj.com/articles/forget-the-media-caricature-heres--what-i-believe-1518652722.

** Ibid.

do governo no estado de Nova York. Steve Bannon o havia fundado com cerca de 3 milhões de dólares da Mercer Foundation, mas Alexander considerava isso um desperdício da energia de Bekah. Tudo o que a organização sem fins lucrativos fazia era dar entrada em requerimentos com base no Freedom of Information Act, a lei de acesso à informação, para descobrir quais empresas poderiam ter ganhado de maneira ilegal uma licitação para consertar buracos ou quem tinha comprado livros escolares públicos para a cidade inteira, mas nunca pagara por eles.

Alexander queria a atenção e o tempo de Bekah. Ele queria os contatos e a ajuda dela para fisgar clientes grandes. Ainda que esses clientes não pudessem pagar pelos serviços da Cambridge, Bekah apoiaria a causa, faria uma doação estratégica para o cliente e a Cambridge teria bastante trabalho à frente.

Então, o plano de Alexander naquela tarde não era passar tempo com Bekah. Era enxotar o diretor executivo da *Reclaim New York* para longe do projeto de estimação de Bekah e fazê-lo entrar em colapso.

Brandon Muir já estava no *Reclaim New York* havia um ano naquele momento. Ele tinha uma vasta experiência em eleições na América do Sul, era um republicano fiel e falava espanhol fluentemente. Ele poderia ser um complemento perfeito para a CA se a empresa decidisse se expandir para a América do Sul, onde a fronteira dos dados ainda não havia sido demarcada.

Como eu nunca tinha tido a chance de apresentar um *pitch* de verdade, o plano de Alexander era que eu praticasse primeiro com Brandon, um funcionário em potencial da CA, e Nix me apresentou a ele não como o mais novo gênio da empresa, mas como a única "democrata imunda" que trabalhava na Cambridge.

Alexander escolhera um momento histórico para a nossa viagem aos Estados Unidos. Em 16 de junho de 2015, um dia após a visita aos escritórios do *Reclaim New York*, Donald Trump desceu uma escada rolante dourada na Trump Tower e anunciou sua candidatura à presidência dos Estados Unidos. Apresentado à multidão reunida no local pela filha Ivanka, ele subiu ao palco enquanto os alto-falantes de ambos os lados reproduziam "Rockin' in the Free World", música de Neil Young, de 1989.

"Quando o México envia para cá o seu povo, eles não estão enviando o que tem de melhor. Eles não estão enviando você. Eles não estão enviando você. Eles estão enviando pessoas com muitos problemas e estão trazendo esses problemas conosco [sic]. Eles estão trazendo drogas. Eles estão trazendo crime. Eles são estupradores. E alguns, suponho, são boas pessoas", disse ele.

Ele queria construir "um grande muro", disse. "Ninguém constrói muros melhor que eu, acredite em mim, e vou construí-los a custo muito baixo, vou construir um grande muro na nossa fronteira sul. E vou fazer o México pagar por esse muro!"

A eventual candidatura de Trump fora alvo de fofocas e motivo de preocupação nos nossos escritórios de Londres algum tempo antes. Em março de 2015, Trump havia organizado um "comitê exploratório", responsável por tentar averiguar se um candidato em potencial deveria tentar entrar para a corrida presidencial. Em maio, ele anunciara a criação de uma equipe de liderança executiva em New Hampshire, estado onde sempre ocorrem as primeiras primárias presidenciais do país.

Trump representaria um risco significativo para o senador Cruz, nosso principal cliente? Eu duvidava muito.

Não conseguia levar Trump a sério. Muitas outras pessoas nos Estados Unidos também não. Naquela época, uma pesquisa havia mostrado que cerca de sete em cada dez eleitores em todo o país, incluindo 52% de todos os eleitores, disseram que não votariam nele de jeito nenhum.*

Eu tinha quase certeza de que ele não era uma ameaça para os outros clientes da CA ou para mim. Ele nunca venceria.

Alexander concordava comigo. Por isso, estávamos em Washington em 16 de junho. Tínhamos vindo nos encontrar com Steve Bannon, que, segundo Alexander, poderia nos ajudar a chegar a Trump, uma galinha dos ovos de ouro bastante útil para fins comerciais e também um experimento político.

* * *

* Quinnipiac University Poll, "Walker, Bush in Tight Race among U.S. Republicans, Quinnipiac University National Poll Finds; Clinton Sweeps Dem Field, with Biden in the Wings, *Quinnipiac University Poll,* 5 de março de 2015, https://poll.qu.edu/national/release-detail?ReleaseID=2172.

A única coisa que eu sabia sobre Steve Bannon quando o conheci era que ele era o cara que havia fundado a CA com Alexander e os Mercer, e que era um "grande" produtor de mídia e de cinema. Alexander sempre falava sobre "Steve" com imensa adoração: ele era um *power broker*, o intermediário entre o dinheiro da CA e o dos Mercer, a pessoa que fazia as campanhas acontecerem. Era o "padrinho da Cambridge". E, embora teoricamente fosse uma honra para mim ser apresentada a ele, fiquei um pouco assustada só de pensar que estava prestes a conhecê-lo.

A casa de Steve ficava na rua A, no coração de Capitol Hill, uma mansão georgiana de dois andares feita de tijolos que Alexander chamava de "a Embaixada". Eu tinha ouvido dizer que ela pertencia aos Mercer, mas apenas Steve morava lá. Meu chefe tinha as chaves, então chegamos e entramos. A casa estava escura. O piso na entrada era todo coberto por bandeiras norte-americanas. Steve devia estar no escritório, arriscou Alexander, e me levou até o porão, um espaço pouco iluminado no qual um pequeno grupo de jovens trabalhava em silêncio diante de computadores.

Atravessamos duas portas envidraçadas até uma grande sala de reuniões. Ninguém estava lá. Alexander pegou o celular e discou. Em alguns instantes, Steve Bannon cruzou as portas da sala de reuniões do porão e foi direto até Alexander para cumprimentá-lo. Bannon estava vestido de forma casual, muito mais do que eu esperava, dada a aparência e a elegância de Alexander e eu. Trocamos apertos de mãos antes de ele usar a mão que eu havia acabado de apertar para tirar seu cabelo bagunçado do rosto, revelando bochechas vermelhas brilhantes e olhos vermelhos. Ele parecia ter ido dormir muito tarde — eu não sabia na época que Steve não bebia, mas com os olhos encarnados e o rosto vermelho, presumi que estivesse de ressaca, e isso me deixou menos nervosa.

Alexander nos apresentou, certificando-se de dizer que eu era democrata, como havia feito com Brandon.

"Então, temos uma espiã, é isso?", disse Bannon, rindo.

"Mas ela gosta do Obama, não da Hillary", falou Alexander, mencionando o meu trabalho na campanha em 2008.

"Você concorreu contra a Hillary, então", disse Steve. Ele pegou o telefone e abriu um vídeo. "Vejam isso."

Era uma propaganda entre trinta e quarenta segundos, na qual uma atriz vestida como Hillary estava sentada diante de uma mesa e, olhando por cima do ombro, trocava um envelope com alguém de forma bastante suspeita.

"Esse é um dos nossos bebês", disse Steve sobre o vídeo. Ele estava radiante. "Você leu *Clinton Cash*?", perguntou, referindo-se a um livro que mais tarde se tornaria um documentário em longa-metragem. Ele me mostrou como encontrá-lo na internet. "Você deveria ler. Estamos fazendo um filme também."

Nós três ficamos sentados por cerca de dez minutos na sala de reuniões, conversando sobre os clientes com os quais Alexander pretendia que a Cambridge trabalhasse nos próximos meses — organizações sem fins lucrativos como a Heritage Foundation e grupos políticos como o For America. Mas quando o assunto dos candidatos presidenciais republicanos surgiu, Alexander pediu que eu me retirasse para que os dois pudessem conversar em particular. Supus que iam falar sobre Trump. Alexander pensou que Steve poderia conseguir uma reunião para nós com o gerente de campanha de Trump, Corey Lewandowski.

Fechei as portas envidraçadas e caminhei até os computadores, me apresentando. As pessoas na sala me faziam lembrar dos meus colegas da Cambridge Analytica — jovens, brilhantes, embora todos fossem americanos — e, é claro, pareciam tão dedicados ao que quer que estivessem fazendo quanto os funcionários do SCL.

Eles se identificaram como repórteres, designers digitais. Alguns supervisionavam as mídias sociais. "Para o Breitbart", disseram.

Não entendi, mas fingi que sabia do que eles estavam falando. Nunca tinha ouvido falar do Breitbart naquela época e, quando Alexander e Steve surgiram da sala de reuniões, ainda não tinha entendido completamente o que era, exceto que se tratava de algum tipo de site conservador.

"Bem", disse Steve ao grupo, "já terminamos por hoje".

Ele não estava falando só sobre Alexander e eu.

Bannon anunciou que estava na hora de se preparar para o evento. Ele seria o anfitrião na sessão de autógrafos de um livro de Ann Coulter aquela noite.

Eu detestava Ann Coulter. Podia não saber muito sobre Steve Bannon e nunca ter ouvido falar do Breitbart, mas era difícil ignorar Ann Coulter, uma escritora conservadora e mal-intencionada com uma coluna publicada em vários jornais e um discurso negativamente tendencioso. Senti enjoo só de ouvir o nome dela. No seu novo livro, *¡Adios, America!: The Left's Plan to Turn Our Country into a Third World Hellhole,* com seu pequeno agradável título antecipando o comentário posterior de Donald Trump sobre os "países de merda", Coulter afirmou que "os imigrantes de hoje não estão vindo aqui para serem livres, estão vindo para viver de graça".* Ela também disse que Carlos Slim Helú, o bilionário nascido no México e dono do *The New York Times,* havia comprado o jornal porque queria poder fazer uma "cobertura a favor da imigração ilegal" no maior jornal norte-americano.**

Steve queria que ficássemos para conhecer Ann.

"Ah", Alexander disse tranquilamente. "Mas temos outra reunião importante", explicou.

Steve prometeu nos enviar duas cópias autografadas de *¡Adios, America!,* e tentei não revirar os olhos.

No segundo em que saímos de lá, Alexander se virou para mim e perguntou: "Quem é Ann Coulter?"

Fiquei chocada. "Alexander!", sussurrei. "Ela é a pior pessoa do mundo."

"Ah, que bom", respondeu quando terminei de lhe dar os detalhes. "Então escapamos por um triz." Ele então brincou dizendo que iria garantir, no entanto, que Steve mandasse os livros autografados. Ele colocaria o dele junto com sua coleção de literatura fascista, a estante de livros que vi perto da sua mesa na minha primeira visita ao escritório.

Gostei de viajar com Alexander. Durante o nosso tempo nos Estados Unidos, aprendi mais coisas sobre ele. Sua fome de arte moderna era insaciável e, sempre que podíamos, parávamos nas galerias ao longo do caminho para procurar por

---

* Timothy Egan, "Not Like Us", *New York Times,* 10 de julho de 2015, https://www.nytimes.com/2015/07/10/opinion/not-like-us.html?_r=0.

** Dolia Estevez, "Mexican Tycoon Carlos Slim's Camp Calls Ann Coulter's Wild Allegations Against Him True Nonsense", *Forbes,* 9 de junho 2015, https://www.forbes.com/sites/dolia-estevez/2015/06/09/mexican-tycoon-carlos-slims-camp-calls-ann-coulters-wild-allegations--against-him-true-nonsense/#694892fc654f.

novas peças. Ele também era um pai amoroso, ou tanto quanto conseguia ser com uma agenda tão lotada. Enquanto estávamos nos Estados Unidos, ajudei-o a escolher presentes para os filhos na loja da Lego e na American Girl.

Alexander tinha hábitos específicos que mantinha durantes as viagens. Ele insistia em beber alguma coisa sempre que chegava a algum lugar e dizia que todas as reuniões de negócios marcadas à tarde exigiam um jantar de negócios na sequência. Ele gostava, como costumava dizer, de "socializar o contrato". Era o tipo de empresário que defendia a ideia de que o custo relativamente baixo de algumas refeições e algumas bebidas poderia fazer uma diferença enorme para um relacionamento comercial, e que aquele investimento valia a pena.

Quando começamos a passar mais tempo juntos nos Estados Unidos, e Alexander pôde me ver no meu novo cargo de chefe de gestão de negócios, ele começou a dizer que eu tinha futuro na empresa, um grande futuro. Talvez, ele mencionou muitas vezes naquela época, eu pudesse ser CEO um dia.

"Quando eu estiver velho e feio", disse, "você estará à frente de tudo".

Ele tinha acabado de fazer 40 anos, um verdadeiro bebê naquele mercado, mas, para mim, ele parecia muito sênior e experiente. E como eu era a única pessoa na Cambridge Analytica sendo treinada diretamente por ele, talvez a sua profecia para o meu futuro se tornasse verdadeira.

Na noite do nosso encontro com Bannon, terminamos o jantar e voltei para o meu quarto no hotel. Tinha dado um jeito de conseguir uma cópia do livro sobre a Clinton Foundation que Steve havia recomendado. O título era *Clinton Cash: The Untold Story of How and Why Foreign Governments and Businesses Helped Make Bill and Hillary Rich*, de Peter Schweizer, editor geral do Breitbart. Como o filme lançado depois, o livro teve financiamento da família Mercer.

Mais tarde, Schweizer atuou como narrador do filme. Durante o lançamento, em maio de 2016, Pete levou para o espectador uma visão tendenciosa da Clinton Foundation, sugerindo que, enquanto Hillary foi secretária de estado, os Clinton haviam se beneficiado de doações impróprias. Em sua fábula repugnante, os Clinton — que, segundo Hillary, saíram da Casa Branca "sem um tostão no bolso" — haviam reconstruído seu império financeiro durante os anos dela como secretária de estado, aceitando subornos em troca de ajuda em operações de resposta a desastres; discursos, sobretudo em países como

Nigéria e Haiti; e alterações na política americana. Esses subornos, segundo o filme de Schweizer, foram filtrados pela Clinton Foundation como pagamentos pelos discursos que Clinton dava — sempre a preços exorbitantes. Foi "a falência do capitalismo clientelista", escreveu.

Li o livro na época e depois assisti ao filme assustada e com desprezo. Era estranho me sentir daquele jeito. Eu não era como os democratas obcecados por Hillary daquela época e, quando o filme acabou, não pude deixar de pensar que, mesmo que apenas metade do que eles afirmavam fosse verdade, eu entendia por que os republicanos estavam tão obstinados a evitar que ela algum dia se tornasse presidente.

Durante a visita a Nova York, eu tinha feito uma parada em Boston, para a festa de comemoração dos dez anos da minha formatura de ensino médio na Andover High School.

Retornar àquele lugar onde as minhas motivações políticas tinham surgido pela primeira vez foi uma experiência forte. Eu era caloura em 2001. Meu primeiro dia de aula foi exatamente no Onze de Setembro. Do meu dormitório, assisti àquele acontecimento abalar o mundo e os que estavam à minha volta.

Alguns dos meus colegas de classe perderam familiares em uma das torres ou em um dos aviões que voavam para o Pentágono e para um campo na zona rural da Pensilvânia. Minha colega de quarto descobriu que o tio dela era o piloto no Voo 11 da American Airlines, que atingira a Torre Norte. Naquela terça-feira ensolarada de setembro em Massachusetts, vi como os meus colegas de classe tentavam falar com os pais e recebiam notícias dos desaparecidos. Presenciei tudo aquilo e sofri com eles.

Esses acontecimentos poderiam ter empurrado outra pessoa para o conservadorismo político, mas tiveram o efeito contrário em mim.

Eu nasci liberal. Era o meu modo automático de ser. E depois do Onze de Setembro, comecei a me inclinar cada vez mais para a esquerda. Vi que, na sequência desses atos de terrorismo, as liberdades individuais do país se deterioraram. A nação entrou em um estado de vigilância constante. Em 26 de outubro de 2001, o USA Patriot Act, a Lei Patriótica, foi aprovado sem muitos protestos, dando ao governo o direito de coletar dados sobre os cidadãos sem o consentimento deles. (Por ironia, é claro, seria a ampliação dos poderes do governo em 2001 que levaria ao Big Data gratuito para todos no final da mesma década.)

A invasão à privacidade das pessoas me incomodava; sentia o mesmo em relação à militarização do país. Foi quando me envolvi na política nacional. Na primavera seguinte, quando uma das garotas mais inteligentes da minha turma fez um convite aberto para os alunos participarem de um comício de Howard Dean em New Hampshire, me inscrevi na hora e entrei no ônibus. Eu só tinha 15 anos, mas sabia que Dean era um candidato ferozmente progressivo e, depois que voltei para a escola, comecei a trabalhar para Dean a distância, como voluntária, escrevendo e-mails para eleitores indecisos do computador que ficava no meu dormitório.

No segundo ano, recebi um convite formal para participar do programa de liderança juvenil Lead America. Foi assim que conheci Barack Obama, ainda jovem. Ele estava em Boston para a Convenção Nacional do Partido Democrata de 2004, fazendo um discurso durante um comício sobre a questão ambiental no porto, e, depois de ouvir a sua emocionante fala em meio a uma multidão de apenas trinta pessoas, aguardei por ele nos bastidores.

Ele era alto, bonito e, embora já tivesse passado dos 30, parecia dez anos mais novo. Emanava tanta ternura e esperança que apenas estar perto dele me fez sentir que tudo ia ficar bem. Eu me apresentei, disse que também era de Chicago, e contei a ele sobre o meu trabalho voluntário para Dean.

"Bem, eu estou concorrendo ao senado dos Estados Unidos", disse Obama. "Quem sabe você tem interesse em ser voluntária na minha campanha?"

Eu concordei, claro. Trabalhei como voluntária durante a candidatura ao senado e depois interrompi a faculdade para trabalhar para Obama quando ele se candidatou ao cargo mais alto do país. Eu era tão devotada a ele e às suas causas que tirei uma licença da faculdade e dediquei os meus dias e as minhas noites ao objetivo de vê-lo se tornar presidente. Eu era uma entusiasta tão ferrenha de Obama que até minha mãe assou biscoitos com o rosto dele para os meus colegas de equipe na campanha.

Aquela era a garota que eu fora na Andover. Quem eu era antes de trabalhar na Cambridge Analytica.

Antes da reunião com a minha classe, pensei no que os meus ex-colegas de escola sabiam sobre mim. Eu não havia colocado o SCL Group na minha página do LinkedIn ou no Facebook. As últimas atualizações que podiam ter visto nas mídias sociais tinham sido minhas reuniões com dignitários em Londres ou fotos minhas à frente de uma missão comercial na Líbia.

Durante o encontro, a princípio não contei o que estava fazendo naquele momento. Deixei pensarem que eu ainda estava trabalhando na esfera humanitária ou com diplomacia.

"O que *você* anda fazendo desde a formatura deve ser uma das histórias mais interessantes", disseram alguns deles.

Talvez sim, mas, naquele momento, mais recentemente, minha vida havia se tornado interessante de maneiras inesperadas. Minha vida era oposta à que eu vivera pouco tempo antes. Havia apenas um ano que eu era uma ativista progressista fazendo pesquisas sobre direitos humanos na Índia. Agora, de repente, era diretora de gestão de negócios de uma empresa que já havia trabalhado de mãos dadas com a CIA e me dedicava a ajudar o Partido Republicano. Com a habilidade de um ator do método Stanislavski, assumi um novo papel.

Cochichei apenas para alguns durante o encontro o que estava de fato fazendo profissionalmente. A maioria deles eram colegas de classe mais ricos com quem eu havia discutido política em algum momento.

"Isso é incrível. Nunca pensei que ouviríamos isso de você", disseram quando descrevi o meu trabalho na Nigéria e com PSYOPs, ou como o SCL estava desenvolvendo estratégias eleitorais no mundo inteiro.

À medida que explicava a essas poucas pessoas que agora estava trabalhando para o spin-off americano do SCL, a Cambridge Analytica, eu tentava explicar isso para mim mesma também.

Nossa segunda viagem aos Estados Unidos para encontrar Steve Bannon ocorreu em meados de setembro de 2015. Ele queria saber quais eram os novos direcionamentos da Cambridge, então Alexander e eu fomos a Washington para informá-lo.

Àquela altura, eu sabia mais a respeito dele. Tinha lido alguns artigos extremistas que Steve publicara no Breitbart e notado que a maior parte das suas crenças eram opostas às minhas. Eu estava nervosa naquela viagem, muito mais do que da última. Ele acreditava mesmo em tudo que publicava? Não era possível. Pessoalmente ele tinha me parecido tanto esperto quanto estratégico. O que podia ganhar com aqueles artigos alarmistas que eu vira no Breitbart.com?

Dessa vez, quando eu e Alexander chegamos à "Embaixada", foi Steve quem abriu a porta. Ele estava usando uma cueca boxer velha e uma camiseta branca lisa. Assim que nos viu, entendeu que não havia sido uma boa escolha. Ele desapareceu e depois se encontrou conosco no porão vestindo um casaco de moletom e calça jeans.

Apresentamos a ele os próximos passos. Entre outras perspectivas, Alexander lhe disse que estávamos prestes a viajar para a França para oferecer os nossos serviços ao ex-presidente Nicolas Sarkozy. Também estávamos planejando trabalhar na Alemanha, Alexander, todo orgulhoso, informou a Steve — para o partido de Angela Merkel, a União Democrata-Cristã (CDU).

Steve teceu comentários sobre os dois assuntos — chegou a começar a argumentar que preferia que apresentássemos a empresa a candidatos de extrema-direita, como Marine Le Pen, da Frente Nacional francesa, mas o telefone dele tocou.

Ele olhou para a tela, pareceu ficar bastante satisfeito consigo mesmo, e então virou o visor para nós. O identificador de chamadas dizia "Donald Trump".

Ele levou o telefone ao ouvido. "Donald!", disse Steve, sua voz ressoando. "Como posso ajudá-lo?" Ele colocou Trump no viva-voz e do aparelho saiu a voz de um homem por quem eu tinha tanto respeito quanto por Ann Coulter e Marine Le Pen — aquele tom nasal e arrogante que eu ouvira antes naquele reality show surreal, no qual o bilionário era o centro das atenções, sentado em um trono de ouro, dentro de um castelo de ouro, e repreendia seus subordinados como se fosse um rei cortando as cabeças de bobos da corte e vagabundos.

"Eu estou ficando maluco aqui me preparando para esse comício contra o Irã", falou Trump. Ele estava em Nova York — ligando do castelo, presumi.

Alexander dissera que Trump participaria ao lado de Ted Cruz, e estava claro, pelo que Trump dizia, que o homem estava irritado por ter que fazer isso. Steve havia organizado o evento por meio de negociações de bastidores; o objetivo era ampliar a base de Trump, ao mesmo tempo que fazia Cruz subir, mas, ao que parecia, eles não gostavam muito um do outro.

"Estamos arrumando as malas aqui para irmos encontrar você e Ted amanhã", disse Trump a Bannon. "Estamos muito ocupados. Está tudo crescendo absurdamente. Absurdamente. Quando você vai me mandar os seus amigos ingleses?"

Steve olhou para mim e para Alexander. "Na verdade, estou com eles aqui comigo", respondeu. "O inglês e Brittany! Posso mandá-los até você agora?", perguntou ele.

Eu não tinha percebido que havia qualquer chance iminente de alguma conexão entre Trump e a CA, mas havia. Alexander agendara uma reunião com Corey Lewandowski em junho de 2015, antes do fatídico dia em que Trump desceu a escada rolante na Trump Tower para anunciar sua candidatura presidencial. Os dois foram apresentados por Steve Bannon, e as partes envolvidas já sabiam há muito tempo que algum tipo de campanha estava por vir. Independentemente de Donald ter planejado concorrer à presidência ou construir um império empresarial ainda maior, seguimos adiante de maneira obstinada nos esforçando para chegar lá de algum jeito. Durante três meses a partir de junho, tínhamos feito vários movimentos junto a Corey, sem confirmar uma reunião. Mas agora o próprio Donald estava pedindo em voz alta ao telefone a Bannon que fôssemos à Trump Tower e o ajudássemos. Como Corey poderia dizer não ao chefe? Corey Lewandowski poderia nos encontrar na Trump Tower na manhã seguinte, falou Trump. "Então pegamos um voo às dez da manhã para Washington", disse ele.

Alexander me prometera que eu nunca precisaria me envolver diretamente com a política republicana. Naquele momento, ele me prometeu que o *pitch* para Trump não seria necessariamente político — apenas um excelente contato profissional que poderia render vários oportunidades de negócios. "Uma grande chance", disse ele. "Precisamos captá-lo."

Naquela noite, fomos para a Union Station e pegamos um trem para Nova York. As paisagens escuras de Maryland e Delaware passavam pelas janelas dos vagões, a noite deslizando sob nós a cada quilômetro.

Eu tentava adivinhar o que Alexander queria que eu fizesse na manhã seguinte. "Então, o *pitch* vai ser comercial, político, ou as duas coisas?", perguntei a ele.

"Hmm", respondeu ele, distraído. "Qualquer um está bom." Ele voltou o olhar para o que quer que estivesse fazendo. "Não importa, só preciso que você me impressione." Ele dizia isso para mim com muita frequência agora.

"Mas não precisa se preocupar", disse ele. Trump estava concorrendo à presidência apenas *tecnicamente*. Comercial, política — era tudo a mesma coisa. Alexander explicou que o verdadeiro motivo pelo qual Trump estava "concorrendo" ao cargo era criar as condições necessárias para o lançamento de algo chamado Trump TV. Sua candidatura era, em outras palavras, nada mais que uma cortina de fumaça. O político e o comercial estavam bastante ligados.

Fiquei chocada com aquela informação: toda a "campanha" de Trump não tinha nada a ver com concorrer à presidência?

Alexander respondeu que não. Tinha tudo a ver com agitar e consolidar o público para o seu empreendimento comercial mais audacioso até o momento, um empreendimento que rivalizaria com o império imobiliário de Trump — em outras palavras, o maior império multimídia do mundo.

Será que aquilo era verdade? Não havia nenhuma possibilidade de Trump se tornar presidente?

Alexander explicou que é claro que a ideia de Trump se tornar presidente dos Estados Unidos era absurda. O povo norte-americano nunca aceitaria aquilo; essa simples ideia era até mesmo ridícula, como diversas pessoas achavam. Cruz, Rubio ou outra pessoa provavelmente ganhariam a indicação e depois perderia para Hillary. A candidatura de Trump sempre foi uma frente para o enorme empreendimento comercial, e a CA estaria lá na imaculada *concepção* desse império. Nós estaríamos lá desde o início. Afinal, a Trump TV tratava de dados. E muito do que a CA já estava fazendo era consolidar seu monopólio no banco de dados conservador dos Estados Unidos para criar um produto sem o qual a Trump TV não conseguiria prosperar.

Ao nos apresentar à equipe de Trump, Steve estava essencialmente nos entregando as chaves do novo reino dele.

Nosso compromisso era às oito horas da manhã seguinte. Eu nunca tinha estado na Trump Tower, então Alexander me instruiu a encontrá-lo na entrada da frente.

Mal conseguira dormir na noite anterior. A revelação de Alexander me deixara perturbada. Eu também tinha descoberto que o dinheiro por trás da Trump TV era da família Mercer e que Steve Bannon era o empresário do projeto, seu mentor e defensor. Durante a suposta campanha, a organização Trump coletaria dados que alimentariam uma empresa que serviria de megafone para a agenda política de Steve, Bob e Bekah. Conseguir o contrato seria a maior tacada de Alexander. Ao mesmo tempo, a CA não faria nenhum mal à campanha de Cruz. Nosso trabalho junto à Trump TV poderia até ajudar Cruz, dando a ele uma plataforma quando ele fosse eleito. Em outras palavras, não havia com o que se preocupar, segundo Alexander.

Todo comício, todo debate, todo anúncio e toda expressão ultrajante que saía da boca de Donald Trump tinha apenas o objetivo de ativar, identificar e consolidar seu domínio sobre um público extasiado. As primárias foram um ensaio para todo o resto. E a crescente "base" de Donald Trump englobaria os consumidores do seu novo produto. "Concorrer", algo com que gastou pouquíssimo dinheiro, era a maneira única, brilhante, ampla e econômica de Donald J. Trump testar o seu *messaging*, e a CA faria uma fortuna ajudando-o, tornando-se a principal equipe de comunicação e de análise de dados para o novo empreendimento estivesse pronto.

Ao meu redor na Quinta Avenida, as pessoas corriam a caminho do trabalho, homens de terno, mulheres com salto alto nas mãos e tênis nos pés. Crianças iam para a escola. E nenhum deles, pensei, tinha a mais vaga ideia do que estava acontecendo.

Uma vez dentro da Trump Tower, além das portas banhadas em bronze, Alexander e eu entramos em um elevador e subimos, passando andar após andar, e, quando as portas do elevador se abriram, fiquei em choque. A cena diante de mim era bastante familiar, mas eu não sabia por quê. Ainda estava tentando entender tudo quando Corey Lewandowski saiu de uma sala em um canto, com uma expressão presunçosa e confiante, vestindo uma camisa social azul com as mangas arregaçadas, como se estivesse trabalhando em algo importante e desafiador. Ele parecia distraído, mas não consegui exatamente imaginar pelo quê. Ele parecia o tipo de pessoa sem muito conteúdo. Seus quinze minutos de fama já tinham ficado no passado: a história conta que, certa vez, quando Corey trabalhava como assistente administrativo do deputado de Ohio, Bob Ney (o mesmo Bob Ney que mais tarde foi condenado por corrupção em um escândalo de lobby), ele foi preso por levar uma pistola dentro de um saco de roupa suja para um dos prédios que formam o complexo da Câmara dos Representantes dos Estados Unidos. Corey alegou que fora um acidente, o que teria sugerido que ele era um idiota, mas sempre achei que o incidente revelava uma certa agressividade nele.

Agora Corey se aproximava para nos cumprimentar e apertava as nossas mãos sem muita intenção ou força, soltando logo. Ocorreu-me que talvez ele tivesse concordado em nos ver apenas como um favor para Steve Bannon.

Olhei ao redor. O andar em que estávamos era praticamente inabitado. Os tetos eram altos e sustentados, ao que parecia, por colunas de ouro. O grande escritório estava vazio e decorado apenas com letreiros nas paredes douradas que diziam: "*Make America Great Again*".

Eu ainda não conseguia afastar a sensação de ter estado lá antes.

Corey deve ter entendido a minha expressão. "Parece familiar, não é?", perguntou. Ele parecia estar se divertindo. "Mmm", prosseguiu. "Você assiste ao programa *O aprendiz*?" Então, sem esperar pela resposta — eu, de fato, tinha assistido — ele se adiantou: "É claaaaaaaaaro que assiste." Ele era de Lowell, Massachusetts, e mesmo depois de anos em Washington, ainda tinha um leve sotaque de Nova Inglaterra. "Seja bem-vinda ao set!", disse ele com um floreio, os braços estendidos.

Corey era o mais próximo de um vendedor de carros usados que eu já tinha visto em alguém em uma posição política, e ele se manifestou sobre o quão "ferrado" estava com o trabalho, pois o seu cliente era popular demais. Donald era o melhor, *absolutamente o melhor*, e tínhamos sorte de termos a chance de apoiá-lo.

Nos sentamos no escritório de Corey, mas eu mal conseguia ouvir o que ele dizia, porque tudo que pensava era: *A sede da campanha presidencial de Donald Trump é o set de um reality show?*

Trump estava de um lado para o outro na sala ao lado, se preparando para pegar o voo para Washington. Vislumbrei-o algumas vezes, mas não fui apresentada nem falei diretamente com ele, pois passamos a próxima hora negociando com Corey, desejando sair com uma "vitória". Mas, antes, tivemos que ouvir tudo sobre Corey e, em seguida, sobre o quão importante e especial era o seu candidato.

Após o monólogo de Corey, que foi basicamente um *pitch* sobre ele e Donald, o homem enfim me deu espaço para que eu apresentasse a empresa. A política republicana não era algo estranho a Corey; ele havia trabalhado em campanhas durante grande parte da sua carreira, mas algumas das minhas descrições do trabalho de análise de dados o surpreenderam um pouco, e ele me interrompeu para que pudesse nos contar mais um pouco sobre o fato de Donald ser tão popular que praticamente não precisava de ajuda.

Alexander e eu rebatemos, explicando por que o nosso trabalho não era apenas importante, mas necessário. De que outra forma Donald competiria contra outros dezesseis jogadores nas primárias e depois contra uma gigante como Hillary Clinton?

Ao final daquela conversa competitiva, Corey parecia mais aberto. Ele ligou para Steve do telefone da mesa e apertou o botão do alto-falante.

"Estamos com os seus ingleses aqui, Steve! Olha, eles estão *implorando* para se envolver na campanha, sabia? As pessoas estão trabalhando para nós de graça, querem tanto estar a bordo disso! Então, que tipo de acordo você pode oferecer?"

7

A face do Brexit

SETEMBRO DE 2015

Paris ao final de setembro: o clima é bom, não há mais tantos turistas e as crianças voltam às aulas. A cidade está pronta para ser desbravada, e Alexander e eu tínhamos que conquistar a França.

Eu deveria estar trabalhando exclusivamente para a Cambridge Analytica naquele momento. Na verdade, estava em meio à mudança para Washington, onde a CA abria seu primeiro escritório norte-americano. Mas Alexander me pedira para ir com ele à França fazer um *pitch* para uma equipe que queria trabalhar na eleição presidencial de Nicolas Sarkozy. Seria apenas aquela vez, prometeu Alexander. Um favor. Ele sabia que eu tinha muita coisa para fazer. Não me pediria algo semelhante de novo.

Embora eu estivesse ocupada — nas idas e vindas entre Londres e Washington, cuidando de dois escritórios e dois apartamentos, carregando apenas alguns itens de necessidade básica, dando um jeito de converter o meu pagamento de libras em dólares —, achei uma sugestão magnífica.

A empresa estava crescendo rápido, mas estávamos com a equipe reduzida: eu era a única funcionária na área de gestão de negócios internacionais e tinha que lidar ao mesmo tempo com as questões globais e também com os Estados Unidos. Eu adorava Paris. E como estávamos muito perto de assinar um contrato com Sarkozy, eu fantasiava com idas e vindas que não me incomodariam: entre a capital dos Estados Unidos e a Cidade Luz.

Alexander fizera o *pitch* para Nicolas Sarkozy em 2012, mas o presidente francês recusou a proposta e perdeu para François Hollande por uma margem de 3,2%. Alexander não queria que a equipe de Sarkozy cometesse o mesmo erro de novo. Dessa vez, o candidato estaria concorrendo pelo partido Os Republicanos, representando a centro-direita, nome dado à antiga União por um Movimento Popular (UMP) que havia sido reformulada, e a equipe tinha que estar preparada. Ainda faltavam dois anos para as eleições, o que parecia muito tempo, mas Alexander sempre dizia que as eleições poderiam ser vencidas em um período entre seis e nove meses apenas quando necessário e somente se as condições fossem adequadas. Dois anos era a quantidade ideal de tempo para fazer o planejamento.

Era uma viagem de apenas um dia, ida e volta de trem pela Eurostar. Partimos no início da manhã e, ao meio-dia, Alexander já estava fazendo o *pitch* em um prédio do século XIX no centro de Paris, um edifício de quatro andares com torres e pé-direito alto, além de sancas de madeira cheias de detalhes, falando diante de uma equipe de consultoria de comunicação política e comercial com quem esperávamos fechar uma parceria. Os consultores franceses tinham 40 e poucos anos, se vestiam muito bem e eram bastante atenciosos.

Alguns clientes ficavam atordoados durante a parte em que falávamos sobre análise de dados durante o *pitch*, mas os dois executivos pareciam interessados. Eles tinham perguntas sobre como a CA obtinha os dados, o que fazíamos com eles e como o *microtargeting* era feito. No entanto, quando Alexander terminou e perguntou se eles tinham alguma pergunta, houve um silêncio mortal.

Um dos homens deu um pigarro. "*Non*", disse ele. "Isso simplesmente não vai funcionar."

O outro balançou a cabeça, concordando. "É impossível", falou. "Os franceses jamais vão aceitar isso."

Alexander estava confuso de verdade, assim como eu. "Por quê?"

"Os dados, é claro", um deles respondeu. "Se as pessoas souberem que um candidato está fazendo isso, seria derrota na certa."

Alexander e eu conhecíamos a lei francesa: a partir do momento em que os usuários concordavam em compartilhar os dados, eles tomavam uma decisão consciente, da qual tinham sido informados e que estava amparada legalmente.

"Aqui não é os Estados Unidos", disse um dos homens.

Não, não é, pensei. Nos Estados Unidos, os usuários concordavam automaticamente, de acordo com uma legislação que permitia que seus dados fossem coletados sem restrições; nos Estados Unidos não há muita proteção nesse sentido, como ocorre na França e no Reino Unido.

Era óbvio o que estava nas entrelinhas, no entanto: os Estados Unidos não tinham a mesma bagagem dos europeus. Os franceses, assim como os alemães e muitos outros europeus ocidentais, eram bem mais sensíveis, o que era compreensível, em relação ao uso de suas informações pessoais. Embora as leis permitissem às entidades coletar dados com a autorização das pessoas, os precedentes quanto ao uso indevido de informações pessoais eram terríveis.

A coleta de dados dos cidadãos judeus, ciganos, deficientes e homossexuais realizada pelos nazistas foi o que tornou o Holocausto possível e cruelmente eficiente. Na sequência da Segunda Guerra Mundial e entrando na era digital, os legisladores na Europa garantiram que as leis de dados fossem rigorosas a fim de impedir que algo assim acontecesse de novo. A privacidade em relação à informação era, de fato, um princípio inerente da União Europeia — regras claras limitavam a capacidade de um sujeito desonesto cometer algum abuso quanto aos dados e violar direitos humanos.

Alexander e eu estávamos cientes dessas questões, mas não imaginávamos que elas seriam intransponíveis na França nem em qualquer outro lugar na Europa. Ao menos aquilo não tinha passado pela nossa cabeça até o momento.

Alexander tentou convencer os homens de que o nosso processo era transparente, dentro da lei, e que quem desejasse criar uma campanha hoje em dia e não se utilizasse de dados ficaria para trás. Contudo, os dois homens estavam irredutíveis. Nós nos despedimos amigavelmente, embora Alexander e eu estivéssemos chocados. Nunca havíamos pensado no uso de dados na política como algo ofensivo, mas, sim, inevitável.

Em silêncio, entramos no trem da Eurostar para Londres. A Europa não era os Estados Unidos. As feridas da Segunda Guerra Mundial ainda não tinham cicatrizado.

O trem foi rápido de Paris até Calais, mas fez uma parada lá. Eu tinha lido que atrasos na entrada do túnel do canal da Mancha, ou "Chunnel", no lado francês, estavam se tornando cada vez mais comuns. Os refugiados da grande crise migratória haviam acampado na entrada e eram conhecidos por tentar realizar a travessia de maneiras perigosas e ilegais, às vezes no topo de trens de carga, pendurados nos para-choques ou na parte de cima dos caminhões. Muitos haviam morrido, alguns caíram ou se afogaram nos canais na fronteira. Nos últimos nove meses, tinha sido relatado que os guardas da fronteira haviam impedido inacreditáveis 37 mil tentativas de atravessar daquela forma. Os guardas haviam apontado "'incursões noturnas' de centenas de imigrantes que tentavam cruzar a passagem na esperança de que poucos sortudos chegassem ao outro lado".*

A crise dos refugiados em toda a Europa não tinha precedentes. De acordo com o Alto Comissariado das Nações Unidas para os Refugiados, os conflitos mundiais haviam deslocado cerca de 60 milhões de pessoas, um número que corresponde à população da Itália.** Somente em 2015, mais de 1 milhão de pessoas havia chegado aos países da UE, e muitos desejavam especificamente entrar no Reino Unido, onde os serviços de saúde e de habitação pública eram gratuitos, e essa era frequentemente a última opção para um refugiado que havia tentado todos os outros países ao longo do caminho.***

A maioria dos refugiados vinha de países de maioria muçulmana. Os motivos para a fuga eram vários, desde conflitos armados a efeitos na mudança climática. As pessoas partiam da Síria, da Líbia, do Sudão do Sul, da Eritreia, da Nigéria e dos Bálcãs.

As travessias pela África eram bastante perigosas porque os traficantes pediam taxas exorbitantes e porque grupos imensos de pessoas, às vezes centenas, embarcavam em barcos ou jangadas instáveis para navegar no traiçoeiro

---

* Naina Bajekal, "Inside Calais's Deadly Migrant Crisis", *Time*, 1º de agosto de 2015, http://time.com/3980758/calais-migrant-eurotunnel-deaths/.

** "The Dispossessed", gráfico, *The Economist*, 18 de junho de 2015, https://www.economist.com/graphic-detail/2015/06/18/the-dispossessed.

*** "Forced Displacement: Refugees, Asylum-Seekers, and Internally Displaced People (IDPs)", Factsheet, Comissão Europeia, n.d., https://ec.europa.eu/echo/refugee-crisis.

Mediterrâneo.* As autoridades estimavam que mais de 1.800 migrantes se afogaram tentando fazer a travessia dessa forma naquele ano.**

Parecia que o nosso trem ia ficar parado para sempre na entrada do Chunnel. Quando enfim acelerou na boca escura da rota submarina entre a França e a Inglaterra, Alexander se virou para mim. Ele estivera pensando em algo, disse. Tínhamos uma oportunidade emocionante assim que chegássemos no Reino Unido. Algo a ver com um referendo histórico sobre a adesão do Reino Unido à União Europeia.

Os Estados Unidos realizavam referendos o tempo todo; em quase todas as eleições locais e estaduais, votamos se queremos financiar a construção de novas escolas, aprovar regulamentações sobre beber em público ou permitir que patinetes elétricos estacionem nas calçadas. No entanto, o referendo que estava por vir no Reino Unido era de âmbito nacional. O Reino Unido havia realizado dois outros referendos nacionais em sua história moderna, o referendo de adesão às Comunidades Europeias em 1975 e o referendo pelo voto alternativo em 2011, mas essa votação por vir era litigiosa e traria diversas consequências. Tinha o potencial de mudar a face da própria Europa.

Como resultado de algo chamado Tratado de Maastricht, a Inglaterra fazia parte da União Europeia desde o final dos anos 1990, mas havia uma divergência generalizada acerca dos benefícios de uma Europa unificada e com fronteiras livres e a participação britânica.

Qual vantagem o Reino Unido tinha em compartilhar uma moeda e um mercado com outras nações europeias? A UE se baseava em ideias nobres: equidade econômica em todo o continente, ausência de discriminação e valores compartilhados sobre a democracia e os direitos humanos. Oferecia liberdade de movimento sem fronteiras internas e o aumento da solidariedade entre as nações. De fato, pelo seu compromisso com a paz e a prosperidade entre os

---

* Louisa Loveluck e John Phillips, "Hundreds of Migrants Feared Dead in Mediterranean Sinking", *Telegraph*, 19 de abril de 2015, https://www.telegraph.co.uk/news/worldnews/africaandindianocean/libya/11548071/Hundreds-feared-dead-in-Mediterranean-sinking.html.

** "What's Behind the Surge in Refugees Crossing the Mediterranean Sea?", *New York Times*, 21 de maio de 2015, https://www.nytimes.com/interactive/2015/04/20/world/europe/surge-in-refugees-crossing-the- mediterranean-sea-maps.html.

estados-membros, a Academia Sueca havia concedido à União Europeia o Prêmio Nobel da Paz em 2012.*

No entanto, cada vez mais os ingleses vinham se tornando nativistas e separatistas. O nacionalismo e o tribalismo estavam em ascensão na Inglaterra, assim como nos Estados Unidos. Como no meu país, o Reino Unido tinha uma longa e violenta história de independência e autonomia. Recentemente, as vozes populistas em apoio à "saída" da UE tinham se tornado tão poderosas quanto as que apoiavam a "permanência".

O iminente referendo do "Brexit" teria dois lados: os "*remainers*", com o slogan "*Stronger Together*", algo como "juntos somos mais fortes", que apoiavam a permanência na União Europeia. Eles defendiam uma estrutura supranacional com leis e regulamentos conjuntos que garantiriam as liberdades e os direitos humanos, mas, ao fazê-lo, custariam à nação algum grau de autodeterminação.

Os "*leavers*", ou "*brexiters*", ou ainda "*brexiteers*", defendiam a saída absoluta da UE. O argumento para isso era que o Reino Unido precisava escolher as próprias regras, fechar suas fronteiras à quantidade massiva de imigrantes e economizar fundos para instituições nacionais como o Serviço Nacional de Saúde (NHS), que os britânicos tanto prezavam.

Alexander reconheceu que o envolvimento do SCL no referendo poderia ser algo complicado. Afinal, era uma eleição britânica e, como uma empresa britânica, o SCL sempre ficava de fora da política britânica; não queria ser visto como tendo partido no próprio país, embora o tivesse feito em quase todos os outros lugares.

Alexander explicou que havia se interessado em trabalhar com os dois lados, mas os *remainers* acreditavam que venceriam e não achavam que precisavam de consultores políticos dispendiosos, como o SCL. Havia surgido uma oportunidade de trabalhar com o outro lado e ela era tentadora demais para ser recusada.

Dois grupos-chave estavam disputando a campanha oficial do movimento pela saída da UE. Para conseguir o título, em primeiro lugar cada um precisava

* União Europeia, "European Union Receives Nobel Peace Prize 2012", União Europeia, n.d., https://europa.eu/european-union/about-eu/history/2010-today/2012/eu-nobel_en.

apresentar sua proposta à Comissão Eleitoral. O SCL estava com sorte, porque ambos os grupos pró-saída queriam trabalhar conosco.

As duas reuniões seriam em breve, segundo Alexander. Então, ele tinha outro favor para me pedir. Os *leavers* eram, em geral, um grupo complicado com o qual trabalhar. Eles incluíam algumas das figuras políticas mais controversas e desagregadoras da história britânica moderna. Dado o que tinha acontecido em Paris naquele dia, ele preferia não se associar a eles, para não ser visto como um pária. A situação dele não era muito diferente da minha, apontou: eu relutava em me associar a Cruz ou a Trump nos Estados Unidos. Alexander não queria ser visto com pessoas cujas opiniões políticas poderiam ser consideradas ofensivas.

Ele disse que sabia que eu estava ocupada por causa da mudança para Washington, mas esperava que eu estivesse disposta a fazer o *pitch* para os *leavers* e trabalhar com eles pelo tempo necessário para fazê-los assinar conosco. Por um breve período, eu seria o rosto do SCL para o Brexit e, em troca, Alexander continuaria sendo o rosto da Cambridge Analytica para os republicanos nos Estados Unidos.

Do jeito que estava ocupada, não parecia algo tão difícil assim. Primeiro, eu tinha lido os mesmos jornais que todo mundo na Inglaterra. Sabia tão bem quanto qualquer um que os *leavers* não tinham chance de ganhar. Em segundo lugar, me reunir com eles poderia dar alguma experiência com referendos. Talvez eu pudesse fazer parte de uma eleição histórica.

Terceiro, eu estava namorando Tim. Ele, seus amigos e seus familiares eram escoceses e ingleses conservadores, e ficariam muito satisfeitos em deixar a União Europeia para terem mais autodeterminação, sobretudo os escoceses, que tentaram e falharam em deixar o Reino Unido três vezes. Meu namorado pretendia votar pela saída, então, se eu trabalhasse para os *leavers*, não haveria brigas entre nós.

Em quarto lugar, parte de mim secretamente sempre teve a esperança de que um dia eu me tornaria uma cidadã britânica. Eu também havia sonhado em ter filhos e criá-los em um país onde os serviços públicos fossem financiados pelo governo e os valores liberais reinassem.

E quinto, havia algumas razões políticas muito boas para que a saída da União Europeia fosse algo bom para os cidadãos britânicos. Como uma ativista de direitos humanos liberal, eu vira o Reino Unido, como membro da UE, se tornar ainda mais conservador. A UE havia compelido o Reino Unido a reforçar algumas leis supranacionais que eram, para ser honesta, mais restritivas em determinados aspectos, como a venda de *cannabis* e psicodélicos, que, na minha opinião, não deveriam ser substâncias criminalizadas. Como ativista de direitos humanos, eu acreditava que um Reino Unido independente significaria um Reino Unido que teria potencial para servir melhor à sua população: se tornar mais liberal, e não menos.

Por todos esses motivos, eu não estava preocupada em fazer o favor que ele me pedia. Dado o dia desanimador que acabáramos de ter com os franceses — sem considerar o fato de Alexander ter sugerido que trabalhar com os *leavers* poderia resultar em uma comissão polpuda —, parecia uma tarefa inócua, uma barganha entre Nix e eu que não era mais complicada que dividir a conta depois do almoço. "Eu fico com os americanos, e você com os britânicos", Alexander havia oferecido com alegria. E prometeu que, depois, eu nunca mais teria problema algum em associar minha imagem pública a conservadores.

O primeiro grupo pró-saída para o qual eu teria que fazer o *pitch* era o Leave.EU. Seu principal representante era um empresário famoso chamado Arron Banks, um magnata da área de seguros e doador generoso para causas conservadoras. Banks foi um *tory*, mas abandonara o barco filiando-se ao Partido de Independência do Reino Unido (UKIP). Alexander disse que Arron era sinônimo de dinheiro.

A equipe do Leave.EU, com cinco pessoas bastante diferentes entre si, chegou ao escritório do SCL em uma sexta-feira no final de outubro e causou uma impressão imediata: Arron Banks, homem de meia-idade com cara de bebê vestindo terno e gravata, entrou na sala de conferências com um andar de mafioso, sua barriga redonda chegando antes dele. Ele se apresentou com uma voz estrondosa e um aperto de mão esmagador.

Junto com ele, Chris Bruni-Lowe, diretor de comunicações, e Liz Bilney, CEO do Leave.EU e braço direito de Arron. Exceto pelo cabelo preto liso e longo de Liz, que caía em torno de seu rosto como um derramamento de petróleo, os dois não tinham nada digo de nota.

O quarto homem usava óculos e se chamava Matthew Richardson, um *barrister* jovial que se apresentou como consultor jurídico — consultor de quem, eu não tinha certeza. Ele queria dizer consultor jurídico do Leave.EU? De Banks?

E o quinto era Andrew (também conhecido como "Andy" ou "Wiggsy") Wigmore, um sujeito peculiar que era algum tipo de parceiro de negócios de Arron, mas cujo papel na campanha jamais ficaria claro para mim. Andy me parecia mais um atleta que começava a ficar velho demais para o esporte do que um político, e, em algum momento, acabei descobrindo que ele foi um jogador de futebol e, que eventualmente praticava tiro ao prato. Um excêntrico. Antes de se sentar, ele abriu o zíper da mochila e retirou uma série de pequenas garrafas de bebida, do tipo que se encontra em aviões, e as entregou para as pessoas presentes na sala conforme ia sendo apresentado. "Estão cheias", disse ele, "com rum de Belize".

Naquele dia, minha tarefa era fazer o *pitch* para a equipe do Leave.EU e reunir informações suficientes sobre as necessidades e os recursos de dados para poder elaborar uma proposta formal. Arron, a quem Andy chamava de "Banksy", ficou tão emocionado com a apresentação que disse que estava interessado em usar o SCL não apenas para a campanha, mas também para o partido, o UKIP, e para a sua companhia de seguros.

A questão mais premente, disse ele, era ofuscar a concorrência. O rival do Leave.EU, um grupo chamado "Vote Leave", provavelmente teria vantagem sobre o grupo de Arron. Compreendia *westminsterites* com conexões poderosas e consolidadas. Dentro de apenas quatro semanas, o Leave.EU planejava realizar um debate antes da sua inscrição oficial junto à Comissão Eleitoral do Reino Unido. Eles queriam fazer uma superprodução que demonstrasse que eram melhores do que o Vote Leave para representar a campanha pela saída do Reino Unido da União Europeia.

Ganhar a designação era importante porque significava apoio financeiro da Comissão Eleitoral (um limite de gastos de 7 milhões de libras) e espaços pré-definidos para anúncios na TV. Este último era uma grande vantagem na Inglaterra, pois a lei britânica proibia publicidade convencional de qualquer grupo político, exceto o designado de forma oficial.

Para ajudar a equipe de Arron a se preparar para a apresentação, eu precisava saber quais dados eles tinham. Em seguida, elaboraríamos uma proposta em duas fases, para que a primeira parte de trabalho fosse realizada antes do evento.

Ainda era cedo, disse Arron, mas é melhor não esperarmos. Sua equipe nos enviaria o que pudesse o mais rápido possível.

O Vote Leave havia planejado fazer uma reunião com o SCL, mas desistiram quando ficaram sabendo que tínhamos nos encontrando com os rivais dele. Como uma versão britânica de Jeb Bush, eles queriam lealdade. O Leave.EU, por sua vez, era uma versão britânica mais desesperada de Ted Cruz — estavam tão longe de ganhar que não colocaram nenhum orgulho em risco quando abriram mão de assinar de um contrato exclusivo.

Após a reunião, dois e-mails sobre o Leave.EU chegaram a mim. Um, dirigido a Banksy e Wiggsy, era de Julian Wheatland, diretor financeiro do SCL. Ele descrevia o trabalho que o SCL planejava realizar para se preparar para o debate, que Julian chamava de "um pequeno programa de análise de dados e suporte criativo", que havia sido "projetado para mostrar a capacidade intelectual e uma abordagem orientada por dados para campanhas". O e-mail também continha, em um tom bastante britânico, a solicitação de pagamento antecipado pelos nossos serviços.

O outro e-mail, de Arron, dava seguimento à reunião que tivéramos. Ele se perguntava se o SCL seria capaz de levantar fundos para o Leave.EU nos Estados Unidos, ao tentar segmentar e atingir norte-americanos "que tivessem laços familiares com o Reino Unido". Eu não tinha muita certeza do que ele queria dizer ou por que achou que aquela era uma boa ideia. Percebi que, dentre outros destinatários, o e-mail tinha Steve Bannon em cópia.

Isso explicava como a Arron Banks possivelmente havia chegado a Alexander e ao SCL. Steve deve ter apresentado os dois. Afinal, Bannon era uma versão americana de Nigel Farage, e os dois eram amigos. Principal fundador do UKIP,

Farage era o maior membro do parlamento europeu de todos os tempos, cuja única razão de ser um eurodeputado era o seu desejo de desmantelar a União Europeia de dentro.* Tendo passado toda a minha vida adulta vivendo no Reino Unido, para mim, Steve não era uma figura tão pública quanto Nigel, mas era ferozmente disruptivo. Os dois homens eram populistas ferrenhos, uma característica em ascensão em todo o planeta.

Bannon e Farage eram defensores do tipo de populismo que consistia em uma proposição "nós contra eles", homens que argumentavam que as "elites" e o "establishment" eram corruptos e que o homem comum tinha valores mais puros. Cada um deles acreditava, ou pelo menos professava em público, que o politicamente correto era apenas uma cortina de fumaça para o elitismo, que, segundo eles, esmagava a honesta, mas valiosa "franqueza".** Ambos eram politicamente incorretos e absurdamente grosseiros. Fazia sentido para mim que fossem amigos.

Enquanto me preparava para a tarefa, eu me lembrava de que, se Arron Banks havia chegado até o SCL por Nigel Farage, que havia chegado por Steve Bannon, era melhor que eu fizesse um trabalho muito bom para o Leave.EU.

Obter os dados da equipe do Leave.EU acabou se mostrando um processo mais longo do que eu esperava. Primeiro, Arron nos enviou Liz Bilney, uma mulher do seu escritório que, descobrimos depois, não sabia nada sobre dados nem onde poderiam ser obtidos, apesar de ser CEO do Leave.EU. Ela me colocou em contato com outra pessoa na sede do Leave.EU, em Bristol, que me informou que tinha bem poucos dados, mas poderia nos dar acesso a eles. Depois que pedi orientação à equipe que compareceu à nossa primeira reunião, Matthew Richardson entrou em contato comigo e me garantiu que poderia

---

* Stephen Castle, "Nigel Farage, Brexit's Loudest Voice, Seizes Comeback Chance", *New York Times*, 14 de maio de 2019, https://www.nytimes.com/2019/05/14/world/europe/nigel--farage-brexit-party.html.

** Thomas Greven, "The Rise of Right-wing Populism in Europe and the United States: A Comparative Perspective", Friedrich-Ebert-Stiftung, maio de 2016, https://www.fesdc.org/fileadmin/user_upload/publications/RightwingPopulism.pdf.

ajudar. Richardson fez parecer como se o UKIP tivesse um gigantesco banco de dados de informações sobre todos os seus afiliados, além de alguns dados úteis de pesquisa eleitoral. *Ele* então nos colocou em contato com o pessoal de TI do UKIP e disse que iria providenciar que alguém de lá nos enviasse os dados da maneira mais rápida e segura possível.

"Como podemos ter acesso a isso?", perguntei a Julian, que na mesma hora respondeu que Matthew era, na verdade, o secretário do UKIP.

Fiquei chocada. Como Richardson podia ser ao mesmo tempo consultor jurídico do Leave.EU e estar à frente do partido? A questão legal ali era se havia a possibilidade de a campanha utilizar os dados do partido, e uma pessoa a favor disso não era exatamente o terceiro imparcial que você espera que tome esse tipo de decisão. Não fazia muito sentido, mas entendi que, em posição de liderança do partido, ao menos ele tinha autorização para usar os dados. Ele entregaria o que tinha e partiríamos dali.

Enquanto isso, tive que ir para os Estados Unidos, para uma viagem que havia planejado com a minha família para Nova York. Avisei aos cientistas de dados no escritório que estaria fora, mas perguntei se, depois que os dados chegassem do UKIP, eles poderiam começar a trabalhar logo. O tempo era muito curto.

A viagem aos Estados Unidos era uma indulgência da minha parte. Fui de avião com minha mãe, meu pai e minha irmã e banquei para eles um excelente hotel e alguns dias na cidade. Fizemos boas refeições juntos, assistimos a um show na Broadway e visitamos um museu. Gastei cada dólar na minha conta bancária com eles, mas valeu a pena passar um tempo com minha família e ajudar a tirar da cabeça as más lembranças de quando perdemos tudo que tínhamos meses antes.

Apesar dos planos que havia organizado para nós, meu pai ainda estava apático, muitas vezes voltando mais cedo para o seu quarto de hotel, sozinho. Sua condição de vida em casa ainda era lastimável: ele estava morando por um tempo no quarto de hóspedes da casa da irmã e não havia encontrado trabalho — ou talvez não estivesse motivado para isso. Ainda assim, eu estava feliz por ter os recursos necessários para fazer algo de bom por ele, pela minha mãe e pela minha irmã, e estava ansiosa por fazer ainda mais, já que estava há seis meses recebendo salário e começando a sentir que podia me virar sozinha. Como em breve eu estaria morando em Washington, de volta aos Estados Unidos pela primeira vez na minha vida adulta, também conseguiria vê-los com mais frequência.

Durante a visita, falei pouco sobre o meu trabalho, exceto para compartilhar de modo geral o que faço. Minha irmã, Natalie, tinha se formado em psicologia e parecia interessada no fato de a Cambridge utilizar a pontuação OCEAN para identificar as personalidades dos eleitores. Falamos sobre como seria possível aplicar os recursos da CA em áreas que podem ter um impacto social positivo. O posicionamento político de Natalie não era diferente do meu, e ela sempre foi uma democrata ferrenha. Então, quando deixei escapar que estava trabalhando com Steve Bannon, não fiquei surpresa com a reação dela, embora não fosse confortável experimentá-la.

Ela enfiou o dedo dentro da boca, como se fosse vomitar. "Como você consegue?", perguntou ela.

"Ele é um homem brilhante", respondi, por falta de coisa melhor para dizer.

Foi no meio de uma conversa como essa que recebi uma ligação curiosa de um dos nossos principais cientistas de dados em Londres, o dr. David Wilkinson, responsável por supervisionar a análise de dados do Leave.EU. Ele estava gargalhando quando me ligou.

"Brittany", disse ele, orgulhoso. "Seus dados chegaram!"

A piada era que Matthew Richardson havia mandado alguém da sede do UKIP de trem para Londres com uma torre de computadores gigante, que ele deixou no escritório do SCL um pouco constrangido, dando a entender que havia muitas informações ali dentro. Meus colegas do QG de Londres ficaram chocados e impressionados, considerando-se que havia várias maneiras de transmitir dados que não incluíam a entrega física de um computador como nos anos 1990.

Como descobrimos depois, havia apenas dois pequenos arquivos do Excel no disco rígido, um com os dados dos indivíduos filiados ao UKIP e o outro com os resultados de uma pesquisa que o UKIP aparentemente realizou sobre as opiniões das pessoas em relação ao Brexit. Era uma quantidade insignificante de dados, dois arquivos que poderiam ter sido enviados para nós como anexos de e-mail ou até trazidos em um pen-drive. Ao menos, David disse que era o suficiente para começar.

Quando voltei para Londres, os resultados da modelagem de dados dos dois grupos estavam prontos e, de fato, pelo menos a princípio, tinham sido muito úteis.

David havia descoberto que a comunidade pró-saída era composta de quatro segmentos aos quais nossa equipe de *messaging* deu os seguintes apelidos: "Eager Activists" (ativistas ávidos), "Young Reformers" (jovens reformistas), "Disaffected Tories" (*tories* descontentes) e "Left Behinds" (deixados para trás).

Os Eager Activists eram muito engajados na política, em busca de oportunidades para se envolverem mais e doarem para a causa. Também estavam um tanto pessimistas em relação à economia e ao Serviço Nacional de Saúde.

Os Young Reformers eram solteiros, ativos na esfera política, trabalhavam na área da educação e se sentiam confortáveis entre pessoas de diferentes grupos étnicos; eles tendiam a não gostar de falar muito sobre imigração. Em geral, estavam bastante otimistas quanto à economia e o futuro do Serviço Nacional de Saúde.

Os Disaffected Tories estavam bastante satisfeitos com o governo atual e os anteriores, mas estavam descontentes com os posicionamentos deles sobre a União Europeia e a imigração. De modo geral, estavam otimistas quanto à economia e o Sistema Nacional de Saúde, e acreditavam que o crime estava diminuindo. A maioria era de profissionais bastante ricos e funcionários de nível gerencial. A maior parte deles não era politicamente ativa.

O Left Behinds era, talvez, o segmento mais interessante. Eles se sentiam cada vez mais alienados pela globalização e pela sociedade em geral. Estavam bastante descontentes com a economia e o Sistema Nacional de Saúde, e sentiam que a imigração era a questão central daquele momento. Eles suspeitavam do *establishment*, incluindo políticos, bancos e corporações; e se preocupavam com segurança econômica, deterioração da ordem pública e o futuro em geral. Em outras palavras, se David tivesse tido tempo suficiente para classificá-los de acordo com a pontuação OCEAN, provavelmente teria descoberto que os Left Behinds eram muito neuróticos e, portanto, mais acessíveis quando o *messaging* apelasse para os medos que sentiam.

Sempre dávamos uma prévia dos resultados usando slides e alguma papelada, mas Julian e Alexander avaliaram melhor a situação e me disseram para não compartilhar os verdadeiros documentos com Arron, Andy ou o restante da equipe do Leave.EU. Eles ainda não tinham feito o pagamento, então me pediram para não "dar tudo de bandeja". Em vez disso, eu poderia apresentar o que conseguimos descobrir e até mostrar alguns slides, mas não entregaria nada concreto a ninguém até que eles assinassem o contrato que nos prometeram e pagassem pelo trabalho que haviam solicitado. Isso fazia sentido, mas resisti um pouco, dizendo que deveríamos ir em frente, pois Arron nos dera "sinal verde" por escrito. Julian havia me dito isso. Imaginei que era apenas uma questão de burocracias jurídicas até que o contrato fosse assinado e os honorários, pagos. Matthew Richardson nos garantira que estava elaborando os contratos entre o UKIP, a CA e o Leave.EU, de modo que o compartilhamento de dados estivesse em conformidade com a lei. Desse modo, eu tinha total pretensão de usar as descobertas referentes aos dados em benefício da campanha, e trabalhei com a equipe do SCL para obter o máximo de informação possível com o trabalho que fizemos na primeira fase.

Na ocasião do ensaio, marcado para 17 de novembro, um dia antes da coletiva de imprensa, o pagamento ainda não havia sido realizado, nem o contrato, assinado. Também havíamos tido algumas complicações jurídicas, mas até onde eu sabia, elas pareciam ter sido resolvidas. O problema girava em torno da legalidade do compartilhamento dos dados dos filiados do UKIP e das pesquisas que o UKIP fizera junto ao Leave.EU. No momento em que os dados foram coletados, os membros do UKIP não haviam aceitado compartilhá-los com o Leave.EU ou com qualquer organização política; portanto, precisávamos da aprovação legal antes de apresentar o que tínhamos feito.

Foi naquela manhã que Julian enfim me mostrou um parecer legal que um advogado Queen's Counsel chamado Philip Coppel havia escrito, que ao menos liberava o trabalho de dados que havíamos feito para o UKIP. Um advogado Queen's Counsel é um especialista em direito público mais qualificado do país, então confiei cegamente. Ufa! O trabalho já havia sido realizado, e agora poderíamos apresentá-lo. Enquanto isso, um contrato para compartilhamento de dados entre o UKIP e o Leave.EU seria redigido em separado, o que me disseram que liberaria o trabalho que havíamos realizados com os dados do UKIP para uso mais amplo na campanha.

Na época, não prestei atenção em nada, exceto no conteúdo legal do documento do Queen's Counsel que Julian me dera e fiquei feliz com o sinal verde que, pelo menos eu achava, ele acendia para nós, a fim de que pudéssemos trabalhar mais aqueles dados. Só mais tarde notaria que o parecer não era uma obra apenas do Queen's Counsel, mas que tinha sido corredigido por Matthew Richardson, um advogado que a CA havia contratado especificamente para aquele projeto. Eu tinha pressuposto que ser um *barrister* era o seu trabalho principal, com a liderança do UKIP vindo em seguida. Ele poderia ter ajudado Philip Coppel com os detalhes — fazia sentido, já que era especialista naquilo que era necessário para o projeto —, mas, olhando para trás, vejo que foi bastante curioso que ele tenha se dado permissão para executar um trabalho que ele próprio queria que fosse realizado. Na época, porém, fui soterrada com os preparativos para a coletiva de imprensa do Leave.EU, e não parei muito para pensar nos detalhes. Dei os retoques finais nos meus tópicos de discussão e trabalhei na minha apresentação de slides.

As notícias que antecederam o ensaio haviam sido perturbadoras. Em 13 de novembro, supostamente em retaliação a uma operação militar francesa no Iraque e na Síria, terroristas do ISIS atacaram Paris em ataques coordenados. Eles detonaram bombas do lado de fora do Stade de France, no subúrbio de Saint-Denis, durante um jogo de futebol; mataram pessoas em cafés e restaurantes; e fizeram um ataque a tiros ao Bataclan durante o show de um grupo de rock americano — levando 131 pessoas à morte (incluindo um suicídio posterior) e ferindo 413. Dois dias depois, em retaliação aos ataques, os franceses intensificaram os ataques aéreos a uma fortaleza do ISIS na Síria e, em 15 de novembro, o presidente François Hollande, em discurso ao parlamento, declarou que a França estava em guerra contra o ISIS.

No dia 17 de novembro, me encaminhei para o escritório do Leave.EU em Londres, na Millbank Tower, com plena consciência de que o mundo estava em estado de calamidade. O ensaio, no entanto, foi bem-sucedido. Toda a equipe se reuniu, nós nos apresentamos e atualizamos uns aos outros do trabalho que havíamos feito até o momento.

Estavam presentes Arron Banks, Andy Wigmore, Chris Bruni-Lowe e Liz Bilney. Matthew Richardson também estava lá, vindo da sede do UKIP. Richard Tice, um proeminente empresário conservador, havia se juntado ao grupo, assim como Ian Warren, o respeitado demógrafo que era consultor do Partido Trabalhista, cujo objetivo era nos orientar sobre como chegar até os liberais. De modo inusitado, um homem chamado Gerry Gunster, CEO da empresa americana Goddard Gunster, havia vindo de Washington só para a ocasião. Gerry tinha expertise em referendos, e seu trabalho nos Estados Unidos era semelhante ao da CA. Ele pesquisava, analisava dados e tomava decisões estratégicas para campanhas eleitorais (descobrindo quais eram os principais eleitores e como fazê-los votar) e tinha um histórico incomparável de vitórias para os clientes, com uma taxa de sucesso superior a 95% em referendos, seu principal negócio.*

Arron informou que a campanha havia levantado mais de 2 milhões de libras até aquele momento. Richard Tice disse que a campanha havia conseguido mais de 300 mil apoiadores registrados desde o verão anterior, e havia levado à organização de cerca de duzentos grupos em todo o país. Ele compartilhou conosco que a campanha começara a "mudar as pesquisas de opinião" e agora estava pau a pau na corrida pela conquista da desejada designação concedida pela Comissão Eleitoral, derrotando o concorrente Vote Leave.

Matthew Richardson apresentou as atualizações no planejamento do UKIP em relação ao *canvassing* e às próximas medidas. A ideia era lançar a maior campanha de registro de eleitores da história do país. Gerry fez uma apresentação sobre *targeting* estratégico e disse que, se o referendo fosse convocado para a primavera de 2016, seis a oito meses seriam bastante tempo para se preparar. Ian expôs algumas das principais questões relacionadas aos eleitores liberais. Richard Tice explicou como Londres, a capital financeira do mundo, seria capaz de impulsionar um crescimento sem precedentes, uma vez que o Reino

---

* Charlie Cooper, "Trump's UK Allies Put Remain MPs in their Sights", Politico.eu, 20 de novembro de 2016, https://www.politico.eu/article/trump-farage-uk-brexit-news-remain-mps/.

Unido se tornasse independente da burocracia regulatória da União Europeia. E, por sua vez, Andy Wigmore (cujo papel em tudo isso eu ainda não havia entendido) tinha aparecido mais uma vez com as suas garrafinhas de rum de Belize, que entregou àqueles a quem não tinha sido apresentado antes. Ele parecia mais preocupado em promover as exportações de Belize do que em prestar atenção na questão do Brexit.

Apresentei então todo o conteúdo que tinha reunido, os resultados da modelagem de dados e um conjunto de slides apresentando cada grupo, seu conjunto de preocupações e como fazer o *messaging* em cada caso. Também apresentei um resumo dos dados compráveis ou disponíveis que encontrara a respeito do eleitorado britânico, o que nos ajudaria a criar não apenas modelos ainda mais precisos, mas também um banco de dados inteiro sobre os eleitores com idade mínima para votar no Reino Unido, como havíamos feito nos Estados Unidos, absolutamente completo, com todos os modelos necessários para vencer as eleições ou influenciar os consumidores. Eu disse ao grupo que aquela era uma ferramenta que suspeitávamos que ninguém ainda havia usado no Reino Unido, uma que exerceria um poder de campanha sem precedentes.

O grupo se impressionou. Eles ficaram maravilhados com o quão fácil era segmentar as pessoas de acordo com as suas personalidades e questões, para que depois fosse possível realizar o *microtargeting*. Mostrei a eles como isso poderia ser feito, se envolveria *messaging* individual por meio de campanhas digitais, mídias sociais e *canvassing* porta a porta, ou se usaria dados de maneira mais genérica para determinar o conteúdo de discursos ou comícios. Todos pareciam entender o valor da CA para a campanha.

Antes de encerrarmos, falamos sobre como desenvolver uma proposta ainda mais complexa para preparar o Leave.EU para a Comissão Eleitoral e para o período que antecederia o dia da votação do referendo.

"Espero que a designação não seja uma competição", disse Arron. Ele queria descartar o Vote Leave como oponente muito antes de a comissão ter que decidir. Para tanto, ele precisava de uma jogada de marketing: eu representaria a Cambridge Analytica no palco com os outros especialistas contratados, e esse espetáculo provaria que a campanha do Leave.EU era a mais habilitada para preparar a nação para participar do referendo.

Na manhã do debate do Leave.EU, que aconteceria em uma igreja no centro de Londres, as manchetes diziam que a polícia francesa invadira uma célula terrorista no subúrbio de Paris, em Saint-Denis, matando dois homens, incluindo o líder dos ataques terroristas de Paris de 13 de novembro. Todos no local só pensavam nos recentes acontecimentos na França, um subtexto óbvio para muito do que os participantes tinham a dizer. O Leave.EU garantiria que a questão da imigração fosse central para a campanha e argumentaria que a imigração equivalia a uma invasão ou a "uma bomba-relógio".*

Ao subir ao palco para assumir a primeira cadeira, fui acompanhada pelo próprio Arron Banks, por Liz Bilney, Gerry Gunster e Richard Tice. Após o discurso de abertura de Richard, destacando as vantagens comerciais de deixar a UE, um repórter perguntou se os ataques em Paris haviam soado como uma sentença de morte para a União Europeia como um todo. Arron desviou da pergunta, mas disse que "o Reino Unido pode se sair bem melhor fora da UE". O referendo era uma oportunidade única na vida de um Reino Unido que era "grande o suficiente", "bom o suficiente" e "livre para definir as próprias leis e controlar as próprias fronteiras — livre das algemas da União Europeia. Somos a campanha do povo", disse ele.

Um repórter perguntou: "Como essa pode ser uma campanha de pessoas comuns se não vejo nenhuma delas no púlpito?"

Então, provocando muitas risadas, um repórter do *Daily Mail* perguntou: "Por que seu defensor mais famoso está atrás de mim e não está integrando o debate? Vocês têm vergonha dele?"

Ele estava se referindo a Nigel Farage, sentado na plateia e mantendo-se completa e estranhamente silencioso — "O adivinho com sorriso de incendiário", como a *Time* o descreveria mais tarde.** A contribuição de Farage para o debate tinha sido garantir que todos as cadeiras no local tivessem sobre o assento uma camiseta do Leave.EU escrito "*Love Britain, Leave EU*". Embrulhada

---

* Ed Caesar, "The Chaotic Triumph of Arron Banks, the 'Bad Boy of Brexit'", *The New Yorker*, 25 de março de 2019, https://www.newyorker.com/magazine/2019/03/25/the-chaotic--triumph-of-arron-banks-the-bad-boy-of-brexit.

** Simon Shuster, "Person of the Year: Populism", *Time*, http://time.com/time-person-of-the--year-populism/.

dentro de cada uma delas havia uma caneca que dizia: "*I Won't Be Taken for a Mug*" ("Não vou permitir que me façam de idiota", em um trocadilho com a palavra *mug*, que também pode significar "caneca"), outra maneira de insinuar que permanecer na União Europeia era apenas para aqueles que queriam ser passados para trás.

Outro repórter mirou no fato de que havia dois americanos na equipe, Gerry Gunster e eu. O repórter se perguntava que serventia teria todo aquele "patriotismo espalhafatoso" das campanhas norte-americanas no Reino Unido.

Gerry ficou impaciente com a pergunta. "Veja bem", disse ele, "nos Estados Unidos, votamos para decidir tudo. Temos centenas de referendos a respeito de tudo. Votamos para saber se devemos criar novos impostos. Votamos para decidir se devemos ter um Walmart no final da rua. No ano passado, o estado do Maine votou para decidir se donuts e pizza poderiam ser utilizados como iscas para ursos." Gunster sabia o que estava fazendo, e foi por isso que tinha sido convidado a integrar a equipe.

Eu falei praticamente a mesma coisa. O que a Cambridge Analytica trouxe para a mesa foi que seríamos capazes de executar uma campanha com abordagem *bottom-up*. Seríamos capazes de entender por que as pessoas queriam deixar a União Europeia, e levaríamos mais gente às urnas do que nunca. Era disso que estávamos falando.

8

Facebook

DEZEMBRO DE 2015 — FEVEREIRO DE 2016

No final de 2015, Alexander via um futuro brilhante para a Cambridge Analytica. Nós estávamos participando do Brexit — ou era o que pensávamos na época. Embora não tivéssemos em mãos o contrato assinado, sabíamos que ele chegaria a qualquer momento, pois Julian tinha a confirmação disso, escrita por Arron Banks. Isso significava que fazíamos parte do que talvez seria o evento mais importante da história do Reino Unido, um movimento que tinha o potencial de remodelar a própria Europa e, é claro, o futuro daquele país. Mesmo que o Brexit não acontecesse, e a maioria das pessoas concordava que ele nunca aconteceria, estar envolvido em uma eleição de tamanha relevância histórica não era pouca coisa.

Além disso, no mesmo dia em que eu estava representando a empresa no debate do Leave.EU, Alexander estava no meio de um *pitch* para o Partido Democrata Cristão (CDU), na Alemanha, tentando participar da futura candidatura de Angela Merkel à reeleição como chanceler. Depois do desastre na França e da nossa relação com o Leave.EU, Alexander tinha certeza de que havia encontrado uma maneira de enquadrar o trabalho da Cambridge Analytica como algo muito diferente da coleta de dados da Segunda Guerra Mundial que ainda assombrava o imaginário da nação de Merkel.

Ainda assim, foi a abertura do escritório em Washington que talvez tenha sido a nossa maior conquista até então. Eu havia me mudado para lá depois que encontramos o local para alugar, montamos a equipe e colocamos o espaço em funcionamento, pois tínhamos certeza de que o ano de 2016 seria movimentado. Tínhamos encontrado o lugar perfeito, em um belo edifício histórico localizado na cidade de Alexandria, Virgínia, em frente ao calçadão, com uma vista deslumbrante da capital do país do outro lado do rio Potomac. Todas as principais empresas de consultoria republicanas eram nossas vizinhas. Anunciamos a nossa chegada e, em pouco tempo, tínhamos a agenda repleta de reuniões com clientes e podíamos vislumbrar grandes conquistas em um futuro próximo.

O escritório de Washington parecia uma empresa do Vale do Silício prestes a atingir a maioridade. Havíamos sido criados à imagem do Google e do Facebook e estávamos crescendo como eles, só que com roupas formais e mais funcionários, mais clientes e mais dados do que nunca. Estávamos crescendo rápido e conquistando novos espaços todos os dias.

Alexander queria que a festa antecipada de final de ano servisse também para lançar o escritório da Cambridge nos Estados Unidos. Isso significava exibir a nossa nova e reluzente realidade e o fato de termos amigos e clientes da mais alta classe. Os convites saíram em grande estilo para a admirável lista de convidados que incluía mais de cem clientes e contatos da CA, entre eles o diretor de comunicações da RNC, Sean Spicer, o ativista político conservador Ralph Reed, a pesquisadora conservadora Kellyanne Conway, o controverso xerife do Arizona, Joe Arpaio, e membros da equipe do Breitbart que trabalhavam na "Embaixada". E, como Alexander concordava com o velho ditado "mantenha seus amigos por perto e seus inimigos mais perto ainda", convidou também todos os outros políticos, então candidatos, que não eram nossos clientes, mesmo que eles estivessem concorrendo com um dos nossos.

Outra decisão constrangedora foi o fato de estarmos organizando o evento em conjunto com outra empresa de *microtargeting*, a Targeted Victory. A família Mercer já haviam pensado em comprar a empresa para fundi-la à Cambridge, mas seus fundadores não queriam. (Em vez de reunir forças, depois roubaríamos uma das suas estrelas, uma talentosa especialista em tecnologias digitais e publicitárias chamada Molly Schweickert.) Embora naquele momento ainda fôssemos concorrentes, o evento conjunto para as festas de fim de ano já tinha sido organizado. Como se costuma dizer, "*the show must go on*" ("o espetáculo precisa continuar") — e assim foi.

Outro anfitrião naquela noite era a empresa de pesquisa de oposição America Rising. O cabeça era Matt Rhoades, que fundaria a Definers Public Affairs, uma empresa de relações públicas que mais tarde seria contratada pelo Facebook para realizar um movimento contra George Soros — que foi amplamente condenado por ser antissemita —, não muito diferente de algumas das chocantes campanhas de difamação que o America Rising realizara contra candidatos democratas desde o início.

Com tudo organizado e apesar das controvérsias, a festa foi realizada em um restaurante que havíamos alugado para dar privacidade aos nossos clientes, e que enfeitamos com muitos banners da empresa, mostrando que a CA agora fazia parte da velha guarda, a verdadeira elite da consultoria política. Como costumava acontecer sempre nas festas de fim de ano, contratamos um DJ e montamos um *open bar* e um buffet fartos — e torcemos para que o clima festivo da noite não fosse arruinado por algo que tinha acontecido no dia anterior.

Em 11 de dezembro de 2015, o *The Guardian* de Londres publicou uma matéria sobre um escândalo envolvendo a Cambridge Analytica e a campanha de Ted Cruz. As alegações foram bombásticas: a CA supostamente obtivera dados do Facebook em violação aos termos de uso do site. Os dados consistiam em informações privadas de cerca de 30 milhões de usuários do Facebook e seus amigos, sendo que a maioria dessas pessoas não havia concordado em compartilhá-las. Além disso, de acordo com a matéria, a Cambridge estaria usando esses dados como arma para afetar o resultado das primárias republicanas e fazer de Ted Cruz o candidato do Partido Republicano.*

A matéria parecia a trama de um romance de espionagem. Nela, o repórter Harry Davies alegou que a Cambridge havia obtido em segredo um conjunto de dados do Facebook e que agora estava "infiltrada" na campanha de Cruz, de modo a empregar os PSYOPs como uma poderosa arma secreta a fim de atingir eleitores vulneráveis. Por trás da trama estava o dono da Cambridge

---

* Harry Davies, "Ted Cruz Using Data Firm that Harvested Data on Millions of Unwitting Facebook Users", *Guardian*, 11 de dezembro de 2015, https://www.theguardian.com/us-news/2015/dec/11/senator-ted-cruz-president-campaign-facebook-user-data.

Analytica, Robert Mercer, que, segundo Davies, era um bilionário americano estilo Dr. Evil, cuja motivação era atrapalhar o sistema político americano e promover uma agenda de extrema direita.

O método que a Cambridge havia utilizado para obter os dados colocou a empresa em violação direta dos termos de serviço do Facebook. A CA contratara um homem que havia violado pessoalmente os termos da rede social quando usou um aplicativo de terceiros, o infame Friends API, para "acumular" quantidades imensas de informações privadas. O nome dele era Aleksandr Kogan, professor da Universidade de Cambridge, vinculado à Rússia. Kogan havia mentido para o Facebook, segundo a matéria, coletando os dados sob o pretexto de fazer pesquisa acadêmica, mas, em vez disso, os vendera à Cambridge Analytica para fins comerciais. Se os termos e as condições não dispusessem explicitamente que os dados estavam sendo coletados para uso comercial, então Kogan não deveria tê-los vendido. A legislação de proteção de dados tinha sido violada, sugeria a reportagem.

O jornal havia entrado em contato com o dr. Kogan para que ele se posicionasse a respeito, e o homem alegou inocência. Ele tinha provas de que respeitara os direitos do Facebook para usar os dados como quisesse. O *The Guardian* "não obteve sucesso" em contatar a Cambridge para comentar o caso — a maioria de nós estava a caminho de Washington para a festa de fim de ano, e ninguém atendera ao telefone, com exceção de uma pessoa um tanto apressada no nosso escritório temporário de Nova York, que, inexplicavelmente, desligou o telefone na cara do repórter.

A matéria fez com que a Cambridge Analytica parecesse maléfica e culpada. A implicação era de que a CA não apenas havia se infiltrado na maior e mais segura plataforma de mídia social do mundo, mas, pior ainda, violara a confiança do público.

Era difícil para qualquer um de nós acreditar que as alegações fossem verdadeiras. Eu nunca tinha ouvido falar do tal dr. Aleksandr Kogan. Durante as sessões de treinamento para o meu *pitch* com Alex Tayler, sempre soube que o SCL trabalhava com acadêmicos da Universidade de Cambridge; que tanto o dr. Tayler quanto o dr. Jack Gillett haviam feito doutorado lá; e que o próprio nome da empresa, que aparentemente fora inventado por Steve

Bannon, derivava dessa conexão. Eu também sabia muito bem que tínhamos um imenso conjunto de dados do Facebook. Fazíamos propaganda de tudo isso nos materiais usados durantes o *pitch*; nossos panfletos e apresentações em PowerPoint declaravam abertamente que possuíamos dados a respeito de cerca de 240 milhões de americanos, os quais incluíam informações do Facebook que tinham em média 570 pontos de dados por pessoa, de mais de 30 milhões de indivíduos.

Por que faríamos propagando de tudo isso se tivéssemos obtido os dados de forma ilegal? Não tínhamos uma quantidade suficiente de outros dados para deixar esses de fora do banco de dados e, ainda assim, alcançar grandes resultados?

A partir de 2010, o famoso Friends API havia permitido que empresas como a SCL instalassem os próprios aplicativos no Facebook para coletar dados dos usuários e de todos os seus amigos. Sabíamos muito bem disso, então qual era o problema? Quando os usuários do Facebook decidiam usar um aplicativo no site, eles clicavam em uma caixa que exibia os "termos de serviço" do aplicativo. Quase nenhum deles se dava ao trabalho de ler que estava concordando em fornecer acesso a 570 pontos de dados sobre si mesmos e 570 pontos de dados de cada um de seus amigos. Não havia nada de ilegal na transação para o indivíduo que consentira com aquilo: os termos do acordo estavam lá, escritos para os poucos que se preocupavam em tentar ler o "juridiquês". Ainda assim, com pressa de chegar ao teste ou ao jogo que o aplicativo fornecia, os usuários pulavam a leitura do documento e forneciam os dados. O problema estava no fato de que eles também divulgavam os dados dos amigos, que não tinham consentido legalmente com aquilo.

Eu sabia que alguns dos nossos dados do Facebook provinham de testes como o Sex Compass e o Musical Walrus (que também tinham circulado pelo escritório de Londres), mas também estava ciente de que a CA produzira e utilizara esses aplicativos na plataforma do Facebook bem antes de 30 de abril de 2015, quando a rede social encerrou o acesso a desenvolvedores de aplicativos de terceiros. Afinal, eu estava entre os funcionários que tinham sido alertados por Alex Tayler naquela primavera sobre o prazo iminente. Por esse motivo, havia vasculhado uma lista dos conjuntos de dados do Facebook disponíveis para compra antes dessa data e ajudei a identificar quais informações a Cambridge deveria comprar na minha opinião. A matéria do *The Guardian* alegava que a coleta de dados que o dr. Kogan fizera tinha ocorrido em 2013, muito antes da data limite.

A reportagem ganhou força durante a noite. Foi reproduzida em todos os lugares e levou a outras reportagens em publicações influentes como o *Fortune* e o *Mother Jones*, e em sites como o Business Insider e o Gizmodo.

A coleta de dados de Kogan em 2013 tinha sido realizada pela primeira vez em uma plataforma da Amazon Marketplace chamada "Mechanical Turk". Ele pagou a cada usuário um dólar para que respondessem a um questionário de personalidade, chamado This is Your Digital Life. Quando os usuários concluíram o teste no Facebook, o aplicativo se conectou ao Friends API para coletar os dados de cada um e os de toda a lista de amigos deles. A partir das respostas que Kogan havia obtido no This Is Your Digital Life, ele desenvolveu um conjunto de dados de treinamento para criar modelos de todas as personalidades dos participantes, e, em seguida, vendeu esses modelos e o conjunto de dados para a CA, onde Alex Tayler e a equipe testaram os modelos e criaram outros novos e mais precisos, baseados em conceitos semelhantes de medição de personalidade.

Na noite da festa, as equipes de Cambridge e do SCL discutiram a matéria do *The Guardian* e debateram sobre de quem era a culpa. O ônus não seria do tal dr. Kogan, se ele de alguma forma violou os termos de serviço do Facebook em 2013 e não se reportou corretamente à rede social e a nós?

Alex Tayler tinha trabalhado com Kogan e, embora o dr. Tayler parecesse humilhado naquela noite, ele insistia que havia licenciado os dados de Kogan de maneira legitima. O que o preocupava, porém, era a imagem da Cambridge na imprensa. A repercussão, ele disse, prejudicaria a reputação e as vendas da empresa. Levaria muito, muito tempo para "voltarmos". Além disso, nosso relacionamento com o próprio Facebook estava em risco. O dr. Tayler havia passado um dia inteiro trocando e-mails e telefonemas com executivos em Palo Alto.

Nós nos reunimos com o dr. Tayler e Alexander, que não dava a mínima para aquele tipo de alvoroço. Ele não via como uma publicação ruim afetaria os ganhos da empresa, e apontou para a sala: ninguém na festa naquela noite se importaria com a reportagem, disse, e nos incentivou a beber e a nos divertir.

Achei curioso, no entanto, quando, mais tarde naquela noite, ele declarou que a festa fora um fracasso. De alguma forma, não tinha sido tão festiva quanto as que ele dava na Inglaterra. "As festas lá eram muito melhores", declarou, tomando um gole do seu drinque.

"Republicanos são chatos", disse ele. Então reuniu um grupo com os seus "favoritos", eu incluída, e fomos embora antes de a festa terminar, para os novos apartamentos corporativos da empresa, onde Alexander ficou mais à vontade em se servir de champanhe e ficamos acordados até de manhã, nos divertindo muito mais sem os retardatários, como Alexander declarou assim que acabou.

Quando cheguei ao SCL Group, ficou claro para mim que a empolgação de Alexander por sua empresa havia sido criada levando-se em consideração o modelo do Facebook, tanto quanto o poder daquilo que ele descobrira ser possível por meio do Google Analytics. Em 2011 e 2012, o Facebook tinha aberto seu capital e se tornado uma gigante da coleta de dados, monetizando seus ativos de dados, dando um impulso extra no valor de mercado da empresa. Para Alexander, foi uma lição objetiva sobre ter fé em uma visão que pode parecer excêntrica para os demais.

A jovem equipe da Cambridge Analytica ficava motivada com essa visão, assim como eu. Nós trabalhávamos para uma empresa que estava construindo algo importante, algo verdadeiro que poderia alavancar o engajamento no mundo conectado.

Minha própria experiência com o Facebook não era diferente da de todos os outros millennials. Algo que parecia sempre ter estado lá, como parte da minha vida. Eu não conhecia Mark Zuckerberg em pessoa, mas, quando ele começou a empresa em 2004, o fez com um colega meu chamado Chris Hughes. Chris e eu tínhamos trabalhado juntos no jornal da escola de Andover, o *Phillipian*, e depois achei emocionante ver um dos nossos colaboradores em um projeto tão inovador como "The Facebook" enquanto ainda estava na faculdade.

Como estudante do ensino médio, lembro-me dos links para "The Facebook" nos perfis do AOL Instant Messenger de Mark e Chris e nos perfis do restante dos meus amigos que haviam se formado na Andover e tinham ido para Harvard. Na época, eles eram os únicos usuários do site e estavam convidando as pessoas para "Facebook Me" (algo como "me adicione no Facebook"). Você podia clicar no link e ver em qual dormitório eles moravam e quando era o aniversário deles. Em setembro de 2005, o Facebook (já sem o "The" antes do nome) foi liberado para uso dos estudantes das melhores escolas de ensino médio nos Estados Unidos e de universidades no exterior. Eu mal podia esperar para ter o meu próprio perfil no Facebook e me inscrevi assim que recebi a carta de aceitação da faculdade em julho de 2005. Usei aquele e-mail como login no Facebook antes de criar meu e-mail da faculdade de fato. Em 2006, no final do meu primeiro ano de faculdade, qualquer pessoa com um endereço de e-mail registrado poderia ser um usuário da rede social. Aquele universo reservado, formado apenas por estudantes universitários, havia sido aberto ao mundo.

Apenas um ano depois, Chris Hughes acabou indo trabalhar na campanha de Obama, na mesma época que eu. Ele foi a primeira pessoa com experiência direta no Facebook a se envolver em uma campanha política, e trouxe sua experiência para a sede de Chicago, ajudando a transformar a maneira como os democratas se conectavam com os eleitores. Trabalhei ao lado de Chris na equipe de Novas Mídias. Olhando para trás, aquele fora um período de muita empolgação e ingenuidade.

Naquela época, o Facebook tinha pouquíssimos dos mecanismos que logo seriam colocados a serviço das campanhas eleitorais. Um dia, a equipe de Novas Mídias percebeu que os voluntários estavam perdendo muito tempo aceitando ou rejeitando as solicitações de amizade enviadas para o senador Obama no Facebook. Afinal, o candidato à presidência, de acordo com as políticas da campanha, não poderia ser "amigo" de ninguém cujo perfil divulgasse armas, drogas ou nudez. O influxo de centenas de milhares de pedidos nos forçou a tomar uma atitude. Para controlar a carga de trabalho, decidimos mudar as coisas de modo que fosse impossível alguém ser "amigo" do senador. A página do perfil de Barack Obama que eu criei foi, portanto, transformada na primeira página "institucional", um lugar onde políticos, músicos, atores e outras figuras públicas não podiam ter "amigos", apenas serem "curtidos" ou "seguidos".

Antes disso, você tinha que ser um indivíduo para ter a própria página do Facebook. Transformar a página do senador Obama em "institucional" foi um grande passo e abriria um precedente para que outros perfis não pessoais (campanhas, organizações sem fins lucrativos, empresas) estivessem presentes no Facebook. E agora que a mídia social estava "aberta aos negócios", novas ferramentas teriam que ser criadas para incentivar a chegada dessas contas.

O Facebook ainda não fazia análise de dados; portanto, para rastrear quem visitava a página do senador Obama, a equipe de Novas Mídias fazia isso à moda antiga, inserindo as informações de cada pessoa, uma após a outra, manualmente em planilhas de Excel; também respondíamos às mensagens do Facebook e fazíamos postagens uma de cada vez. Recebemos avaliações maravilhosas por causa disso: as pessoas estavam empolgadas em falar direto com o senador Obama, em mensagens individualizadas. Foi então que percebi que a comunicação de massa precisava ser individualizada para ser eficaz — e que a nossa coleta de dados, por mais rudimentar que fosse, era bem importante.

Naquela época, não havia "Feed de notícias" no Facebook, e não havia nenhum jeito de anunciar ou atingir um público-alvo específico no site usando seus próprios dados. Em vez disso, contávamos apenas com a nossa conta de e-mail para receber informações e conteúdo, e nossas malas diretas para entrar em contato e nos engajar com os nossos apoiadores. Eu tinha orgulho do trabalho que estávamos fazendo, apesar de ser muito pesado. Essa simples coleta de dados nos permitiu atingir cidadãos do país inteiro com as políticas mais importantes para eles e envolvê-los na política de modo a aumentar o seu engajamento. De acordo com os dados demográficos, de jovens a idosos, de Norte a Sul, as comunidades por todos os Estados Unidos estavam voltando a se importar com política por causa do nosso cuidadoso trabalho de coleta de dados e de um *messaging* simples, mas direcionado.

Para alcançar a comunidade artística, a campanha emitiu um "chamado à ação" em várias plataformas, pedindo a artistas que enviassem seus trabalhos para que fossem avaliados e talvez utilizados em materiais oficiais da campanha. Lembro-me bem do dia em que recebi um e-mail de um artista chamado Shepard Fairey, formado pela Rhode Island School of Design. Sem nenhuma conexão oficial com campanha, Fairey fez uma linda imagem em vermelho, branco e azul do rosto de Obama — ele originalmente a havia divulgado como *street art* — e a enviou de graça para nós. Esse pôster, que lembra a icônica imagem de Che Guevara, se tornaria um viral visual da campanha. Aquele chamado, curto e direcionado, pedindo o apoio de artistas, havia produzido frutos que foram muito além do que podíamos imaginar.

A inovação que o Facebook oferecia aos usuários na época para ajudá-los a alcançar as pessoas era o botão "curtir". Quando outros usuários "curtiam" a sua página, eles "veriam" suas postagens na página deles. Não havia anúncios pagos no Facebook na época. Lembro-me de muitos debates na esfera pública sobre se o Facebook poderia ser um modelo de negócios sustentável, uma vez que ninguém havia descoberto ainda como monetizá-lo. A realidade era que o botão "curtir" dava aos usuários a capacidade de coletar informações básicas sobre os seus seguidores, mas fornecia ainda mais ao Facebook: centenas de milhares de novos pontos de dados sobre as "curtidas" de cada usuário, informações que o Facebook poderia compilar e, então, transformar em dólares.

O Facebook ainda era um lugar acolhedor embora aparentemente inócuo em 2007, e a linguagem utilizada era reconfortante também. Você "ficava amigo" das pessoas. Ainda não havia como "não curtir" uma publicação — isso foi antes de o Facebook introduzir emojis que permitiam que os usuários ficassem zangados, tristes ou chocados com alguma coisa. Se o Google era sobre "informações... o Facebook tinha tudo a ver com conectar... pessoas".* E durante a campanha de Obama, mesmo o discurso de ódio que o senador recebia pelo Facebook, por mais perturbador que fosse, era algo que tínhamos como lidar caso a caso. Afinal, ainda não havia algoritmos para detectar linguagem ou comportamento inapropriados no site, ou para banir um usuário de forma automática. O Facebook ainda não havia se tornado a arena de polarização política em níveis nacional e internacional que passaria a ser anos depois, mas, mesmo assim, me lembro de ter ficado chocada com algumas das coisas que apareceram na página do senador.** O que lembro ainda mais claramente é que o senador se recusou a contra-atacar, e teve a humildade de dar a outra face ao racismo e ao veneno direcionados a ele. Nós nos revezamos no trabalho de compilação das ameaças e as relatamos ao FBI.

---

* "The Facebook Dilemma", *Frontline*, PBS, 29 de outubro de 2018.

** Ibid.

Como o Facebook se recusou a servir como árbitro da opinião pública, mantendo o posicionamento de que era uma plataforma de mídia social e não um *publisher*, a liberdade de expressão determinava as suas decisões internas —, mas não as nossas. No final do verão de 2007, a equipe de Novas Mídias concluíra que havia algumas falhas sérias nas ferramentas do site, e que a proibição de postagens que incitavam o ódio racial era algo que teríamos que resolver nós mesmos. A discussão na equipe foi acirrada: censura *versus* incitação ao ódio racial. Optamos por apagar as postagens ofensivas, que variavam de comentários um pouco negativos, lançados contra os rivais democratas de Obama ou os republicanos, a ameaças de morte destinadas ao senador. No final das contas, nossa equipe excluiu por completo os comentários negativos, um procedimento sacal que exigiu que os nossos voluntários não remunerados — que logo se tornaram um exército de fiscais de censura — trabalhassem apenas nisso por muitas horas, todos os dias.

A campanha de 2008 de Obama foi o berço de especialistas em dados políticos que mais tarde fundariam empresas como a BlueLabs e a Civis Analytics, e que reapareceriam na campanha de 2012 vendendo soluções digitais. Esses especialistas sabiam como fazer o *onboarding* das propagandas no Facebook e otimizar o uso da plataforma pelos democratas, proporcionando uma experiência consistente entre a criação de conteúdo e o envio de mensagens. Além disso, a BlueLabs e outras empresas similares ofereciam análises de dados preditivas e modelos. Embora, em retrospecto, a criação de modelos e a segmentação possam ter sido menos complexas em comparação aos padrões atuais, essas empresas seriam capazes de ajudar os democratas a segmentar para além da demografia tradicional, de gênero ou de partido, e a se concentrar nas preferências do candidato, na probabilidade de comparecimento às urnas, no apoio às causas do partido e em questões específicas, como cuidados de saúde e emprego.

Não participei da campanha de Obama em 2012, mas conhecia os novos recursos do Facebook e sei o que permitiu que a segunda campanha tivesse tanta habilidade em relação à análise de dados e aos dados em si. Em 2010, o Facebook havia encontrado muitas maneiras de se monetizar a partir de negócios externos, tanto pela riqueza de dados produzidos na plataforma quanto pelo acesso a indivíduos em todo o mundo. Um dos mais lucrativos foi o desenvolvimento de Friends API. Diante do pagamento de uma taxa, os desenvolvedores poderiam criar o seu próprio aplicativo na plataforma, e esse aplicativo lhes daria acesso aos dados privados dos usuários, semelhante ao que Kogan fizera.

Esse foi um tremendo passo adiante na campanha de Obama, que desenvolveu os próprios aplicativos a serem utilizados no Facebook. Com os dados coletados, conseguiram ser muito mais precisos e estratégicos em relação à abordagem na comunicação. Os aplicativos usados pela campanha de Obama em 2012 não eram exatamente polêmicos, em grande parte porque aqueles que os usavam já eram partidários de Obama e haviam intencionalmente "*opt in*", tanto para continuar a receber informações sobre ele quanto para espalhá-las pela rede. No entanto, por mais criativos que os termos de serviço fossem para tentar disfarçar as letras miúdas, os usuários individuais não deveriam ter tido a possibilidade de dar qualquer consentimento de compartilhamento de dados em nome dos seus amigos, e, portanto, o Facebook não tinha autorização legal para dar aos desenvolvedores acesso a essa rede de dados mais ampla. A equipe responsável pela campanha de Obama em 2012 a partir de então começou a falar a respeito do desconforto em participar daquela coleta ilegal de dados, apesar de acreditarem que estavam fazendo isso por uma boa causa, o que atenuava o dilema ético. A diretora de integração de dados e análise de mídia da campanha de Obama, Carol Davidsen, declarou que "trabalhou em todos os projetos de integração de dados da OFA (Obama for America). Esse [o Friends API] foi o único que pareceu esquisito, apesar de seguirmos as regras e não fazermos nada que eu considerasse desonesto com os dados".*

O Facebook representou um retorno incrivelmente bom em relação ao investimento realizado para a campanha de 2012. Entre 2010 e 2012, a abertura da plataforma a aplicativos de terceiros permitiu às empresas coletarem ainda mais dados. Com cerca de 40 mil desenvolvedores de aplicativos terceiros e

* Mark Sullivan, "Obama Campaign's 'Targeted Share' App Also Used Facebook Data from Millions of Unknowing Users", *Fast Company*, 20 de março de 2018, https://www.fastcompany.com/40546816/obama-campaigns-targeted-share-app-also-used-facebook-data-from-millions-of-unknowing-users.

cada vez mais usuários desses aplicativos passando mais tempo no Facebook, a empresa de mídia social agora tinha a possibilidade de fornecer a qualquer um centenas de pontos de dados dos seus usuários. Depois que Mark Zuckerberg e o Facebook foram repreendidos pela Comissão Federal de Comércio (Federal Trade Comission, ou FTC) em 2010 quanto ao uso do Friends API e a "práticas enganosas", a empresa "agora esperava preencher as lacunas", mas teve dificuldades para encontrar uma maneira de fazer esse trabalho sem afetar a estratégia de crescimento.* Seria possível dar conta ao mesmo tempo da proteção de dados e de manter lucros exponenciais? Os dois objetivos estavam em desacordo, e o Facebook começou a ficar mais audacioso com a coleta e o uso de dados de maneira obscura.

Ninguém sabe por que o FTC prestou atenção nisso em 2012. Era difícil que uma pessoa não tivesse ficado sabendo da declaração da COO do Facebook, Sheryl Sandberg, quatro ou cinco meses antes da oferta pública inicial da empresa de mídia social, a respeito de seu lucrativo relacionamento com empresas corretoras de dados, ou sobre como eles estavam adquirindo mais dados para agregar à sua coleção interna e criando ferramentas de *targeting* melhores e mais precisas para anunciantes pagos: uma mensagem clara de que o Facebook era mais do que capaz de monetizar o banco de dados que tinha.** De fato, o Facebook não mudou sua política para desenvolvedores que usavam o Friends API até 2015, e o FTC nunca foi atrás disso.*** Isso foi ótimo para os democratas em 2012, quando Obama venceu o segundo mandato e pôde usar a plataforma do Facebook de forma ostensiva para conseguir isso. Também foi excelente para o Facebook, que iniciou uma oferta pública naquele mesmo ano, avaliada em 18 bilhões de dólares.****

Nas eleições intercalares de 2014, quando a Cambridge Analytica começou a usar o Facebook, ela tirou proveito das inovações ainda mais recentes. A precisão das ferramentas de publicidade do Facebook melhorou muito depois de 2012. Agora havia duas maneiras de usar o site para publicidade. Antes de

---

* "The Facebook Dilemma", *Frontline*, PBS, 29 de outubro de 2018.

** Ibid.

*** Ibid.

**** Ibid.

abril de 2015, a CA (ou qualquer outra empresa ou instituição) podia pagar aos desenvolvedores de aplicativos de terceiros pelos dados do Facebook e anunciar aos usuários da rede social em qualquer lugar on-line, sabendo mais sobre eles do que nunca. Ou uma empresa poderia usar os próprios dados e fazer algo ainda mais inovador: selecionar, a partir desses conjuntos de dados, o tipo de pessoa que desejava alcançar e, em seguida, pagar ao Facebook para fazer o "*onboarding*" dessas listas e realizar uma pesquisa a partir do método "*lookalike*". O Facebook então encontraria 10 mil (ou 100 mil, ou até 1 milhão) de "*lookalikes*". Depois, a empresa enviaria as suas propagandas pela plataforma do Facebook direto para esses "*lookalikes*".

O encerramento do Friends API significava apenas uma coisa: ninguém seria capaz de monetizar ainda mais os dados do Facebook, exceto o próprio Facebook. Como não era mais possível acessar o Friends API, os desenvolvedores precisavam então usar as ferramentas de anúncios do Facebook para alcançar os usuários na plataforma. Nenhum dado do site poderia mais ser usado para criação de modelos externos — ou ao menos era o que a maior parte do mundo achava.

No final de 2015, quando a matéria do *The Guardian* foi publicada e ameaçou abalar a Cambridge Analytica e a campanha de Ted Cruz, o Facebook ainda estava indo bem, "no controle", segundo a própria empresa, de todos os dados dos seus usuários. Insistiam que não poderia haver mais nada com que se preocupar em relação à segurança de dados. A maior fonte de escrutínio para a empresa quanto à questão da privacidade fora o Friends API, mas isso tinha acabado no final de abril. Ninguém estava pedindo satisfação à empresa da maneira como haviam feito com Aleksandr Kogan e a Cambridge Analytica.

O Facebook se tornara a melhor plataforma de publicidade do mundo. Se não era segura ou se a privacidade dos usuários estava sendo violada, não era para ela que os dedos estavam apontados.

Durante todo o mês de janeiro de 2016, o dr. Tayler trabalhou para esclarecer o "mal-entendido" em relação aos dados do Facebook. Como eu era na prática diretora de gestão negócios, me encaminharam uma semana inteira de troca de e-mails entre Tayler e Allison Hendrix, gerente de políticas do Facebook. Em uma das mensagens — o assunto era "Declaração de inocência" —, Tayler perguntava se Hendrix estava satisfeita com a explicação que ele tinha dado a ela sobre como a Cambridge acabara adquirindo sem saber dados obtidos de forma ilegal.

Hendrix respondeu que não, não estava satisfeita. A Cambridge tinha violado os termos de serviço do Facebook. Kogan não coletara os dados de modo adequado e os usuários do Facebook não tinham consentido que os seus dados fossem usados para fins comerciais ou políticos.

Alex explicou que a CA havia contratado a obtenção dos dados por meio de um terceiro chamado GSR. Esse contrato permitia o uso dos dados para qualquer finalidade e a CA poderia usá-los para sempre — portanto, tudo era um grande mal-entendido. O Facebook estaria disposto a emitir um *release* de imprensa em conjunto com a Cambridge para esclarecer as coisas?

Hendrix nem se dignou a responder isso. A política de dados do Facebook em relação aos usuários era rigorosa, disse ela. A Cambridge chegara a compartilhar com mais alguém, além da equipe de campanha de Ted Cruz, os dados do Facebook que Kogan reunira? E se a Cambridge excluísse os dados do usuário, como a empresa garantiria ao Facebook que não havia backups?

Tayler escreveu de volta, dizendo que a Cambridge não repassara as informações a nenhum cliente, nem mesmo à campanha de Cruz; a CA os utilizara apenas internamente, para criação de modelos. Os clientes receberam apenas listas com informações de contatos, disse ele, com "talvez algumas tags anexadas", com as pontuações modeladas de cada indivíduo, como, por exemplo, uma probabilidade de 75% de votar, ou 90% de chance de ter um perfil neurótico. Além do mais, argumentou Tayler, os modelos de Kogan eram praticamente inúteis porque tiveram um desempenho apenas um pouco melhor que os produzidos de maneira aleatória durante a fase de testes. Kogan fornecera à Cambridge Analytica apenas uma prova teórica simples de que a modelagem de personalidade poderia ser realizada e eficaz, nada mais. A Cambridge reunia os próprios dados, fazia as próprias pesquisas e criava os próprios modelos. Além disso, os dados de Kogan poderiam ser excluídos, pois não eram exatamente de grande utilidade, protestou ele.

Fiquei chocada ao ler aquilo, pois o dr. Tayler sempre me dissera quão importantes e valiosos os dados do Facebook eram. Por que, de repente, ele estaria disposto a excluí-los? É claro que precisávamos manter um bom relacionamento com o Facebook — não poder fazer propagandas na plataforma era morte certa para os nossos negócios —, mas valia a pena perder esses dados?

Felizmente para a Cambridge, Hendrix ficou satisfeita depois que Tayler escreveu para ela no final de janeiro dizendo que, em um ato de "de boa-fé", ele excluíra os dados do Facebook do servidor da Cambridge e se certificara para garantir que não houvesse nenhum backup. Enquanto os e-mails anteriores haviam sido assinados por Hendrix como "Allison", o último enviado para Tayler chegou com um "Alli", um gesto de simpatia e garantia de que estava tudo bem entre as duas empresas e que o problema ficara para trás.

Ao entrar em contato com a Cambridge para solicitar a exclusão dos dados de Kogan, o Facebook conseguiu reprimir artificialmente a polêmica pública a respeito da violação de dados, satisfazendo a si próprio e ao público, ao garantir que havia feito tudo que fosse possível para solucionar o problema. É claro que nenhuma análise forense foi feita nos bancos de dados da Cambridge, nenhum contrato assinado para confirmar do ponto de vista que os dados dos usuários foram de fato excluídos. Sem provas, recursos jurídicos ou diligência prévia, o Facebook simplesmente acreditou que a CA havia cumprido sua promessa.

Depois, buscando prover todo tipo de paliativo possível, baniu o dr. Aleksandr Kogan da plataforma e acusou a Cambridge Analytica de obter os dados de forma inadequada e contra os seus termos de serviço, como para tranquilizar os usuários: "Não tivemos nada a ver com isso." Como Hendrix escreveu na troca de e-mails com o dr. Tayler, algo semelhante jamais aconteceria de novo.

9

Persuasão

SETEMBRO DE 2015 — FEVEREIRO DE 2016

Mesmo antes de eu me mudar para Washington, meu acordo com Alexander Nix sobre nunca trabalhar com republicanos já havia se tornado nulo e sem efeito. Nós não tínhamos um acordo formal e todo dia alguma coisa saía do combinado. Durante o outono de 2015, nos meses que antecederam a matéria do *The Guardian*, vivi atolada pelo Partido Republicano. Acredito que deveria ter previsto que isso aconteceria: como o número de clientes corporativos da Cambridge Analytica poderia aumentar com apenas uma vitória de destaque no setor político?

Mas havia algo mais no fato de eu me submeter a tantas mudanças de planos.

Parte disso era psicológico. Outra era ego. Havia a ganância ou, para dizer a verdade, o desejo crescente de receber um salário que me proporcionasse mais do que apenas pagar as contas. Porém, em última instância, ainda era o caso de que eu havia caído na lábia de um homem encantador que se aproveitava das minhas fraquezas. Assumo responsabilidade total pelas escolhas que fiz ao trabalhar para Alexander Nix e a Cambridge Analytica, mas também preciso dizer o seguinte: eu era jovem e vulnerável. Alexander não sabia tudo sobre mim; escondi dele, como também de tantas pessoas, a verdade sobre a situação financeira da minha família. Mas ele acabou conhecendo "pontos de dados" suficientes para me convencer a fazer coisas que não teria feito sob circunstância alguma.

Alexander foi o brilhante inventor de uma empresa que literalmente levou os eleitores de todo o mundo a às vezes agir contra os próprios interesses de longo prazo; e eu permiti que ele se tornasse a minha vida, respirando a Cambridge Analytica. Embora eu pensasse que estava do lado certo do uso de dados, na verdade, estava sendo vítima do *targeting* o tempo todo.

O lado psicológico daquilo era que, quando eu era criança, meu pai era um empresário de sucesso, cheio de vida e ideias. Ele havia sido uma grande personalidade, cheio de energia e pavio curtíssimo. Eu o amava e o temia. E assim, em um momento em que ele estava deitado na cama praticamente catatônico, incapaz de agir ou sem vontade de fazer nada, não era de surpreender que eu visse em alguém como Alexander a figura masculina empreendedora que sempre admirara.

Alexander era tão inconstante quanto o meu pai, talvez até mais. Ele parecia um foguete e ricocheteava em qualquer cômodo em que estivesse, acelerado e cheio de ideias, algumas difíceis de acompanhar. Sua alegria era expansiva; seu entusiasmo, contagioso. Ele fez as pessoas quererem acompanhá-lo, passo a passo, serem centrais para ele, se sentirem encorajados pela sua aprovação. E se tornou impossível para mim imaginar uma vida fora da sua magnífica órbita.

Às vezes, durante aquele primeiro verão em Londres, eu ficava até tarde no trabalho, em parte para mostrar que estava dando tudo de mim. Alexander chegava ao entardecer, logo após uma partida de polo, ainda usando a calça de equitação, as botas e uma camisa encharcada de suor com um blazer azul por cima, as pernas cobertas de crina de cavalo. Ele parecia ao mesmo tempo ridículo e perfeito, na minha opinião. Estaria um pouco bêbado, com a face ruborizada e feliz, e, iluminado por uma vitória, me encantaria com histórias sobre as suas conquistas daquela tarde.

Mas havia outro lado do herói *bon vivant* montado a cavalo. Às vezes, eu levantava os olhos da minha mesa e o via, dentro do seu aquário, olhando para mim e para os outros. Seus olhos se estreitavam, e ele parecia estar esperando por um momento em que pudesse atacar, nos flagrando em um mínimo ato de infração, uma indiscrição ou um erro imenso. De fato, ele tinha o hábito de sair e de criticar os seus funcionários uns na frente dos outros. Nós sabíamos que ele estava bem irritado quando chamava uma pessoa de burra.

Certa vez, logo no começo, passei por um computador cuja tela exibia a reprodução de um abominável vídeo antiaborto de Cruz. Ri alto do vídeo e de Cruz, fazendo alguma crítica da qual nem lembro agora. E Alexander, cuja audição deve ser sobrenatural, saiu em um rompante de sua sala e gritou comigo. Eu nunca mais deveria fazer aquilo de novo, disse ele. E se um cliente me ouvisse? Eu deveria manter as minhas opiniões pessoais para mim.

Eu vivia com medo de momentos como aquele, e eles eram muitos, mas o humor de Alexander poderia mudar de uma hora para a outra. Ele gritava em um instante e, de repente, se voltava para você como se nada tivesse acontecido e perguntava onde gostaria de jantar naquela noite.

"Eu não guardo rancor", explicou depois da primeira vez em que me repreendeu. "Mas não guardar rancor não significa que mudei de ideia. É só que prefiro dar a minha opinião e depois seguir em frente. Então, vamos só deixar isso claro, ok?"

Uma vez que Alexander me enxergava como uma estrela em ascensão, não demorou muito para ele esperar demais de mim e ficar facilmente desapontado quando eu não correspondia. Eu não estava trazendo tanto dinheiro quanto ele queria. Meu erro foi ter alimentado expectativas muito altas logo de cara. O dele foi não ter percebido que a minha primeira conquista na empresa fora sorte de principiante.

Quando o segundo contrato nigeriano (e os 2 milhões de dólares adicionais) não foi cumprido, Alexander ficou furioso. Foi a primeira vez em que ele gritou comigo, a plenos pulmões e por um longo tempo, e, embora houvesse muitas razões que eu poderia ter apontado para o fracasso do contrato, fiquei lá e engoli tudo em silêncio. E quanto a Alexander ir embora da Suíça sem dar atenção a eles? E o fracasso de Sam Patten em alavancar sua campanha de comunicação de guerrilha em Abuja? E o fato — fiquei sabendo disso pela Ceris quando ela voltou — de que a empresa havia tido um lucro absurdo e gastara apenas 800 mil dólares na campanha em si?

Ainda assim, não falei nada e tentei ignorar.

Depois da Nigéria, não consegui fechar nenhum contrato social ou humanitário para o SCL e, mais adiante, nenhum dos contratos comerciais ou das eleições atrás dos quais eu havia corrido atrás foram bem-sucedidos.

Isso também irritou Alexander. Mesmo em uma conversa casual, seu humor podia se tornar agressivo de repente. Às vezes, essa agressividade parecia ter sido premeditada.

O que era ainda pior com a raiva repentina de Alexander era a possibilidade de ele se tornar indiferente a você. Por mais crítico que pudesse ser, era doloroso cogitar a possibilidade de que ele poderia começar a achar você insignificante. Se pudesse agradá-lo, bom para você, mas, se não fosse notado, isso sim seria a pior coisa que poderia acontecer.

Foi aí que o meu ego entrou. Perto do final de 2015, Alexander enviou um e-mail para toda a empresa anunciando uma reestruturação no SCL. Sua visão incluía novos "verticais", entre eles uma equipe de desenvolvimento de produtos e uma equipe de TV orientada por dados que trabalhariam com a TiVo e a Rentrak para alcançar os eleitores através de novos canais. O dr. Alex Tayler e o dr. Jack Gillett chefiariam um departamento de análise maior, supervisionando cientistas de dados que trabalhavam em Londres e em Houston, na sede da campanha de Cruz.

Para outros, como Kieran Ward e Pere Willoughby-Brown, foram atribuídas responsabilidades mais amplas e novos funcionários. Sabhita Raju se tornou vice-presidente e Alexander a enviou para Washington. Julian Wheatland, o CFO, estaria mais presente. Em breve, além do escritório de Washington, estaríamos ocupando um espaço na Quinta Avenida, junto com escritório da *Reclaim New York*, de Bekah Mercer.

E para reforçar a equipe que trabalharia na campanha republicana, Alexander havia contratado duas estrelas para quem eu fizera o *pitch* e que ajudara a entrevistar, contratar e treinar. Molly Schweickert, da Targeted Victory, que havia trabalhado para o governador de Wisconsin, Scott Walker, antes de ele desistir da disputa em setembro, chefiaria uma nova equipe de Marketing e Estratégia Digital. Matt Oczkowski, ex-diretor digital da Governor Walker, assumiria a equipe de Desenvolvimento de Produtos e trabalharia com o SCL Canada, também conhecido como AggregateIQ (AIQ), com o intuito de desenvolver novos softwares para nossa lista cada vez maior de clientes. A AIQ era a parceira digital e de desenvolvimento de software exclusiva do

SCL Group, e as empresas eram tão indissoluvelmente vinculadas que quase sempre se referiam à AIQ como SCL Canada, uma marca branca, desconhecida. Os funcionários da AIQ inclusive usavam endereços de e-mails do SCL e da Cambridge Analytica para fins comerciais.

Eu sequer fui mencionada.

Até então, fizera o meu trabalho partindo do pressuposto de que era essencial para a empresa. Estivera envolvida na contratação de Molly e Matt, e havia literal e pessoalmente aberto o escritório de Washington — pesquisando os melhores consultores, contratando funcionários administrativos e treinando todos. Naquele ano, sempre que Alexander me pediu para fazer algo, eu fiz. Fiz o *pitch* para Corey Lewandowski. Lidei com o Brexit para que ele não precisasse fazê-lo. Fui com ele para Paris para tentar convencer os franceses a aceitar a ciência de dados. Cada uma dessas tarefas foi pontual e havia desviado a minha atenção das tarefas que realmente me cabiam. Mas, apesar disso, acabei me tornando invisível.

Agora, eu havia me mudado para Washington por causa da empresa, sacrificara muitas coisas para isso, e não havia sido nem promovida, nem recompensada.

E foi aí que a ganância entrou, se é que você pode chamar assim.

Pode não ter sido óbvio de início, mas eu não estava exatamente lucrando com o sucesso da Cambridge. Desde o primeiro momento, Alexander estava sempre fazendo falsas promessas para mim, que pareciam ficar próximas, mas que, no final, estavam sempre fora do alcance.

Com o passar do tempo, ele parou de conversar comigo sobre salário e passou a falar de recompensas que nunca chegavam. "Participação", disse ele. "É *isso* que você vai querer." Passamos a gastar o mínimo possível, viajávamos na classe econômica e ficávamos hospedados em hotéis baratos, mas, como eu tinha chegado no começo, receberia uma participação em ações quando a empresa abrisse capital. Costumávamos falar sobre eu assumir o lugar de Alexander, para que ele pudesse se aposentar e deixar a empresa nas mãos de alguém que fosse capaz. Ou, acrescentou, satisfeito, talvez eu até o superasse, abandonasse a empresa, abrisse uma própria e me tornasse a consultora política mais bem paga e desejada do mundo.

"Confie em mim, Brits", dizia ele.

Embora uma vez eu tivesse me visto na empresa por um ou dois anos, e depois aumentado essa expectativa para cinco, naquele momento eu ficaria lá pelo tempo que fosse preciso até ser recompensada. Eu tinha 28 anos. Daria 200% de mim, me esforçaria ao máximo para provar o meu valor, seria paciente e desistiria de tudo para me tornar indispensável para Alexander e para a Cambridge Analytica, mesmo que isso significasse trabalhar para eleger pessoas nas quais eu jamais votaria.

Além disso, para ir para os Estados Unidos, tive que desistir do meu doutorado. Quando falei para Alexander que ficava muito triste ao pensar que não me tornaria "dra. Kaiser", ele respondeu: "Mas esse é o trabalho que você estava fazendo para conseguir o seu título. Em breve vai ter tanto dinheiro que vai poder fazer o que quiser." Eu poderia até voltar e terminar a minha tese, disse ele, mas, dessa vez, eles teriam sorte em me ter e talvez até me pagassem para estar lá.

Ele parecia coerente.

Alexander me ensinou todo o necessário para que eu fosse capaz de trabalhar nos Estados Unidos. A primeira lição foi que uma pessoa poderia tolerar a presença de quase qualquer um se houvesse a chance de ganhar dinheiro. Tudo que você precisava fazer era usar uma das mãos para cobrir os olhos e outra para pegar o dinheiro.

Também não precisava respeitar os indivíduos com os quais a empresa trabalhava. E *com* era a palavra certa. A empresa não trabalhava *para* os republicanos ou mesmo *para* os *leavers*. Nós oferecíamos um serviço a eles. E, uma vez que eu estava apenas fazendo o *pitch*, e não trabalhando nas suas campanhas, eu estava lá para fechar um negócio e depois ir embora. O que as equipes operacionais faziam depois que eu saía de cena é outra história. Eu não supervisionava muito o processo, mas, de tempos em tempos, avaliava o uso de alguma peça criativa usada em propagandas políticas e como ela estava se saindo no processo da campanha. Eu sabia que nem todo o *messaging* era positivo e, por mais decepcionante que fosse, também não era surpreendente. Passei a entender as campanhas negativas como "são apenas negócios", mas nunca vi nada muito ofensivo e algumas delas eram bastante positivas e inspiradoras. Eu tinha certeza de que tudo o que a equipe operacional fazia não era apenas honesto, mas o melhor possível. Saber que eu estava vendendo produtos reais com bom desempenho e alta qualidade me mantinha motivada e confiante. Nosso trabalho ganhava eleições e conquistava corações e mentes.

Ser chamada de vendedora, contudo, era uma definição muito simplória. No SCL, Alexander e eu havíamos decidido pelo título de "assessora especial", por sua ressonância com o trabalho na ONU. E quando recebi a minha nova pilha de cartões de visitas quando estava nos Estados Unidos, eu era "diretora de desenvolvimento de programas" da Cambridge Analytica. Eu não era uma vendedora. Era alguém que desenvolvia ideias. Criava coisas e conectava pessoas. Com um título como aquele, um dia eu poderia voltar para as Nações Unidas ou me candidatar a uma vaga em uma ONG.

Enquanto isso, Alexander me ensinava a não julgar os clientes. Havia apenas algumas pessoas que ele de fato não suportava, e Nix tomava cuidado para não deixar transparecer. Para mim, isso poderia ser mais difícil. Muitas das pessoas e das causas em que os nossos clientes acreditavam eram uma piada de mau gosto para mim. Talvez fosse mais fácil se eu os visse não como pessoas estúpidas, mas, sim, como estupidamente interessantes.

Assim que me estabeleci nos Estados Unidos, outros na empresa começaram a fugir daquele cenário de humor negro. Ceris, que era britânica e que eu sempre tinha visto como um espelho, já que ela vinha da esfera humanitária, comunicou a sua saída. Ela não poderia continuar trabalhando para uma empresa que estivesse vinculada ao Brexit. Harris, que tinha um namorado, não era mais capaz de criar nenhum *messaging* protestante e antigay para a campanha de Ted Cruz. Ele estava cansado de se sentar à sua mesa, com o rosto vermelho resmungando "Isso é uma palhaçada! Que idiota!" enquanto trabalhava em uma peça sobre como o casamento deveria ocorrer apenas entre um homem e uma mulher.

Também achava difícil de engolir, mas imaginei que estivesse anestesiada em relação aos posicionamentos religiosos dos evangélicos americanos, depois de ouvir durante a vida inteira discussões intermináveis acerca do casamento entre pessoas do mesmo sexo. Era difícil discutir com pessoas religiosas. E, embora eu não concordasse com elas, descobri que ao mesmo tempo em que era inútil discutir o assunto com a maioria dos indivíduos na comunidade evangélica, ele servia também como um pilar para o *messaging* para apoiadores religiosos de uma campanha norte-americana. Dito isso, o *messaging* antigay ainda era ofensivo para mim, e não fiquei surpresa quando Harris abandonou o barco e acabou indo trabalhar para o Cabinet Office do Reino Unido, provavelmente lidando apenas com a comunicação relacionada ao Brexit durante os anos que se seguiram.

Enquanto isso, eu estava concentrando os meus esforços para me tornar essencial para Alexander e a empresa nos Estados Unidos, visando direcionar o nosso trabalho para os clientes que me entusiasmavam e para os projetos que me dariam uma boa comissão. No outono de 2015, durante os meses que antecederam a matéria do *The Guardian*, eu havia trabalhado SEM PARAR em prol da Cambridge, fazendo o *pitch*, ao que parecia, para quase todas as causas, conservadoras e não partidárias, e quase todos os políticos republicanos que concorriam a cargos de alto nível.

Durante o Sunshine Summit, uma imersão no "Teatro do Absurdo" Republicano na Disney World, na Flórida, ri quando, no Fantasia Ballroom, Dick Cheney entrou no palco a passos largos enquanto a música tema de Darth Vader tocava, sem qualquer tom de ironia. Não era engraçado, mas ver alguém que eu considerava um vilão político tirar sarro de si mesmo foi meio que gratificante. Pensei que talvez eles soubessem que o que fazem não é certo e que tudo aquilo era um jogo.

No final de 2015, eu havia feito o *pitch* sem qualquer arrependimento para quase todos os republicanos esperançosos. Satisfeita, eu me juntei a outras pessoas enquanto elas se reuniam em torno de Donald Trump para vê-lo autografar o próprio rosto na capa da revista *Time*. Posei para uma foto com Ted Cruz. Fui até Phoenix e me encontrei com o xerife Joe Arpaio, ganhei uma moeda colecionável com o rosto dele em um dos lados e a mensagem "Não use drogas" do outro, e sua assinatura em outro souvenir, uma das suas famosas cuecas boxer cor-de-rosa, aquelas que ele obrigava os presos sob seus cuidados a usarem. E tomei cerveja e fiz um *pitch* em uma sala cheia de executivos da National Rifle Association (NRA), homens que antes eu consideraria meus inimigos.

Em cada um desses casos, e em diversos outros, nunca tive resposta para a pergunta que parecia estar na ponta da língua de tantas pessoas: como você conseguiu trabalhar com essa gente? A campanha da NRA foi chamada Trigger the Vote (algo como "Incentivo ao Voto", fazendo um trocadilho com a palavra *trigger*, que também significa "gatilho"), mas não se tratava de armas; tratava-se de registrar eleitores. Sim, esses eleitores eram republicanos, mas o registro de eleitores não tinha a ver com ajudar os norte-americanos a participar de uma democracia mais representativa? E trabalhar com o senador Cruz, com Ben Carson ou a RNC não tinha a ver com balancear as coisas em um cenário eleitoral desequilibrado? Como Alexander sempre dizia, os democratas tinham a tecnologia e o know-how no mundo digital desde 2008; estava na hora de dar aos republicanos as mesmas ferramentas. Alguém tinha que fazer isso. Por que não nós?*

Se isso era relativismo moral ao extremo, se havia uma pequena voz na minha cabeça que me dizia "Algo está errado com sua linha de pensamento, Brittany", não dei ouvidos a ela. Se trabalhar para a Cambridge Analytica era fazer negócio com o diabo, não era nem minha função, nem do meu interesse julgar o demônio. Afinal, se eu tivesse feito isso, teria que julgar a mim mesma também.

Pode parecer estranho que eu não tenha experimentado nenhuma crise de consciência ou dissonância cognitiva. Agora vejo por quê. Quanto mais eu me afastava de quem eu era, mais me tornava uma nova pessoa: com uma certeza excessiva das coisas, instável, defensiva, hipócrita e absolutamente inacessível.

Na minha lógica falha, eu seguia exemplos dos meus livros de direito e pensava no meu super-herói de direitos humanos, John Jones QC, *barrister* do escritório de advocacia Doughty Street em Londres. Ao defender pessoas acusadas de cometer crimes de guerra, um bom advogado de direitos humanos não julgava os outros clientes. Ele se fundamentava em princípios jurídicos. Conforme tentava me convencer e justificar as minhas escolhas naquela época, mergulhando cada vez mais no mundo daqueles que, sob quaisquer outras

---

* James Swift, "Contagious Interviews Alexander Nix", Contagious.com, 28 de setembro de 2016, https://www.contagious.com/news-and-views/interview-alexander-nix.

circunstâncias, eu teria desprezado, pensei muito sobre a minha formação jurídica e sobre o custo emocional de um código imparcial de ética profissional.

Eu tinha decidido que tentar descobrir coisas demais sobre os clientes da Cambridge buscando os seus nomes no Google ou fazendo qualquer pesquisa sobre eles seria uma perda de tempo. Estava "acima da minha faixa salarial". E eu tinha muita coisa para fazer, dizia a mim mesma. Eu era uma máquina de *pitch*, não dormia, estava sempre viajando, sempre trabalhando ao telefone. Então, tentava encontrar as melhores qualidades de todo mundo.

O xerife Joe era "hilariante".

O senador Cruz tinha um "aperto de mão forte".

Rebekah Mercer era "graciosa" e "se portava de maneira impecável". A presidente do supercomitê de ação política de Cruz, Kellyanne Conway, era "resiliente".

Provavelmente não há ninguém mais difícil de se gostar na esfera republicana do que Kellyanne. Sempre a pessoa mais "do contra" em qualquer ambiente, ela tem o desagradável hábito de botar banca de honesta e falar de maneira tão condescendente com os outros e com tanta convicção sobre suas crenças que às vezes é difícil não sentir que talvez o que ela esteja dizendo esteja certo, mesmo que você saiba que ela está equivocada.

Mas nós não tínhamos escolha quanto a trabalhar com ela. Ela era próxima de Bekah, então tinha vindo no pacote. Independentemente de qualquer coisa, eu respeitava a empresa de Kellyanne, formada apenas por mulheres, a Polling Company, pois tinha sido sempre muito difícil ver iniciativas de empoderamento feminino na política, ainda mais na política conservadora. No entanto, aquilo não era o suficiente para me conquistar por completo. Kellyanne frequentemente visitava o escritório da Cambridge — fazendo o quê eu nem sempre sabia, mas todas as vezes com Bekah. Por um tempo, eu fazia outros planos toda vez que sabia que ela estaria lá, tirando uma pausa longa para o almoço a fim de evitar os seus olhares de julgamento.

Kellyanne nunca ficou satisfeita com a Cambridge. Ela criticava tudo sobre a empresa. Nada era bom o bastante: tudo que a gente fazia era caro demais e não dava resultados rápidos ou não estávamos atingindo os níveis que ela esperava. Felizmente, ela mal prestava atenção em mim; eu era irrelevante para ela. Sempre que estava no escritório de Nova York para as reuniões do Keep the Promise (KtP1), o supercomitê de ação política de Ted Cruz sob responsabilidade dela, reuniões essas que, às vezes, eram realizadas na sala de reuniões do Reclaim New York de Bekah, eu acompanhava Kellyanne indo de lá para cá, seguindo Bekah de sala em sala como um filhotinho de cachorro.

Quando tinha um momento livre, Kellyanne reclamava com Alexander, falando mal do seu mais recente problema com a Cambridge. Ele estava constantemente exasperado com ela, mas suas mãos estavam atadas: ele estava na folha de pagamento de Bekah, então a cadeia de comando ficava um pouco desequilibrada quando Kellyanne estava no escritório. Em particular, Alexander se queixava comigo que, a pedido de Bekah, estávamos realizando para Kellyanne pesquisas originais bastante caras e outros serviços quase de graça, o que era uma maneira de dizer que Bekah havia traído a ele e à empresa. Na minha presença, ele chamou Kellyanne de "vadia descarada" e disse que esperava que Bekah tivesse outro supercomitê de ação política para financiar que não tivesse Kellyanne no comando.

Os Mercer comprometeram milhões com a campanha de Cruz e no KtP1. Grande parte desse dinheiro (pelo menos 5 milhões de dólares) fluía diretamente para a Cambridge Analytica, de cujo conselho os Mercer e Steve Bannon participavam — um loop infinito de retorno de dinheiro que também garantia que o trabalho fosse feito. Entre a Cambridge, a campanha de Cruz e o supercomitê KtP1, o dinheiro aumentava e diminuía, mas permanecia no mesmo ecossistema. Só parecia ser distribuído se você olhasse para os arquivos da FEC, mas, na verdade, estava voltando aos bolsos dos quais havia saído.

Devido em parte a essa injeção constante de financiamento, Cruz tinha subido notavelmente para o topo ao longo de 2015, e a Cambridge foi essencial para que isso acontecesse. Por sua parte, ele superou Rick Perry e Scott Walker, e se manteve próximo a Marco Rubio e Donald Trump debate após debate. Ele se recusou a difamar os outros, se atendo à política e ao crescimento da base evangélica nos Estados Unidos como nenhum outro fez.

E, em segundo plano, de acordo com Alexander, a Cambridge Analytica pegou Cruz e o tornou mais do que um candidato. Quando o senador começou, seu nome era reconhecido por apenas 5% das pessoas nos Estados Unidos. E entre aqueles que o conheciam, sobretudo como senador, ele já era bastante desprezado, com pouco ou nenhum apoio do Congresso, muito menos da população norte-americana.

Enquanto a própria campanha estava entrando nos eixos para se tornar algo que nenhum de nós poderia ter previsto, uma coisa ficou clara: a mágica do nosso tempero secreto parecia estar funcionando. Cruz estava construindo um grupo considerável de apoiadores e um movimento de base de doadores de pequenas quantias, remanescente da campanha de Obama. Da sede da campanha de Cruz em Houston, ouvimos relatos de grandes aumentos no engajamento político, do número de seguidores e de pessoas que estavam se comprometendo a votar em Cruz nas convenções partidárias e nas primárias.

Em setembro de 2015, fiz para Kellyanne um *pitch* por videoconferência, apresentando a mágica da criação de modelos a partir de dados realizada pela CA, do nosso escritório em Londres para o escritório dela nos Estados Unidos. Estava tentando renovar o contrato com o KtP1, que consistiria em um trabalho de análise de dados para Cruz envolvendo o uso de nosso *microtargeting* psicográfico. Com uma equipe pequena, e graças a um orçamento potencial ilimitado e ao Citizens United (a decisão da Suprema Corte que determinou que, no caso de financiamento de campanhas, a cláusula de liberdade de expressão da Primeira Emenda se aplicava tanto a empresas quanto a indivíduos), o conselho da Cambridge esperava que o KtP1 fosse uma maneira ainda mais fácil de catapultar Cruz para o mainstream e prepará-lo para enfrentar Hillary Clinton. Como Kellyanne disse: “Hillary Clinton acordava todas as manhãs sendo a segunda pessoa mais popular na sua casa.” Se continuássemos produzindo os grandes resultados que estávamos vislumbrando, poderíamos superar a falta de popularidade de Cruz e empurrar os eleitores em sua direção por meio dos assuntos debatidos em sua plataforma, garantindo, assim, a indicação para ele e talvez até levando-o à presidência — embora eu nunca tivesse acreditado que ele chegaria tão longe. Não pude deixar de pensar que, se eu conseguisse vencer o contrato do KtP1, Alexander me olharia com aprovação e talvez até me desse uma comissão generosa.

"Oi, Brittany. Explique para a minha equipe por que eles deveriam trabalhar com você", falou Kellyanne rispidamente quando a videoconferência começou. "O que vão fazer para nos ajudar? Eles não conhecem você e querem saber o que podem esperar."

Ela sabia exatamente o que nós fazíamos, mas eu supunha que, ao interpretar a advogada do diabo, ela queria testar um dos funcionários mais inexperientes de Alexander para ver se eu estaria de acordo com o que ela queria ou se eu seria apenas outro membro da equipe da Cambridge sobre a qual ela reclamaria.

Não conseguia vê-la e ela não conseguia me ver. Nas telas de cada uma das salas em que estávamos, nós duas estávamos vendo o mesmo slide.

Eu estava na Solitária, suando.

Primeiro, contei a Kellyanne e sua equipe como a Cambridge tinha sido extremamente bem-sucedida durante as eleições intercalares de 2014 com o supercomitê de ação política de John Bolton. O escritório de Londres havia montado um impressionante estudo de caso sobre metodologia psicográfica e *microtargeting* — na sua maioria, exemplos inofensivos de anúncios sobre família e patriotismo. Apenas um dos anúncios me chocou um pouco, mas forneceu um exemplo gritante de como é fácil jogar com os medos das pessoas, sobretudo quando se trata de segurança nacional. Em vez de crianças correndo por um campo, a tela mostrava bandeiras brancas em monumentos nacionais em todos os Estados Unidos, com a inscrição: "Nunca nos rendemos antes. Não vamos começar agora." Mostrei à equipe as cinco versões diferentes desses anúncios, que havíamos utilizado com o comitê de Bolton, cada um selecionado de acordo com o perfil de personalidade dos eleitores e a modelagem do público-alvo. Os dados provavam com precisão como cada anúncio fora eficaz. Eu tinha um gráfico com taxas de cliques, índices de engajamento e informações comprovando a melhoria nas pesquisas de opinião como resultado da campanha. Bolton chegou a contratar terceiros para confirmar os nossos resultados nas pesquisas de opinião, que chegaram às mesmas conclusões.

A publicidade digital na internet e os anúncios na TV, fundamentados nos perfis de personalidade, realizados pela Cambridge, tinham conseguido convencer os eleitores a eleger candidatos republicanos para o senado no Arkansas, na Carolina do Norte e em New Hampshire, e tinha melhorado consideravelmente a percepção dos eleitores sobre a importância da segurança nacional como uma questão eleitoral. Na Carolina do Norte, foi realizado um *messaging* com um grupo de mulheres mais jovens que foram consideradas muito "neuróticas", de acordo com a pontuação OCEAN. Após o *microtargeting*, descobrimos que, quando comparamos essas mulheres a um grupo de controle, tínhamos uma taxa de confiança de 95% de que havíamos alcançado um aumento de 34% nas preocupações dessas mulheres e de que tínhamos afetado os seus votos.

Passei por um resumo de alto nível dos serviços que a Cambridge já havia prestado ao senador Cruz na sua campanha e então dei início à parte mais importante do *pitch*: o que a Cambridge poderia fazer agora por Cruz com uma metodologia psicográfica ainda mais complexa do que a CA havia feito por Bolton.

A CA já havia feito o trabalho braçal. Nossos cientistas de dados analisaram a base de eleitores em Iowa e na Carolina do Sul, os estados mais importantes do início das primárias. Em Iowa, identificaram um grupo de 82.184 eleitores que eram persuasíveis e, na Carolina do Sul, 360.409. Entre esses eleitores persuasíveis, a equipe encontrou quatro tipos distintos de personalidades em cada um. Em Iowa, havia "estoicos", "cuidadores", "tradicionalistas" e "impulsivos". Os estoicos representavam 17% do total de eleitores-alvo e compreendiam 80% de homens brancos entre as idades de 41 e 46 anos. Os cuidadores representavam 40% do total de persuasíveis e eram quase todas mulheres entre as idades de 45 e 74 anos. Os tradicionalistas representavam 36% do total e eram quase todos homens entre as idades de 48 e 60 anos. E o grupo restante, os impulsivos, era formado aproximadamente por 60% de homens e 40% de mulheres, quase sempre brancos e com idades entre 18 e 32 anos. Na Carolina do Sul, os grupos eram praticamente os mesmos, exceto que, em vez de impulsivos, a equipe encontrou um grupo que eles rotularam de "individualistas".

Para determinar quais questões mais preocupavam esses grupos, os cientistas de dados da Cambridge usaram modelos preditivos com mais de quatrocentos pontos demográficos e comerciais e depois segmentaram ainda mais os membros de cada um para entender quais eram suas necessidades individuais em termos de "mobilização", "persuasão" ou "apoio". "Mobilização" significava levar as pessoas a interagir com a campanha, a trabalhar como voluntárias ou a participar de um comício. Mesmo algo tão simples como compartilhar conteúdo nas mídias sociais funcionaria. "Persuasão" significava convencer o eleitor sobre o poder de atração do candidato e de suas políticas, para realmente conquistá-lo. "Apoio" significava levar as pessoas a fazerem doações ou se envolverem ainda mais.

Depois de termos os grupos de audiência, planejamos o *messaging*. As mensagens foram adaptadas para cada eleitor e suas necessidades. Um estoico que se preocupasse com segurança nacional, imigração e valores morais tradicionais receberia mensagens que usavam palavras como *tradição, valores, passado, ação* e *resultados*. A mensagem seria simplista e patriótica; se apegaria aos fatos e se utilizaria de imagens nostálgicas, como a famosa foto do grupo de fuzileiros navais plantando a bandeira norte-americana no topo do monte Suribachi, em Iwo Jima.

A mensagem de um cuidador era muito diferente. Ela enfatizava a família, usava palavras como *comunidade, honestidade* e *sociedade,* e tinha um tom afetuoso. Anúncios focados na família seriam bastante eficientes. Uma das mensagens sobre o porte de armas era "Segunda Emenda. A apólice de seguro de sua família". Um anúncio sobre imigração seria um pouco mais pesado e baseado no medo: "Não podemos colocar nossas famílias em risco. Proteja as nossas fronteiras".

O individualista de Iowa responderia melhor a outros tipos de *messaging*. As mensagens de um individualista conteriam as palavras (ou evocariam os sentimentos de) *resolução* e *proteção*: "Os Estados Unidos são a única superpotência do mundo. É hora de agirmos como tal".

No final, o *pitch* foi extremamente bem-sucedido. Kellyanne e o KtP1 assinaram o contrato para o quarto trimestre de 2015, já mirando no primeiro trimestre de 2016 e além. A Cambridge levou o planejamento para Kellyanne e sua equipe e o implantou, e o senador Cruz continuou a subir nas pesquisas antes da convenção partidária de Iowa.

Considerando toda a rigidez de Kellyanne em relação ao nosso trabalho, ela estava bastante comprometida com Cruz, e demonstrou essa lealdade em diversas ocasiões. Um dia, durante o outono de 2015, pouco depois da minha videoconferência com ela, eu estava trabalhando no escritório de Nova York quando Alexander me pediu para me juntar a ele na sala de reuniões com Kellyanne, Bekah e Steve. Ele queria que eu atualizasse o grupo a respeito de em que ponto estávamos com a campanha de Trump. Naquele momento, não devia ter passado nem um mês desde que Alexander e eu tínhamos feito o *pitch* para Corey Lewandowski na Trump Tower, mas entrei na sala de reuniões e comecei a descrever o que havíamos feito até ali para conseguir assinar o contrato com Trump e o que planejávamos fazer depois.

Antes que eu pudesse avançar, Kellyanne me interrompeu. Ela estava furiosa. Era imoral que a Cambridge Analytica fizesse um *pitch* para outros candidatos uma vez que estávamos representando o senador Cruz, disse ela. Precisávamos colocar todos os nossos recursos para apoiar Cruz, e se não estivéssemos prontos para isso, ela não queria mais trabalhar conosco.

Alexander, tentando colocar panos quentes, apelou para o senso de *fair play* dela. "Mas Kellyanne", respondeu ele, "estamos tocando uma empresa aqui. E você não nos pediu para assinar nenhum contrato de não concorrência". De repente, a voz dele sumiu. "Isso é tudo, Brittany", disse ele com calma, sem olhar para mim. Ele apontou para a porta. "Pode ir agora."

Ele deve ter visto o mesmo que eu: a fúria nos olhos de Kellyanne.

Eu me virei para sair, mas, antes que pudesse passar porta afora, ela passou por mim em seu terno Chanel de babados e seus saltos altos. Marchando como uma boneca Barbie irritada, ela caminhou em direção ao elevador e desapareceu, deixando um rastro do cheiro suave do seu cabelo em chamas.

Mais tarde, Alexander me disse que ele e Steve conseguiram acalmar Kellyanne confidenciando a ela, como havia confidenciado a mim, que Trump não estava concorrendo para vencer. E que como Trump não representava uma ameaça a Cruz, Kellyanne não se incomodaria com isso. Ao que parecia, essa informação tornaria aceitável nosso potencial trabalho para Trump e Cruz. Afinal, no outono de 2015, ainda parecia impossível para quase todo mundo que a campanha de Trump resultaria em vitória.

* * *

Por mais chateada que Kellyanne estivesse com a perspectiva de trabalharmos com Trump, as consequências da exposição da Cambridge Analytica, do dr. Aleksandr Kogan, da campanha de Cruz e do Facebook no *The Guardian* se mostraram ainda mais problemáticas. Kellyanne estava furiosa. Ela achava que a matéria prejudicara Cruz e continuou assombrando o relacionamento entre o KtP1 e a Cambridge Analytica durante meses depois disso.

Eu me lembro de estar no escritório em Alexandria um dia quando Sabhita Raju chegou e, se segurando para não dizer nada, seguiu para uma reunião em teleconferência com Kellyanne. Ela voltou uma hora depois, como se tivesse sido feita em pedaços por um bando de cães selvagens. De fato, parecia que Kellyanne estava sempre enchendo os ouvidos de alguém da CA, ainda que a distância. E diante de qualquer menção ao nome dela, Alexander sempre revirava os olhos.

Contudo, Kellyanne não era a única pessoa difícil na campanha de Cruz. Ela era a principal porta-voz do KtP1, mas os representantes oficiais da campanha de Cruz à presidência em Houston eram sujeitos agressivos e intratáveis. Grossos e mal-educados, eles deixavam a equipe da CA em Houston assustada com as pistolas .45 carregadas que, às vezes, levavam na cintura. E eram reclamões: alegavam que um *dashboard* do software que a Cambridge havia desenvolvido só para eles nunca tinha sido colocado em uso. O software chamava-se Ripon, e a campanha de Cruz alegava que eles tinham sido roubados. É verdade que havia uns bugs, mas eu sabia que as pessoas o haviam lançado no mercado e o utilizavam em tablets quando faziam *canvassing* porta a porta. Ainda assim, a equipe de Cruz entendia que, se rompessem com a Cambridge, era possível que todo o dinheiro dos Mercer acabasse desaparecendo conosco. Então, continuavam a reclamar, enquanto assistiam às doações chegando.

No meio-tempo, eles faziam a vida da equipe da Cambridge um inferno. De fato, às vezes o único lado positivo do relacionamento com os caras durões do Texas era que sempre que a equipe da Cambridge voltava de Houston, eles traziam chapéus de caubói, cintos de couro com fivelas gigantes da Lone Star e botas para exibir pelo escritório. De fato, se tornou imprescindível para nós nos vestirmos assim, em parte por ironia, mas também em parte para mostrar que fazíamos parte daquela equipe.

Talvez pelo fato dos nossos cientistas de dados estarem usando chapéus de caubói, Cruz teve um grande sucesso na convenção partidária de Iowa, conquistando 27,6% dos votos. Isso representava apenas 51.666 pessoas, mas concedeu a ele oito delegados e a primeira vitória da temporada eleitoral — uma virada que se espalhou pelo país.

Na noite de 1º de fevereiro de 2016, a noite da vitória de Cruz na convenção partidária de Iowa, finalmente perdi o constrangimento de falar sobre o trabalho que eu vinha realizando. Nos nossos apartamentos corporativos em Crystal City, Alexander, Julian Wheatland e eu bebemos champanhe enquanto assistíamos à contagem dos votos, comemorando noite adentro. Eu me senti muito bem, como não acontecia há tempos: conseguira ter sucesso em alguma coisa. Havia participado de algo significativo.

Peguei o meu telefone para olhar para a minha foto com o senador Cruz, na Disney World. Nela, nós dois estávamos sorrindo, abraçados como se fôssemos velhos amigos. Desde que chegara aos Estados Unidos, eu praticamente não postava nada sobre o meu trabalho nas minhas redes sociais, mas publiquei a foto no Facebook com a legenda "CONQUISTAMOS IOWA!!!!!!!!". Em seguida, adicionei as hashtags #politicapordados, #CambridgeAnalytica, #ConvencaodeIowa, #portaaporta, #Cruznocontrole, #vitória; emojis; e a frase "Senador Cruz e eu na Disney".

Quando acordei na manhã seguinte, percebi o quanto fui idiota por ter feito aquilo. O ódio dos meus amigos progressistas rolara solto durante a noite.

"Você pode amar essa #vitória", escreveu um velho amigo, "mas como consegue dormir à noite?"

Eu estava desanimada e me sentia sozinha. Embora tivesse conseguido assinar o contrato com o KtP1, Alexander nunca me deus os créditos por isso. Nix considerava que ele e Bekah tinham fechado o negócio, e não eu. E nunca recebi comissão pelo trabalho. Sim, a Cambridge havia conseguido uma grande vitória para o senador Cruz, mas, se você perguntasse a Alexander se eu realmente tinha sido parte daquilo, ele provavelmente teria dito que não. Além disso, ao reivindicar a vitória como minha em público, eu me expusera às duras críticas pessoais que vinha tentando evitar. Até agora, ainda que eu não estivesse julgando minhas próprias ações, pelo menos eu havia me esquivado de dar àqueles que me conheciam do mundo liberal a chance de me julgar, de me considerar um fracasso. Foi então que comecei a ver meu velho mundo desaparecer. As respostas negativas ao meu post sobre a vitória de Cruz não foram as últimas manifestações de ódio. Velhos amigos desistiram de mim. E, em troca, eu sentia que não tinha escolha a não ser abraçar o mundo pelo qual eu os havia abandonado.

Comecei não apenas a ser neutra em relação a coisas às quais já fora terrivelmente contra, mas a adotar uma vida de valores muito diferentes dos que eu tinha. Eu saía para me divertir com novas pessoas. Eu me importava muito mais com o que vestia e com quem passava o meu tempo. Aproveitava todas as oportunidades para estar lado a lado com pessoas cujos privilégios poderiam me beneficiar, e comecei a encarar o meu passado com desdém. O que os democratas tinham feito por mim? Por que eu havia sido tão leal?

E se eu tinha uma última esperança de voltar para aquele mundo, a porta se fechara para sempre naquela primavera, primeiro com a publicação no Facebook e depois com um telefonema. Era o meu colega de trabalho, Robert Murtfeld, ligando de Londres. Especialista em direitos humanos que eu conhecia antes da CA, Robert era um alemão extrovertido, mais organizado do que o melhor software de CRM.

"Você está me escutando?", perguntou ele.

Eu estava na Times Square, em meio à multidão de turistas e ao som de buzinas. Entrei em uma loja para poder ouvi-lo.

"Senta ou encosta em alguma coisa", disse ele.

Olhei em volta. Fui até a saída dos fundos do prédio e me sentei no chão encardido. "Pode falar", disse.

John Jones QC, do Doughty Street, estava morto.

Eu soube daquilo muito antes que a notícia chegasse aos jornais. Robert, na verdade, havia me apresentado a John anos antes e se sentiu na obrigação de me contar. As circunstâncias eram confusas. Havia inúmeros rumores. Robert não sabia o que acontecera de fato. John foi encontrado nos trilhos de uma estação de metrô de Londres, mas ainda não havia imagens das câmeras de segurança para indicar como ele tinha ido parar lá.

Ele teria sido empurrado? Havia muitas pessoas que poderiam querer John morto, desde aquelas que odiavam qualquer um dos seus polêmicos clientes — que variavam de Muammar Kadafi e Julian Assange até os que haviam cometido genocídio nos Estados Bálticos — e as que John havia processado. Ele fora assassinado?

John estava gravemente deprimido, tendo sido inclusive hospitalizado por um tempo, como ficamos sabendo mais tarde. Ele tinha sido liberado cedo demais pelo sistema de saúde. Ficamos assustados ao pensar no quanto o trabalho dele vinha sendo pesado, e por um salário tão baixo. Tentamos imaginar que o peso daquele tipo de trabalho e um pagamento tão insuficiente eram onerosos demais. Mas era um trabalho muito nobre, idealista e importante. A ONU o havia escolhido diversas vezes para representá-la em situações mais complicadas, e ele era desejado no mundo inteiro por sua erudição e bondade.

Aquilo me aterrorizou. A princípio, não sabia dizer o porquê.

John era tão importante no mundo dos direitos humanos que foram realizados três velórios diferentes para ele, e eu fui em todos. O primeiro foi organizado por Robert em Nova York, no Centro Internacional de Justiça de Transição; o segundo, em Haia; e o terceiro, em Londres. Todas as principais figuras de direitos humanos estavam lá: Amal Alamuddin Clooney, colega de John; Geoffrey Robertson QC, fundador da Doughty Street Chambers; delegações de países estrangeiros; inúmeros dos principais advogados, ativistas e juristas de direitos humanos do mundo. As pessoas faziam discursos, liam poemas e mostravam vídeos de John no trabalho. Vê-lo defender casos no tribunal internacional era testemunhar algo belo e saber que sua morte era uma tragédia para o mundo inteiro. Eu não estava conseguindo lidar com aquilo.

Enquanto eu lamentava a morte de John naquela primavera, percebi que estava de luto pela morte de algo em mim também. Embora não tivesse disposta a admitir, eu havia nutrido a esperança de que, se parasse de trabalhar para Alexander — se, em algum momento, eu conseguisse fazer aquilo —, o único lugar que me aceitaria de volta depois de passar para o lado sombrio seria o Doughty Street, e a única pessoa que me receberia de braços abertos seria John Jones.

Ele não teria me julgado. Não teria pensado mal de mim por eu ter trabalhado para o lado errado da história. Seu legado para o mundo era que ele defendia pessoas indefensáveis. Ele teria me visto como alguém que, em algum momento, havia se comprometido com seus princípios, mas que acabara se perdendo. Eu esperava que John fosse capaz de amar a pecadora, não o pecado. Sonhava com isso como uma chance de ser perdoada por tudo que tinha feito de errado e tudo que poderia estar prestes a fazer em nome da Cambridge Analytica.

Mas agora ele não estava mais lá, e não havia mais ninguém para me perdoar ou me acolher.

Na primeira semana de março, Ted Cruz era um dos quatro republicanos que restavam, junto com Rubio, Kasich e Trump. Não parávamos de nos questionar se ele realmente tinha chance de ser o candidato do Partido Republicano. É claro que, se Cruz vencesse pelo Partido Republicano, era quase certo que Hillary venceria as eleições gerais. Em um debate patrocinado pela Fox News em Detroit, que se transformou em ataques pessoais, Cruz tentou, e não conseguiu, parecer minimamente presidenciável. Embora fosse um sonho inverossímil interessante — alguém tão improvável quanto Cruz recebendo a indicação com o apoio da nossa empresa —, ele não foi capaz de acompanhar as jogadas das quais Donald Trump estava se utilizando, uma involução diária no seu discurso e no seu comportamento, que muitos inclusive estavam começando a achar agradável. Marco Rubio havia chegado recentemente ao nível de Trump e depreciado a tez alaranjada e as mãos visivelmente pequenas deste. Nesse debate, Trump defendeu o tamanho das suas mãos e sugeriu que não havia nada de "errado lá embaixo", fazendo referência ao tamanho do seu pênis. O mundo estremeceu com esse pensamento.

No dia seguinte, eu estava na Conferência de Ação Política Conservadora (CPAC), a comemoração anual de todas os assuntos conservadores. Naquele ano eleitoral, ela foi realizada em National Harbor, Maryland, do outro lado do rio Potomac. Alexander havia sido convidado a participar de uma conferência intitulada "Quem está votando e quem não está? Uma análise do eleitorado em 2016", mas como precisaria dividir o palco com Kellyanne Conway, ele encontrou uma maneira de sair pela tangente e me pediu para ir no seu lugar. Ele disse que tinha uma reunião importante com o magnata dos cassinos e doador republicano, Sheldon Adelson. Depois que a conferência começou, ele entrou furtivamente no auditório, embora eu não soubesse disso na época.

Ao ocupar o lugar de Alexander na conferência, tinha a chance de me sair bem diante de uma série de jornalistas veteranos em publicações conservadoras — e de Kellyanne. Era a situação de maior visibilidade na qual eu já estivera no mundo republicano e o maior público republicano que eu poderia imaginar: mais de 10 mil pessoas estavam reunidas no auditório e outras mais estavam assistindo pela rede de TV C-SPAN. Pode-se dizer que aquele foi o meu momento, ou pelo menos a primeira vez que a CA estava de fato prestes a se juntar às verdadeiras empresas de consultoria política — com um status ainda mais alto no Partido Republicano por ser uma organização vencedora. Era hora de celebrar a CA, e, naquele instante, eu era um dos rostos daquela nova e vencedora operação.

Tentei ficar calma. Eu havia me preparado da melhor maneira possível, tendo em vista o curto prazo. Tinha alguns tópicos de discussão e meu trabalho, segundo eu achava, era compartilhar com o público o que a Cambridge Analytica oferecia de bom, qual era o nosso valor agregado. Nos bastidores, conversei amenidades com o CEO da NRA, Wayne LaPierre, e fui maquiada. Quando a conferência começou, calcei as botas de caubói usadas da minha tia e o terninho creme que minha mãe usava na época da Enron (do qual eu havia removido as ombreiras típicas dos anos 1980) e tentei exalar confiança. Eu era de longe a pessoa mais jovem e mais inexperiente no palco.

O moderador, Matt Schlapp, presidente da União Conservadora Americana, nos apresentou, chamando Kellyanne Conway de "polonesa", seu estranho, mas preferido apelido.

Quando a conversa começou, deveria ser sobre como entender o eleitorado de 2016, mas se transformou em um exercício de avaliar o nível do caos que Donald Trump estava provocando no Partido Republicano e o que fazer a respeito. Aquilo estava fora da minha alçada.

Charles Hurst, do *Washington Times*, disse não ter certeza do que deveria ser feito a respeito da grande cisão no Partido Republicano em torno de Trump.

Hurst estivera na plateia do debate republicano em Detroit na noite anterior. O posicionamento de Trump em relação à tortura, disse ele, demonstrou que o Partido Republicano havia, sem dúvida, rachado.

Em uma fila do auditório, Hurst disse que "as pessoas quase engasgaram" quando Trump disse que endossaria o uso de uma técnica de tortura conhecida como "afogamento simulado". Mas, duas fileiras adiante, outras aplaudiram e deram socos no ar.

Era um momento crítico.

Matt Schlapp queria saber o que poderia unir o partido. Fred Barnes, do *The Weekly Standard*, que trabalhava na editoria de política em Washington desde 1976 — quando um produtor de amendoim da Geórgia se tornou presidente —, disse que já tinha visto de tudo na política americana, mas que nunca haveria uma "Trump White House", ou seja, Trump nunca chegaria à presidência. A improbabilidade de Trump daria origem, previu Barnes, a um candidato republicano independente que colocaria Hillary no cargo da mesma maneira que Ross Perot havia colocado o marido dela lá.

Eu ainda não tinha nada a acrescentar.

Kellyanne entrou e, como costuma fazer, assumiu o controle absoluto da conversa.

Sim, disse ela, um sabotador republicano que entrasse no jogo tardiamente estaria dando a vitória para Hillary. Mas havia esperança, acrescentou. Ela se ajeitou na cadeira no seu vestidinho preto, colocou as mãos sobre os joelhos e olhou para as 10 mil pessoas na plateia.

Não importava quem acabasse sendo o candidato republicano à presidência, disse Kellyanne. Havia uma maneira de ficar atrás de quem quer que fosse. "A ficção da elegibilidade" não existe mais, disse ela. "A elegibilidade foi substituída pela empolgação." Seria, é claro, uma afirmação assustadoramente presciente, mas também era brilhante. E foi nesse ponto que tive a oportunidade de pegar o gancho e dizer algo sobre o que a Cambridge poderia fazer para tornar um candidato "empolgante"; nós tínhamos feito isso com Cruz, afinal.

Mas não fiz nada. De fato, durante toda a conferência, falei apenas uma vez, e foi quando Matt Schlapp me fez uma pergunta sobre como alcançar os eleitores.

“Como nos conectamos?”, perguntei. Como descobrimos quem são os eleitores indecisos? E o que era mais importante, acrescentei, como descobrimos “suas alavancas de persuasão”?

Mais tarde, quando vi Alexander e soube que ele estivera o tempo todo na plateia, torci para que eu o tivesse deixado orgulhoso. Eu o havia agradado? Tinha me saído bem? Encontrada as alavancas de persuasão *dele* e o convencera de que eu tinha valor, de que era digna de louvor?

Mas não tive tempo de perguntar.

“Bom trabalho”, disse ele. Ele estava bêbado, mas não com o brilho que costumava ter ao sair do campo de polo, embriagado pela vitória. “Pelo menos”, falou, “você não estragou tudo”.

E isso era o máximo que eu iria conseguir.

10

Entorpecida

VERÃO DE 2016

A longo prazo, foi difícil amparar o senador Cruz. Sua falta de popularidade acabou pesando muito, tanto que nem nossos métodos para mudar o comportamento dos eleitores conseguiram dar jeito. Pelo que ouvi, a Cambridge havia feito um trabalho incrível apoiando a campanha e o comitê de ação política ao transformar Cruz de ovelha negra do Congresso em um nome familiar e um senador conhecido. Mas o estigma induzido por Trump de "Lyin' Ted" (algo como "Ted Mentiroso") perdurou, e Cruz desistiu no último segundo.

A Cambridge nunca considerou isso uma derrota. Na verdade, o fato foi celebrado entre nós como uma vitória. O triunfo de longa data da campanha de Cruz foi anunciado em jornais e canais de TV nos Estados Unidos, chegando a ser reconhecido em outros lugares do mundo que ficaram maravilhados com o uso da ciência de dados na política. "A equipe de Cruz seria capaz de salvar o jornalismo impresso?", ponderou um escritor da *Forbes,* torcendo para que soubéssemos o segredo de trazer de volta leitores e assinantes na era digital. "Equipe de Cruz usa perfis psicológicos para impulsionar vitórias nas eleições", gabava-se outro. As perguntas vindas de empresas e políticos chegavam, independentemente da derrota do senador para Trump.

Apesar do tempo e do esforço que a Cambridge e os Mercer haviam dedicado a Cruz, sua saída não significava que nenhum de nós estivesse fora da corrida presidencial — pois tanto a Cambridge quanto os Mercer estavam envolvidos com Trump há algum tempo, muito mais tempo do que se sabia publicamente.

Para alguns, os Mercer eram párias. Um ex-colega de Bob Mercer, insatisfeito, disse que Bob acreditava que "os seres humanos não têm valor intrínseco além da quantidade de dinheiro que ganham". E Mercer foi citado, ao afirmar que "um gato tem valor... porque proporciona prazer aos seres humanos", enquanto uma pessoa que vive de benefícios do governo tem "valor negativo".* Eu não tinha nada contra Bob — pensamentos como aqueles pareciam sair do cérebro de um cientista de dados introvertido, como vários que eu conhecia e sabia serem antissociais e amarem os números mais que seus semelhantes. De qualquer forma, estive no mesmo ambiente que ele apenas três vezes e não tinha outra referência.

A primeira vez que me encontrei com Bob foi em julho de 2016, pouco depois da transição de Cruz para Trump, no nosso grande escritório em Nova York, onde ele veio conferir as novas pesquisas que ajudara a financiar. Antes, a Cambridge ocupava uma pequena sala no espaço da *Reclaim New York* de Bekah no prédio da News Corp, apenas um monte de mesas de escritório e de pingue-pongue que Alexander usava como estação de trabalho — uma inconveniência peculiar que tinha o seu lado positivo porque, de tempos em tempos, fazíamos partidas improvisadas. O novo escritório ficava no sétimo andar do Charles Scribner's Sons Building, na esquina da Quinta Avenida com a rua 48, a uma curta caminhada da Trump Tower. O lugar era enxuto, *clean* e moderno, com uma sala de reuniões de verdade com janelas opacas para dar privacidade, e paredes decoradas com obras de arte supermodernas que a irmã de Bekah havia nos emprestado de sua coleção.

Bob, que era notoriamente tímido, apareceu antes da festa de lançamento do escritório, para evitar a multidão. Certa vez, em um discurso — um evento raro —, ele disse que preferia "a solidão do laboratório de informática tarde da noite, o cheiro do ar-condicionado... o som dos discos zunindo e as impressoras

---

* Jane Mayer, "The Reclusive Hedge-Fund Tycoon Behind the Trump Presidency", *The New Yorker*, 27 de março de 2017, https://www.newyorker.com/magazine/2017/03/27/the--reclusive-hedge-fund-tycoon-behind-the-trump-presidency.

estalando".[*] Quando apertamos as mãos naquele dia, mal trocamos uma palavra. Seu aperto de mão parecia protocolar e robótico; ele era um cientista de dados tão brilhante que falei a mim mesma que provavelmente eu era irrelevante para ele.

Steve disse uma vez que, como os Mercer haviam ficado muito ricos em um momento avançado da vida, eram pessoas de "valores extremamente classe média".[**] Não tenho certeza de que eu enxergava isso em nenhum dos dois, mas aquilo não quer dizer que não era verdade. Para cada um deles, eu era apenas uma funcionária de um funcionário, alguém a quem eles iriam dizer "oi" de um jeito simpático.

Eu via Bekah Mercer no escritório. Ou, se eu ficasse até tarde no trabalho e Alexander estivesse jantando com ela, ele me ligava para pedir que fosse até o restaurante onde estavam, para que pudesse atualizar Bekah sobre nossos clientes. Eu nunca era convidada para o jantar e jamais tive a esperança de ser. Eu era apenas uma subalterna chegando tarde, no final de uma refeição. Enquanto ouvia Bekah, eu a considerava equilibrada durante a maior parte do tempo. Ela podia até odiar os meus heróis democratas, mas nunca disse nada na minha presença que fosse mais ofensivo do que qualquer comentário dos meus parentes republicanos.

Quaisquer que fossem suas políticas, o poder que ela e o pai detinham dentro e fora da nossa empresa era considerável, algo que comecei a ver com mais clareza conforme eu passava mais tempo na Cambridge. Assim, nunca me permiti esquecer de que ela era a força motriz que fazia tudo na Cambridge Analytica — e, eventualmente, no *Trumpworld* — acontecer.

Depois que fiz o *pitch* para Corey Lewandowski em setembro de 2015, as negociações foram confusas, mas nunca pararam. Eu havia redigido a primeira versão do contrato para a campanha de Trump e tinha acabado de entregá-lo a pessoas em cargos mais bem pagos que o meu quando as coisas se complicaram. Uma das questões era que Trump queria que o contrato fosse assinado por um "laranja" e que, portanto, não tivesse nenhuma conexão visível com os Mercer. Na época, ele estava em campanha para conseguir financiar a própria

---

* Jim Zarroli, "Robert Mercer Is a Force to Be Reckoned with in Finance and Conservative Politics", NPR.org, 26 de maio de 2017, https://www.npr.org/2017/05/26/530181660/robert--mercer-is-a-force-to-be-reckoned-with-in-finance-and-conservative-politic?t=1562072425069.

** Gray, "What Does the Billionaire Family Backing Donald Trump Really Want?"

campanha, sem qualquer vínculo com grandes doadores. No início, Alexander e Julian sugeriram que usássemos a AIQ, mas depois decidiram que seria uma conexão óbvia demais para a Cambridge, pois a AIQ estava à frente de todas as campanhas digitais da CA na época, compartilhando dados diariamente. Fui informada de que, no fim das contas, uma holding chamada Hatton International foi escolhida como intermediária. Pertencente a Julian Wheatland, a Hatton havia sido usado como *contract vehicle* pelo SCL Group em campanhas anteriores.

O relativo distanciamento estabelecido em relação a Trump permitiu que os Mercer operassem em segredo por vários meses. Muito mais tarde, a narrativa aceita seria de que os Mercer eram defensores de Cruz que haviam concordado em participar da campanha de Trump apenas em cima da hora — especificamente, em meados de agosto de 2016, quando ocorreu a chamada *Mercerization of the Trump* (algo como "Mercerização de Trump") — ou seja, quando Steve Bannon entrou na campanha como CEO e Kellyanne Conway como gerente de campanha.

Na verdade, a transição da CA para o *Trumpworld* ocorreu na primavera de 2016. Na época, o relacionamento entre a campanha de Cruz e os Mercer estava por um fio, e havia estado desde janeiro, quando o gigantesco impacto do primeiro escândalo com o Facebook e a Cambridge tomou conta da imprensa. Até a vitória de Cruz na convenção partidária em fevereiro não impediu que aquele trem em alta velocidade descarrilasse, e todos os dias pareciam uma luta armada entre o conselho da Cambridge e a equipe de campanha de Cruz em Houston. Depois de uma batalha específica, em março, me lembro de Alexander sussurrando para mim que aquela reclamação da equipe do Texas poderia ser a gota d'água para que a campanha da Cruz conseguisse manter o apoio dos Mercer. Boa sorte para eles a partir daí. Isso deu início aos primeiros passos para que os Mercer e a Cambridge assumissem a campanha de Trump e a reformulação do comitê de ação política de Cruz, o KtP1, para atender a Trump também, embora Alexander fizesse todos na empresa jurarem segredo.

Alexander tinha sinal verde de Bekah, e ele trabalhou constantemente nos bastidores com o genro de Trump, Jared Kushner, para definir um plano de campanha. Em março e abril, Matt Oczkowski, que havia se juntado a nós na campanha de Scott Walker, estava trabalhando na Trigger the Vote, da NRA e, de alguma forma, teve que atuar na campanha de Trump. Enquanto isso, Molly

Schweickert desenvolveu uma proposta digital personalizada. E do lado do comitê de ação política, Emily Cornell, uma consultora política conservadora constantemente insatisfeita e ex-funcionária da RNC, que, na minha opinião, tinha dificuldades relacionadas à inteligência emocional, montou uma estratégia para o que poderia se tornar a campanha "Defeat Crooked Hillary" — na verdade, esse teria sido o nome do comitê se a Comissão Eleitoral Federal tivesse permitido. Após a rejeição do nome, eles chegaram a Make America Number One (MAN1), que liderou as acusações contra Hillary.

No final de junho, duas equipes da Cambridge Analytica estavam em movimento, uma em Nova York e a outra em San Antonio. A família Mercer estava por trás de ambas.

San Antonio era o centro de controle da campanha de Trump — Paul Manafort estava lá na época em que era gerente de campanha, e não na Trump Tower, onde ficava a sede oficial. Isso porque San Antonio era o lar de Brad Parscale, da Giles-Parscale. Parscale trabalhava como web designer para Trump havia muito tempo, e Trump o escolhera para estar à frente de suas operações digitais. O problema era que Parscale não tinha experiência com ciência de dados nem com comunicação orientada por dados; portanto, Bekah sabia que Trump precisava da Cambridge.

Quando a equipe inicial da Cambridge Analytica (composta por Matt Oczkowski, Molly Schweickert e mais um grupo de cientistas de dados) entrou em cena em San Antonio no mês de junho, eles encontraram as operações digitais de Brad e da campanha de Trump em um estado de desordem alarmante. Oczkowski — "Oz", para abreviar — me escreveu em 17 de junho, depois que lhe fiz uma pergunta sobre um cliente comercial, dizendo que não tinha tempo para me ajudar, pois precisava voltar toda a sua energia para o trabalho com Brad e para manter a análise de dados em funcionamento. Até onde fiquei sabendo, eles estavam trabalhando lá de graça, como um "teste" para provar o valor da CA. A conta saiu muito alta para Alexander, já que um grupo grande com seus melhores funcionários estavam trabalhando gratuitamente vinte e quatro horas por dia, sete dias na semana... Mas imagino que ele tenha considerado que valeria a pena quando Trump enfim fechasse o negócio.

Quando a equipe da CA chegou, eles ficaram horrorizados ao descobrir que Brad não tinha seus próprios modelos de eleitores, nem aparatos de marketing, e ele tinha cinco pesquisadores diferentes coletando informações, cada um fazendo as coisas do próprio jeito. No início de uma campanha bem executada, era de se esperar que já houvesse um banco de dados em funcionamento, com um programa de modelagem. Isso permite que os pesquisadores elaborem suas perguntas de modo que as respostas possam ser comparadas às informações do banco de dados em questão e transformadas em modelos políticos úteis para categorizar todos os eleitores do país, com pontuações de zero a 100% para, digamos, a probabilidade de alguém votar (propensão a votar) ou a probabilidade de alguém estar interessado em um determinado candidato (preferência de candidato). Os dados estavam tão confusos que a equipe da CA teve que começar do zero.*

Como os havia auxiliado a escrever a proposta, eu sabia que eles estavam planejando criar um banco com dados modelados para todo mundo nos Estados Unidos e depois dividir a estratégia da campanha em três programas que se sobrepusessem. A primeira parte da campanha se concentraria em criar listas e pedir doações, principalmente porque a equipe de Trump ainda não havia iniciado nenhuma campanha de arrecadação de fundos. Os fundos eram fundamentais para começarmos o quanto antes e ampliarmos a campanha nacional. Não importava o que Trump dissesse na TV, ele não estava financiando nada daquilo.

O segundo programa, a ser iniciado um mês depois, focaria na persuasão, ou seja, descobrir quem eram os eleitores indecisos e convencê-los a gostar de Trump em alguma medida.

E o terceiro estaria concentrado em conseguir converter os votos e envolveria tudo, desde o recenseamento eleitoral até conseguir que prováveis eleitores de Trump fossem às urnas tanto na votação antecipada quanto no dia da eleição em si.

---

* Matt Oczkowski, Molly Schweickert, "DJT Debrief Document. Trump Make America Great Again; Understanding the Voting Electorate", apresentação de PowerPoint, escritório da Cambridge Analytica, Nova York, 7 de dezembro de 2016.

À medida que todo mundo foi colocando a mão na massa, não houve dúvidas de que a campanha de Trump gastaria muito dinheiro em mídias sociais. De fato, após a eleição, a última contagem das despesas da campanha dele em redes sociais foi historicamente alta. Considerando apenas o que foi intermediado pela Cambridge, a campanha de Trump gastou 100 milhões de dólares em marketing digital, a maior parte no Facebook. Com um gasto como esse, surgiu um nível de serviço ainda mais alto — não apenas do Facebook, mas de outras plataformas de mídia social. Esse serviço de primeira era algo que as empresas de mídia social costumavam oferecer para nós, apresentando novas ferramentas e serviços que poderiam ajudar as campanhas em tempo real.

No entanto, os gigantes das mídias sociais estavam oferecendo não apenas novas tecnologias, mas mão de obra também.

Sentados ao lado de Molly, Matt e nossos cientistas de dados estavam funcionários "emprestados" pelo Facebook, Google e Twitter, entre outras empresas de tecnologia. O Facebook chamou seu trabalho com a campanha de Trump de "atendimento extra ao cliente".* O Google disse que veiculou a campanha em "caráter consultivo". O Twitter chamou de "mão de obra avulsa".** Enquanto a equipe de Trump recebeu esse apoio de braços abertos, a campanha de Clinton, por alguma razão, resolveu não aceitar essa ajuda do Facebook, o que deve ter dado a Trump uma vantagem que não pode ser quantificada de maneira tão óbvia — um grupo de pessoas altamente qualificadas pode ajudar bastante em uma campanha, pois trata-se de um conhecimento que não precisa ser organizado ou ensinado pelo gerente de campanha, que já trabalha vinte e quatro horas por dia, sete dias por semana, com poucas horas de sono.

Como fiquei sabendo depois, os funcionários "emprestados" pelo Facebook mostraram ao pessoal da campanha e à equipe da Cambridge como agregar *lookalikes*, criar públicos personalizados e implementar os chamados *dark ads*,

---

* Lauren Etter, Vernon Silver, e Sarah Frier, "How Facebook's Political Unit Enables the Dark Art of Digital Propaganda", Bloomberg.com, 21 de dezembro de 2017, https://www.bloomberg.com/news/features/2017-12-21/inside-the-facebook-team-helping-regimes-that-reachout-and-crack-down.

** Nancy Scola, "How Facebook, Google, and Twitter 'Embeds' Helped Trump in 2016", *Politico*, 26 de outubro de 2017, https://www.politico.com/story/2017/10/26/facebook-google-twitter-trump-244191.

conteúdo que somente algumas pessoas podiam ver nos seus feeds. Embora a campanha de Clinton pudesse ter apresentado algumas dessas habilidades, o entrosamento da equipe responsável pela campanha de Trump era absoluto, o que tornava possível tirar o máximo proveito de novas ferramentas e recursos, no momento em que eles surgiam.

Após a eleição, descobri que as operações que os funcionários "emprestados" pelas outras empresas de mídias sociais realizaram haviam sido igualmente bem-sucedidas. O Twitter tinha um novo produto chamado "Conversational Ads" (os "anúncios em tom de conversa"), que mostrava listas suspensas de hashtags sugeridas; a partir do momento em que o usuário clicava em uma delas, o anúncio era retuitado junto com a hashtag, garantindo que os tuítes da campanha de Trump chegassem aos trending topics sempre em posições acima aos da campanha de Hillary. O Snapchat também inovou com os "WebView Ads", que apresentavam um componente de captura de dados solicitando que os usuários se inscrevessem como apoiadores da campanha, permitindo que a campanha continuasse coletando dados e expandindo seu público-alvo em potencial. Os funcionários do Snapchat apresentaram à equipe da CA um produto novo e barato chamado "Direct Response" ("resposta direta"), destinado a jovens que passavam o tempo todo on-line. Se você deslizava para cima em uma foto, ela levava a uma tela na qual era possível adicionar seu endereço de e-mail; os termos e as condições forneciam todos os tipos de novos dados também. E os WebView Ads e os filtros (como selfies que você poderia tirar e colocar você atrás das grades com Hillary) do Snapchat também fizeram muito sucesso.

No Google, a equipe de campanha de Trump havia aumentado seus gastos com anúncios para termos de pesquisa — a estratégia *persuasion search advertising* — e com o controle das primeiras impressões. As compras de palavras-chave do Google também funcionaram muito bem. Se um usuário pesquisasse por "Trump", "Iraque" e "Guerra", o resultado principal era "Hillary votou a favor da Guerra do Iraque — Donald Trump se opôs", com um link para um site do comitê de ação política com o banner "*Crooked Hillary voted for the war on Iraq. Bad Judgment*!", acusando Hillary de ter sido a favor da guerra no Iraque e de ter péssimos critérios de decisão. Se um usuário digitasse os termos "Hillary" e "Comércio", o resultado principal era "lying-crookedhillary.com". A taxa de cliques para isso foi incrivelmente alta.

Em visita a Haia para uma entrevista com John Jones para um emprego na Doughty Street International (a vaga me foi oferecida, mas sem previsão de pagamento). (*Novembro de 2014*)

Alexander Nix, em uma apresentação para a Ernst & Young, demonstrando como o engajamento da população está mudando. (*Londres, 2015*)

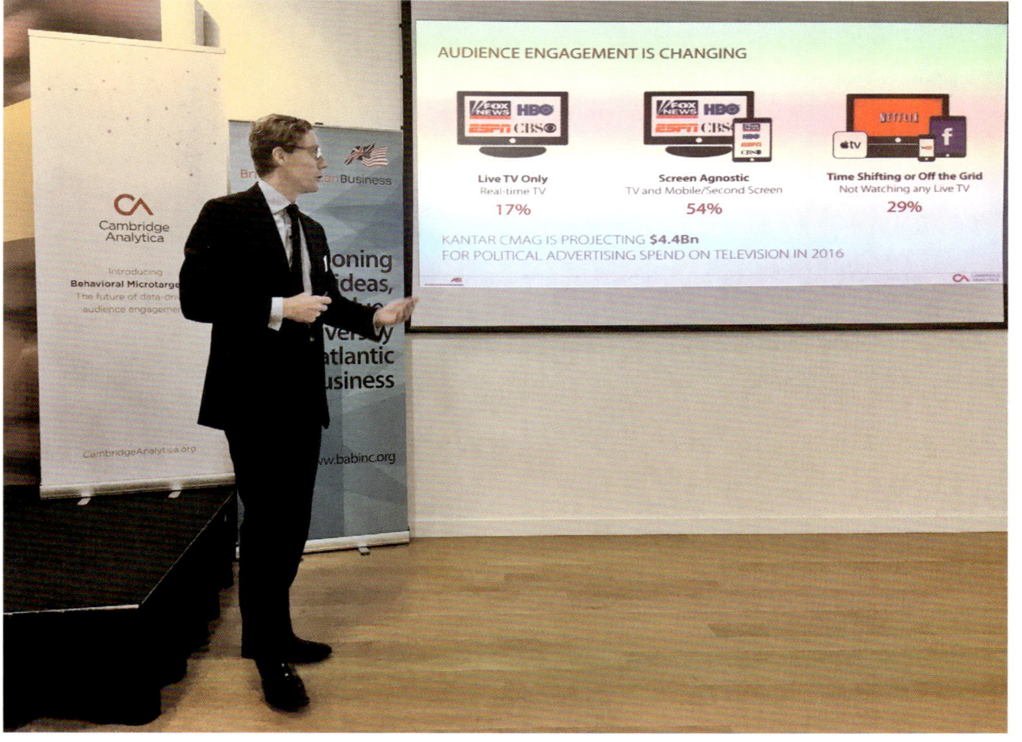

Um almoço do "círculo íntimo" da SCL/CA, na casa de Alexander Nix. Sentada no meio está Livia Krisandova, diretora de projetos e assistente pessoal de Alexander. (*Holland Park, Londres, 2015*)

Em uma viagem a Madri após Davos para discutir iniciativas diplomáticas baseadas em dados para a Líbia e dar prosseguimento à campanha nigeriana. (*Janeiro de 2015*)

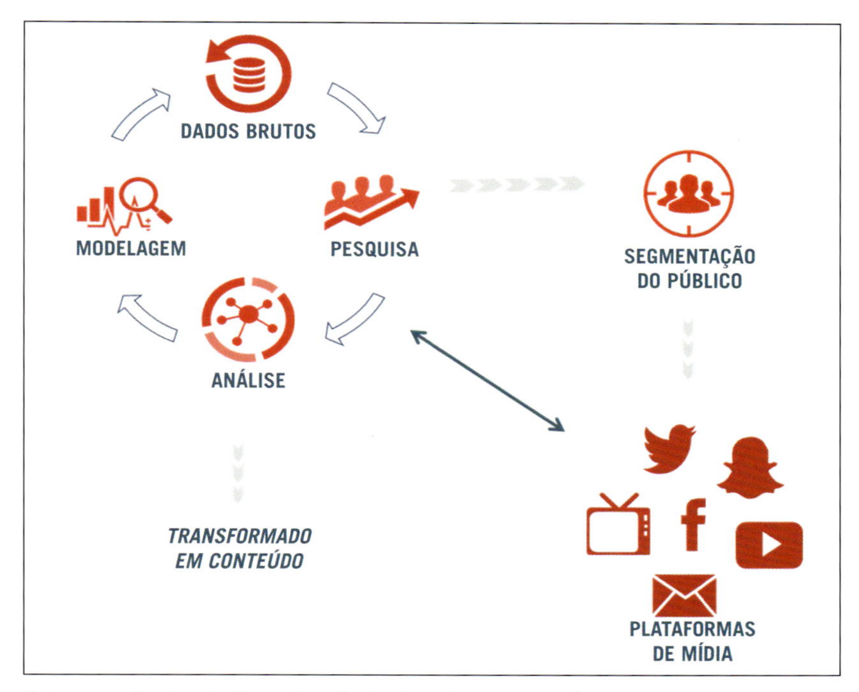

Diagrama do círculo de análise de dados e do processo de *microtargeting* em um estudo de caso da campanha de Trump. (*Dezembro de 2016*)

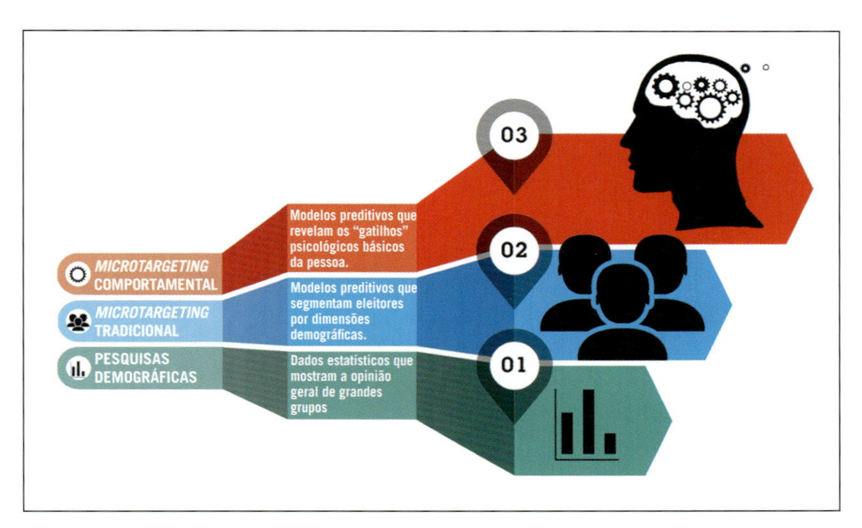

Infográfico do *microtargeting* comportamental e da análise preditiva dos primeiros materiais informativos e apresentação de vendas do SCL Group, apontando a diferença entre o *microtargeting* comportamental e os métodos tradicionais.

No dia da eleição francesa, pôsteres de Marine Le Pen mostram a candidata com os olhos arrancados e um bigode no estilo Hitler rasgado. (*Calais, 2016*)

No palco com Kellyanne Conway na Conferência de Ação Política Conservadora de 2016, discutindo como o "mito da elegibilidade" tinha desaparecido. A Cambridge Analytica patrocinou o evento naquele ano. (*Fevereiro de 2016*)

Donald Trump autografando o próprio rosto na capa da revista *Time*, na entrada da conferência do Partido Republicano na Flórida, do lado de fora do Fantasia Ballroom, no Disney World. (*Orlando, Flórida, novembro de 2015*)

Mark Turnbull, ex-chefe do Global Political do SCL Group, apresentando o estudo de caso "O que fizemos" na campanha de Trump durante a conferência da LEAD. (*Singapura, setembro de 2017*)

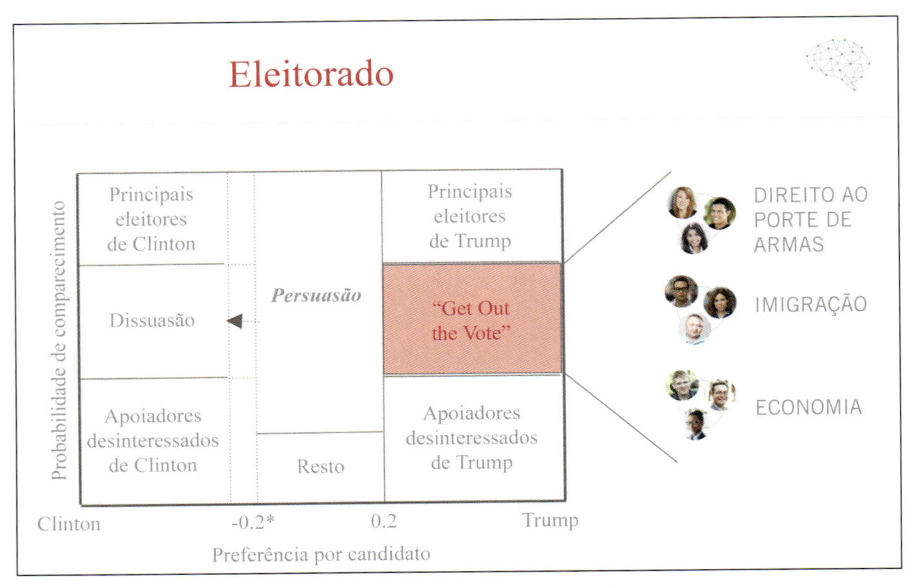

Targeting grupos segmentados do relatório da campanha de Trump, que incluía um grupo de pessoas que seriam dissuadidas a votar. (*Dezembro de 2016*)

Imagens feitas pela Make America Number One (MAN1), liderado por David Bossie, do Citizens United, e Emily Cornell, da Cambridge Analytica. (*Dezembro de 2016*)

A vista da minha área de trabalho, com Chris Christie ao fundo, sentado à ponta de uma mesa na sala de reuniões da Cambridge Analytica, no nosso escritório no sétimo andar do número 597 da Quinta Avenida. Ele se reuniu ali com Rebekah Mercer e Alexander Nix para reclamar de que nenhum cargo do governo Trump lhe foi oferecido. (*Nova York, dezembro de 2016*)

Alexander Nix apresentando estratégias políticas e comerciais baseadas no uso de dados na KIO Kloud Camp. (*Cidade do México, setembro de 2017*)

Assistindo a um trecho do documentário da Netflix *Privacidade hackeada* pela primeira vez na ilha de edição com a equipe de produção da The Othrs, no Gigantic Studios. (*Nova York, dezembro de 2018*)

Sendo entrevistada por Mark Miller, editor global da Bloomberg Live, falando sobre vigilância e segurança de dados no fórum Bloomberg Sooner Than You Think. (*Singapura, setembro de 2018*)

O Google vendia novas listas para Trump todos os dias, notificando a campanha quando um novo espaço de anúncio exclusivo estava disponível para aquisição, como a página inicial do YouTube.com, o setor imobiliário digital mais cobiçado. A empresa superou isso facilitando que a campanha pudesse fazer ofertas pelo uso de termos de pesquisa, a fim de controlar as "primeiras impressões" dos usuários. O Google vendeu isso a Trump em 8 de novembro, o dia das eleições, o que trouxe uma quantidade massiva de apoiadores, e os levou às urnas.

Enquanto o comitê de ação política de Trump e as equipes responsáveis pela campanha passaram o verão correndo atrás dos bastidores, eu estava em busca de empreendimentos que me interessassem. Um deles era treinar a equipe de comunicação do primeiro-ministro esloveno. Fiquei chocada quando o Departamento de Estado dos EUA ligou para o meu celular e solicitou que a CA fosse um dos seus parceiros para mostrar o melhor da inovação americana às delegações que estavam chegando. Eu seria a anfitriã da equipe do chefe de estado e comandaria uma sessão de comunicação política para eles? Para esse pedido ter sido feito, pensei, obviamente a Cambridge estava se tornando bastante conhecida e por pessoas de alto nível nos círculos de Washington. Fiquei honrada. Claro que eu ficaria feliz em recepcionar a sessão de treinamento.

Quando a equipe do primeiro-ministro esloveno chegou ao nosso escritório em 21 de junho, a reunião correu às mil maravilhas. Eu estava me despedindo deles quando o membro mais tímido do grupo perguntou sobre Trump. Minha empresa trabalhava para ele? Eles sabiam, disseram, que eu provavelmente não poderia responder. Sorri, sabendo que Matt e Molly estavam naquele exato momento participando da campanha em San Antonio. Eu falei que não podia confirmar ou negar, mas dei uma piscada discreta — e um deles me disse antes de sair que estava muito empolgado com a ideia de ter uma pessoa eslovena na Casa Branca. "Você sabe que Melania é do nosso país, não sabe? Esperamos que você esteja trabalhando para o marido dela — e estamos cruzando os dedos para ele ganhar!"

11

Brexit Brittany

PRIMAVERA – VERÃO 2016

Enquanto boa parte da empresa trabalhava a todo vapor na campanha de Trump no começo do verão de 2016, da minha parte, eu estava me afastando da política pela primeira vez desde que tinha voltado para os Estados Unidos no outono anterior. Naquela primavera, eu não tinha mais *pitches* políticos para fazer nos Estados Unidos — as vendas para o ciclo eleitoral haviam acabado —, o que significava que eu enfim estava livre para me concentrar em contas comerciais e sociais nos Estados Unidos e fora deles. Eu tinha assinado os primeiros contratos da Cambridge com um escritório de advocacia, uma empresa de moda, uma empresa de serviços de saúde, um grupo de restaurantes e uma empresa de capital de risco, abrindo novos "verticais", indústrias às quais estávamos aplicando nossa tecnologia. Mal dormia e cuidava muito pouco de mim mesma. Eu passava a maior parte do tempo em aviões, entre Nova York, Londres, Washington e os escritórios dos clientes que eu estava buscando. Alexander me alertou que eu não deveria pensar muito: "Voo, logo existo", mas eu me sentia muito viva quando estava em trânsito, fazendo as coisas acontecerem. E sempre que eu notava que estava desorientada — acordando sem saber se estava no meu apartamento na Upper Berkeley Street; no apartamento de Tim, onde eu mantinha muito mais coisas do que apenas uma escova de dentes; no apartamento em Crystal City; ou em um hotel barato em algum lugar —, eu reencontrava o equilíbrio ao me lembrar de que finalmente havia encontrado meu caminho.

Eu teria férias em junho e queria passá-las com Tim, então fomos para Portugal, onde a família de um amigo dele possuía uma casa, no ensolarado Algarve, uma área costeira com casas caiadas de branco ao longo de falésias localizadas acima de uma praia perfeita. Éramos entre dez e doze pessoas hospedadas ali, em um casarão de três andares com espaço suficiente para todos. A maioria dos convidados era britânica e todos tínhamos em comum o fato de estarmos fugindo do voto do Brexit, embora não estivéssemos fazendo isso pelo mesmo motivo.

Apesar da minha aparição pública na coletiva de imprensa em novembro, meu relacionamento profissional com o Brexit durara pouco. E, até onde eu sei, o mesmo acontecera com a Cambridge Analytica.

Apesar de ter estado no palco com a equipe do Leave.EU, após a coletiva de imprensa em novembro eu havia tido apenas mais uma interação com o Leave.EU, quando viajei com o dr. David Wilkinson para Bristol, para visitar sua "sede oficial". Minhas tarefas lá eram apresentar à equipe de campanha os serviços que a Cambridge estaria prestando ao Leave.EU, fazer uma auditoria dos dados que a campanha estava reunindo e explicar como usar a análise das informações que já havíamos feito.

Aquele dia foi repleto de coisas curiosas. Eu nunca tinha conseguido entender por que a sede do Leave.EU ficava em Bristol e não em Londres — até chegarmos ao edifício comercial onde ela estava localizada. Lá, descobri que naquele prédio simples e quadrado também ficava o escritório principal da Eldon Insurance, a empresa de Arron Banks.

Era difícil, de fato, dizer a diferença entre a equipe de campanha do Leave.EU e os funcionários do escritório de seguros quando passei por eles a caminho da sala de reuniões. Ao todo, havia cerca de dez pessoas, cada uma encarregada de um departamento diferente: imprensa e relações públicas, mídias sociais, *canvassing*, eventos e administração do *call center*. A maioria dos trabalhadores era pálida e usava roupas pouco sofisticadas, sentados impassíveis em suas cadeiras, com seus crachás pendurados no pescoço, parecendo pouco entusiasmados — até que começaram a ouvir David e eu. Depois que entenderam o que estávamos fazendo lá, ficaram agradecidos por termos ido.

Eles nos disseram que se sentiam como "peixes fora d'água". Nenhum deles jamais havia trabalhado em uma campanha política antes, e ficaram satisfeitos que alguém com experiência em política tivesse aparecido para ajudar. Logo ficou claro que eles não passavam de funcionários da companhia de seguros encarregados do trabalho relacionado à campanha. Achei aquilo estranho, mas também mostrava eficiência, se não algo mais, da parte da Arron.

Ainda assim era esquisito e, quando David e eu visitamos o *call center*, pudemos ver na hora que era o mesmo usado para a Eldon Insurance. Como testemunhei mais tarde na Comissão de Assuntos Digitais, Cultura, Meios de Comunicação e Esporte, da Câmara dos Comuns do Reino Unido, na investigação intitulada "Desinformação e 'fake news'", aproximadamente sessenta pessoas ficavam ao telefone, em cerca de cinco filas de mesas, fazendo chamadas para clientes que constavam naquilo que me descreveram como sendo o banco de dados da Eldon, para fazer perguntas sobre o Brexit; normalmente, o trabalho dessas pessoas era responder às perguntas dos clientes de seguros da empresa.

A gerente do *call center* era uma jovem que parecia ter a minha idade. Ela se ofereceu para nos mostrar na tela do computador as perguntas da pesquisa que estavam seguindo, e David e eu as examinamos para ver se a CA poderia refinar o que já estavam fazendo.

"Você quer deixar de fazer parte da União Europeia?"

"Você acha que a imigração é um problema?"

"Você acha que nosso Serviço Nacional de Saúde está carente de recursos?"

As perguntas eram tão tendenciosas e parciais que os resultados acabariam distorcendo qualquer modelo. Eles não estavam fazendo aquilo direito, e eu sabia que havia ainda mais maneiras de a CA ajudar a campanha no futuro.

Quando voltei para Londres, escrevi um e-mail para a equipe de Bristol, solicitando o máximo de dados que pudessem nos enviar: informações de usuários, informações sobre doadores e qualquer outra coisa que tivessem. David trabalharia nos dados, e as ideias que ele coletasse permitiriam que a Cambridge começasse a trabalhar em uma proposta para a segunda fase do nosso trabalho para o Leave.EU.

O guru em mídias sociais do Leave.EU, Pierre Shepherd, deu à CA acesso a todas as contas e todos os outros dados relevantes, e a equipe da CA começou a projetar a segunda fase.

Só que a segunda fase nunca aconteceu. Depois que a CA elaborou a proposta de acompanhamento para o trabalho da primeira fase que havíamos concluído, "Banksy" e "Wiggsy" saíram do radar da CA — embora tenham afirmado em seu site que estavam trabalhando de mãos dadas com a Cambridge Analytica, e falassem repetidamente de seu relacionamento conosco para a imprensa. Julian procurou Arron várias vezes, e Arron continuou parecendo interessado na segunda fase, mas nunca nos pagou pelo trabalho que havíamos feito na primeira fase. Dados confidenciais contendo informações de identificação pessoal dos eleitores britânicos haviam sido transferidos para a Cambridge, combinados com dados de pesquisa, modelados e transformados em grupos-alvo úteis para o Leave.EU. Para onde foram esses dados? Por que Alexander havia autorizado que um projeto no seu país fosse negociado sem contrato, como havia acontecido na Nigéria?

O aparente fim da nossa relação de trabalho com o Leave.EU nos deixou em uma situação complicada. Afinal, estávamos publicamente associados a eles desde novembro. No total, havíamos passado três dias realizando a consultoria, dois em preparação para a coletiva de imprensa e um em Bruxelas, tentando fazer a equipe entrar nos eixos. Além das muitas horas de trabalho que tínhamos gastado trabalhando com os dados que eles nos deram, para concluir a primeira fase e preparar tudo para a apresentação na coletiva. Nunca havíamos dado a eles os slides, mas eu os utilizara para apresentar à equipe do Leave.EU em riqueza de detalhes as nossas descobertas ao longo daqueles dias. No entanto, por todo esse trabalho, nunca recebemos um contrato assinado ou pagamento, o que impossibilitava que levássemos o crédito pelo trabalho realizado nem pelos avanços que eles obtiveram.

Como Arron Banks não nos respondia de jeito nenhum, não sabíamos se ele planejava continuar o trabalho em relação ao referendo, então, por um curto período de tempo, a Cambridge procurou o Vote Leave para ver se eles queriam se tornar nossos clientes. O Vote Leave era composto por *westminsterites*, políticos estabelecidos e mainstream dos *tories* e até do Partido Liberal da Inglaterra. Nós havíamos nos aproximado deles no começo de tudo, mas depois que souberam que estávamos trabalhando com o Leave.EU, eles se retiraram. Para muitos na Cambridge, inclusive eu, nosso envolvimento no Brexit aparentemente tinha chegado ao fim.

Durante o inverno e a primavera de 2016, o Leave.EU parecia estar tendo sucesso sem a nossa ajuda, mas, observando a campanha de fora, eu achava difícil não acreditar que eles estivessem aproveitando pelo menos algumas das consultas e do trabalho de segmentação que a CA havia realizado em nome deles. Arron Banks e o Leave.EU pagaram milhões de libras para administrar sua própria campanha on-line, que Banks alegou ser direcionada pela ciência de dados, citando a Cambridge sempre que lhe era conveniente. Ele se gabou de que o Leave.EU era a maior campanha política viral no Reino Unido, com 3,7 milhões de engajamentos em uma semana no Facebook. "A campanha", disse, "deve estar fazendo alguma coisa muito certa para irritar todas as pessoas que queremos de forma consistente".

Poucos dias antes da votação, o Leave.EU publicou uma "investigação secreta" no Facebook, com o objetivo de mostrar como era fácil contrabandear migrantes através do canal da Mancha. Andy Wigmore também fez um post, que o Leave.EU compartilhou: uma série de fotografias mostrando uma mulher sendo violentamente atacada por um homem vestindo um casaco com capuz. "Migrantes espancam garota em Tottenham [no] sábado", escreveu Wigmore.

Protestos em massa e discussões violentas ocorreram logo depois dessas mensagens — e um assassinato.

Em 16 de junho de 2016, uma semana antes do referendo, um jardineiro desempregado de Yorkshire chamado Thomas Mair, que era mentalmente instável e cujo pensamento era bastante influenciado pelo *messaging* de extrema direita e anti-imigração do Leave.EU, pelas propagandas da Frente Nacional e por ideais neonazistas norte-americanos e da Klu Klux Klan que ele encontrava na internet, assassinou Jo Cox, uma parlamentar que Mair considerava uma *remainer*. Usando uma espingarda de cano curto, ele atirou na cabeça e no peito dela e a esfaqueou quinze vezes. Se havia alguma dúvida sobre o que o incitara, dois dias depois, quando intimado a comparecer ao tribunal, Mair respondeu: "Meu nome é morte para traidores, liberdade para o Reino Unido!"

No dia do referendo, todas as pessoas que estavam no casarão do Algarve conosco tentaram não dar muita importância às suas diferenças políticas. Muitos dos convidados, como Tim, eram conservadores (dentro do padrão britânico) e votaram pela saída da União Europeia antes de pegar o avião naquele dia. Outros haviam votado pela permanência, ou porque eram liberais, ou porque tinham interesses financeiros significativos na estabilidade do euro, que seria sustentada pela permanência do Reino Unido na União Europeia. Após o fim da votação, bebemos grandes quantidades de vinho e nos amontoamos em volta da única TV da casa, monitorando os resultados daquele acontecimento ímpar que poderia mudar o curso da história do Velho Mundo.

No final, o voto dependia de 1% do eleitorado britânico. O resultado foi de 52% dos votos a favor da saída contra 48% pela permanência. O efeito da votação foi imediato. O valor da moeda britânica caiu, com a libra atingindo a maior baixa em 31 anos, e os mercados globais, incluindo o Dow Jones, sofreram um enorme impacto.*

Em Portugal, diante da televisão, metade dos britânicos com quem eu estava comemorou. Outros ficaram aflitos, alguns até choraram. Não conseguiam imaginar um Reino Unido desatrelado da Europa — e agora tão desatrelado da razão e da sanidade também. Ficamos divididos naquele momento, e eu estava em algum lugar no meio. Expatriada norte-americana, liberal disfarçada e conservadora na aparência, eu também era uma mulher que trabalhava para uma empresa que auxiliou, pelo menos por um tempo, para ou com, dependendo de como você via, os *leavers*.

"Ah, foi nisso que você se meteu?", meus amigos britânicos costumavam me dizer pouco antes do referendo e das primárias republicanas.

"Você é *especialista em crise*, né?", perguntavam eles, referindo-se ao título de um filme de Sandra Bullock lançado mais ou menos na mesma época, no qual a atriz interpreta um consultora política norte-americana habilidosa, cuja especialidade é a realização de campanhas políticas em países de terceiro mundo.

Minha resposta era sempre um sorriso constrangido.

---

* Jeremy Herron and Anna-Louise Jackson, "World Markets Roiled by Brexit as Stocks, Pound Drop; Gold Soars", Bloomberg.com, 23 de junho de 2016, https://www.bloomberg.com/news/articles/2016-06-23/pound-surge-builds-as-polls-show-u-k-to-remain-in-eu-yen-slips.

O próprio Alexander se recusou a assistir ao filme, pois não era sobre ele. Ele havia realizado mais eleições no exterior do que qualquer outra pessoa, afirmou. Era um absurdo que o filme não fosse inspirado nele, disse. E continuou a reclamar.

No dia seguinte à votação do Brexit, amigos britânicos que sabiam que eu trabalhava para a Cambridge e que a empresa havia participado do referendo começaram a "desfazer amizade comigo" e a me expulsar dos seus grupos de livros on-line e fóruns de discussão política. Para eles, eu era a crise.

Quando voltei para a Inglaterra em 27 de junho, os rostos daqueles ao meu redor estampavam expressões de surpresa. E, na Cambridge Analytica, algumas pessoas davam tapinhas nas costas das outras em aprovação. Tínhamos assumido que os *leavers* estavam fadados ao fracasso. Antes da votação, chegamos até a pedir a Arron Banks que retirasse nosso nome do site do Leave.EU para poupar a empresa do iminente impacto à sua reputação. No final, amarelamos. Afinal, foi o nosso conselho administrativo que nos apresentou os chamados *Bad Boys* do Brexit. Tínhamos medo de ofendê-los, se não aceitássemos o trabalho. Convenientemente agora, no entanto, poderíamos reivindicar uma pequena parte daquilo como uma vitória da CA, mesmo que o papel real desempenhado pela empresa fosse ambíguo, na melhor das hipóteses.

Nigel Farage disse uma vez que o Brexit era a "placa de Petri" para a campanha de Trump — era tribal, populista e suficiente para dividir uma nação. Era também, de muitas maneiras, o precursor *tecnológico* da campanha presidencial dos Estados Unidos em 2016 — e do outro lado do Atlântico, no dia da votação do Brexit, as máquinas da Cambridge Analytica estavam a pleno vapor.

Somente muitos meses depois soube que meu incômodo em relação ao fato de parte do trabalho da CA ter sido usado para motivar os eleitores a votar pela saída do Reino Unido da UE fazia sentido — na verdade, como viemos a saber, foi o Vote Leave que confirmou primeiro ter se utilizado da nossa abordagem, ou pelo menos de uma que se assemelhava a ela.

Dizia-se que o líder do Vote Leave, Dominic Cummings, considerava os dados como a sua religião. Seu plano era que a campanha fosse realizada o máximo possível por meios digitais (utilizando sobretudo o Facebook), uma estratégia que ia de encontro à maneira como as campanhas eram realizadas no Reino Unido havia décadas. Como foi revelado pelo *The Observer*, o Vote Leave havia contratado ninguém menos que a AIQ, que trabalhou para eles durante toda a campanha e forneceu ajuda a grupos conectados a eles, incluindo o BeLeave e o Veterans for Britain.* Funcionários da AIQ foram incorporados à equipe do Vote Leave na sua sede, mantida como um pequeno mas poderoso centro de operações. Assim, enquanto a Cambridge trabalhava com o Leave. EU, a AIQ, outra parceira do SCL cuja propriedade intelectual pertencia aos Mercer, havia sido contratada para trabalhar com seu concorrente direto.

Quando soube disso, fiquei chocada — eu achava que a CA e a AIQ eram quase inseparáveis, frequentemente compartilhando dados para todos os tipos de clientes. Como eles poderiam ter realizado uma campanha rival, desvinculados da própria CA? Não fazia sentido.

A campanha digital da AIQ lembrava muito a da Cambridge, ao menos nos métodos. Mais tarde, a proposta da AIQ seria vazada, mostrando que Chris Wylie praticamente copiou as propostas da CA palavra por palavra. A estratégia se utilizava de grupos focais, modelagem com base em metodologia psicográfica e algoritmos preditivos, e coletava dados de usuários privados por meio de questionários e concursos on-line, usando um *opt in* legal. Para o Brexit, a campanha havia combinado os dados dos usuários com os registros de eleitores britânicos, e depois se injetou na corrente sanguínea da internet, usando *messaging* direcionado a fim de incitar a população.

O confronto de dez semanas foi a materialização no mundo real do ódio que estava presente na web. O Vote Leave fazia *messaging* com informações erradas e fake news sobre países como a Turquia, que negociava sua adesão à União Europeia. Eles incitaram a raiva dos eleitores indecisos, sugerindo que votar pela permanência era votar a favor do empobrecimento do sagrado Serviço Nacional de Saúde. Até eu mesma fui influenciada por essas mensagens.

---

* Aaron Wherry, "Canadian Company Linked to Data Scandal Pushes Back at Whistleblower's Claims: AggregateIQ Denies Links to Scandal-Plagued Cambridge Analytica", CBC, 24 de abril de 2018, https://www.cbc.ca/news/politics/aggregate-iq-mps-cambridge-wylie-brexit-1.4633388.

Como uma norte-americana que já vivia no Reino Unido havia mais de uma década, com assistência médica gratuita, só conseguia pensar nos benefícios da injeção maciça de fundos que, de acordo com os *leavers*, o NHS receberia caso o Brexit passasse. Agora, olhando para trás, vejo que essas mensagens eram bastante equivocadas e até criminosas: desde espalhar o medo exacerbado em relação ao financiamento dos serviços públicos até as imagens de imigrantes e terroristas invadindo a fronteira, a campanha pela saída da UE foi de medo.

Mais tarde, seria divulgado por meio de documentos apresentados ao parlamento por uma pesquisadora impressionante, chamada dra. Emma Bryant, que o trabalho da primeira fase e as propostas subsequentes para a segunda também haviam sido utilizadas pelo Leave.EU. Andy Wigmore se gabou para ela de ter adotado a estratégia da CA e, depois de contratar cientistas de dados da Universidade do Mississippi, eles fizeram uma imitação da CA, que chamavam de "Big Data Dolphins", e então usaram a "inteligência artificial para dar a vitória aos *leavers*".

12

Camisa de força

AGOSTO DE 2016 — JANEIRO DE 2017

Durante a maior parte do verão de 2016, a Cambridge trabalhou na campanha de Trump quase sempre por debaixo dos panos. Até a data da Convenção Nacional Republicana, nossa equipe fazia sua mágica em vários escritórios, enquanto muitos de nós relaxavam e esperavam que os republicanos não fossem tão bons em persuadir os eleitores quanto havíamos anunciado.

Embora os esforços da Cambridge em nome de Trump tenham sido amplamente mantidos em segredo por muitos meses, os acontecimentos de agosto de 2016 forçaram os Mercer e, então, a Cambridge, para muito mais perto dos holofotes que brilhavam sobre o futuro presidente. Em todo o escritório, ficávamos de olhos arregalados ao ler as notícias todos os dias, assistindo aos membros do nosso conselho e parceiros de negócios como Steve, Bekah e Kellyanne assumirem o controle da corrida presidencial americana. Não demorou muito para que os três fossem vistos como elementos marginais — disruptivos para a política conservadora, mas não *mainstream* o suficiente para trabalhar com o verdadeiro candidato —, e que não tinham chances na Casa Branca.

Mas os sinais estavam claros naquele momento: o único concorrente a Hillary Clinton era Donald J. Trump, e o *Trumpworld* estava totalmente entrelaçado com a Cambridge e a sua equipe. As notícias mostravam os rostos daqueles que eu sabia que dirigiam a nossa empresa e estavam influenciando não apenas a nação, mas o mundo.

Por mais estranho que pareça, não foi apenas na TV que vi a campanha de Trump invadindo a CA; eles literal e fisicamente, invadiram os nossos escritórios também. Se a Trump Tower estivesse cercada por manifestantes, como costumava estar, ou se os "amigos próximos" de Trump apenas quisessem alguma privacidade, nossos escritórios da Quinta Avenida se tornavam uma segunda opção para o pessoal da campanha. A sala de reuniões se tornara inutilizável para a nossa equipe comercial, pois estava sempre ocupada pelo excedente da equipe de Trump que a princípio trabalhava na sede. E quando as reuniões eram comerciais, o cliente em potencial era geralmente um contato de Mercer ou Bannon que era levado para a nossa sala de reuniões, a fim de que Duke Perrucci — um chefe de vendas sério e homem de família dedicado, agora nosso novo CRO, o diretor de receitas — e o restante da equipe o impressionasse e o fizesse assinar um contrato. Era confuso, mas ao mesmo tempo estimulante. A Cambridge parecia estar subindo no ranking dos poderosos de Washington e Nova York, e o ar estava cheio de energia.

Da minha parte, eu havia passado grande parte do verão de um lado para o outro, entre os Estados Unidos e o México, buscando firmar contratos. É importante esclarecer que o México estava pelo menos dez anos atrás dos Estados Unidos na tomada de decisões baseadas em dados. Passei grande parte do meu tempo com empresas da Fortune 500 que eram conhecidas por serem as principais líderes em todo o continente e no mundo, como a AB InBev e a Coca-Cola, e descobri que mesmo grandes empresas como essas praticamente não usavam a análise de dados para alcançar os consumidores mexicanos. Era difícil comprar e coletar dados por lá, e essas empresas precisavam de toda ajuda possível. Fui ficando cada vez mais entusiasmada conforme fazia novas ofertas além da fronteira, e mais feliz por estar protegida do *messaging* violento que saía da campanha de Trump e das manifestações contra ele ao norte.

Eu estive tão ocupada durante o verão que quase nunca falava com a minha família, exceto para conversar sobre as contas que chegavam e com quanto eu poderia ajudá-los. Pelo menos eu estava no México, onde o custo de vida era baixo — morar na cidade de Nova York tornara praticamente impossível ajudá-los, mesmo que eu vivesse com um orçamento apertado. Quando eu falava com o meu pai ou a minha mãe, as notícias eram bastante ruins, com a exceção do fato de meu pai enfim ter conseguido um emprego. Ele havia arranjado um bico vendendo seguros que, embora fosse melhor do que nada, pagava apenas uma comissão. E sem nenhuma perspectiva de termos uma casa para a família, eu precisaria continuar ajudando a pagar o depósito onde mantínhamos os nossos pertences.

Quando falava com o meu pai, ele parecia mais desanimado do que nunca.

"Como você está?", perguntava.

"Tudo bem", dizia ele.

"Como vai o trabalho?"

"Ok", era a resposta.

Ele ainda estava monossilábico. Tentava imaginar como meu pai poderia ter sucesso trabalhando com clientes, dada a maneira como interagia comigo.

No final de setembro, porém, ficou claro que o que estava acontecendo com ele não tinha nada a ver com depressão ou com a sua situação profissional — na verdade, esses nunca foram os motivos. Meu pai estava muito doente. Ele passou a pegar no sono de repente e seu lábio inferior começou a cair, afetando sua fala. Por fim, ele foi a um médico que solicitou uma ressonância magnética e, ao ver os resultados chocantes, o internou de imediato. Os exames encontraram dois tumores, um do tamanho de uma mão humana, cobrindo um lado inteiro do cérebro e pressionando-o; o outro era menor que uma moeda de dez centavos e estava alojado no outro hemisfério. Os tumores já estavam lá havia três, talvez cinco anos, disse o médico, o que explicava o comportamento estranho do meu pai: sua letargia, seu humor, sua incapacidade de tomar decisões, enquanto o mundo desmoronava ao seu redor.

Quando o telefone tocou com a notícia, era também uma convocação para ir vê-lo antes da cirurgia; mesmo se ele sobrevivesse havia chances de que nunca mais fosse o mesmo. Em um e-mail rápido, falei a Alexander e a todos os outros com quem trabalhava na Cambridge que não sabia quando voltaria ao trabalho — e então peguei um voo para Chicago.

Os médicos conseguiram remover apenas o tumor maior, pois o crânio poderia não suportar uma dupla craniotomia sem desmoronar. Nenhum dos dois tumores era maligno, o que era um alívio, mas ambos haviam causado danos e, com alguma sorte, o que ficou permaneceria do mesmo tamanho. De qualquer maneira, por enquanto, ele só poderia ser monitorado. A cirurgia foi invasiva e demorou um pouco para o meu pai acordar. Minha mãe, minha irmã e eu passamos horas na sala de espera da UTI, eventualmente voltando aos nossos quartos no Days Inn para tirar uma soneca. O hospital ficava no subúrbio de Chicago, em um bairro desconhecido.

Com a recuperação, entramos em um novo território com meu pai. Ele não tinha mais a capacidade de falar. Ele gesticulava impotente, seus olhos procuravam respostas e compreensão nos nossos rostos. Quando a mão dele ficou forte o suficiente para segurar uma caneta, o que saiu no papel foram meros rabiscos. Entregamos o telefone a ele, pensando que ele poderia enviar uma mensagem para nós, mas meu pai não conseguia se lembrar da senha. Abrimos sua pasta. Meu pai sempre mantinha toda a papelada importante guardada no seu escritório, mas, naquele momento, havia apenas papéis amassados e desorganizados ali — principalmente contas, algumas vencidas havia muito tempo.

Ele ficava em absoluto silêncio, mas o seu rosto era um mar de raiva e frustração. Ele se tornou volátil, tinha crises, estava inacessível — resultado da cirurgia, segundo o médico — e as enfermeiras avisaram que teriam de contê-lo na cama se ele não deixasse que realizassem os devidos cuidados, para que ele não acabasse caindo e batendo a cabeça que ainda estava se recuperando. Ele precisaria de assistência vinte e quatro horas por dia em uma casa de repouso por tempo indeterminado, até que pudessem avaliar melhor a sua recuperação. Felizmente, ele já havia sido qualificado para o Medicaid, pois, sem seguro, seu tratamento custaria milhares de dólares por mês, o que ninguém da família tinha.

Por que não pensei em pedir que ele fosse ao médico antes? Por que não levei em consideração que a origem do problema era física, não psicológica? Como não estava em casa — nenhuma de nós estava —, não pude observar sua piora nos últimos dois anos. A culpa que eu sentia era esmagadora. Naquele momento, pensei em deixar a Cambridge e ficar para cuidar dele, mas mamãe pegou a minha mão, olhou nos meus olhos e me disse o que eu já sabia: eu precisava voltar ao trabalho. Alguém tinha que pagar as contas, mesmo que fossem apenas algumas centenas de dólares aqui e ali. Não havia outro lugar onde eu pudesse ganhar algum dinheiro tão rápido.

Afinal, minha experiência na CA não havia começado para que eu pudesse ganhar dinheiro para ajudar a família? Dizer que havia perdido isso de vista era um eufemismo, pois, na verdade, eu perdera a mim mesma de vista.

Só agora eu sei que, de longe, minha família se sentira confusa e desorientada enquanto assistia à minha transformação. Quando falava com a minha irmã, evitava conversar sobre trabalho, em grande parte porque não queria ser julgada. Eu havia mudado tanto e, embora me apoiasse, ela ficava preocupada com o fato de eu ter me convertido a um mundo tão diferente daquele em que eu havia habitado antes, aparentemente com tanta facilidade.

Minha família me conhecia como uma pessoa que prezava pelos valores morais acima de tudo, e que teria vivido muito feliz em um apartamento barato em uma área não muito boa da cidade se isso significasse aceitar um emprego mal remunerado na minha organização sem fins lucrativos favorita. Agora eu era alguém que havia perdido o seu norte, irreconhecível para eles.

O mais estranho era que, quando me olhava no espelho naquela época, eu de fato achava que a pessoa que via era o meu verdadeiro eu.

Por mais que eu me tornasse uma estranha em relação a quem eu tinha sido, minha família continuou sendo uma das coisas mais importantes da minha vida, e foi por isso que fiquei tão abalada quando meu pai recebeu o diagnóstico. A Cambridge era uma grande oportunidade para minha família ter algo em que se segurar, que nos impedisse de se desintegrar e desaparecer em uma sociedade que se esquecia com facilidade de pessoas como nós.

Passei o dia 8 de novembro de 2016, dia da eleição, no escritório de Nova York. Não consegui fazer muita coisa; ninguém conseguiu. Todo mundo estava em San Antonio, em Washington ou na Trump Tower, então os poucos de nós que estavam no escritório do Scribner Building passaram o dia vendo TV, aumentando e diminuindo o volume o tempo todo. Alguns saíram para votar e voltaram com adesivos dizendo "eu votei" nas lapelas.

Talvez o mais frustrante tenha sido o fato de eu não ter votado. Meu estado natal era Illinois e eu teria que pegar um avião para lá. Tinha feito planos para isso, razão pela qual não votei por correspondência, mas agora não iria conseguir mais. Eu havia acabado de voltar de Chicago e, se retornasse lá para votar, seria doloroso ver o meu pai. Ele estava cada vez mais instável e fora transferido da unidade de recuperação para um hospital psiquiátrico. Sua condição psicológica não havia melhorado. Na verdade, piorara. Ele ficara mais violento.

Isso já seria ruim o suficiente para me manter longe, mas a verdade era que eu estava com muito medo de votar. Tinha medo de que, se a Cambridge continuasse a fazer negócios com Trump ou com a *Trump Organization*, eles tomariam conhecimento de coisas sobre mim que eu preferiria que não tomassem — poderiam ficar sabendo que eu teria votado em Hillary, em vez de votar em Trump. Eu seria um inconveniente para mim e para a empresa. Sabia muito bem como era fácil obter dados dos eleitores.

Meu maior medo era ser manipulada.

Eram quase cinco horas da tarde quando recebi uma ligação de San Antonio. Os modelos preditivos das pesquisas de boca de urna e outros dados compilados sugeriam que Trump tinha 30% de chances de ganhar. Essa informação acabou com os meus planos para aquela noite. Eu havia passado as duas semanas anteriores tentando conseguir um ingresso para a festa VIP da vitória de Hillary no Javits Center. E tinha conseguido.

Alexander me mandou uma mensagem. Parecia que eu teria que participar da festa da campanha de Trump, não porque ele iria vencer, mas porque era a coisa certa a ser feita, considerando o fato de ele estar em destaque nas redes. O encontro com certeza seria um prêmio de consolação e um momento para falar mal de Hillary, mas era importante para a Cambridge Analytica mostrar a sua cara, como um lembrete para Trump do nosso valor, dados os novos resultados.

Antes de sairmos, eu e meus colegas tomamos alguns drinques. Iríamos à festa de Trump, beberíamos lá também e depois, como Alexander prometera, sairíamos "antes que ficasse feio".

O evento era apenas para convidados, amigos e apoiadores da campanha Trump-Pence, e estava programado para começar às 18h30. Alexander havia me lançado um convite de última hora. Coloquei o meu chapéu de caubói e caminhei pelos cinco quarteirões do nosso escritório até o Hilton Midtown, atravessando a multidão que comemorava antes da hora — os apoiadores de Hillary, cheios de entusiasmo, vestindo camisas onde se lia "Hillary para presidente" e outras da ONG *Planned Parenthood*, festejando a futura "primeira presidente mulher" do país.

Mesmo em uma noite tranquila, o Hilton é um lugar bastante desagradável, em nada parecido com o glamour dourado dos hotéis de Trump. Mas se a campanha tivesse escolhido uma propriedade de Trump, isso lhes custaria uma multa de 10 mil dólares da Comissão Eleitoral Federal. Além disso, eles não queriam escolher um local amplo e aberto a fim de que, ao final, a quantidade reduzida de pessoas fizesse a festa parecer ainda pior.

O Hilton estava cercado como se fosse uma fortaleza. Agentes do serviço secreto estavam atrás de uma enorme fileira de caminhões de lixo que haviam sido alinhados com o intuito de criar uma barreira contra bombas. No caso de um atentado terrorista, a polícia usaria armas semiautomáticas. Nas proximidades, um manifestante solitário vendia caixas caseiras de cereal "Cap'n Trump", cujo lucro, disse ele aos apoiadores de Trump, não iria para Trump, mas para os sem-teto da cidade. Era um esforço inútil para os foliões de Trump com seus bonés escrito "Make America Great Again".

Donald Trump era um homem supersticioso: se houvesse a mínima chance de vitória, ele não queria trazer má sorte comemorando antes do tempo. Dentro do Hilton, me deparei com uma comemoração tranquila e quase imperceptível. Havia espaço para 3 mil pessoas no salão, mas poucos haviam chegado; a decoração do local era esparsa, com tranças de balões perto de um palco e algumas poucas coisas mais. O palco serviria como o local do discurso de Trump após a derrota. Eu acreditava que isso aconteceria por volta da meia-noite. Esperava já não estar lá há horas nesse momento.

O lugar parecia ter sido montado mais para uma coletiva de imprensa do que para uma festa. Na área reservada à imprensa, os jornalistas mastigavam sanduíches que eles mesmos haviam levado. Próximo, muito bem equipado e completamente vazio, havia um local reservado para a "Trump TV". Não havia uma migalha de comida em lugar nenhum. Nenhum bife da Trump Steaks. Nenhum canapé.

No meio do salão, no entanto, havia um bolo. Tinha pouco mais de meio metro de altura, modelado à semelhança de Trump, com uma grande cabeça de cabelos amarelos brilhantes e uma expressão mais amarga que comemorativa. Disseram que havia sido feito com centenas de quilos de marzipã, e a mulher de Nova Jersey que o havia preparado do zero estava ao lado dele, orgulhosa.

Por todo o salão os convidados desfilavam peças de alta costura, vestidos de festa baratos e um mar de bonés "Make America Great Again". As pessoas carregavam cartazes que diziam: "Mulheres por Trump", ou "Hispânicos por Trump", ou ainda "Motoqueiros por Trump". Logo, as mesas estariam cheias de garrafas de cerveja vazias.

Convidados VIPs como Alexander ainda estavam na Trump Tower com Donald, os Mercer, Kellyanne e qualquer pessoa com o sobrenome Trump, além de Jared Kushner. No salão de festas e no bar, porém, havia funcionários de Trump de alto e baixo escalão, políticos pouco conhecidos e doadores de altas quantias.

Usando óculos de sol modelo aviador, ainda que do lado de dentro e à noite, estava o agitador do movimento *alt-right*, a chamada direita alternativa, Milo Yiannopoulos. Perto dele estavam a especialista Jeanine Pirro, da Fox News, e o ator Stephen Baldwin. Havia também o comentarista Scottie Nell Hughes, a apresentadora de rádio e TV Laura Ingraham, o fortão ex-integrante do *Saturday Night Live*, Joe Piscopo, a ex-candidata a vice-presidente Sarah Palin, e até o cara da MyPillow, Michael Lindell. As *vloggers* Diamond e Silk conversavam com o infame "aprendiz" Omarosa Manigault, e um bando de bilionários (David Koch, Carl Icahn, Wilbur Ross, Harold Hamm e Andy Beal) estava amontoado em um grupinho. O congressista de Iowa, Steve King, e Jerry Falwell Jr. ficavam se intrometendo nas conversas. E os consultores de Trump, Sarah Huckabee Sanders, Rudy Giuliani e Roger Stone, e o senador Jeff Sessions tomavam seus coquetéis com uma expressão séria.

As primeiras projeções ocorreram por volta das sete da noite. Nenhuma surpresa até então. Trump havia vencido em Indiana e no Kentucky, e Hillary levara a melhor em Vermont. Imaginei, ansiosa, o que estaria acontecendo no Javits Center, aquele lugar abafado cheio de apoiadores de Hillary. Imaginei como, mais tarde naquela noite, as celebrações do lado de dentro se espalhariam pelas ruas, pela Hell's Kitchen e por todo o High Line; e como na Times Square as pessoas ficariam bêbadas; e como no Central Park haveria fogos de artifício.

De zona eleitoral em zona eleitoral, de município em município, conforme os números chegavam, fui ficando paralisada pelas telas. Assim como nossos cientistas de dados haviam observado, os números nos estados indecisos favoreciam Trump. Fui até os meus colegas, falando com orgulho que a Cambridge fizera um bom trabalho, dadas as circunstâncias, e devo ter dito tão alto que outros também me ouviram. As pessoas nos abraçaram e nos cumprimentaram quando se deram conta de quem éramos.

Então a imprensa começou a declarar a vitória de Trump em alguns estados, mesmo naqueles nos quais apenas 10% dos votos haviam sido apurados. Parecia prematuro, mas o clima no salão mudou e, conforme o tempo foi passando, cada previsão se mostrou assustadoramente correta.

Por volta das dez da noite, com apenas uma minúscula e ínfima possibilidade de Trump vencer, os mercados financeiros asiáticos despencaram.

Depois das 22h30, Trump começou a avançar de verdade. Quando ele levou Ohio, o primeiro grande estado indeciso e o que vinha escolhendo de maneira correta todos os presidentes americanos desde 1964, o salão foi à loucura. Meu drinque de repente ganhou um sabor amargo. Fui buscar outro. No bar, um telão exibia a notícia de que Trump ganhara na Flórida.

Alexander ligou. Ele estava vindo me encontrar. Os Mercer também estavam chegando. As pessoas começaram a inundar o salão principal, o entusiasmo se tornou palpável à medida que os apoiadores usando bonés "Make America Great Again" começaram a perceber que seu candidato poderia chegar mesmo à Casa Branca. Eu estava embaixo de um dos imensos telões no saguão, agitando as mãos no ar para que Alexander e os demais pudessem me ver na multidão. Segundos depois, vi Alexander, que parecia agitado.

Ele veio até mim e me deu um abraço apertado, se inclinou e sussurrou: "Passei a noite toda sóbrio! Preciso de um drinque!" Entreguei a ele o meu. Em voz alta, para que todos pudessem ouvir, ele gritou: "Parece que vai ser uma noite e tanto! Bekah, encontrei Brittany!"

Logo, eu estava de pé entre Bob e Bekah, ambos vestindo ternos impecáveis. Por fora, tentei parecer contente.

Às 23h30, a Fox News declarou Trump como vencedor em Wisconsin. Então, à 1h35 da manhã, o telão piscou de novo em vermelho. Trump tinha ganhado na Pensilvânia. Hillary não havia gastado tempo nem dinheiro lá, assumindo que o estado votaria democrata sem esforço algum dela.

Eu me concentrei apenas na tela. À 1h35, Trump tinha 264 votos nos colégios eleitorais. Às 2h03, John Podesta, não Hillary, subiu ao palco no Javits Center. "Vários estados estão muito perto de fechar", anunciou ele. "Não teremos mais nada a dizer hoje à noite." Ele parecia abalado ao deixar o palco.

Às 2h10, o gerador de caracteres na tela dizia: "*Washington Post* declara vitória de Trump". De alguma maneira, Bekah e Bob pareciam não ter notado. Toquei no ombro de Bekah e apontei para a tela. Bob se virou também.

Bekah se virou para olhar o pai nos olhos. Foi primeiro um olhar de agradável surpresa. Depois o que eu pude perceber é que eles haviam apostado tudo em um único número da roleta e conseguiram quebrar a banca.

13

Balanço da campanha

NOVEMBRO – DEZEMBRO DE 2016

Lembro-me dos meses que se seguiram como um longo telefonema, mas, na verdade, houve centenas deles, recebidos e realizados. Logo depois da vitória de Trump, enfim conseguimos começar a fazer propaganda do papel que desempenhamos na campanha — e agora todos queriam que fizéssemos o mesmo por eles.

O presidente de Gana, de quem Alexander vinha correndo atrás havia anos, queria que trabalhássemos para ele nas próximas eleições. Os CEOs das maiores empresas norte-americanas e estrangeiras nos queriam nas suas campanhas comerciais — Unilever, MGM, Mercedes. Gerentes de campanha e políticos em quase todos os continentes nos queriam. As equipes de vendas da CA precisavam agendar ligações de quinze em quinze minutos, e limitamos cada contato às questões essenciais: *Quem é você?, Do que precisa?, Quanto dinheiro tem para investir?* e *Qual é o seu prazo? Muito obrigado.* Qualquer coisa além disso era deixada de lado.

Eu estava radiante: a empresa conseguira vencer uma eleição presidencial.

Eu estava de coração partido: a empresa conseguira eleger Donald Trump.

Trabalhava das sete da manhã até as onze da noite, às vezes. Eu praticamente não dormia, depois acordava e fazia tudo de novo. Comia mal, bebia demais.

O mundo tinha acabado, mas a vida da Cambridge Analytica estava só começando.

Nossos clientes queriam saber como havíamos feito aquilo, mas, antes que pudéssemos revelar, precisávamos entender nós mesmos os detalhes. Quem estava "do lado de fora" não tinha noção real das especificidades. E esses detalhes se tornariam a nossa munição quando saíssemos e fizéssemos as vendas. É claro que eu entendia as nossas capacidades em linhas gerais, mas não tinha visto nenhum número, nenhuma pesquisa, coleta de dados ou modelagem, nenhuma das campanhas realizadas por cada entidade, nem o conteúdo, os resultados ou as conclusões dos testes e das métricas. Não pude estar nas reuniões em que isso foi discutido. Não fui copiada nos e-mails. Por causa do *firewall* exigido pela Comissão Eleitoral Federal, assim como aqueles que faziam parte do supercomitê de ação política estavam proibidos de trabalhar junto às atividades da campanha, qualquer pessoa fora da campanha ou do comitê também fora vetada.

Como a Cambridge estava por trás das duas coisas, eu sabia que o *firewall* tinha sido ainda mais importante, o treinamento mais intensivo e os termos de confidencialidade mais rigorosos. Sabia que a maioria das pessoas com quem trabalhava, todas elas bastante profissionais, haviam notado a divisão. Eu não poderia dizer com segurança que o mesmo era verdade para outros.

Agora, no dia 8 de dezembro, exatamente um mês após o dia das eleições, todos os indivíduos da empresa — cerca de 120 pessoas, incluindo a equipe de criação, os cientistas de dados, os vendedores, os pesquisadores e os gerentes dos escritórios da CA e do SCL em Nova York, Londres e Washington — se reuniram para uma videoconferência. Na elegante sala de reuniões do Charles Scribner's Sons Building, na Quinta Avenida, sentados à mesa sob uma grande bandeira norte-americana, estava o então diretor de vendas comerciais Robert Murtfeld, meu amigo dos direitos humanos que eu havia trazido de volta para a empresa em 2015; o CRO Duke Perrucci; e Christian Morato, diretor de gestão de negócios e também novo na empresa; além de muitos outros.

O *firewall* estava prestes a cair. Esperávamos por aquele momento desde a eleição.

No primeiro dia, a equipe de campanha de Trump fez a apresentação. Matt Oczkowski e Molly Schweickert nos conduziram ao longo dos detalhes. O que eles haviam feito por Cruz não foi nada perto do que conseguiram fazer por Trump. Enquanto Cruz era um senador em seu primeiro mandato que havia começado com índices desfavoráveis e baixa taxa de reconhecimento, exatamente como Obama, Trump era um sujeito popular que dividia opiniões, razão pela qual aquela campanha havia sido feita toda sob encomenda. E uma vez que Trump já estava presente na mídia de maneira significativa, eles tiveram que começar com um amplo programa de base que poderia alimentar uma estrutura digital gigantesca direcionada especificamente para combater Hillary Clinton.

Eles estavam sendo muito eficientes e ficavam orgulhosos de quão modesta a operação era, em comparação com a campanha de Hillary. No momento em que a CA entrou, em junho de 2016, a equipe da sede de Hillary, no Brooklyn, era imensa; a equipe de Trump era um grupo enxuto de apenas trinta pessoas. Porém, eles haviam sido mais estratégicos e mais meticulosos do que a concorrência.

As várias equipes de Trump trabalharam juntas em um centro de operações personalizadas em San Antonio, sob a coordenação do diretor de operações digitais Brad Parscale. Por conta dos *firewalls* da Comissão Eleitoral Federal, com exceção da equipe de criação da CA, localizada nos nossos escritórios em Nova York, Washington e Londres (que estavam trabalhando para a campanha do comitê e para a de Trump), todos os elementos da campanha digital estavam sob o mesmo teto. Molly e um grupo de cientistas de dados ocupavam uma sala enorme com escrivaninhas e grandes telas interativas que mostravam o monitoramento das mídias o tempo inteiro.

Com a chegada da equipe da CA, a necessidade de se criar um banco de dados era de extrema importância. Como Brad não havia criado os próprios modelos, estabelecer um banco de dados funcional era um primeiro passo crucial. Eles apelidaram a operação de "Project Alamo", elaborada e iniciada em junho; em julho, começaram a promovê-la, tendo, portanto, vários meses para a campanha, realizada até novembro.

Brad tinha acesso ao enorme banco de dados da RNC, chamado RNC Data Trust, composto por quarenta anos de histórico dos eleitores republicanos, mas não sabia exatamente o que fazer com aquilo, não tinha infraestrutura para fazer nada acontecer ou uma estratégia unificada. Todo candidato republicano ganha acesso a esse banco de dados, assim como qualquer fornecedor que tenha contrato assinado com um candidato. Porém, o banco de dados não vem exatamente com um manual e requer muita expertise para que seja utilizado de maneira adequada.

Então, quais outros bancos de dados a Cambridge Analytica tinha no início? As pessoas na videoconferência queriam saber.

Matt disse que eles haviam começado a construir o Project Alamo com o RNC Data Trust. Ao que parecia, a equipe da Cambridge queria usar o banco de dados da CA, mas a equipe de Parscale, responsável pelas operações digitais, preferia partir do RNC Data Trust. Como Matt, Molly e o restante da equipe da Cambridge Analytica não eram pessoas tão importantes assim, consideraram que não poderiam bater de frente com Parscale.

Era uma decisão curiosa, mas que me deixou confusa. Um dos pontos fortes da empresa sempre havia sido o banco de dados, que incluía informações de milhões de usuários do Facebook desde 2015 — e até antes disso —, além de dados de diversas campanhas nas quais trabalhamos e que nos permitiram reunir e reter ainda mais dados. No entanto, por algum motivo, Matt estava nos dizendo que a campanha de Trump não queria usá-lo.

Por meses antes de ir para San Antonio, Matt vivia se gabando de todos os dados que a CA poderia trazer para a campanha. Ele falava sobre o quão valiosos seriam os dados das campanhas que ele estava gerenciando para a NRA e principalmente para a National Shooting Sports Foundation (NSSF). Matt foi gerente de projeto das três, e coordenou a campanha de Trump e da NSSF ao mesmo tempo, desde o início até o dia das eleições, lidando com todos esses conjuntos de informações de uma vez só. Ele inclusive afirmou que ainda tinha dados da campanha de Scott Walker. Além disso, costumava falar sobre como a Cambridge tinha dados e modelos ainda mais úteis, que se tornavam cada vez mais precisos a cada campanha realizada nos Estados Unidos desde 2014, mas, sobretudo, a partir das campanhas de Ted Cruz e Ben Carson.

Naquele momento, contudo, ele estava dizendo que não haviam utilizado nenhum desses dados. Em vez disso, tinham contado apenas com os dados da RNC como ponto de partida. Se tinham tão pouco para começar, em um ponto já avançado do ciclo eleitoral, por que não usariam o banco de dados da nossa empresa? Eu não conseguia entender o motivo, e Matt parecia estar fazendo o oposto do que tinha falado antes. Tentei ignorar isso por um tempo e continuei ouvindo.

Então Matt prosseguiu, dizendo que eles haviam utilizado o RNC Data Trust como ponto de partida e depois o analisaram junto a outros conjuntos de dados — que não especificou de onde vieram. Ao longo de 2016, Oz vinha negociando com uma empresa chamada Bridgetree, que se gabava de ter grandes conjuntos de dados do Facebook e do LinkedIn. No segundo dia das apresentações do balanço da campanha, Alex Tayler enviou um e-mail para Duke a fim de confirmar que a CA possuía diversos conjuntos de dados de mídia social da Bridgetree, um dos quais, estranhamente, tinha o mesmo formato do conjunto de dados de Kogan, que deveria ter sido excluído por ele quase um ano antes: *570 pontos de dados para 30 milhões de indivíduos*. Os dois deram um jeito de encorpar o banco de dados da CA e o Project Alamo o suficiente para dar início à fase seguinte; a equipe começou, então, um programa de modelagem a partir da realização de uma pesquisa muito mais minuciosa e organizada que a que Brad vinha fazendo.

A equipe da CA se utilizara de pesquisas de opinião por telefone e pela internet, como a Survey Monkey. Eles haviam atuado em dezesseis estados indecisos — muito mais do que a equipe de Hillary, que fizera pesquisas em apenas nove. Eles então segmentaram as pessoas em dois grandes grupos, um no lado de Trump e outro no lado de Hillary, e, depois, dividiram esses grupos. O primeiro grupo de Trump era composto pelos "Core Trump Voters", os "principais eleitores de Trump", aqueles que poderiam ser transformados em voluntários, e convencidos a fazer doações e a participar de comícios. Os alvos do "Get Out the Vote", os esforços feitos para que as pessoas fossem às urnas, eram aqueles que pretendiam votar, mas que poderiam se esquecer de fazê-lo; a CA os direcionou para os assuntos que eram mais importantes para eles e com os quais já estavam mais envolvidos, a fim de garantir que comparecessem no dia de votação. E a CA só gastaria dinheiro com os "Disengaged Trump Supporters", os "apoiadores desinteressados de Trump", se tivesse algum sobrando.

No lado de Hillary, você tinha os "Core Clinton Voters", os "eleitores principais de Clinton". Depois, você tinha o grupo "Deterrence", ou seja, "dissuasão":

eram eleitores dela que possivelmente não iriam às urnas se você os convencesse a não fazê-lo. Embora a campanha tenha feito essa *dissuasão*, um eufemismo para "supressão de eleitores", dependendo de como você enxergasse a situação, foi o comitê de ação política que de fato se concentrou nesse grupo, porque sua *raison d'être* era "Defeat Crooked Hillary", ou seja, derrotar Clinton.

Durante todo o meu tempo no mundo dos direitos humanos, testemunhei governos e indivíduos poderosos usando a supressão de movimentos, da liberdade de expressão e de eleitores como uma estratégia para manter o poder, muitas vezes às custas de violência. É por isso que, nos Estados Unidos, as táticas de supressão de eleitores são ilegais. Eu me perguntava como a campanha de Trump havia traçado a linha entre campanha negativa e supressão de eleitores. Em geral, havia uma diferença clara, mas, na era digital, era difícil rastrear e identificar o que havia sido feito. Os governos não precisavam mais mandar a polícia ou o exército para as ruas a fim de interromper protestos. Em vez disso, poderiam pagar para alguém mudar a mente das pessoas direcionando-as para onde desejassem, apenas ao olhar para as telas nas suas mãos.

E assim o Project Alamo estava no centro da progressiva evolução da estratégia de campanha de Trump: eles trabalhavam dia e noite para mantê-lo em ação o máximo possível. Compraram mais dados de mídias sociais de outros fornecedores, tornando o banco de dados o mais robusto possível. Foram bastante vagos em relação a de onde tudo aquilo tinha vindo, mas eu queria acreditar que não havia nada de ilegal ali. Quando todos os dados enfim estivessem em um único lugar, a modelagem poderia começar. A modelagem psicográfica seria muito demorada, disseram, então Molly fez com que os cientistas modelassem os apoiadores a partir de comportamentos preditivos, como "propensão a doar". Com isso, a estratégia digital da campanha de Trump na primeira fase decolou. No primeiro mês, a campanha arrecadou 24 milhões de dólares on-line e continuou a receber quase a mesma quantia todos os meses até o dia das eleições.

Na segunda fase, a CA usou modelos para fazer *microtargeting* com os eleitores persuasíveis nos estados indecisos. A equipe em San Antonio tinha um vasto kit de ferramentas e muita ajuda. Diziam que eles tinham uma "relação simbiótica" com o Vale do Silício, com as outras empresas-chave de tecnologia do país e com corretores de dados.*

A equipe também havia sido capaz de separar e identificar, no banco de dados, os problemas centrais de cada estado, município, cidade e bairro, e também de cada indivíduo. Com essas informações, eles haviam auxiliado a planejar as viagens de Trump, e a determinar qual deveria ser o foco dos seus comícios e que tipos de *messaging* deveriam ser utilizados. Eles também haviam elaborado "mapas de calor", uma ferramenta que usava cores sombreadas para mostrar concentrações de determinados grupos de público-alvo, enviados todo dia a Laura Hilger, chefe de pesquisa na sede da campanha na Trump Tower. Ela então os interpretava, a fim de criar um conjunto de prioridades para os planos de viagem do candidato.

Os mapas de calor incluíam a quantidade de eleitores persuasíveis nas áreas que ele precisava visitar, com quem a campanha especificamente deveria estar dialogando, e as principais questões a serem abordadas na mídia e em comícios. Após um comício, a equipe analisava as "medições de persuasão" e os "estudos de promoção da marca", que indicavam como as pessoas haviam reagido a um discurso ou a uma parte de um discurso. Eles depois enviavam essas informações à equipe de criação, que transformava um trecho do discurso bem-sucedido em propaganda.

Foram os anúncios e o *messaging* que extraíram o valor real das informações do banco de dados e tornaram possível o *microtargeting*: os cientistas de dados da CA podiam segmentar indivíduos mais parecidos entre si e trabalhar junto às equipes de criação para inventar muitos tipos diferentes de anúncios, todos adaptados a grupos específicos. Às vezes, havia centenas ou milhares de versões do mesmo conceito básico de um anúncio, criando uma jornada individual e uma realidade ajustada para cada um. Mais da metade das despesas da campanha de Trump foram direcionadas para operações digitais, e todo o *messaging* foi direcionado para que a maioria da população não visse a mesma coisa que

---

* Nancy Scola, "How Facebook, Google, and Twitter 'Embeds' Helped Trump in 2016", *Politico*, 26 de outubro de 2017, https://www.politico.com/story/2017/10/26/facebook-google-twitter-trump-244191.

os seus vizinhos viam. A equipe da CA executou mais de 5 mil campanhas individuais com 10 mil iterações de cada anúncio.

"É por isso que não ouvimos falar de você há séculos?", alguém brincou com Oz.

É claro.

E eles tinham sido muito bem-sucedidos. No geral, a campanha havia levado a um aumento médio e mensurável de 3% na quantidade de pessoas a favor de Trump. Considerando a margem estreita com a qual ele tinha vencido em determinados estados, esse aumento foi uma ajuda significativa nas eleições gerais. Na campanha realizada com o intuito de fazer as pessoas saírem de casa para votar, a equipe da CA promoveu um aumento de 2% dos requerimentos de voto por correspondência. Essa também foi uma grande vitória, porque muitos eleitores que solicitam a cédula em geral não preenchem os votos nem os enviam de volta.

A força da Cambridge Analytica enquanto empresa não era apenas o incrível banco de dados; eram os seus cientistas de dados e a sua capacidade de criar novos modelos. Em San Antonio, Molly e os cientistas haviam utilizado um *dashboard* criado por ela chamado "Siphon" para dois esforços gerais: ingerir dados e perfis de público desenvolvido pelos cientistas, e fazer ofertas e comprar espaço e tempo nos "estoques de origem", como Google, *The New York Times*, Amazon, Twitter, Pandora, YouTube, Politico e Fox News. Com o Siphon, a campanha podia acompanhar o desempenho dos anúncios em tempo real.

Trabalhando em conjunto ou sozinhos, Molly em San Antonio e quem quer que estivesse observando o mesmo *dashboard* ao mesmo tempo (desde Jared a Steve, e até Donald, na Trump Tower) poderiam tomar decisões em tempo real quanto à eficácia de qualquer "campanha" digital que estava sendo executada em qualquer plataforma. Os usuários do *dashboard* podiam ver bem diante deles determinadas informações como custos atuais por clique, aumentos e similares, e poderiam fazer ajustes estratégicos em relação àquilo em que estavam gastando dinheiro com base no desempenho do anúncio. Ao contrário da percepção pública, a estratégia da campanha não foi liderada pelos tuítes imprevisíveis de Donald ou pelos discursos amplamente vagos que ele fez na TV ou em comícios. Cada pequeno detalhe foi registrado em tempo real e, no momento em que um ajuste precisava ser feito, um anúncio poderia ser alterado para ter um desempenho melhor, alcançando mais pessoas e mantendo o conteúdo atualizado e relevante para os milhões de eleitores que estava alcançando.

O alcance daquilo que a equipe da CA estava monitorando e manipulando na campanha de Trump era de tirar o fôlego: milhares de campanhas de anúncios individuais dentro de campanhas — em outras palavras, conjuntos separados de conteúdo mirados repetidas vezes na direção de milhões de eleitores segmentados em diferentes estados, regiões e até bairros, os quais poderiam ser ajustados praticamente em tempo real com base no desempenho. O custo de uma única campanha por si só poderia ser superior a 1 milhão de dólares e gerar 55 milhões de impressões. E testes feitos por cientistas de dados e estrategistas digitais para, por exemplo, verificar as diferenças entre investir dinheiro para impulsionar um conjunto controlado de anúncios ou em questões direcionadas, podiam demonstrar (medindo-se tudo, desde o aumento percentual na adesão dos espectadores por Donald Trump ao aumento percentual na intenção dos espectadores de votar nele) se essa campanha funcionava para converter impressões em votos.

Além dos conjuntos de *dashboards* de Molly, a equipe teve acesso a dados de "plataformas de análise de sentimentos", como a Synthesio e a Crimson Hexagon, que mediam os efeitos, positivos ou negativos, de todos os tuítes da campanha, incluindo os de Trump.* Por exemplo, se a campanha publicasse um vídeo de Hillary chamando os apoiadores de Trump de "deploráveis", poderia pagar uma quantia para impulsionar algumas versões diferentes do anúncio e assistir ao seu desempenho em tempo real a fim de determinar quantas pessoas estavam assistindo, se pausaram o vídeo e se terminaram de assisti-lo. Eles clicaram nos links anexados para saber mais? Compartilharam o conteúdo com outras pessoas? Como se sentiram ao assistir ao vídeo?

---

* A análise de sentimentos tem suas raízes, curiosamente, nas inovações de que Robert Mercer foi pioneiro anos antes na IBM. Na campanha, ele mensurou não apenas se as pessoas davam *like* nos tuítes ou se os retweetavam, mas algo mais sutil: se os usuários tinham sentimentos positivos ou negativos ao escreverem seus tuítes.

Se, por algum motivo, a campanha não observasse os comportamentos desejados, eles poderiam adaptar o anúncio, talvez alterando o som, a cor ou o slogan, para ver qual opção tinha um desempenho melhor. Por fim, quando notassem que um vídeo viralizou, eles pagariam ainda mais para impulsioná-lo, fazendo com que se espalhasse ainda mais, estimulando uma série de novos apoiadores e doações.

Com o Siphon, Molly, o pessoal da Trump Tower e qualquer outro indivíduo com acesso podiam ver o retorno do investimento da campanha em tempo real: custo por e-mail, custos discriminados por tipo de tráfego, custo por impressões por anúncio, taxas de cliques. Eles também podiam mudar o anúncio para um sistema de envio diferente. E se um anúncio não estivesse dando retorno suficiente em relação ao investimento, a equipe poderia removê-lo e executá-lo em outro lugar — ou substituí-lo por outro. Havia sempre alguém monitorando o *dashboard*, vinte e quatro horas por dia, sete dias por semana.

A equipe da CA também havia estudado o que era necessário para "converter" uma audiência em uma determinada plataforma. Na campanha on-line, a quantidade média de impressões necessárias era de cinco a sete, ou seja, se um espectador visualizava um anúncio de cinco a sete vezes, era bastante provável que clicasse no material que queríamos que ele visse. Isso ajudara a equipe a determinar por quanto tempo exibir um anúncio direcionado a um grupo específico de *microtargeting* e quanto dinheiro investir nele. Molly e os outros também podiam monitorar isso no Siphon.

O Siphon e os telões no centro de operações também apresentavam cenários preditivos: as combinações de estados necessários para ganhar no colégio eleitoral, dezesseis caminhos possíveis que levariam à vitória, e um contador que ia até 270 (o número mínimo de votos colegiados para garantir a eleição). A pesquisa de opinião para fazer esse cálculo era realizada a cada sete dias, janela que diminuiu para três dias quando as eleições se aproximaram.

Os apresentadores da videoconferência então utilizaram o estado da Geórgia como exemplo. A Geórgia tinha 441.300 eleitores persuasíveis. Eles eram 76% brancos, a maioria mulheres, e mais interessados em questões como dívida nacional, salários, educação e impostos. Não estavam nem um pouco interessados em ouvir sobre "o muro", então quem quer que estivesse escrevendo um discurso ou reunindo os tópicos de discussão era aconselhado a abandonar a retórica da imigração. O mapa de calor também dizia a eles onde se concentravam os persuasíveis, de modo que a campanha não visitaria, por exemplo, Gwinnett, Fulton ou Cobb naquele dia. Dentro desses grupos havia segmentos: persuasão de mulheres, persuasão de afro-americanos, persuasão de hispânicos, entre outros. Esses eram os persuasíveis com menor probabilidade de comparecer às urnas, de modo que o *messaging* cobriria certos tópicos e não outros, e, como esses eleitores recebiam informações de diferentes plataformas, a campanha os alcançaria de maneira diferente também — alguns em sites de interesse das mulheres, de notícias locais ou similares. A equipe havia calculado quanto custaria em qualquer área específica para obter o número de impressões desejáveis. Seriam necessárias quase 9 milhões de impressões para converter as pessoas desse grupo.

Eis um exemplo de uma segmentação menor: na Geórgia, a melhor maneira de alcançar os hispânicos, digamos, era a Pandora. Para 30 mil hispânicos persuasíveis que queriam saber sobre empregos, impostos e educação, a equipe precisou gastar 35 mil dólares para obter as 1,4 milhão de impressões que levariam o grupo a se converter.

Outro exemplo foi um grupo de 100 mil afro-americanos que foram identificados como persuasíveis no estado. O *targeting* foi feito usando duas campanhas publicitárias diferentes em duas plataformas diferentes. Uma delas era um anúncio tipo banner ou pop-up nos seus navegadores: uma imagem com um texto por cima. E a outra era um vídeo nos feeds das redes em que eles passavam mais tempo. Seriam necessárias mais de 1 milhão de impressões para converter o grupo, e o sucesso dessa empreitada custaria 55 mil dólares.

Algo assustador na campanha afro-americana foi um vídeo da campanha de Trump intitulado "Os superpredadores de Hillary" — o anúncio mais persuasivo de todos, que converteu essas pessoas em eleitores de Trump, apresentando imagens de um discurso de 1996 no qual a então primeira-dama disse: "Não são mais apenas gangues. Eles são o tipo de garotos chamados superpredadores. Sem sentimento de culpa, sem empatia. Podemos conversar sobre o que os tornou assim, mas primeiro eles precisam ser colocados nos eixos." Embora Hillary tivesse se desculpado pelo que disse — ela havia feito aquelas observações vinte anos antes, em um discurso de campanha para o marido, quando concordava com ideias que corroboravam com um mito bastante disseminado sobre a juventude negra —, naquele momento, eles estavam sendo utilizados contra ela.

Sentada ali durante a videoconferência da empresa, assisti ao anúncio pela primeira vez e fiquei atônita. Eu não fazia ideia de que Hillary tivesse feito aquele discurso em algum momento — ele não havia aparecido para mim na época em que trabalhei com Obama porque fomos orientados a nunca fazer campanhas negativas. Mais importante, os comentários haviam sido retirados do contexto, para parecer que Hillary estava incitando o ódio racial, e foram usados pela campanha de Trump para pressionar uma minoria a não votar nela.

No entanto, de alguma forma, ficava ainda pior.

Após o lançamento do infame vídeo *Access Hollywood*, gravado em 2005, em que Trump, deixando bem claros a sua misoginia e os seus privilégios, gabava-se de agarrar mulheres e agir contra a vontade delas, os cientistas de dados da Cambridge Analytica adotaram um modelo em um grupo de teste de eleitores persuasíveis nos principais estados indecisos. Apelidado de "*pussy model*", o "modelo boceta", ele foi projetado para verificar a resposta do público ao vídeo. Os resultados foram chocantes. Entre "persuasíveis", o vídeo produziu uma resposta *favorável* — um *aumento* na quantidade de pessoas favoráveis a Donald Trump — sobretudo entre homens, mas também entre algumas mulheres.

Era nojento, pensei, e tentei tirar aquele pensamento da cabeça.

Fiquei espantada ao ver como todos os vários esforços direcionadas para a criação de modelos haviam se alinhado perfeitamente aos esforços de fazer as pessoas comparecerem às urnas. Uma técnica muito bem-sucedida havia resultado da campanha de base de Trump. Depois que o candidato fez discursos, a equipe da CA conseguiu realizar uma grande quantidade de medições de persuasão, ou "estudos de promoção da marca", e depois usou trechos dos discursos mais bem recebidos nos anúncios on-line. Entre os eleitores para quem eles direcionaram, a equipe descobriu (por meio de pesquisas de opinião "pós-impressão", ou seja, fazendo perguntas a indivíduos que passaram pelo *targeting* e que viram o anúncio) que poderia alcançar 11,3% de favorabilidade para Trump com um público on-line de 147 mil pessoas, e um aumento de 8,3% entre eles na intenção de votar em Trump, sem mencionar um aumento de 18,1% nas pesquisas on-line realizadas por essas mesmas pessoas a respeito de questões mencionadas nos vídeos.

Mais uma vez, os líderes da videoconferência reiteraram para nós o valor de ter o Facebook, o Snapchat, o Google, o Twitter e outros como parte da equipe. Um novo produto do Facebook havia permitido que a equipe incorporasse vários vídeos em um anúncio. Um desses anúncios em particular levou a um aumento de 3,9% das intenções de voto em Trump e uma redução de 4,9% das intenções de voto em Hillary.

Redução das intenções de voto...

Meu coração começou a bater tão forte que eu quase era capaz de ouvi-lo.

A publicidade nativa tinha sido cara, mas o retorno do investimento, relataram os apresentadores, havia sido fenomenal. Um grupo de mídia on-line ofereceria, a qualquer um que pudesse pagar, a possibilidade de disponibilizar o conteúdo de um anúncio no seu site, projetando-o de modo que ele fosse igual ao seu próprio conteúdo — mesma fonte, mesmas cores, mesmo layout. Era fácil para os leitores confundirem o conteúdo com notícias, e esses anúncios confundiam até os mais hábeis entre eles, levando-os a pensar que o conteúdo negativo de Hillary era de fato uma matéria sobre ela. A campanha de Trump pagou ao Politico, por exemplo, pela publicação de conteúdo referente a corrupção na Clinton Foundation, e a equipe de publicidade do Politico formatou esse material para que parecesse com o conteúdo de notícias do Politico. Os leitores consideraram que se tratava de uma notícia e o engajamento médio com esse tipo de *messaging* era de quatro minutos. Essa era uma taxa de engajamento inédita. Ninguém no mundo moderno passava quatro minutos em qualquer anúncio. Era uma fronteira totalmente nova.

Conforme o dia da eleição se aproximava, a equipe tinha começado a demonstrar outros pontos fortes. Devido a um acordo que a RNC mantinha com os secretários de estado em cada estado indeciso, a equipe da CA estava recebendo os resultados das votações em tempo real, incluindo os votos por correspondência e os antecipados. Com essas informações, ela conseguiu atualizar suas listas de eleitores candidatos ao *targeting* com quais deveria gastar o restante do seu orçamento. Foi bastante econômico, porque eles também puderam transferir dinheiro para grandes gastos de última hora.

A versão mais conhecida da relação entre Donald Trump — e, por consequência, de sua campanha — e a análise de dados era que ele a rejeitava. Embora isso possa ter sido verdade para ele pessoalmente — eu não faço ideia, mas ouvi dizer que Trump sequer usa um computador —, a apresentação da empresa ressaltou o quanto os dados e a tomada de decisões com base em dados haviam sido essenciais para a campanha. Independentemente do que ele acreditasse sobre o papel dos dados, as pessoas ao seu redor a entenderam não apenas a importância deles, mas também aprenderam a se utilizar deles. Dados, métricas, medições, *messaging* cuidadosamente elaborado — tudo isso e muito mais foi implantado com grande efeito e eficiência durante os meses de trabalho da Cambridge no seu nome. A campanha de Trump podia ser obsoleta na época em que a Cambridge chegou, mas, no dia da eleição, havia se tornado não apenas uma máquina política eficaz, mas vencedora. A Cambridge usou toda a tecnologia à sua disposição, junto com as inovações que lhe foram vendidas pelas redes sociais que se incorporaram à empresa, para travar uma batalha de mídias sociais contra Hillary Clinton sem precedentes.

Mas a batalha não havia sido apenas contra Hillary — foi contra o povo norte-americano. A supressão de eleitores e a propagação do medo, eu conseguia ver agora, haviam se tornado parte do manual, e fiquei enojada só de pensar nisso. Como a Cambridge poderia ter utilizado materiais tão ofensivos? Por que não ficara sabendo disso? O que mais estava acontecendo ao redor do mundo, ou mesmo apenas no meu país, que eu não era capaz de enxergar?

No segundo dia do balanço da campanha por videoconferência, falou-se sobre as estratégias do comitê de ação política, que foram igualmente — talvez até mais — bem-sucedidas e também perturbadoras. Enquanto Molly, Matt e a equipe de cientistas de dados estavam em San Antonio, Emily Cornell e sua equipe em Washington tinham dado cabo de uma campanha de persuasão independente, ainda que paralela, sob o comando de David Bossie, para o supercomitê de ação política de Trump "Make America Number One".

Bossie era conhecido como o homem que havia inserido o prefixo "super" em "supercomitê". Como líder do Citizens United em 2010, ele esteve à frente dos esforços bem-sucedidos em acabar de vez com um teto para os gastos em campanhas eleitorais, uma mudança que se tornou famosa no caso *Citizens United v. Federal Election Comission* (a Comissão Eleitoral Federal), julgado pela Suprema Corte dos Estados Unidos.

Emily estava encarregada da apresentação, mas foi o dr. David Coombs, psicólogo-chefe, quem explicou que a equipe da MAN1 havia conseguido realizar o *microtargeting* sem grande uso da metodologia psicográfica.

Todos que assistiam ficaram surpresos. Afinal, a metodologia psicográfica sempre havia sido o cartão de visitas da CA, mas a equipe do supercomitê de ação política (assim como a equipe da campanha em relação ao banco de dados da CA) tinha justificativas para explicar por que não haviam recorrido a ela de forma ampla. Os dados psicográficos dos quais se utilizaram, no entanto, funcionaram muito bem, explicou o dr. Coombs. Sua equipe havia realizado dois testes psicográficos principais pouco antes da eleição, e o segundo deles foi muito bem-sucedido. Trezentas mil pessoas foram atingidas por *targeting* via e-mail, a maioria com pontuações na classificação OCEAN que indicavam personalidade "altamente neurótica". A equipe as segmentou em vinte grupos distintos, de acordo com as questões que as preocupavam, e então elaborou mensagens específicas para elas, com o campo de assunto do e-mail preenchido de diferentes formas.

O primeiro conjunto de frases utilizadas no campo de assunto foi projetado para assustar as pessoas. O segundo, para que as frases fossem "tranquilizadoras". Um terceiro conjunto trazia frases "assustadoras e tranquilizadoras". E o quarto e último grupo, o grupo de controle, recebeu e-mails com frases genéricas no campo de assunto. O objetivo era ver qual frase fazia os neuróticos clicarem para abrir os e-mails.

Os e-mails com frases "assustadoras e tranquilizadoras" no campo de assunto foram um fracasso. Os resultados das frases genéricas não tinham uma unidade. A frase "tranquilizadora" praticamente não funcionou. Mas as frases "assustadoras" foram as mais bem-sucedidas de todas. Elas mostraram uma taxa de eficiência 20% maior que as frases utilizadas no grupo de controle.

A conclusão, disse o dr. Coombs, era: "Se você tem um grupo de indivíduos instáveis, você vai obter um resultado bem melhor se enviar uma mensagem assustadora para eles."

Ele então deu alguns exemplos das frases assustadoras. Uma delas era "Eleger Hillary significa destruir os Estados Unidos". Outra era "Hillary vai destruir os Estados Unidos". Diversas pessoas na videoconferência começaram a rir, constrangidas. Eu, no entanto, continuei quieta.

Emily, vice-líder do supercomitê de ação política, concluiu dizendo que estava empolgada com os resultados. Isso seria útil para promover Trump em 2018 e se preparar para 2020.

Entre agosto e novembro, Emily continuou, o supercomitê de ação política havia alcançado 211 milhões de impressões e direcionado 1,5 milhão de usuários aos seus dois sites, com 25 milhões de visualizações. Os anúncios, com títulos como "Corrupção é uma empresa familiar", tiveram mais sucesso no Facebook. Emily exibiu um, intitulado "Ela não é capaz de administrar nem a própria casa". Embora eu tivesse ficado atônita no dia anterior com o vídeo dos "superpredadores", esse me deixou no chão.

Era um vídeo de Michelle Obama de 2007, durante a primeira campanha presidencial de Obama, quando ele concorria com Hillary nas primárias. No discurso original, Michelle falava sobre como os Obama ainda respeitavam os horários da família e das filhas do casal, mesmo durante a campanha. Ela disse: "Se você não é capaz de administrar sua própria casa, com certeza não será capaz de administrar a Casa Branca." Não me surpreendeu, talvez, que a citação tenha sido tirada de contexto para servir como um golpe em Hillary. Embora a transcrição completa da fala de Michelle revelasse a verdade, isso não importava para muitos meios de comunicação que veicularam uma história equivocada e tendenciosa na qual a ex-primeira-dama estaria batendo em Hillary.*

Graças aos esforços da equipe digital da CA, a fala de Michelle em 2007 havia sido trazida à tona, mas agora deturpada e a serviço de Trump. Ao usar

---

* Glenn Kessler, "Did Michelle Obama throw Shade at Hillary Clinton?", *Washington Post*, 1° de novembro de 2016, https://www.washingtonpost.com/news/fact-checker/wp/2016/11/01/did-michelle-obama-throw-shade-at-hillary-clinton/?noredirect=on&utm_term=.686bdca907ef.

um mesmo trecho do vídeo fora de contexto, a equipe tanto fez parecer que Michelle tinha "sido baixa" nos seus comentários quanto criticara Hillary por trair o marido. Ao reinventar esse momento e dar um novo motivo a ele, a equipe de Trump transformara o machismo em uma arma e a viralizara, colocando uma democrata contra outra, uma mulher contra outra, quando, na verdade, tratava-se de uma farsa manipuladora.

As métricas desse anúncio foram ainda mais perturbadoras. A campanha descobriu, é claro, que muitas mulheres de centro-esquerda eram um pouco mais conservadoras. Os valores tradicionais, segundo a CA, eram mais importantes para elas do quanto não gostavam de Donald Trump, e o vídeo havia diminuído a probabilidade de essas mulheres votarem em Hillary.

Como Kellyanne dissera de maneira presciente — e para grande satisfação da plateia do CPAC, durante a conferência que eu e ela realizamos em março —, sim, quando acordava pela manhã, Hillary Clinton era a segunda pessoa mais popular na sua casa.

Naquele dia, nas salas de conferência da CA e do SCL ao redor do mundo, onde meus colegas e eu estávamos reunidos para ver pela primeira vez o que havíamos feito para colocar Trump na Casa Branca, foi possível ouvir as pessoas expressarem admiração em alguns momentos, mas também muitas risadas desconfortáveis em meio às congratulações.

O trabalho que as duas equipes haviam feito era tecnicamente fantástico, mas em dois dias eu tinha visto apenas o lado podre que eu sabia que existia na política — os apelos aos nossos instintos mais básicos, a propagação do medo, a manipulação, a maneira como nos voltamos uns contra os outros. E eu não fazia a mínima ideia de que aquilo estava acontecendo.

Algo terrível vinha crescendo enquanto eu não estava olhando. Algo terrível atacara o sistema nervoso central do nosso país, tomara conta dele, afetando suas ideias, seu comportamento, sua capacidade de funcionar. Os tumores no cérebro do meu pai eram benignos, mas causaram danos duradouros. Essa tecnologia tinha parecido tão benigna nos limites de uma apresentação de PowerPoint, e agora eu podia ver como havia nos arruinado.

Naquele momento, desejei poder voltar no tempo e não tomar inúmeras decisões. De alguma forma, havia me tornado parte da monstruosa tempestade do *messaging* negativo que alimentara a segregação e o ódio entre as pessoas de todo o país. Era uma realidade extremamente difícil de engolir. Eu ficara sentada sem fazer nada enquanto isso acontecia bem debaixo do meu nariz. Aquele foi o meu momento de crise de consciência: como algo que parecia tão banal se tornou tão sombrio?

Eu queria fugir, mas minhas mãos estavam atadas. Por causa da situação do meu pai, não tinha como sair do emprego. Não tinha mais para onde correr. Eu tivera um ano de sucesso. A empresa para a qual eu estava trabalhando estava em ascensão. Haveria mais negócios chegando. Como poderia sair agora?

Eu estava amarrada em uma camisa de força.

Assim como o meu pai.

E, vestindo essa camisa, continuei.

Eis o que consta na minha agenda logo depois do balanço da campanha: dois dias antes da inauguração, a Cambridge iniciou os trabalhos no novo escritório de Washington. Precisávamos de uma sede para nos preparar para as próximas campanhas para o senado e para o governo dos estados, iniciativas populares e, claro, as eleições intercalares de 2018. Também era inteligente já pensar em 2020. Era um espaço pequeno, mas estava estrategicamente localizado, na Pennsylvania Avenue.

Eu estive lá no dia 19 para o coquetel de inauguração, mas, segundo minha agenda, saí cedo, junto com Julian Wheatland, para uma festa de Nigel Farage e Arron Banks na cobertura do Hay-Adams Hotel, também em Washington. Era estranho ver aqueles homens de novo, mas a amizade deles com Trump e Steve Bannon significava que a presença da CA, a minha presença no evento era ainda mais importante, e com champanhe suficiente, eu não apenas conseguiria suportar aquele momento, mas também me permitiria apreciá-lo. Nigel autografou um exemplar do novo livro para mim, *The Bad Boys of Brexit*, um best-seller instantâneo, com a dedicatória "2016 foi o ano que mudou tudo! Obrigado por fazer parte disso". Posei para uma foto exibindo o livro, em parte com orgulho e em parte para que ela se juntasse às piadas em andamento dentro da minha cabeça.

Quando olho fotos minhas durante o período da posse de Trump, o que vejo é uma mulher se vestindo de maneira extremamente ofensiva: na noite do DeploraBall, patrocinado pela Breitbart, usei um boné da NRA e um vestido vermelho vivo com um batom da mesma cor. Na noite seguinte, usei um casaco de pele de chinchila sobre um vestido de festa preto; enrolados ao redor do meu pescoço havia vários fios de pérolas.

Existem as fotos e existe o que está escrito na minha agenda. No próprio dia da inauguração, de acordo com a minha agenda, eu estava no terraço do W Hotel, em uma festa organizada pelo Politico. Há também a informação de que a família Forbes estava lá, e meu amigo Chester e os homens da Ásia Central com quem estive naquele primeiro almoço no restaurante japonês com Alexander no início de 2014. Aparentemente, havia colegas da CA ao meu lado e uma princesa sueca. Estava frio e chovia. Espiei por cima da varanda para ver as cerimônias de inauguração lá embaixo. Vi a multidão esparsa e sabia que ali, bem ali, estavam Alexander, Bekah e Steve, provavelmente radiantes de felicidade. No começo, assisti a tudo como se estivesse em um filme: o juramento, a pompa e a circunstância. O resto da cerimônia é um borrão.

O mundo estava repleto de fantasmas e demônios dos meus dois últimos anos; Kellyanne perambulando de chapéu vermelho, vestido branco e casaco azul estilo militar; Gerry Gunster, o pesquisador que trabalhou na campanha do Leave.EU parou para me cumprimentar. Naquela noite, comi algo com Alexander, Chester e Bekah no Four Seasons. E em algum momento, Alexander e eu fomos a um cassino para esperar o nosso voo em algum lugar que tivesse um bar ainda aberto. Foi emocionante pegar o que eu tinha e apostar tudo. Era disso que se tratava: apostar seu dinheiro em uma esperança maluca de ganhar.

As lembranças daquela noite ficam cada vez mais nebulosas. A maior parte delas, pelo menos. Enchi a cara no Heritage Society Ball e, depois disso, fui parar no baile inaugural de luxo Trump-Forbes, onde dancei entre os Trump, os Forbes e vários doadores conservadores menos importantes — do tipo que provavelmente ainda estavam nervosos por serem rotulados como apoiadores de Trump e que haviam evitado o principal baile inaugural para não aparecerem demais.

Por mais confusa que sejam as minhas memórias, me lembro de uma imagem em particular de maneira absurdamente clara: Bekah Mercer, a maior apostadora dos Estados Unidos. Ela estava linda e usava um vestido longo de festa verde, os cabelos ruivos brilhando. Para mim, ela parecia uma sereia flutuando sobre um oceano de mortais. Ela dançou conosco até as 2h30 da manhã, comemorando a vitória conquistada a duras penas, girando em círculos, embriagada com a ideia de que tínhamos acabado de ver o final do primeiro dia de Donald Trump como presidente dos Estados Unidos.

Era uma encenação teatral das conquistas dos Mercer. De muitas maneiras, eles haviam se tornado substitutos para os irmãos Koch, também importantes e malvados bilionários, mas, enquanto os irmãos Koch tinham criado uma rede de base e uma empresa de dados básica chamada i360, os Mercer fizeram algo muito mais poderoso e talvez mais perturbador: haviam conseguido conquistar uma vitória usando uma filosofia fundamentada em ciência da computação extremamente avançada, muito mais avançada do que qualquer outra coisa à disposição do Partido Republicano. Bob e Bekah Mercer agora representavam um tipo muito novo de força na política americana: doadores ricos com o capital e os meios para usar seus dólares de maneiras mensuráveis e comprováveis a fim de garantir que suas despesas produzissem algum tipo de retorno sobre o investimento. O resultado final foi a criação de uma ferramenta política implacável, eficaz e — o que era ainda mais perigoso para a democracia — funcional em larga escala.

14

Bombas

JANEIRO — JUNHO DE 2017

Embora eu tenha ficado traumatizada com o que descobrira no balanço da campanha de Trump, fiquei ainda mais abalada com os acontecimentos que se seguiram durante o primeiro semestre de 2017.

Um artigo sobre a Cambridge Analytica foi publicado na *Das Magazin* e viralizou na Alemanha e na Suíça. Foi então traduzido para o inglês pela *Vice* e viralizou mais uma vez.* O texto de alguma forma lembrava o ataque do *The Guardian* ao Facebook no final de 2015, na medida em que incluía na trajetória da Cambridge Analytica um personagem muito parecido com o dr. Aleksandr Kogan.

O nome dele era Michal Kosinski. À época professor de Stanford, ele havia começado na Universidade de Cambridge, no Centro de Psicometria. No artigo, alegava ter criado o teste psicográfico que a Cambridge Analytica usara na campanha de Trump e sugeria que o dr. Kogan o havia roubado e vendido ilegalmente para a Cambridge. O que era pior, Kosinski descrevia a própria tecnologia como uma devastadora arma de destruição em massa.

---

* Hannes Grassegger e Mikael Krogerus, "The Data that Turned the World Upside Down", *Vice*, 28 de janeiro de 2017, https://www.vice.com/en_us/article/mg9vvn/how-our-likes-helped-trump-win. Para o artigo original em alemão, ver https://www.dasmagazin.ch/2016/12/03/ich-habe-nur-gezeigt-dass-es-die-bombe-gibt/.

A história que Kosinski contava era de que tinha chegado ao Centro em 2008, vindo da Polônia, e, como candidato a uma vaga de doutorado, havia utilizado o aplicativo My Personality do Facebook (desenvolvido, segundo ele, por um colega chamado David Stillwell) para criar os primeiros modelos precisos de milhões de usuários da rede social. Ele alegava que, em 2012, havia provado que esses modelos eram capazes de prever informações bastante específicas sobre as pessoas com base em apenas 68 curtidas recebidas por um usuário individual. De acordo com o artigo, ele poderia usar essas poucas curtidas para prever a cor da pele, orientação sexual, afiliação a partidos políticos, uso de drogas ilícitas e álcool, e até mesmo se uma pessoa tinha vindo de uma família de pais ainda casados ou separados. "Setenta curtidas eram suficientes para saber ainda o que os amigos de uma pessoa sabiam [sobre ela]; 150 [e Kosinski] sabia [sobre os usuários] o que seus pais pensavam; 300, o que o parceiro da pessoa sabia. Mais curtidas poderiam até superar o que uma pessoa pensava que sabia sobre si mesma."

A história de Kosinski era uma versão muito diferente da que o dr. Aleksandr Kogan havia contado. Kogan se aproximara de Kosinski em 2014 não com um objetivo acadêmico, mas com intenções comerciais e em nome do SCL Group para usar o banco de dados dele. Kosinski disse que havia recusado a proposta porque suspeitava que o pedido fosse algum tipo de golpe, e agora estava comprovado que tinha razão: Kogan obtivera os dados através de meios ocultos e possivelmente ilegais, e o trabalho de Kosinski fora utilizado para empurrar o Reino Unido e os Estados Unidos para a extrema direita, influenciando votos e suprimindo eleitores.

Desde então, Kogan havia se mudado para Singapura, onde morava com um nome falso, retirado de um filme ruim: dr. Aleksandr Spectre. A conclusão era que Spectre era um criminoso e a Cambridge Analytica havia lançado uma bomba atômica em um mundo que não fazia a menor ideia de que isso estava acontecendo.

Mais uma vez, como havíamos feito no ano anterior, nós na Cambridge tentamos não dar importância para o artigo. Alexander Nix e Alex Tayler pareciam tranquilos. Quem era esse tal de Kosinski? Eles nunca tinham ouvido falar nele, disseram, o que achei estranho, pois ele dizia ser o padrinho da psicografia e do trabalho de "*microtargeting* comportamental" cujos direitos autorais aparentemente pertenciam à CA.

Em resposta, a empresa emitiu uma declaração bem parecida com a do ano anterior: "A Cambridge Analytica não usa dados do Facebook", dizia o comunicado. Também dizia que a Cambridge não tinha qualquer vínculo com o dr. Michal Kosinski. A Cambridge "não terceiriza pesquisas". "Não usa a mesma metodologia." Além disso, a empresa alegou que praticamente não utilizou a metodologia psicográfica na campanha de Trump. E não tínhamos feito nada para suprimir eleitores. Nossos esforços, segundo o comunicado à imprensa, "foram direcionados apenas para aumentar o número de eleitores".

Disseram-me sobre Kosinski as mesmas coisa que me falaram a respeito de Kogan: ele era um estranho, um mentiroso, um desconhecido não associado à empresa, tentando levar o crédito pelas "conquistas" da CA. Talvez tivesse feito algum trabalho semelhante e estivesse usando a vitória de Trump como uma oportunidade de promover a sua tese de doutorado. Disseram-me para explicar aos clientes que a CA não tinha relação alguma com o sujeito e deixar por isso mesmo.

Alguma coisa não parecia certa. Dentre todas as alegações da Cambridge Analytica, "praticamente não ter usado" a metodologia psicográfica era um grande exagero, na minha opinião, uma vez que havíamos feitos testes na campanha. A negação da supressão de eleitores era outro problema. Afinal, algumas das mensagens mais perturbadoras do supercomitê de ação política do Trump — os vídeos "Ela não é capaz de administrar nem a própria casa" e "Superpredadores", este último tendo como alvo específico os eleitores afro-americanos em áreas vulneráveis como a zona rural da Geórgia e, como ficaria sabendo, o Little Haiti, em Miami — poderiam ser consideradas supressivas. A ideia de que tudo que a CA havia feito tivera o objetivo de "aumentar" o número de eleitores era balela. Vi as evidências com os meus próprios olhos durante o balanço apresentado para toda a empresa. Além de tudo, eles ainda tiveram grupos-alvo chamados "*deterrence*", ou seja, "dissuasão".

E a alegação de Kosinski de que a Cambridge Analytica havia transformado dados em uma arma? Isso me deixou muito transtornada.

Eu tinha que descobrir o que fazer. Precisava encontrar uma maneira de continuar na empresa e usar dados para o bem comum — que fora a minha intenção ao ingressar no SCL em primeiro lugar — ou dar um jeito de sair.

Naquele momento conturbado, sem fazer alarde, escolhi a primeira opção: me aproximar da justiça social e dos direitos humanos. Conseguia ver com mais clareza do que nunca que a CA poderia usar o Big Data para ajudar diplomatas na gestão de crise em zonas de conflito. Pensei em maneiras pelas quais a IA, o reconhecimento de novos idiomas e a análise de sentimentos poderiam nos ajudar a processar grandes quantidades de testemunhos de crimes de guerra, encontrando padrões neles. Talvez a modelagem psicográfica, que havia sido empregada na população dos Estados Unidos — causando, na minha opinião, um efeito desastroso — pudesse ser utilizada para gerar uma mudança de regime onde isso fosse de fato necessário. Trabalhei com Robert Murtfeld para entrar em contato com Fatou Bensouda, procuradora do Tribunal Penal Internacional, e com o embaixador itinerante dos EUA para assuntos relacionados a crimes de guerra, Stephen Rapp, e começamos a explorar algumas opções.

Tentei me refugiar na lembrança agridoce de John Jones, morto já havia quase um ano, sonhando com a possibilidade de buscar um conselho seu. Talvez por isso, em meados de fevereiro de 2017, quando surgiu a oportunidade de visitar Julian Assange, do WikiLeaks, não hesitei. Julian, que tinha sido um dos últimos clientes de John, ainda estava abrigado na embaixada equatoriana em Londres, onde havia procurado asilo político cinco anos e meio antes. John costumava visitá-lo, indo até lá de bicicleta e deixando-a sem tranca do lado de fora; ele sempre brincava dizendo que havia tanta segurança na embaixada que aquele era o único lugar em Londres onde você podia deixar algo sem ser furtado. Ele fazia a piada e depois me dizia que eu deveria visitar Julian com ele um dia, pois costumava ter contato com muitas pessoas. Com a morte de John, pensava que isso nunca iria acontecer.

Então, quando recebi aquele cobiçado convite, não considerei a minha decisão de ver Assange algo quase paradoxal; era intuitivo e pessoal. Embora tivesse pleno conhecimento de que ele tinha um passado complicado, havia muito tempo que eu o respeitava da mesma maneira que respeitava outros informantes da história recente. No ensino médio, tinha estudado a história da Guerra do Vietnã e aprendi sobre Daniel Ellsberg, também alvo do meu respeito, que vazara documentos do Pentágono. E achava heroica a decisão de Assange de vazar documentos sobre o envolvimento das forças armadas americanas em crimes de guerra no Iraque — na verdade, como mencionei, havia escrito minha dissertação de mestrado em direito sobre crimes de guerra usando o vazamento de dados do WikiLeaks como a minha principal fonte. E, em 2011, quando as doações do WikiLeaks foram bloqueadas pelas principais empresas de cartão de crédito, eles lançaram um dispositivo para que fosse possível doar usando Bitcoins, doei algumas centenas de dólares em reconhecimento à pesquisa que a organização me permitiu fazer.

Embora eu desconfiasse da escolha do WikiLeaks por vazar os e-mails de Hillary Clinton durante a eleição, a princípio senti que provavelmente deveria haver uma razão para a organização ter feito isso. Mas depois que não houve nenhuma revelação explosiva, parecia que aquilo fora feito para afetar a percepção dos eleitores. Lutei para encontrar a verdadeira razão para o ocorrido. Naquele momento, já havia passado quase dois anos cercada pelo *messaging* anti-Hillary (em todas as conferências das quais participava, dentro dos cubículos nos quais as pessoas trabalhavam, nos bótons que eu recebia nos discursos de Trump), e estava começando a ser persuadida. Estava ficando insensível ao conteúdo direcionado a mim pelo smartphone, em conferências e nas telas dos computadores dos meus colegas. Quanto a Assange, eu o via da mesma maneira que via Chelsea Manning, outra informante, e alguém que havia sofrido pelas suas crenças em nome da transparência do governo.

O convite para ver Assange veio através do amigo de um amigo — ele me disse durante uma festa de aniversário que Julian estava mal por conta da morte de John, assim como eu, e talvez fosse bom, nesse sentido, que nós nos encontrássemos. De alguma maneira, vi que encontrar com ele era uma maneira de chegar a alguém que se importava com o legado de John e abrir, mesmo que por um momento, um portal para o mundo dos direitos humanos, que se fechara absolutamente para mim, ao que parecia, depois da morte de John.

Eu não disse a ninguém que estava indo, mas não era tão ingênua a ponto de não entender que simplesmente passar pela porta da embaixada poderia me colocar em várias listas de vigilância. Ainda assim, sentia que os meus motivos para ir até lá eram pessoais e não eram da conta de ninguém, a não ser da minha.

A reunião durou apenas vinte minutos e ocorreu em uma sala de paredes vazias, com cadeiras brancas e uma mesa. Fui levada para a sala primeiro e, enquanto esperava Julian se juntar a mim, minha mente estava a mil, processando tudo que queria dizer a ele. Como eu poderia expressar a minha gratidão por sua bravura?

Quando ele desceu as escadas e entrou na sala, meu coração apertou. A tristeza brotou dentro de mim quando percebi que ele havia se tornado um prisioneiro. Ele estava pálido, quase transparente, tinha a pele e os cabelos brancos como aparecia nas fotos da época: barbeado, mas com a vida arrancada dele. O sol não tocava sua pele havia mais de seis anos.

Ele ansiava por ter alguém com quem conversar, para ouvi-lo, pelo menos alguém amigável. Em nossos vinte minutos juntos, ele falou a maior parte do tempo. Conversamos um pouco sobre John e como sofríamos a sua perda, mas Julian usou a reunião mais para fazer uma crítica severa do que para conversar. Ele falou sobre a União Europeia, seus pontos fortes e fracos, sobre o Acordo de Parceria Transatlântica de Comércio e Investimento.

Ele tinha ficado profundamente decepcionado com Obama, por quem havia criado grandes expectativas, mas que, segundo Assange, tinha se cercado de pessoas que fizeram péssimas escolhas, como o aumento no uso de drones e ações que causaram a morte de civis no exterior. Quanto a Hillary Clinton, ele não tinha nenhum apreço por ela; o ataque terrorista em Bengasi havia sido uma tragédia evitável. Concordei com ele nesse ponto, pois tive colegas que morreram naquele dia: durante o período em que estive na Líbia, eu estava me preparando para trabalhar com o embaixador Christopher Stevens e sua equipe; Stevens e três dos seus funcionários não sobreviveram aos ataques. Lembrei-me de ter pego um avião para Washington em 11 de setembro de 2012, ver todas as bandeiras a meio-mastro, e de participar de memoriais fúnebres em vez de encontros no Departamento de Estado durante o restante da viagem.

Nenhum dos comentários de Assange sobre o que aconteceu em Bengasi me surpreendeu, ao contrário do que ele dissera sobre Trump: Julian insistiu que ele era o candidato certo, não Hillary, e o único sem sangue nas mãos.

Dada a direção em que o governo Trump parecia estar caminhando — o posicionamento de Trump em relação à tortura, à imigração e ao muro —, isso provavelmente não seria verdade (se é que foi verdade em algum momento) por muito mais tempo, mas, na época de minha reunião com Julian, fiquei aliviada ao ouvi-lo dizer algo bom sobre Trump. A pessoa com maior probabilidade de iniciar guerras e acabar com vidas havia perdido a eleição, falou Julian, e por mais que, em retrospecto, isso pareça um tanto forçado, me trouxe um sentimento estranho de aprovação. Eu detestava a ideia de ter Trump no comando do meu país, mas o meu objetivo principal era impedir guerras. As palavras de Julian foram um alívio, ainda que passageiro, de que eu e minhas escolhas talvez fossem possivelmente morais, ainda do lado da paz. Podia ser que o tom da campanha fosse diferente do comportamento do novo presidente. Só o tempo diria.

Independentemente de qual tenha sido a consequência dos ataques de Kosinski à Cambridge na *Das Magazin* e na *Vice*, ela foi mínima. O mercado começou a se expandir para nós a partir do momento em que Donald Trump foi anunciado como o próximo presidente dos Estados Unidos.

Alexander e Bekah aproveitaram o momento para reorganizar e reformular a empresa. Como o nome da Cambridge Analytica passou imediatamente a ser o mais conhecido, ela acabou absorvendo o SCL Group. Sob jurisdição da Cambridge, Alexander e Bekah criaram uma nova divisão, o SCL Gov, que consistia em uma equipe restrita composta apenas por pessoas com privilégios de acesso de alto grau a assuntos confidenciais do governo americano — e para deixar suas intenções ainda mais claras, eles se estabeleceram em um escritório novinho em folha na esquina do Pentágono, em Arlington, determinados a garantir o fechamento apenas de contratos governamentais e militares.

O SCL Gov contratou dois profissionais experientes para administrar a nova divisão: Josh Weerasinghe, nomeado CEO, tinha um currículo impressionante.

Entre outros lugares, ele havia trabalhado como diretor de inteligência do departamento de defesa dos EUA em Bagdá; tinha sido vice-diretor de políticas públicas da secretaria de segurança interna da câmara; e atuara como diretor de equipe da subsecretaria de segurança interna da câmara para prevenção de ataques nucleares e biológicos. Chris Dailey foi nomeado diretor no setor de ciência de dados do SCL Gov. Ele tinha experiência com a marinha, trabalhando em operações com mísseis de cruzeiro Tomahawk e com análise de Big Data. Os dois homens estavam naquele momento no lugar perfeito para garantir contratos com todas as agências federais, desde o departamento de defesa até o departamento de habitação e desenvolvimento urbano.

Enquanto isso, Emily Cornell, que havia estado à frente do supercomitê MAN1 durante a campanha, assumiu a "CA Political", que ela administrava do escritório localizado no número 1.900 da Pennsylvania Avenue, bem próximo à Casa Branca e que, ironicamente, fazia parede com a embaixada mexicana. Emily trabalharia junto aos legisladores em futuros projetos de lei; começaria a cultivar contratos com candidatos ao senado, ao governo do estado e ao congresso, para meados de 2018; e guardaria nosso lugar para a reeleição de Trump em 2020.

Para auxiliar na expansão global, Alexander e Bekah saíram em busca de novos investidores em todo o mundo, indivíduos que poderiam aumentar o fluxo de caixa da empresa e também fornecer pontos de apoio ao SCL Gov em novos países como Emirados Árabes Unidos e Hong Kong. Alexander participava de jantares caros com bilionários e, tão logo conseguia convencê-los a participar, Julian Wheatland dava entrada, no Reino Unido, nos documentos necessários para os incluir no conselho administrativo da empresa.

Enquanto Bekah e Alexander trabalhavam para aproximar nossa empresa em rápida expansão da Casa Branca, nossos laços com a recente administração eram fortalecidos em outros lugares. Enquanto a imprensa se concentrava em como o governo Trump parecia inepto em nomear membros do gabinete, os jornalistas não foram capazes de perceber o trabalho de RH que Bekah vinha realizando por debaixo dos panos e de maneira discreta, em parte dentro dos nossos escritórios em Nova York. Enquanto ela e sua equipe entrevistavam pessoas para cargos no gabinete e negociavam contratos, o Charles Scribner's

Sons Building dava cobertura para aqueles que não queriam ser vistos entrando e saindo da Casa Branca ou da Trump Tower. Naquela época, muitas vezes, da minha mesa era possível ver um enxame de seguranças musculosos entrando e averiguando o escritório antes da chegada de pessoas em busca de auxílio, como Rick Santorum, ou rejeitadas e insatisfeitas como Chris Christie, que entrou para reclamar que não havia conseguido a nomeação para a qual acreditava que tinha direitos por ter declarado sua lealdade tão publicamente para Trump.

Da minha parte, eu queria sair dos Estados Unidos. Particularmente, esperava poder ir ao México para continuar o trabalho que tinha começado no ano anterior, quando cultivei negócios com clientes comerciais e políticos. Conseguira fechar acordos junto a várias candidaturas para o cargo de governador, e as eleições presidenciais do país estavam se aproximando. Alexander estava de olho nisso também, e eu esperava poder convencê-lo a me autorizar a abrir um escritório de verdade na Cidade do México assim que eu voltasse de uma viagem de negócios no início de janeiro de 2017.

Mas não era para ser. Alexander me queria em Londres, onde eu poderia ajudar, segundo ele, com os contratos do SCL Commercial e do SCL Political. A equipe de vendas estava desfalcada. Um novo diretor do SCL Global assumira o cargo: um sujeito chamado Mark Turnbull, e eu trabalharia para ele — embora eu com certeza desejasse que, se fosse para passar por outra mudança, Alexander tivesse considerado me promover.

Mark não era tão fino quanto Alexander, era mais velho, claramente de uma classe social diferente, mais bronco. No entanto, gostei bastante dele. Ele tinha passado décadas à frente de campanhas eleitorais, incluindo as primeiras eleições democráticas no Iraque após a queda de Saddam Hussein, e sabia muito sobre operações de defesa e estratégias de comunicação diante das adversidades entre partidos militares e políticos. Por mais que eu me ressentisse por não ter sido promovida, estava ansiosa para trabalhar com Mark e aprender com ele. E voltar para Londres pelo menos representava um afastamento da podridão dos Estados Unidos. Isso também me deu a oportunidade de me reconectar com Tim, com quem eu ainda namorava. Em outras palavras, eu estava olhando para o lado bom das coisas e, embora sonhasse todas as noites com o México e eventualmente viajasse para lá a fim de treinar as novas pessoas que Alexander havia contratado para dar cabo de meus contratos sem mim, parecia que Londres seria minha casa por enquanto.

Foi durante aquelas primeiras semanas agitadas da presidência de Trump que a Rússia se tornou um assunto mais frequente entre nós na CA. Embora a imprensa estivesse atenta à Rússia antes mesmo que Trump tivesse a chance de se sentar no Salão Oval, nosso grupo não tinha dado nem um pingo de atenção às primeiras reportagens. No escritório da Cambridge, não era incomum ouvir a expressão fake news ser invocada, em parte, acho, porque nós, funcionários da Cambridge, sentíamos que os esforços haviam vindo dos russos que não podiam aceitar a derrota esmagadora de Hillary ou talvez tivessem sido insignificantes quando comparados aos nossos. A Cambridge Analytica, e não um governo externo, havia garantido a presidência de Trump, acreditávamos, e o foco na Rússia era considerado disruptivo para o novo governo em cujo sucesso a empresa estava investida.

É claro que a influência russa nas eleições foi motivo de grande preocupação nos círculos de inteligência, e logo ficou mais difícil ignorar essas "fake news". Poucas semanas após a posse de Trump, ficou claro que as ações do conselheiro de segurança nacional de Trump, Michael Flynn, haviam levado a relação entre Trump e a Rússia a um nível muito mais alto de escrutínio. Revelou-se que Flynn — o qual tinha entrado em contato com o embaixador russo nos Estados Unidos, Sergey Kislyak, durante a transição a fim de discutir as sanções que Obama adotara em resposta à interferência eleitoral da Rússia em 2016 — mentiu para o FBI sobre suas conversas com os russos. E os laços do diretor de campanha de Trump, Paul Manafort, com os oligarcas ucranianos e, potencialmente, com a Rússia, haviam motivado, em parte, a decisão de substituí-lo por Steve Bannon em agosto do ano anterior. Em pouco tempo, Flynn estava fora, uma partida que teria efeitos muito maiores do que qualquer um poderia ter previsto. Em meados de fevereiro de 2017, pouco depois de Flynn ter sido destituído do cargo de conselheiro de segurança nacional, eu estava no escritório do Reino Unido — agora tínhamos um novo lugar ainda maior, na New Oxford Street. Alexander não estava naquele dia, e eu tinha ido buscar algo no seu escritório quando vi um livro na estante de literatura fascista, aquela que ele apontou fazendo piada durante minha entrevista com ele em 2014. Em meio aos livros de Ann Coulter e Nigel Farage, havia um de Michael Flynn. Eu não sabia que Flynn lançara um livro. Era recente, fora publicado em 2016 e intitulado *The Field of Fight: How We Can Win the Global War Against Radical Islam and Its Allies.*

Dado que o nome de Flynn tinha estado nas manchetes dos jornais poucos dias antes, peguei o livro. Minha intenção era folheá-lo, mas parei logo na folha de rosto, coberta com a caligrafia de Flynn: era uma dedicatória para Alexander, volumosa e evidentemente pessoal, explicando a importância do que eles haviam acabado de fazer. Meus olhos foram atraídos para a última frase, que Flynn escrevera em letras imensas e cheias de curvas:

"Juntos nós fizemos os Estados Unidos voltarem a ser grandes!"

Eu congelei.

Como assim "nós"? O que Flynn queria dizer com aquilo? Ele e Alexander ou a Cambridge Analytica haviam trabalhado juntos para além do que eu achava? Até onde sabia, ele prestava consultoria ao SCL, quando Alexander comemorou sua nomeação (obviamente um caminho direto para contratos governamentais e militares) e lamentou sua demissão. A demissão muito recente de Flynn e aquela dedicatória fizeram os cabelos da minha nuca se arrepiarem. Eu não queria ser vista ali de pé lendo aquilo, então considerei tirar uma foto da página, mas depois pensei melhor. Fazer aquilo poderia ser visto por alguém como um comportamento suspeito. Ainda tremendo e sem me dar ao trabalho de ler uma página sequer, coloquei o livro de volta na estante e saí da sala o mais rápido que pude.

Quantas coisas eu não sabia? Quantas coisas Alexander estava escondendo? Quantas coisas eu tinha escolhido não ver?

Várias, como acabaria descobrindo.

No final de fevereiro, Julian e Alexander me chamaram de volta a Londres. O Information Commissioner's Office (ICO), órgão público independente, semelhante a uma procuradoria, que lida com o tratamento de informações e dados no Reino Unido, dera início a uma investigação criminal sobre o envolvimento da Cambridge Analytica no Brexit. O Leave.EU tinha apresentado seu relatório de gastos de campanha e não havia menção ao pagamento feito à Cambridge Analytica pelos serviços prestados. Tais relatórios eram exigidos pela lei britânica, e o ICO queria saber qual tinha sido o envolvimento da CA.

Para mim, o envolvimento da Cambridge com o Leave.EU havia sido bem claro. Eu tivera várias reuniões com Arron Banks e sua diversificada equipe. Com a bênção de Arron e o consentimento de Matthew Richardson (o secretário do UKIP que, curiosamente, também atuou como nosso consultor jurídico), eu havia obtido tanto os dados dos filiados do UKIP quanto suas respostas às pesquisas, e nossos cientistas modelaram esses dados para segmentar o público-alvo. Embora não tenha sido eu a entregar os resultados físicos desse trabalho ao Leave.EU, eu os apresentei em uma reunião com a equipe executiva do Leave.EU e depois por videoconferência. A isso se seguiu outro dia de trabalho com a equipe em Londres. O dr. David Wilkinson, um de nossos cientistas de dados seniores, e eu tínhamos ido a Bristol para nos encontrar com a equipe de campanha do UKIP (ou seja, "os funcionários do escritório da Eldon Insurance"), atualizá-los sobre o nosso trabalho e dar início a uma auditoria da sua operação de base. Essa fora a primeira fase do trabalho que prestamos para o Leave.EU e, até onde eu estava ciente, não, Arron Banks não havia nem pagado à Cambridge Analytica, nem continuado a trabalhar conosco depois disso.

Alexander e Julian me explicaram o problema da maneira que eles o enxergavam: nós, e outros, tínhamos falado em público sobre o nosso trabalho. Alexander instruíra um de nossos funcionários a elaborar um comunicado de imprensa anunciando o trabalho, o comunicado fora noticiado pela mídia, e o próprio Leave.EU tinha feito postagens no seu site sobre nosso trabalho em conjunto — e essas informações ainda estavam on-line. Arron Banks chegou a escrever sobre a parceria no seu recém-publicado livro *The Bad Boys of Brexit*. Além disso, eu tinha mencionado o assunto em entrevistas para a Bloomberg, a PR Newswire e outros veículos de comunicação.

Alexander disse que tudo aquilo fora excesso de zelo da nossa parte. Nós e o Leave.EU tínhamos ficado tão empolgados com a perspectiva de trabalhar em parceria que colocamos o carro na frente dos bois. Tínhamos tirado proveito da repercussão na imprensa, mas agora era hora de recuar.

"E, bom, felizmente", acrescentou Alexander, "nenhum trabalho foi feito".

O quê?, pensei. "Mas nós trabalhamos com eles *sim*", eu disse. "Trabalhamos, só nunca fomos pagos."

"Bem", disse Alexander, "nunca fomos pagos porque tudo foi superestimado. Você gastou tempo e dinheiro além da conta fazendo *pitches*", completou ele.

Eu me virei para Julian. "Mas você enviou uma fatura para eles. Pelo trabalho que fizemos." Julian até se ofereceu para manter o dinheiro em caução em uma *escrow account*, se o Leave.EU assim preferisse, mas Arron nunca pagou.

Eu me virei para Alexander. "Nós *trabalhamos*", falei.

"Não", respondeu Alexander, "porque não fornecemos dados".

"Fornecemos *verbalmente*", eu disse. Compartilhamos os dados com eles; entregamos por via verbal.

"Mas não lhes demos os dados *fisicamente*", falou Alexander. "Nós nem trabalhamos tanto assim. Não mudamos o mundo nem nada."

"Tecnicamente, nós não fizemos o trabalho", acrescentou Julian, "porque nunca assinamos um contrato e o resultado não era aproveitável".

"Era aproveitável *sim*." A segmentação havia extraído informações impressionantes dos dados do UKIP, e eu não tinha motivos para acreditar que o Leave. EU não havia, no mínimo, utilizado a divisão de público-alvo que tínhamos fornecido verbalmente, e aproveitado grande parte das orientações que demos depois de trabalhar com eles por três dias seguidos, em um momento tão importante da campanha.

"Mas na verdade não lhes demos nada", insistiu Alexander. "Talvez eles tenham *pegado*. Mas nós não *demos* nada."

Achei que estava ficando maluca. Por que eles estavam protegendo o Leave. EU? Por que estavam tentando encobrir aquilo? Nós mesmos poderíamos acabar sendo implicados em uma acusação de violação de gastos eleitorais.

"Chegou um questionário do ICO no Google Docs", disseram. Eles queriam que eu o preenchesse. Depois, iriam "colaborar" com o preenchimento, certificando-se de que minhas respostas estavam certas.

Eles queriam que eu mentisse.

"Não existe nenhuma lei que proíba mentir", disse Alexander. "E, além disso, o que estamos fazendo é *corrigir a narrativa*."

O problema não era apenas o crime, era acobertá-lo. Ao encobrirmos o fato de havermos feito qualquer trabalho para o Leave.EU, por menor que tivesse sido, eu sabia que estaríamos piorando ainda mais uma situação por si só complicada.

Eu queria dizer a verdade. Então, no questionário, contei a história da forma como eu havia testemunhado, mas também da forma como Alexander e Julian me orientaram. Expliquei que, quando estávamos em contato com o Leave.EU, tínhamos expectativa de obter um contrato maior, o que não aconteceu. Isso, ao menos, era verdade.

Eu me senti um lixo por agir de má-fé, mas não queria perder o emprego, então não falei nada para ninguém. O que estava por trás da insistência deles em adulterar aquela narrativa? Algo maior que eu, e ainda maior que Alexander. Algo, talvez, que tivesse a ver com Steve Bannon e o relacionamento dele com Arron e Nigel? Eu não tinha como fazer nada além de conjecturas. Por fim, a investigação do ICO concluiu que "não há evidências de uma relação de trabalho entre a [Cambridge Analytica] e o Leave.EU para além dessa fase inicial".*

Alguns dias depois, em um sábado, uma jornalista investigativa chamada Carole Cadwalladr publicou um artigo no *The Guardian* analisando o que ela alegava ser uma conexão entre a Cambridge Analytica, o Leave.EU e Robert Mercer. Seguindo com afinco a trilha apontada pelo artigo publicado pela *Das Magazin*, que havia enfurecido a CA devido às alegações de que tínhamos roubado dados de usuários e os aproveitados para fins antiéticos, o artigo de Cadwalladr foi um golpe duro.

Ele tratava da questão dos gastos em campanhas de maneira geral, incluindo uma possível violação cometida até mesmo pelo Vote Leave, a campanha pelo Brexit que saíra vitoriosa na disputa com o Leave.EU. Mas Cadwalladr mirou na Cambridge e no Leave.EU.

Infelizmente, Andy Wigmore, que se apresentava como diretor de comunicações do Leave.EU, havia concedido uma entrevista a Cadwalladr tratando

---

* Information Commissioner's Office, "Investigation into the Use of Data Analytics in Political Campaigns", 6 de novembro de 2018, ICO.org.uk, https://ico.org.uk/media/action-weve-taken/2260271/investigation-into-the-use-of-data-analytics-in-political-campaigns-final-20181105.pdf.

de conexões que pareciam ainda mais nefastas: se em junho de 2016, nos dias que antecederam a votação, ele havia dito que o Leave.EU não tinha nenhuma parceria com a Cambridge Analytica, agora estava revisando suas declarações. A razão disso, ninguém sabia. Nigel Farage e a família Mercer, disse Wigmore, tinham agora "objetivos em comum". O que os Mercer estavam interessados em fazer nos Estados Unidos era similar ao que Farage queria fazer no Reino Unido. Wigmore havia apresentado a Cambridge Analytica a Farage. "Eles ficaram contentes em poder colaborar", disse ele, "porque Nigel é um grande amigo da família Mercer". A Cambridge e o Leave.EU, disse Wigmore, "compartilharam muitas informações".

Em resposta ao artigo, Alexander emitiu um comunicado em nome da empresa: "Estamos em contato com o ICO", dizia o texto, "e ficamos orgulhosos por ter demonstrado que estamos em total conformidade com a legislação de proteção de dados do Reino Unido e da União Europeia".

Mas nem todo mundo ficou satisfeito. A votação do Brexit tinha sido a mais importante votação da história britânica, e o parlamento agora queria que a Cambridge Analytica explicasse melhor o fato de um bilionário americano ter deixado suas impressões digitais nela.

Eu também não estava feliz. No artigo, Cadwalladr mencionava meu nome de forma irrestrita, me atribuindo muito mais autoridade e poder na empresa do que eu tinha de verdade. De súbito, o artigo me transformou mais uma vez no rosto da Cambridge Analytica e do Brexit — o oposto do que eu desejava.

"Você fica com o Reino Unido que eu fico com os americanos", foi o que Alexander disse quando me pediu para lhe fazer o favor de apresentar o painel do Leave.EU sobre o Brexit, e, na época, aquilo soou como dois velhos amigos dividindo a conta do almoço. Concordei em pagar a metade que me cabia, por assim dizer, mas, olhando agora para o desenlace, parecia que eu era a responsável pelo valor integral da refeição. O nome de Alexander sequer era mencionado no artigo, e Cadwalladr atribuiu o comunicado que ele havia endereçado a ela a um mero "porta-voz da empresa".

Em abril, o problema ainda não havia desaparecido, e a Comissão Eleitoral anunciou que faria uma investigação a fundo dos gastos de campanha durante o Brexit. O Vote Leave também passaria por escrutínio, mas o verdadeiro foco era uma fatura de 41.500 libras que Arron Banks aparentemente ainda não havia pago à Cambridge pelo trabalho que tínhamos — ou, de acordo com Alexander, *não tínhamos* — feito.

Alexander enviou um e-mail inusitado para Julian Wheatland; nosso chefe de relações públicas globais, Nick Fievet; Kieran, nosso diretor de comunicação; e eu. Estava incluído em cópia o secretário do UKIP, Matthew Richardson. O assunto do e-mail era "Investigação da Comissão Eleitoral".

"Queridos", começava o e-mail, que a seguir expunha a situação complicada em que nos encontrávamos. O anúncio da investigação nos colocou em apuros. As coisas estavam indo além daquele simples questionariozinho do ICO. De qualquer forma, não tínhamos trabalhado para o Leave.EU, escreveu Alexander, então não tínhamos nada com que nos preocupar. No entanto, dizia ele, havia uma grande quantidade de notícias circulando, incluindo algumas que nós mesmos havíamos gerado, que indicavam que nós *tínhamos* trabalhado para o Leave.EU. Ele se referia ao desastroso *release* que ele mesmo mandara Harris McCloud enviar para a imprensa:

> Recentemente, a Cambridge Analytica se associou ao Leave.EU — o maior grupo britânico em defesa do "Brexit", a saída do Reino Unido da União Europeia — para auxiliá-los a compreender melhor os eleitores britânicos e a se comunicar de forma eficiente com eles. Já ajudamos a impulsionar a campanha do Leave.EU nas mídias sociais, garantindo que as mensagens certas cheguem aos eleitores certos pela internet, e a página do grupo no Facebook está crescendo ao ritmo de cerca de 3.000 novos seguidores por dia. E isso é só o começo!

Ele também mencionava a entrevista que eu dei à PR Newswire logo após o debate sobre o Brexit em novembro de 2015. "Ela disse que a equipe de cientistas e analistas de dados da empresa, alguns dos quais trabalhando em tempo integral no Reino Unido, iriam proporcionar um *messaging* segmentado."

E, mais uma vez, Alexander abordava a hipótese de mentir. Ele achava que deveríamos "consolidar a narrativa" para "mitigar a perda de credibilidade". Havia três "fatos" que precisávamos afirmar: "(1) Conversáramos com o Leave.

EU sobre a possibilidade de trabalhar para eles; (2) enquanto essas conversas estavam em andamento, concordamos em compartilhar uma plataforma com eles e em emitir um *release* — na suposição de que começaríamos mesmo a trabalhar em parceria e (3) acabamos não fechando a parceria."

Ele ponderou se não seríamos capazes de tomar as rédeas da situação ao dizer que, de alguma forma, "tínhamos nos apressado" ou que "nosso departamento de relações públicas havia recebido informações equivocadas da equipe operacional sobre o status do projeto". E, por fim, queria saber o que achávamos daquela ideia, o que não parecia um pedido muito sincero, levando em conta o que acabara de propor.

Ele acrescentou um P.S., perguntando se seria possível classificar a contribuição da empresa para a campanha do Leave.EU não como uma doação, mas como algo que ele chamava de "boa vontade" — algo que não existia no universo da política.

Enquanto isso, Carole Cadwalladr continuava a fuçar, certa de que havia uma conspiração por trás daquele assunto. Ela estava determinada a encontrar indícios de fumaça em algum lugar, e começou a concentrar os seus esforços cada vez mais em mim, acreditando, de forma equivocada, que eu era a pessoa responsável por atear o fogo.

No início de maio, ela entrou em contato comigo por e-mail. (Por que ela não tinha feito aquilo antes estava além da minha compreensão, mas hoje presumo que ela simplesmente chutou qual seria o meu endereço de e-mail e deu um tiro no escuro.) O texto no campo de assunto era "Pedido de esclarecimento". Nós nunca tínhamos nos visto antes; portanto, ela se apresentou — como se fosse possível que eu nunca tivesse ouvido falar dela, visto que, àquela altura, fazia meses que ela tinha começado a arruinar a minha vida. "O Leave.EU agora está dizendo que a Cambridge Analytica não trabalhou para eles durante a campanha do referendo. Gostaria de lhe dar a oportunidade de explicar sua presença no debate no evento de lançamento do Leave.EU em 18 de novembro de 2015."

Raiva é pouco para descrever o que eu senti.

Naquele momento, ou Andy Wigmore ou Arron Banks (ou ambos) estavam negando que a Cambridge Analytica tivesse prestado serviços a eles. Nigel

Farage poderia estar negando também. E como todo mundo estava negando, isso se tornou um problema. Fiquei com raiva por Alexander e Julian terem insistido em se esquivar de entrar em detalhes na resposta ao ICO. Encaminhei o e-mail de Cadwalladr para o nosso relações-públicas, Nick.

"Por favor, leia isso e me dê orientações", pedi sem rodeios, sabendo que tudo aquilo poderia ter sido evitado.

Mas Nick não tinha nada de útil para dizer. E, sem notícias minhas, Carole Cadwalladr se uniu a uma jornalista freelancer norte-americana chamada Ann Marlowe, que havia escrito artigos para o *Village Voice* e que também começara a analisar o papel da Cambridge Analytica nas eleições nos Estados Unidos. Em agosto de 2016, Marlowe fez uma matéria investigativa para a revista *Tablet* e deu início a uma apuração minuciosa em busca de algum tipo de conexão entre o SCL e as relações comerciais de Paul Manafort na Ucrânia. O que ela descobriu nessa pesquisa (que um ex-acionista do SCL tinha vínculos com a Ucrânia) havia produzido mais fumaça do que fogo.* Sua única conclusão foi a de que o mundo deveria "prestar mais atenção aos donos das empresas que coletam dados dos eleitores norte-americanos".

Agora, Carole e Ann tinham dado início a uma troca de tuítes, e elas estavam usando aqueles 140 caracteres para escrever acusações e condenações direcionadas a mim, disseminando informações falsas. Alexander não fez nada para ajudar. Eu implorei para que ele contratasse uma empresa de relações públicas para lidar com a situação, mas ele se recusou. Sendo um homem cujo ganha-pão consistia em desenvolver estratégias de comunicação, ele era resistente em desembolsar dinheiro para que alguém fizesse aquele trabalho por ele, ainda que fosse desesperadamente necessário. Nix era cheio de si, acreditando que ele próprio, graças ao seu charme inesgotável, poderia resolver qualquer problema de relações públicas que viesse a surgir, mas fracassou diante daquele. O mensageiro havia perdido o controle da própria mensagem.

* * *

* Ann Marlowe, "Will Donald Trump's Data-Analytics Company Allow Russia to Access Research on U.S. Citizens", *Tablet*, 22 de agosto de 2016, https://www.tabletmag.com/jewish-news-and-politics/211152/trump-data-analytics-russian-access.

Eu estava profundamente infeliz, me sentindo traída. Agora, mesmo os meus amigos britânicos me olhavam com desconfiança ou me consideravam uma delinquente. Às vezes, eu mesma me sentia uma.

Alexander havia me chamado de volta ao Reino Unido para fazer trabalho comercial em nível global, mas as reuniões com potenciais clientes eram quase sempre desagradáveis. Uma, por exemplo, foi com uma multinacional do tabaco. Eles estavam determinados a mudar de rumo e fazer com que os seus já viciados consumidores descobrissem o mais novo produto deles, os cigarros eletrônicos. O desafio era descobrir como promovê-los legalmente (ou de forma não tão legal). Assim como nos Estados Unidos, no Reino Unido as propagandas de cigarro são proibidas em diversas plataformas. Portanto, a empresa queria que encontrássemos uma alternativa, uma maneira de ocultar o verdadeiro objetivo do anúncio, para levar potenciais clientes ao site e fazê-los entrar em contato com o *messaging* por meio de cliques que começassem com algo mais inofensivo do que o tabaco ou a nicotina.

Logo depois que me pediram para editar minha resposta ao ICO, recebi uma mensagem no LinkedIn de um homem chamado Paul Hilder. Paul tinha um currículo impressionante. Ele era um escritor, articulador político e empreendedor social que acreditava que o Big Data poderia ser usado para impulsionar iniciativas populares. Apesar de britânico, tinha passado boa parte do ano de 2016 envolvido na campanha de Bernie Sanders, e, curiosamente, me encontrara graças a um vídeo no qual eu fazia uma breve e improvisada aparição e que alguém da Cambridge havia postado.

O vídeo fazia parte de um estranho fenômeno: um dos nossos cientistas de dados mantinha um *vlog* no YouTube, descrevendo sua vida — incluindo o seu trabalho na Cambridge — ao longo de 365 dias. Um dos vídeos foi de uma festa da empresa que ocorreu no verão de 2015, em uma pista de corrida de cães em Londres. Mais tarde, o vídeo se tornaria infame porque, nele, um dos meus colegas fazia um brinde a Alexander, dizendo que ele era o tipo de pessoa "capaz de vender uma âncora a um afogado", um comentário nada elogioso que não seria esquecido nem mesmo após a empresa ruir. No entanto, o que havia chamado a atenção de Paul tinha sido outra coisa.

O vídeo tinha sido feito durante a participação da empresa na campanha de Ted Cruz, e, em determinado momento daquele dia, alguém da equipe Cambridge-Cruz gritou, "Quem vai ganhar a eleição?", e a voz solitária que respondeu "Bernie Sanders" era a minha.

Foi assim que Paul me encontrou.

Ele provavelmente pesquisou sobre o SCL Group no Google, porque, assim como muitas outras pessoas, estava tentado entender — e traçar estratégias capazes de superar — o que havia acontecido no Reino Unido e nos Estados Unidos. Ele defendia havia muito tempo o uso das mídias sociais pela esquerda como um meio de organização, e fundou uma iniciativa chamada Crowdpac, uma alternativa popular aos supercomitês de ação política. Ele também desempenhara um papel na fundação da Avaaz, uma organização cuja trajetória eu acompanhava e admirava por ser uma das plataformas de petições mais usadas no universo das campanhas de mobilização. Além do mais, ele havia trabalhado como diretor de campanha de um partido pacifista britânico durante a Guerra do Iraque; havia sido candidato a secretário-geral do Partido Trabalhista; e, em 2016, havia inclusive proposto uma refundação completa do partido.

Eu não sabia direito o que Paul queria comigo. Conversamos por telefone enquanto eu estava no México, delegando alguns contratos. Enquanto passava os projetos para as mãos das duas pessoas que Alexander escolhera para tocar aquele trabalho, achei ambas profundamente despreparadas. Uma era Laura Hilger, cuja principal experiência em campanhas eleitorais havia ocorrido dentro da Trump Tower. Ela não fazia ideia do que era trabalhar com política na zona rural do México. O outro era Christian Morato, que alegava falar espanhol, mas não falava, e possuía ainda menos experiência em campanhas do que Laura. Mas ele era um ex-Boina Verde, então Alexander gostava dele.

O que eu estava passando para as mãos deles era algo a que havia me dedicado durante um ano. Um dos contratos era para as eleições a governador em quatro estados mexicanos; o outro era para um trabalho em potencial com uma das maiores empresas de mídia do mundo de língua espanhola, a Cultura Colectiva. Eu estreitava os laços com a empresa, e o plano era que a CA se associasse a ela, realizasse pesquisas em espanhol utilizando a pontuação OCEAN, e, a partir disso, trabalhasse com produção de conteúdo.

A conversa por telefone com Paul Hilder durante a minha temporada no México foi uma lufada de ar fresco, porque eu desconfiava muito da capacidade de Laura e de Christian de lidar com aquela tarefa, e também porque estava muito desgostosa com muitas coisas relacionadas à Cambridge nos meses recentes. Eu não sabia o que Paul queria, mas gostei muito dele. Ele parecia inteligente e interessante, e combinamos de nos encontrar quando eu voltasse a Londres.

No nosso primeiro almoço, em um restaurante a poucos minutos do escritório de Londres, descobri que ele queria uma miríade de coisas. Uma delas era aprender o que a Cambridge fazia. Esse desejo se devia em parte a poder terminar de escrever um artigo para a revista *Prospect* sobre o Big Data, o Brexit e Trump, em parte a avaliar de que forma o que a CA fazia poderia ser aplicado tanto ao novo Partido Trabalhista que ele queria fundar quanto a outras iniciativas liberais. A terceira coisa na qual ele estava interessado tinha a ver comigo: como uma entusiasta de Bernie Sanders fora parar em um lugar como a Cambridge Analytica?

Não tomei lá muito cuidado com o que compartilhei com Paul. Não violei o termo de confidencialidade da empresa, mas tratei Paul como um cliente perguntando sobre os nossos serviços, o que, em parte, ele era — ao menos em potencial. Contei a ele o mesmo tipo de coisa que contaria em um *pitch* qualquer: quais eram as nossas habilidades, o que nossas análises de dados e nossa metodologia psicográfica eram capazes de fazer — e haviam feito. Expliquei a ele por que tinha ido trabalhar na Cambridge em primeiro lugar, falei dos programas sociais com os quais queria me envolver, e como esse sonho se esvaíra.

Ele me perguntou se eu poderia imaginar outra vida além do SCL e da Cambridge. A qualquer momento em que eu me sentisse preparada para fazer essa aposta, disse ele, havia causas progressistas à espera.

Jantamos juntos várias vezes depois disso. Ele estava interessado no que a empresa havia feito na Nigéria e no Quênia, queria saber sobre Buhari e a família Kenyatta, e se o trabalho da CA na África fora tão honesto quanto parecia — o mesmo tipo de preocupação que eu tinha.

Em pouco tempo, parei de enxergá-lo como um cliente em potencial. Eu sabia que ele provavelmente não tinha nem necessidade, nem interesse nos serviços da Cambridge, e, apesar de ter dito a mim mesma que talvez ele conhecesse alguém que pudesse vir a ser um cliente, e que por isso eu deveria continuar cultivando aquele contato por questões comerciais, a verdade é que eu acreditava que, algum dia, teria a oportunidade de trabalhar com ele.

Ele me fazia lembrar de John Jones. E parecia um aliado, um compatriota, talvez até meu primeiro amigo liberal em anos.

Por outro lado, a Inglaterra parecia uma grande armadilha. Carole Cadwalladr, do *The Guardian*, simplesmente não deixava morrer a pauta envolvendo o meu nome ao Brexit. Ainda assim, o cenário norte-americano não parecia melhor.

Em abril, a Cambridge ganhou um prestigioso prêmio de publicidade justamente pelo vídeo do supercomitê de ação política que eu detestava, a campanha do "Ela não é capaz de administrar nem a própria casa", com Michelle Obama. Aquilo me causava repulsa só de pensar. Em maio, o procurador-especial Robert Mueller deu início à investigação sobre o envolvimento dos russos nas eleições de 2016 e, no começo de junho, quando falei a Alexander que precisava ir ao casamento de um amigo, que seria na Rússia, ele pirou. Embora ninguém na Cambridge nunca tivesse dado qualquer importância a nada relacionado à Rússia, alguma coisa ali deixava Alexander apreensivo.

Ao descobrir sobre a minha viagem iminente, ele me enviou um e-mail, com cópia para Mark Turnbull. Eu não deveria levar nenhum cartão de visitas da Cambridge Analytica, ele avisou. Como se isso não bastasse, Alexander me ligou e ordenou: "Não faça nenhuma reunião também. Só vá. Beba champanhe. Dance um pouco. Divirta-se. E volte para casa." Eu fiz exatamente tudo isso, mas é claro que comecei a me perguntar por que ele parecia tão abalado.

Quando voltei, Alexander tinha recebido más notícias do México. Apesar de o candidato que tínhamos apoiado em uma das disputas para governador ter vencido, Laura e Christian haviam administrado mal a campanha e o envolvimento da CA nela.

Alexander me falou que eu teria que ir para lá para resolver o problema. Perguntei por quanto tempo seria.

"Até você conseguir consertar tudo", disse ele.

15

Terremoto

JULHO – SETEMBRO DE 2017

Os dois anos e meio anteriores me deixaram esgotada. Eu nem tinha feito 30 anos ainda e já me sentia uma idosa. Não dormia ou comia direito havia anos; tinha parado de praticar exercícios e estava vestindo roupas de tamanho três ou quatro vezes maior; e as intermináveis viagens de avião pioraram a minha escoliose, patologia crônica que me levou a fazer uma cirurgia que mudou a minha vida mas que, se não recebesse a devida atenção, me provocava uma dor sem fim. Eu agora estava na Cidade do México e, pela primeira vez em muito tempo, as coisas ficaram um pouco mais devagar. De manhã, eu acordava junto com o raiar do sol; à noite, conforme a cidade ia diminuindo o ritmo, eu diminuía o meu também. Estava longe dos Estados Unidos, onde eu mesma queimara o meu filme, e longe do Reino Unido, onde ele fora queimado por outras pessoas. E estava em um dos lugares mais bonitos do mundo.

Alexander tinha me enviado ao México para fechar um contrato para as eleições presidenciais vindouras e para retomar o controle sobre os outros negócios da CA no país. Assim, eu morava em um apartamento corporativo em Polanco, o bairro mais chique da Cidade do México, em uma rua tranquila. O local tinha janelas do chão ao teto e uma varanda de ferro fundido que dava vista para uma aleia de palmeiras. Pela primeira vez em muito tempo, eu me sentia feliz de verdade.

Estar no México e recuperar o fôlego, mesmo que por um instante, me ajudou a enxergar as coisas com maior clareza e tranquilidade. Eu sabia que queria sair daquilo; isso era certo. Mas não estava pronta para pedir demissão sem um plano. Por um lado, eu não podia. Estava mandando dinheiro para casa para ajudar meus pais, sobretudo para o aluguel dos diversos depósitos que guardavam o que tinha restado da nossa casa, mas também para ajudá-los a sobreviver quando necessário. Minha irmã também fazia isso; sem dúvida, nossos pais apreciavam aquela mão amiga. Com a saúde do meu pai se deteriorando, nenhuma de nós poderia se dar ao luxo de abrir mão daquela segurança.

No entanto, algo mais do que o mero contracheque me impedia de deixar a Cambridge, apesar do meu crescente desgosto pelo trabalho que tínhamos feito, pela maneira como o fizemos e pelo fato de eu agora estar sendo obrigada a arcar com a minha responsabilidade naquele trabalho. Por mais que aquilo estivesse me tirando o sono, a Cambridge era uma empresa que eu ajudara a construir — para o bem, ou, àquela altura, para o mal. Eu não tinha sido adequadamente recompensada pelo tanto que havia feito, na esperança de que, um dia, quando a empresa alcançasse um novo patamar de sucesso, houvesse um acerto de contas. Desde o meu começo no SCL, Alexander se referia à empresa como se fosse uma startup do Vale do Silício — mas que agora valia milhões.

E, logo após as eleições de 2016, parecia que o discurso dele estava se tornando realidade. Apesar das investigações e da repercussão negativa na imprensa, nós agora éramos requisitados no mundo inteiro. Por mais que eu estivesse decidida a sair, não queria pular fora justo no momento em que a empresa estava concretizando o tipo de sucesso que eu previa desde que embarcara nela. Eu já havia sacrificado muitos dos meus valores pela Cambridge; sair de mãos abanando seria a pior coisa.

Mas o fato de estar ganhando tempo até que a empresa atingisse maior êxito não significava que eu não planejava a minha saída. Na verdade, nas semanas seguintes ao nosso balanço das eleições de 2016, eu estava trabalhando em um projeto com meu velho amigo Chester, que me permitiria deixar a Cambridge para trás de vez, sem deixar de desenvolver a minha experiência em economia dos dados. Ele também estava cansado de se associar a Alexander depois de tê-lo apresentado a diversos clientes e investidores que renderam bons negócios — e Alexander ter pago a ele um total de zero dólares.

Dessa forma, no início de 2017, Chester e eu fizemos um grande esforço para penetrar no universo da "tecnologia blockchain", um grupo de tecnólogos, criptografadores, libertários e anarquistas otimistas e bastante atentos, que viam como de extrema importância a segurança de dados, a propriedade dos próprios ativos e informações, e até mesmo o gerenciamento das suas próprias moedas fora de um banco. Era um momento de ânimos elevados no setor, que envolvia uma tecnologia emergente e disruptiva que, para além de muitos outros usos, permitia que as pessoas assumissem o controle dos seus dados graças a uma tecnologia ética, baseada em transparência, consentimento e confiança.

"Blockchain" é um banco de dados ou *ledger* público, descentralizado em centenas ou milhares de computadores em todo o mundo que validam e registram transações, para que nenhuma autoridade central possa editar ou excluir dados. Entre outras coisas, os usuários podem armazenar e criptografar dados com segurança e acompanhar sua transferência de forma transparente. Todas as transações financeiras são registradas publicamente e, quando elas atingem determinado volume, são colocadas em um "bloco" (*block*) de dados que é "acorrentado" (*chained*) a todos os outros blocos de dados criados desde a concepção da plataforma. Para editar qualquer transação que seja, alguém precisaria hackear todos os blocos formados antes dela, o que nunca aconteceu.

Meus olhos estavam abertos e meus ouvidos estavam atentos.

Eu já conhecia a tecnologia que dava suporte ao blockchain há algum tempo; a mais antiga ferramenta baseada nela era a Bitcoin. Eu tinha ouvido falar de Bitcoin pela primeira vez em 2009 — alguns dos meus amigos da área de direitos humanos estavam fazendo pagamentos uns aos outros (enviando Bitcoins como agradecimento por algum trabalho ou por informações) quando operavam rotas clandestinas para tirar pessoas em situação de risco da Coreia do Norte e enviá-las a um lugar que lhes oferecesse asilo. O que tornou o blockchain tão revolucionário foi o fato de ser um "sistema de transações monetárias novo, *peer-to-peer*, sem sistema de confiança tripla", então, na época, era a forma ideal de fazer transferências de dinheiro sem que nenhum governo pudesse rastrear.*

---

* Luke Fortney, "Blockchain Explained", Investopedia, n.d., https://www.investopedia.com/terms/b/blockchain.asp.

Agora, muitos anos depois, eu vira o Big Data sendo usado para explorar usuários; vira como aquilo poderia ser tóxico a ponto de alterar a própria base da democracia nos Estados Unidos e no Reino Unido. O blockchain me atraía por ser uma forma de redemocratizar as informações e virar os antigos modelos de cabeça para baixo. Quando Chester e eu começamos a falar sobre o uso da ciência de dados e da tecnologia blockchain com foco em conectividade, sabíamos que iríamos precisar de muito mais conhecimento do que tínhamos então.

Portanto, demos início a uma maratona global de networking, procurando as melhores e mais brilhantes mentes da área. Por sorte, um grupo dos principais tecnólogos do setor se encontraria em Ibiza para o casamento de Brock Pierce, um dos titãs da indústria, com Crystal Rose, pensadora que era referência quando se tratava de soberania de dados. Um amigo recente, Wiley Matthews, também egresso da indústria da publicidade baseada em dados, nos disse que, se fôssemos a Ibiza, sem dúvida conseguiríamos nos encontrar com alguns deles. Assim fizemos e, em apenas doze horas após a aterrissagem, conhecemos muitos dos principais nomes do setor, incluindo Craig Sellars, um dos fundadores da Tether, a primeira criptomoeda estável atrelada ao dólar; e Matt McKibbin, cofundador tanto do d10e, um painel de conferências sobre blockchain, e da DecentraNet, uma das primeiras empresas de consultoria no assunto. Também conhecemos uma série de pessoas fascinantes envolvidas em todo tipo de coisa, desde projetos espaciais financiados via blockchain até serviços bancários digitais para populações de zonas rurais onde não existem agências.

Chester e eu retornamos inebriados daquela experiência. Havia um vasto potencial no setor, mas ainda mais revigorante foi como o blockchain parecia representar uma rota de saída perfeita para deixar a Cambridge. Um conceito de alta tecnologia, desenvolvido em torno da ideia de proteção de dados, era ideal para dar o próximo passo, um ato de penitência tanto pessoal quanto profissional. Disse a mim mesma que, se descobrisse uma forma de embarcar, poderia, assim que a campanha presidencial mexicana estivesse encerrada, sair da Cambridge. Assinaria um contrato lucrativo para a empresa, ganharia uma boa comissão e depois daria *adiós* para a Cambridge Analytica e *olá* para uma tecnologia baseada nos princípios que eu havia deixado de lado fazia bastante tempo.

As eleições presidenciais no México são diferentes das eleições nos Estados Unidos. Eu havia aprendido sobre elas em 2015, quando amigos e parceiros de negócios na Cidade do México começaram a entrar em contato comigo para ajudá-los na campanha de 2018. Comandei uma equipe de pesquisa para me preparar para um *pitch* em breve. No México, as eleições começam cedo e são um grande negócio, porque os presidentes cumprem apenas um mandato, de seis anos. Os candidatos em potencial para o pleito seguinte disputam um processo semelhante às primárias norte-americanas, que envolve a votação não da população geral, mas apenas de membros dos partidos. E a cena política no México se torna mais complexa pelo fato de haver vários partidos dignos de nota, não apenas dois.

Quando cheguei à Cidade do México, iniciei reuniões produtivas com o Partido Revolucionario Institucional (PRI), do presidente em exercício à época, Enrique Peña Nieto. O PRI era conhecido como a força mais poderosa dentro e fora do México. Ainda estava no início das primárias, e tive tempo de assinar o contrato e criar uma infraestrutura sólida no SCL México para realizar uma campanha marcante em nível nacional.

Apesar de termos dado suporte a alguns candidatos nas eleições a governador, não tínhamos infraestrutura montada no país. Os dois membros da nossa equipe trabalharam com grupos focais e fizeram pesquisas básicas, mas não formaram um banco de dados útil em termos de volume ou de relevância, e não puderam fazer uma modelagem ou uma segmentação adequadas.

Ao chegar, me preparei para formar o banco de dados e montar uma equipe dos sonhos de jovens profissionais, tanto dentro quanto fora do México — pesquisadores e profissionais de criação, pesquisadores e cientistas de dados, produtores de rádio e de televisão e influenciadores de mídias sociais — para dar suporte a uma empreitada vitoriosa.

Enquanto cidadã norte-americana, tive a impressão de ser um momento difícil para se fazer negócios no México, tanto com o setor privado quanto com o público — isso sem mencionar a esfera presidencial. Trump manchara a nossa imagem com as pessoas com quem eu iria trabalhar, e meu êxito com os clientes exigia cautela, humildade, pedidos de desculpas, diplomacia e paciência. O fato de eu ter conseguido fazer qualquer progresso foi surpreendente, porque não apenas Trump era um desafio, mas também Alexander.

Desde a vitória nas eleições americanas, Alexander tinha desenvolvido um ego inflado, uma arrogância e um excesso de confiança que não eram bem-vistos no exterior. Eu sempre achei que faltava a ele uma noção básica de respeito por países que não falavam inglês, e que ele encarava o trabalho nesses lugares como um "destino manifesto". Para ele, o México era apenas outro território a ser conquistado, outra população a ser explorada. Ele se enxergava como um messias branco, cuja forma de resgatar os mexicanos do pântano do seu subdesenvolvimento era, é claro, a tecnologia que o SCL fornecia. Os dados os levariam a outro patamar. Os dados os levariam ao mundo moderno. E o trabalho dele era conquistá-los, convertê-los e colonizá-los.

Apesar de eu sempre ter me divertido na companhia dele, ficava mais nervosa do que empolgada a cada visita que Alexander fazia. Suas viagens ao México não eram tão frequentes, mas ainda assim eram memoráveis, pois muitas vezes deixavam os clientes com a impressão de que a CA era boa demais para trabalhar com eles. Também me causava desconforto a atitude condescendente com a qual ele se comportava diante dos mexicanos, uma abordagem que parecia insinuar que ele entendia melhor como as coisas *de fato* funcionavam no México. Por diversas vezes, ele deu indícios de estar bastante confortável com as negociações escusas, a corrupção e o uso de atalhos que ele presumia serem muito maiores lá.

Esse havia sido o seu *modus operandi* ao longo da carreira; algo que notei pela primeira vez durante um *pitch* para negociar uma campanha com um grupo de mexicanos. Alexander havia ido ao México com seu laptop e sua apresentação de PowerPoint de sempre, mas, quando chegou à parte que tratava dos estudos de caso das campanhas que havia realizado em outros países, fiquei horrorizada ao ver como ele as descrevia. Muitos dos relatos eram completamente diferentes do que eu ouvira antes, além de serem muito perturbadores.

Sua apresentação de slides começava na Indonésia. A narrativa da campanha do SCL naquele país em 1999 não incluía mais o empoderamento dos estudantes, mas a manipulação deles. Apesar de antes tê-lo visto usar um vocabulário que descrevia como o SCL havia *ajudado* a promover um movimento pró-democracia em Jacarta, agora o SCL tinha efetivamente *criado* esse movimento. A partir de um centro de operações de alta tecnologia do SCL na capital do país, a empresa, segundo ele, passou dezoito meses orquestrando enormes comícios de estudantes que, de outra forma, não teriam ocorrido, e incitando manifestações que se espalharam pelas ruas e que levaram à renúncia de Suharto, o ditador de longa data do país.

Fora uma operação complexa e bem-engendrada, gabou-se Alexander. A Indonésia era enorme, o sétimo maior país do mundo, um arquipélago formado por mais de trezentas ilhas. Diante do desafio de difundir mensagens através das ilhas e do rescaldo da crise financeira asiática de 1997, o SCL precisara trabalhar para acalmar uma população inteira de indonésios ansiosos quando o único líder que eles conheciam havia anos deixou o cargo. As pessoas temiam a instabilidade que a renúncia de Suharto poderia trazer, e o SCL previra isso ao realizar a segunda fase da operação: uma campanha de propaganda que tranquilizava a nação, dizendo que a vida sem Suharto era "um desenvolvimento positivo". Por fim, na terceira fase do projeto, o SCL havia realizado a campanha eleitoral de Abdurrahman Wahid, que, como Alexander contou em um tom assustadoramente descontraído, sem demonstrar qualquer constrangimento, se mostrou muito mais corrupto que Suharto.*

O conjunto seguinte de slides abordava a primeira campanha presidencial do SCL na Nigéria, que precedeu a derrota de 2015. Nessa campanha anterior, de 2007, Umaru Musa Yar'Adua, o presidente em exercício, estava com tanto medo de perder a eleição que planejava fraudá-la. "Na Nigéria existe uma tradição de alternância de poder", informou Alexander, portanto, uma fraude nas eleições seria muito impopular se os nigerianos descobrissem. Dessa forma, o SCL convenceu Yar'Adua a ser proativo. Ele de fato fraudaria as urnas, mas a empresa vazaria o seu plano de maneira proposital, e muito antes do dia da votação, para que, quando fosse reeleito, a ilegitimidade do pleito

---

* Ellen Barry, "Long Before Cambridge Analytica, a Belief in the 'Power of the Subliminal,'" *New York Times*, 20 de abril de 2018, https://www.nytimes.com/2018/04/20/world/europe/oakes-scl-cambridge-analytica-trump.html.

já não incomodasse mais as pessoas. Em outras palavras, o SCL "vacinou" o público contra as próprias preocupações, dando bastante tempo para que eles processassem as informações.

Eu nunca tinha visto Alexander falar nada daquilo antes e fiquei chocada. Um dos meus empregos dos sonhos era ser monitora eleitoral na ONU ou no Carter Center, precisamente para evitar aquele tipo de comportamento escuso. Na verdade, o próprio Jimmy Carter participara da supervisão daquela eleição em particular. Observadores eleitorais da União Europeia relataram que a eleição foi a pior que haviam visto em qualquer lugar do mundo, mas, quando eles e Carter declararam que o processo eleitoral fora sujo e desonesto, Yar'Adua já estava empossado, e ninguém mais na Nigéria se importava com aquilo, disse Alexander, dando um enorme sorriso.

"É a velha história", explicou ele aos homens na sala — e eram sempre homens —, usando a piscadela condescendente e cúmplice que eu detestava, "se você chega em casa e encontra a sua esposa transando com outro cara, você vai estourar os miolos dele". Mas, continuou ele, se você for descobrindo aos poucos que ela está tendo um caso, é bem menos provável que recorra à violência.

O SCL conseguiu fazer isso na Nigéria: ir liberando as informações aos poucos, com antecedência, para reduzir o impacto. "Fizemos a história circular por meio de rumores e das mídias sociais", explicou. "Foi também o primeiro ano do Facebook", disse ele, no sentido de que a rede tinha enfim se tornado global e podia ser útil em eleições no exterior. E um dos grandes sucessos da campanha foi o fato de ter havido "pouquíssima violência" antes e depois da votação.

Os slides seguintes eram sobre a disputa pela prefeitura de Bogotá, na Colômbia, em 2011. Todos os candidatos eram corruptos. Na verdade, todos eram odiados, explicou Alexander. Eram, na opinião pública, "um bando de trapaceiros, de ladrões, de mentirosos", de acordo com a pesquisa realizada pelo SCL. A maioria dos cidadãos já havia decidido que não votaria em ninguém, porque já estavam enojados demais com todos eles, então o SCL também usou uma estratégia brilhante ali.

"Convencemos o nosso candidato", disse Alexander, "a fazer uma campanha em que ele não aparecesse".

Os colombianos têm egos enormes, falou Nix, "por isso foi difícil convencer" o candidato a entrar no jogo, mas ele acabou cedendo. E "em vez de espalhar milhares de fotos de dez metros de altura do candidato com os dizeres 'Vote em mim'", explicou Alexander, o SCL foi a todas as regiões, a todos os *barrios*, e encontrou pessoas respeitadas e conseguiram convencê-las a apoiar o sujeito. Através da conversa, o SCL convenceu "médicos, professores, donos de restaurantes, lojistas" a fornecer uma frase e uma fotografia. A empresa espalhou 3 mil pôsteres diferentes de 3 mil pessoas diferentes, com suas fotos e palavras de apoio ao candidato corrupto, em um raio de cinco quarteirões.

"Pessoas mudam pessoas", disse Alexander. É assim que a influência funciona. Cada um desses 3 mil indivíduos de confiança, pilares da comunidade, se tornou o porta-voz da campanha. "Foi uma campanha muito boa. Realmente eficaz."

Os slides seguintes eram sobre o Quênia, em 2013. Foi lá que Alexander morou com a família e fez todo o trabalho sozinho. O cliente do SCL, o candidato à presidência Uhuru Kenyatta, queria dissociar sua imagem da União Nacional Africana do Quênia (KANU, na sigla em inglês), o partido do seu pai, o ex-presidente Jomo Kenyatta, porque este "havia chegado ao cargo pobre e saído com um milhão de dólares". O povo queniano, portanto, associava o KANU à corrupção, de modo que o SCL teve que criar um partido novo, sob cuja sigla o filho pudesse concorrer.

Não foi um processo simples. Ninguém podia saber que o SCL ou que o candidato estavam por trás daquilo. "Então, fizemos pesquisas", disse Alexander. O Quênia era "muito tribal" — pelo menos no que dizia respeito aos idosos. Os jovens, não; eles tinham se rebelado contra os antigos costumes e se sentiam privados de direitos.

"Então, fizemos daquilo um movimento juvenil." O novo partido foi chamado de The National Alliance (A Aliança Nacional), ou TNA.

Em uma operação semelhante à ocorrida na Indonésia, mas que começou de uma forma que não estava abertamente ligada a nada político, o SCL passou oito meses criando enormes eventos para reunir a juventude queniana: "Jogos de futebol, festivais de música, iniciativas para limpar aldeias", contou Alexander. Ao final desse tempo, o "movimento" TNA já tinha 2 milhões de seguidores.

Em seguida, o SCL orquestrou um comício da juventude, o maior comício da história da África Oriental, afirmou Alexander. E, com isso, o SCL semeou na multidão o canto "Queremos Kenyatta. Queremos Kenyatta". Segundo ele, Kenyatta fingiu surpresa com o apoio da juventude. Deixou o partido do seu pai, o KANU, para se filiar ao TNA e, quando o fez, recebeu o apoio da juventude, mas também dos antigos apoiadores do seu pai.

O SCL então organizou uma eleição limpa mas meramente protocolar, e Kenyatta concorreu como candidato do TNA e venceu.

"Ou seja, nós criamos o partido", explicou Alexander. "Criamos tudo. Criamos uma necessidade que não existia" e oferecemos Kenyatta como solução. "Ficamos lá por dezesseis meses, algo assim", disse ele. "O partido existiu até 2016", acrescentou, com orgulho. O mais importante de todos os estudos de caso que Alexander apresentou no México era o de Trindade e Tobago. Eu tinha ouvido sobre ele na primeira vez em que estive no escritório do SCL em Londres, em outubro de 2014. Naquela época, a história falava da criação de um movimento juvenil, do empoderamento dos jovens para fazer as próprias escolhas. Mas naquele momento, no México, ela tomou um rumo sinistro.

Alexander contou aos clientes em potencial que Trindade e Tobago era um país minúsculo, com apenas 1,3 milhão de pessoas. Ele carregou uma imagem do país na tela. O que o SCL fez lá, disse, daria aos clientes mexicanos uma noção de como as ideias da empresa eram inovadoras.

Nix, então, fez um relato detalhado do trabalho, recorrendo ao passado e retornando ao presente, como se estivesse narrando um evento esportivo.

"Existem dois partidos principais. Um para os negros, outro para os indianos", disse ele. "Todos os indianos votam no partido indiano, e os negros votam... bem, vocês sabem. Quando os indianos estão no poder, os negros não conseguem nada, e vice-versa. Eles estão sempre ferrando uns com os outros."

O SCL estava trabalhando para o "partido indiano".

Ele prosseguiu: "Dessa forma, explicamos à nossa candidata que queríamos fazer apenas uma coisa — queríamos atingir os jovens, *todos* os jovens, tanto negros quanto indianos, e nosso objetivo era aumentar os níveis de apatia." Ele explicou que a candidata não entendeu direito o porquê, mas foi em frente e permitiu que o SCL realizasse seu truque.

Veja bem, "nós tínhamos feito pesquisas", disse Alexander, "a partir das quais emergiram duas noções importantes. A primeira era que *todos* os jovens do país se sentiam desprovidos de privilégios — tanto os indianos quanto os negros". O segundo insight era que entre os indianos, mas não entre os negros, havia "uma forte hierarquia familiar". E que, acrescentou, "havia informações suficientes para direcionar toda a campanha".

Ele fez uma pausa e passou para o slide seguinte.

Assim como na Nigéria, a campanha teve que ser apolítica, porque "os jovens não ligam para política", disse Alexander. "Tinha que ser algo reativo... emocionante, pensado a partir deles, para torná-los parte daquilo, o que significava lançar mão de meios não tradicionais."

Portanto, o SCL concebeu uma campanha chamada "Do So" (Faça isso), que trabalhava com a "sensação de pertencimento". Era simples. "Faça isso" significava "Não vote", porque votar não era maneiro.

Ele abriu um slide que mostrava jovens dançando, grafitando, rindo. Na imagem, uma jovem com um lenço amarrado na cabeça segurava um pôster onde estava escrito: "Do So".

"Então, miramos nos jovens. Miramos em *todos* os jovens", ele repetiu. "Não só os negros, mas também os indianos."

"Bastou começarmos a afixar cartazes como esse", falou, apontando para a tela, "e a fazer uns grafites por aí, juntar tinta spray amarela, estêncil e esfregão, e dar tudo isso para a garotada, que à noite eles pegavam seus carros, sabe como é, para fumar um baseado" — ele levou os dedos à boca e simulou tragar — "e saíam país afora, espalhando os cartazes e sendo perseguidos pela polícia, enquanto seus amigos faziam a mesma coisa. Foi brilhante. Muito divertido. Foram cinco meses de puro caos", disse ele, rindo. "Foi como um gesto de protesto não contra o governo, mas contra a política e o voto, e, em pouco tempo, eles estavam fazendo os próprios vídeos no YouTube, e a casa do primeiro-ministro estava sendo grafitada. Foi uma carnificina." Ele riu, como se tudo aquilo tivesse sido apenas uma grande diversão.

Ele abriu um slide que mostrava a casa do primeiro-ministro. Anos mais tarde, ela ainda estava coberta de grafites amarelos.

"E a razão pela qual a estratégia foi tão boa é porque nós sabíamos, com certeza, sem sombra de dúvida, que, quando se tratava de eleições, os jovens negros deixariam de votar, mas não os jovens indianos, já que eles fazem o que quer que os pais mandem, o que, no caso, foi 'Vai lá e vota'. E assim, apesar de todos os jovens indianos terem participado da diversão da campanha 'Do So', no fim das contas todos saíram para votar na candidata indiana. Analisando a faixa de 18 a 35 anos, houve uma diferença de quarenta pontos percentuais no comparecimento às urnas quando comparadas as duas etnias. Isso afetou o resultado geral em cerca de 6%, que era tudo de que precisávamos." A candidata indiana saiu vitoriosa.

O SCL, continuou ele, não se resumia apenas a uma metodologia psicográfica. A empresa era capaz de "reunir informações em diversos níveis, não apenas na esfera demográfica ou circunstancial, mas também sociodinâmica, como os grupos aos quais pertenciam as pessoas, seus lócus de controle, se elas acreditavam que estavam no controle dos próprios destinos", disse ele.

"A quais redes sociais as pessoas pertencem? A que estruturas de poder? Quais inimigos elas têm em comum, e como podemos usar essas informações para orientar o comportamento delas? Nós olhamos para a cultura, as crenças e a religiosidade. Mas também fazemos perguntas sobre o indivíduo. Não estamos interessados no que você pensa sobre o presidente. Estamos interessados em *você*. O que afeta *você*? Acreditamos que pessoas mudam pessoas, não mensagens. Queremos que as pessoas falem por nós."

Ele apontou para mim e disse: "Eu tenho que convertê-la."

Depois, apontou para os homens na sala e concluiu: "E ela tem que converter vocês."

A apresentação, assim como muitas coisas sobre a Cambridge, estava indo em um crescente e me deixando cada vez mais inquieta. Essa sensação piorou depois que eu percebi que Alexander tinha sido negligente sobre uma questão importante.

No México, o respeito à legislação de proteção de dados estava se tornando um problema significativo para mim enquanto eu buscava montar uma empresa e um banco adequados aos objetivos de todos os projetos que tentava fechar, tanto políticos quanto comerciais. Na verdade, o SCL e a CA sempre foram negligentes quanto às leis aplicáveis nos países em que operavam, desde a Lituânia aos Estados Unidos, mas agora aquilo estava se tornando cada vez mais preocupante.

Eu tinha começado a desenvolver estratégias com empresas mexicanas de dados e de pesquisa de opinião, como a Parametría e a Mitofsky, mas, antes de montar um banco de dados em um país sem infraestrutura local de dados, queria me assegurar de estar em conformidade com a lei. De início, entrei em contato com o advogado do SCL em Nova York, Larry Levy, o mesmo que tratara do contrato de Trump e que trabalhara no escritório de Rudy Giuliani. Eu tinha conversado com Larry sobre conformidade às leis de proteção de dados muitas vezes, mas, de maneira mais memorável, em 2015, enquanto preparava uma proposta para o Caesars Palace, em Las Vegas. Havia feito algumas perguntas sobre a legislação de proteção de dados de Nevada e sobre como lidar com dados referentes a jogos de azar, para descobrir que tipo de serviços eu poderia oferecer — e deixei Alexander irritado: ao que parecia, meu contato com Levy acabou gerando despesas jurídicas demais para a empresa.

Alexander me advertia sempre sobre pedir conselhos jurídicos externos sobre dados. Era caro demais, segundo ele. Tínhamos todo o conhecimento de que precisávamos dentro da empresa, com o dr. Alexander Tayler e com Kyriakos Klosidis, que era versado em legislação de direitos humanos e que tinha começado a executar todo o trabalho interno relativo a contratos, ainda que não fosse a sua área. Ele reclamou que eu havia entrado para a empresa para ser gerente de projetos, e que o SCL deveria estar usando advogados licenciados para fazer aquele "trabalho burocrático".

Quando falei com o dr. Tayler sobre a legislação de Nevada em 2015, não fiquei satisfeita com as respostas que ele me deu. "Sim, está tudo certo", falou, e me dispensou. E demonstrou o mesmo desdém em outras ocasiões.

Uma das minhas maiores preocupações era como os dados dos mexicanos seriam modelados, e de onde viriam. Muitos dos meus colegas mexicanos me disseram que eles teriam que ser processados no México, e eu precisei pesquisar se seria legal que nossos cientistas de dados trabalhassem com eles em

Londres ou Nova York. Eu já havia conversado sobre legislação internacional de proteção de dados com Alex Tayler em março de 2017 para descobrir como os dados, mais especificamente os dados políticos, poderiam ser usados por clientes comerciais no restante do mundo. Ele foi vago na época, estava sendo vago de novo sobre o México, e parecia indiferente a possíveis problemas legais. Então, mais uma vez, entrei em contato com Larry Levy.

Minha ignorância quanto às leis locais comprometia o *pitch* para a campanha presidencial, e eu ainda não conseguira assinar contrato com o presidente Peña Nieto, do Partido Revolucionário Institucional (PRI). Alexander gritou comigo quando viu as cobranças de Larry, mas agora estava ainda mais irritado. Ele começava a perder a confiança em mim. No entanto, na minha opinião, o mais enlouquecedor era o fato de ele não conseguir entender o que estava me detendo. Ele insistiu em ir ao México para fechar o negócio em pessoa.

Na data marcada para as reuniões com o presidente Peña Nieto e com o rico e poderoso empresário mexicano Carlos Slim, maior acionista do *The New York Times*, cometi um erro terrível que não contribuiu em nada para melhorar o meu relacionamento com Alexander ou renovar a sua fé em mim. Dias antes das reuniões com Peña Nieto e Slim, programadas para ocorrer no gabinete do presidente e no escritório de Slim, respectivamente, aproveitei uma folga para ir aos Estados Unidos e, lá, perdi o meu passaporte. Eu deveria estar de volta à Cidade do México a tempo da reunião marcada para terça-feira de manhã com Alexander, mas seria um fim de semana prolongado, devido ao feriado nacional nos Estados Unidos na segunda-feira, e nenhuma divisão de passaporte estaria aberta até terça-feira. Não haveria como eu obter novos documentos para voar de volta à Cidade do México a tempo para a reunião.

Não ajudou também que as minhas férias tivessem sido no Burning Man. Eu nunca tinha ido a nada parecido. Tendo começado como um evento de solstício de verão em São Francisco no final dos anos 1980, o Burning Man havia se transformado em um fenômeno global no qual dezenas de milhares de pessoas se reuniam para formar uma gigantesca "cidade" improvisada, idealista e livre de dinheiro, composta de barracas e campistas. A celebração durava uma semana e culminava com a queima de uma efígie de dez metros de altura. O evento foi uma revelação para mim, uma folia selvagem e um relaxamento, diferente de qualquer coisa que eu já havia experimentado antes e sem dúvida diferente do meu trabalho na Cambridge Analytica. A "Black Rock City" estava cheia de pessoas que sobreviviam no deserto doando (água, tempo, habilidades) para outras pessoas — sem receber ou esperar nada em troca —, o oposto da indústria de dados em que eu vivia. A experiência de participar de uma sociedade que buscava reconstruir uma forma ética de as pessoas interagirem era tão transformadora que muitos "burners", como eram chamados os frequentadores do evento, consideravam aquele o seu verdadeiro lar.

Alexander jamais entenderia.

Eu estava tremendo quando liguei para ele para contar o ocorrido. Ele ainda estava em Londres e ficou furioso. O fato de eu estar no Burning Man, evento que ele considerava uma "bobagem", e de eu ter sido tão descuidada a ponto de perder o meu passaporte, o deixaram ainda mais enfurecido. Eu fora irresponsável, infantil e egoísta, ele disse.

Quando enfim nos encontramos na quarta-feira de manhã no escritório de Polanco, ele já havia feito, sem sucesso, as reuniões com Peña Nieto e Slim — na véspera. Isso irritou Alexander ainda mais. Ele me levou para uma pequena sala sem mobília na qual o restante da equipe não poderia nos ouvir e disse que queria me demitir.

Eu sabia que merecia ser admoestada por ter perdido as reuniões, mas não esperava ser ameaçada de demissão.

Eu havia sido ameaçada de demissão uma vez antes, em 2016, quando ele, Bekah e Steve estavam descontentes com uma entrevista que eu tinha feito em uma *live* do Facebook. Enquanto discutia o histórico de trabalho do SCL com departamentos de defesa, falei algo que o *The Hill* usou mais tarde em um artigo na edição impressa. Tiradas de contexto, minhas palavras implicavam que a Cambridge estava usando "táticas de nível militar" para que Ted Cruz derrotasse Donald Trump. Durante essa pequena crise de relações públicas, Alexander ficou do meu lado e se interpôs entre mim e Bekah e Steve para "salvar o meu emprego", como ele mesmo disse. Eu tive que escrever uma carta de desculpas ao senador Cruz e à sua equipe e, por fim, depois que o *The Hill* publicou uma retratação, toda a história ficou para trás.

Mas aquela ocasião agora parecia bem diferente.

Ele não ia me demitir, falou, mas claramente não sentia nenhuma obrigação em relação a mim nem um pingo de gratidão por qualquer coisa que eu tivesse feito pela empresa. Ele me disse que, se tivesse alguém em vista que pudesse me substituir, me demitiria na mesma hora. O único motivo pelo qual ele estava me mantendo, segundo Alexander, era porque eu era *útil*. Para o quê, eu não fazia ideia.

Com o passar do tempo, Alexander foi ficando tão frustrado com a demora para fechar contrato com o PRI que fez algo perturbador. Em vez de esperar o momento certo de assinar, ele começou a oferecer os seus serviços para outros partidos no México, fazendo reuniões com representantes de siglas profundamente opostas umas às outras.

Tentei dizer a ele que aquilo era brincar com fogo. O México não funcionava da mesma forma que os Estados Unidos. Pelo contrário, a lealdade ali era fundamental em tudo. Nos Estados Unidos, é possível pedir a alguém como Ted Cruz para que assine um contrato sem cláusula de não concorrência, para que você possa trabalhar para mais de um candidato por vez. No México, porém, todas as pessoas poderosas se conhecem, e as histórias logo se espalham. Negociar ou trabalhar para partidos oponentes era algo impensável. Embora fosse possível ignorar de certa forma a lealdade partidária nos Estados Unidos, no México, a fidelidade significava tudo. Aprendi isso bem rápido. De fato, não é preciso muito tempo para compreender esse tipo de coisa se você está atento à dinâmica de uma cultura, em vez de tentar impor a própria visão de mundo. Em alguns países, o que Alexander estava fazendo poderia até alavancar os negócios, mas, no México, como eu já havia entendido, aquilo poderia significar a morte. A piadinha de Alexander sobre o marido traído matando o seu rival era mais do que verdadeira na política, e também no dia a dia, do país.

Apesar de Alexander ter morado no México antes, aquilo fora, como ele próprio admitira, um período de leviandade juvenil. Ele não parecia entender bem como funcionavam os negócios, as normas e os costumes envolvidos, nem as implicações graves de não observá-los. Em vez disso, ele via o México como um parque de diversões. Não importava o quanto eu tentasse explicar isso a ele, Nix não queria ouvir. E a cada dia em que ele interferia no trabalho que eu estava fazendo, meu terreno ia ficando mais instável.

Porém, no dia de 19 de setembro, a terra tremeu de verdade no México. Eu estava no meio de uma reunião de negócios no início da tarde no centro da Cidade do México, tentando fechar um contrato para o SCL com uma associação que reunia os maiores produtores de cimento do país. Eram 13h14 e eu estava em pé em uma sala de reuniões repleta de executivos, apresentando o meu *pitch* para que o SCL assumisse a comunicação externa daquelas empresas, quando fui jogada no chão. Os executivos também foram derrubados das cadeiras sobre o piso de linóleo. Levei alguns minutos para entender o que estava acontecendo, mas todos ao meu redor sabiam do que se tratava na hora. Aquele mesmo dia marcava o aniversário de 32 anos do Sismo da Cidade do México, que havia matado 10 mil pessoas em 1985. De fato, apenas duas horas antes, o país tinha feito uma pausa para relembrar o episódio e realizar uma simulação para casos de terremoto. Portanto, em uma terrível ironia, quando a terra tremeu de novo, para alguns era muito real, enquanto para outros parecia mentira. O edifício balançou. Por sorte, conseguimos nos levantar e deixar a sala, que ficava no terceiro andar. Descemos rapidamente a escada, que sacodia, agarrando o corrimão o mais forte que podíamos enquanto éramos jogados para a frente e para trás. Achei que fosse morrer naquela escadaria de mármore, e fiquei perplexa quando enfim cheguei ao térreo e vi a luz do sol. Assim que saímos, corremos para o meio da rua, e ficamos observando as árvores e os postes de luz balançarem. No horizonte próximo, a poucos quarteirões dali, uma enorme nuvem de poeira começou a se formar, à medida que vários prédios foram desmoronando, um depois do outro.

Quando a terra enfim parou de tremer, houve um rápido momento de silêncio, e então gritos e gemidos começaram a surgir sob os destroços. Em todos os lugares, vazamentos de gás provocavam explosões. O ar ficou tomado pelo cheiro de amianto.

Naquele dia, em questão de vinte segundos, o tremor de 7,1 graus matou 361 pessoas e feriu 6 mil.

Tirei algumas fotos do entorno e, pela primeira vez, fiz uma publicação aberta no Facebook, para que a minha família e os meus amigos soubessem onde eu estava e que havia sobrevivido. Eu estava tremendo e em estado de choque, mas pelo menos conseguira sobreviver. Todos nós estávamos tentando entrar em contato com os nossos entes queridos, e, de alguma maneira, consegui passar para a minha família uma mensagem avisando que eu havia saído inteira do prédio.

Quando por fim cheguei ao bairro onde estava hospedada, não muito longe do escritório, descobri que as paredes estavam rachadas e a fachada tinha desmoronado sobre a rua. Segundo os peritos, o local estaria interditado até que uma inspeção fosse feita.

Fiz o possível para localizar o maior número possível de funcionários do SCL, mas não havia sinal de celular. Recebíamos informações pelo boca a boca, aos poucos. Por fim, tivemos notícias de todos. Suas casas ainda estavam de pé, mas o cunhado de uma das minhas funcionárias estava desaparecido, e ela e o noivo começaram a vasculhar os escombros de um prédio para tentar encontrá-lo.

Na noite do dia 19, muitas pessoas ainda estavam desaparecidas. Os corpos de estudantes e professores eram retirados dos escombros, e os sobreviventes nas áreas rurais ficaram isolados, sem comida ou água. Fui até a Cruz Vermelha para saber de que forma eu poderia ajudar.

A maioria das ruas estava bloqueada e não havia eletricidade, então as pessoas estavam sem equipamentos, comida e medicamentos necessários. Ajudei a colocar suprimentos em motocicletas. Um dos meus funcionários pegou uma moto e começou a fazer entregas. Não estávamos sozinhos — toda a população da Cidade do México largou tudo e se voluntariou para ajudar. A Cruz Vermelha estava tendo problemas para gerenciar tanta gente na ausência de meios de comunicação, e começou a recusar pessoas.

Quando as linhas de comunicação voltaram a funcionar, Alexander ligou para saber como eu estava. Quando atendi o telefone, ele disse "Então você está viva, hein?" de uma forma tão descontraída que fiquei com nojo. Em seguida, ele fez uma piadinha, dizendo que eu estava usando o terremoto como uma boa desculpa para tirar umas férias.

Não foi engraçado. Àquela altura, quase nada do que ele falava era.

16

Rompimento

OUTUBRO DE 2017 — JANEIRO DE 2018

Após o terremoto, fiz o possível para recolocar o escritório em atividade — não por Alexander, mas porque eu sabia que, quanto mais rápido eu voltasse ao trabalho, como de hábito, mais rápido conseguiria concluir minhas tarefas e deixar a empresa. Eu não podia mudar de rumo até que o contrato com o PRI fosse assinado e eu recebesse a minha comissão.

Cerca de dois meses após o terremoto, participei de uma grande conferência sobre liderança política que se estendeu por vários dias, realizada no Centro Fox, de propriedade de Vicente Fox, ex-presidente do país. A cerca de oito horas de carro da Cidade do México, em San Cristóbal de las Casas, o Centro Fox é uma fazenda enorme, lar de um grande centro de conferências onde, em meados de novembro, cerca de quinhentos políticos estavam reunidos, em parte para ouvir os dois mais importantes pré-candidatos do PRI, Aurelio Nuño Morales e José Antonio Meade Kuribreña. O PRI precisava de um candidato que pudesse fazer frente ao seu principal rival, de orientação liberal, o Partido Acción Nacional, ou PAN.*

Um dos meus objetivos ali era apresentar o meu *pitch* ao ex-presidente Fox e sua esposa, Marta Sahagún. Os dois estavam envolvidos em esforços para o

* Paulina Villegas, "Mexico's Finance Minister Says He'll Run for President", *New York Times*, 27 de novembro de 2017, https://www.nytimes.com/2017/11/27/world/americas/jose--antonio-meade-mexico.html.

cadastro de eleitores e mantinham um programa de treinamento para ativistas políticos. Eu os enxergava como potenciais parceiros para o SCL e, no segundo dia de conferência, nos encontramos em uma sala de reuniões na casa deles para conversar sobre o que o SCL poderia fazer para ajudá-los a mobilizar os eleitores, sobretudo os mais jovens.

A sala era do tamanho de um pequeno navio, e tinha uma das mesas de reunião mais compridas que eu já vira. Eu estava em uma das pontas, perto de uma grande tela presa à parede, onde tinha projetado minha apresentação em PowerPoint. O ex-presidente Fox e a ex-primeira-dama se sentaram na ponta oposta da mesa, a uma distância que me pareceu quase cômica. A hipótese de que o ex-presidente planejara o *nonsense* daquela situação não me parecia impossível: ele era conhecido como um homem com um senso de humor bastante excêntrico. Fox também tinha sido o mais cômico e ácido crítico de Trump entre os políticos mexicanos, portanto, na minha apresentação, procurei evitar ao máximo abordar o trabalho que a Cambridge Analytica fizera com Trump, optando por ter uma conversa positiva sobre lideranças juvenis e cadastro eleitoral.

Além de apresentar o *pitch*, compartilhei com o ex-presidente Fox e sua esposa o meu desejo de atuar como consultora de comunicações da campanha do PRI. Em Los Pinos, o gabinete presidencial do México (equivalente à Casa Branca), meu nome integrava uma lista de profissionais de comunicação de alto nível. Eu estava orgulhosa daquilo e recebi os parabéns do casal Fox, mas também um conselho: quando o ex-presidente saiu da sala, Marta caminhou ao longo da enorme mesa de conferências para se aproximar de mim.

Ela era uma mulher de meia-idade deslumbrante, magra, com sobrancelhas impecavelmente desenhadas a lápis, sombras escuras nos olhos e cabelos curtos castanho-acobreados. Tinha um olhar genuíno de preocupação.

"Você parece ter tudo planejado", disse ela. Então, fez uma pausa e respirou fundo. "Mas já planejou a questão da sua segurança?", perguntou. "Não que eu esperasse que você colocasse isso na sua apresentação", acrescentou, "mas não pude deixar de me perguntar se já pensou nesse problema".

Segurança. "Não", respondi. Ainda não sabia ao certo o que seria necessário. Minha equipe não estava montada; ainda estávamos negociando o tamanho do contrato da campanha.

Ela parecia preocupada. "Se você já está fazendo reuniões com essas pessoas", disse ela em tom de voz carregado, "então já está em perigo. Se ainda não está andando por aí em um carro blindado, sugiro que passe a fazê-lo".

Minha expressão deve ter sido de perplexidade.

No México, ela continuou a explicar, a política é fatal. Eu estava ciente disso, é claro. Era o que eu tinha dito a Alexander.

Mas eu ainda não tinha entendido direito, Marta falou. Quando alguém no México queria que o seu candidato vencesse, não atacava diretamente o opositor. Fazer isso seria óbvio demais. Em vez disso, eles miravam nas pessoas ao redor dele.

"E muitas vezes", Marta disse com delicadeza, "o alvo é a pessoa que *dirige* a campanha".

Ela contou que, muitos anos antes, durante a campanha presidencial de Vicente — antes de eles se casarem —, ela havia sido diretora de comunicações dele.

"É uma posição de alto nível. Tudo relacionado à política, sobretudo ao presidente, é de alto nível no México", disse ela. "E eu, é claro... era a pessoa mais próxima do Vicente."

Na véspera de um dos debates presidenciais, ela foi sequestrada pela oposição. Eles a vendaram e a levaram para o meio do deserto, onde tiraram as suas roupas e a deixaram lá. Ela teve sorte de não sido morta, é claro. Mas eles não precisavam ter feito isso. Durante o tempo em que esteve desaparecida, Vicente ficou completamente abalado. Seu medo diante do que poderia ter acontecido com ela o fez tropeçar durante o debate. O sequestro tinha como objetivo ao mesmo tempo deixá-lo nervoso e mandar um aviso. Aquelas pessoas estavam dispostas a ir longe.

Ela me contou que sua ex-nora tinha sido sequestrada.* Já haviam se passado sete meses e ela ainda não fora libertada.**

Eu disse a Marta que sentia muito.

---

* "Ex-Daughter-in-Law of Vincente Fox Kidnapped", *Borderland Beat* (blog), 1° de maio de 2015, http://www.borderlandbeat.com/2015/05/ex-daughter-in-law-of-vincente-fox.html.

** María Idalia Gómez, "Liberan a ex nuera de Fox: Mónica Jurado Maycotte Permaneció 8 Meses Secuestrada", EJCentral, 16 de dezembro de 2015, http://www.ejecentral.com.mx/liberan-a-ex-nuera-de-fox/.

"Não sinta", disse ela. "Isso pode acontecer a você com a mesma facilidade." Ela me deu os nomes de um segurança e de um motorista nos quais confiava. Eu teria que escolher essas pessoas com cuidado, explicou. "Até o motorista pode sequestrá-la ou colaborar com os sequestradores. No México há sempre alguém disposto a ganhar mais de alguém que quer machucá-la do que o que você paga para que essa pessoa a proteja", ela falou de maneira bastante direta.

Eu já havia me sentido em risco diante da possibilidade de Alexander irritar um partido rival; mas agora estava me dando conta de que deveria ter temido pela minha segurança desde o princípio. Lembrei-me de ter visto vários empresários mexicanos sem grande destaque, e até alguns dos meus amigos que não eram envolvidos com política, andando com segurança particular. Como eu não havia percebido o quanto aquilo era essencial?

Após a conferência, comecei a pesquisar o custo de ter a segurança de que eu precisava — guarda-costas, carro blindado, motorista —, e planejei me mudar para um apartamento com sistema de alarme e porteiro. No início de dezembro, enviei uma planilha para Alexander, mas ele se recusou a abri-la. Aquelas despesas eram desnecessárias. Além disso, disse ele, sem um pingo de noção, talvez a segurança seja necessária apenas depois que a campanha começar.

Contei a ele o que Marta Fox havia me dito. "Pessoas desaparecem aqui", falei. Ele respondeu que eu era idiota em acreditar naquilo. Ele sempre se sentira perfeitamente seguro no México.

E, sem ter um contrato assinado, como ele poderia justificar aquela despesa? Eu estava sendo ridícula.

Ele não se lembrava da Nigéria? Em alguns países, você nunca sabia se *tinha mesmo* um contrato. Ele deveria estar ciente de que, em muitos países estrangeiros, entre eles o México, nada era feito por escrito. Talvez já tivéssemos um compromisso com Peña Nieto.

Ele não queria nem escutar. "Só temos compromisso e só trabalhamos com alguém depois que o dinheiro entra", respondeu. Se eu queria segurança, ele me disse, teria que tirar isso "do seu próprio salário".

Aquilo não me parecia sensato, e falei a ele. Mas ele estava irredutível.

Ele ficou em silêncio por algum tempo. Por fim, perguntou: "Você está com medo?"

"Sim", eu disse. "É isso que estou tentando dizer."

Então, ele falou que mandaria outra pessoa para o México. Isso foi tudo. Ele ia me mandar de volta para Nova York. Eu seria útil lá. Julian precisava de ajuda.

Eu não teria mais que me preocupar com o México.

Davos, aquela cidadezinha no meio das montanhas onde os *power brokers* do mundo todo se reuniam ano após ano para, no espaço de uma semana, fazer negócios que valiam por 365 dias, tinha sido palco de muita confusão e desespero para mim três anos antes. Eu tinha 26 anos e era muito inexperiente — boba, preocupada demais, sonhadora — quando assumi uma responsabilidade tão grande, quando acreditei que era capaz de rodar vinte pratos ao mesmo tempo na minha cabeça como se fosse um malabarista calejado. Os *barmen* que cuspiam fogo, os ricaços da mineração em asteroides, os bilionários nigerianos, as ruazinhas íngremes cobertas de gelo — Davos fora o começo da ladeira pela qual eu estava escorregando desde então.

Eu também tinha estado lá em 2017, pouco antes da posse de Trump, onde Chester teve que me proteger dos ataques de pessoas que não estavam nada felizes com a eleição de "The Donald" — sobretudo em encontros com estrelas de Hollywood como Matt Damon, que criticou, com razão, a repugnante escolha de Trump de nomear alguém que negava o aquecimento global como administrador da Agência de Proteção Ambiental dos Estados Unidos (EPA).

Agora, o ano era 2018 e eu estava de volta, mas, dessa vez, mais velha e sábia; meus pés estavam mais firmes no chão; e aqueles pés usavam botas que sabiam caminhar melhor.

Eu tinha acabado de fazer 30 anos. Podia ser a capitã do meu próprio navio agora, a arquiteta do meu destino.

Passei a semana anterior a Davos em Miami, na North American Bitcoin Conference, onde ajudei a organizar um evento sobre propriedade de dados para o lançamento da Siglo, uma nova empresa fundada por dois brilhantes amigos meus, os irmãos empreendedores Isaac e Joel Phillips. A empresa estava ajudando pessoas no México e na Colômbia a deter a posse e o controle sobre seus dados, e a serem recompensadas por compartilhá-los: elas recebiam cupons que podiam ser usados para pagar suas contas de telefone, em locais onde a maioria das pessoas em geral não tinha como arcar com esse tipo de despesa sem auxílio. Nós comemoraríamos o lançamento da Siglo em Davos, colocando a propriedade de dados no centro das atenções.

Eu também estava ajudando a organizar uma conferência, o começo do meu futuro em um campo novo. Embora o planejamento tivesse sido feito de última hora, consegui realizar o evento em parceria com meu novo amigo Matt McKibbin, o veterano do blockchain que me apresentara à indústria em julho de 2017, depois de tê-lo conhecido no casamento de Brock e Crystal em Ibiza. A empresa de Matt, DecentraNet, tinha entrado em campo para ajudar a redimensionar uma conferência global que sacudiria Davos: seria a primeira vez que um grande evento sobre blockchain estava sendo realizado durante o Fórum Econômico Mundial. A tecnologia para digitalizar tanto dinheiro quanto governança poderia vir a ser reconhecida como a maior inovação tecnológica em décadas, mas como ela uma ameaça a governos e bancos ao redor do globo, e considerando que o público em Davos incluía as pessoas mais ricas e os mais altos oficiais governos do mundo, tudo tinha que sair perfeito.

Reunindo os contatos de Matt na indústria do blockchain, os meus, e os contatos de Chester ao redor do mundo, conseguimos organizar um evento de uma semana de duração chamado "CryptoHQ", que contou com conferências, palestras e reuniões informais de empresários e *thought leaders*. Entre os convidados estavam o secretário do Tesouro norte-americano, Steve Mnuchin (um dos encarregados das políticas de blockchain para o governo dos EUA); CEOs de muitas das principais empresas de blockchain da época; além de poderosos líderes políticos, como o diretor de *fintech* e estratégias de blockchain da Comissão Europeia.

Em Davos, Matt e eu copresidimos a conferência junto com seus colegas da DecentraNet e organizamos os eventos do "Blockchain Lounge" do CryptoHQ, uma enorme construção de três andares com restaurante, bar pós-esqui e centro de conferências na Promenade 67, a principal rua que corta o Fórum Econômico Mundial.

Eu queria muito que o evento fosse um sucesso, e, no meu entusiasmo em alcançar esse objetivo, engoli meu orgulho e minha raiva e convidei Alexander e o dr. Tayler para falarem em uma conferência sobre dados e algoritmos preditivos. Queria dar força para o interesse deles em blockchain e colaborar com a rede de contatos da empresa no setor. Eu visualizava a Cambridge aplicando as próprias soluções em blockchain, que já estavam em desenvolvimento na época, para oferecer maior transparência no gerenciamento dos dados e no seu uso para a publicidade, algo que permitisse aos usuários serem donos dos próprios dados e receberem compensação por mantê-los atualizados, e que daria aos anunciantes a certeza de estarem realmente alcançando as pessoas as quais estavam pagando para que fossem alcançadas. Eu acreditava que a empresa poderia tomar um rumo melhor e reformar o setor ao optar por uma tecnologia mais ética para servir de espinha dorsal das suas operações. Eu via uma luz no fim do túnel.

Eu já estava em Davos havia uma semana quando Alexander e o dr. Tayler chegaram, e eles pareciam surpresos, sobretudo Alexander. Eu não tinha contado a nenhum deles que estava organizando a conferência, e os dois ficaram chocados quando me levantei para falar com o enorme público. Todo mundo na comunidade blockchain sabia quem eu era. Aquilo era muito empoderador. Eu não era apenas uma entusiasta qualquer obcecada com blockchain. Em pouco tempo, depois de assistir e de falar em apenas algumas conferências, já havia me estabelecido como uma voz no movimento. Aquilo me pareceu a melhor maneira de demonstrar a Alexander como eu me sentia e, talvez, de me vingar pela forma como ele havia me tratado.

Todos os eventos no CryptoHQ lotaram, incluindo a mesa com Alexander e o dr. Tayler. Depois da palestra, que eu havia organizado, Nix se encontrou comigo no bar. Parecia um pouco constrangido. Também parecia ter entendido que eu estava tomando outro rumo.

Segurando seu drinque, ele se aproximou de mim e teve que gritar para se fazer ouvir em meio à música e às vozes altas e animadas que zumbiam ao nosso redor. Havia centenas de pessoas no local, a maioria delas amigos meus ou novos colegas da indústria do blockchain.

"Então", disse ele, "dá para ver que você está realmente ocupada com outros projetos". Ele não parecia zangado, como se tivesse me flagrado traindo a Cambridge; na verdade, parecia estar constatando, de forma pacífica, que eu encontrara outro caminho para avançar com a minha vida. "Então, quer mesmo se envolver com blockchain, certo? Acha que tem dinheiro aí, que é para onde tudo está convergindo?", perguntou ele.

"Sim", respondi.

Ele refletiu por um momento. "Você prefere deixar o seu emprego fixo e voltar a prestar consultoria para a gente? Relacionada ao blockchain?" Eu teria mais autonomia, ele falou, poderia trabalhar no desenvolvimento de soluções de dados para a Cambridge baseadas em blockchain, mas ser livre para tocar os meus próprios projetos em paralelo.

Aquilo me interessava. Um acordo assim me permitiria permanecer ligada à Cambridge enquanto corria atrás do blockchain em tempo integral. Eu poderia ficar sob o guarda-chuva da empresa até que o sucesso da CA enfim recompensasse a minha paciência e, depois de muita espera, eu recebesse algo em troca da minha contribuição na criação de um gigante. Mais do que isso, eu completaria um ciclo — afinal de contas, era o mesmo acordo que eu tinha feito quando entrei na empresa, em dezembro de 2014.

Tomei um gole do meu drinque.

Ficou claro que estávamos negociando agora. Eu via um futuro em que trabalhar com publicidade para empresas de blockchain seria um grande negócio, e a Cambridge poderia fazer parte daquilo. Se a Cambridge queria uma fatia desse mercado, ela tinha a oportunidade de desenvolver tecnologias para o setor, talvez até mesmo criar seu próprio ecossistema de tecnologia blockchain, oferecendo total transparência na negociação de dados para fins comerciais e publicitários, permitindo que os consumidores controlassem os próprios dados. Com a tecnologia blockchain, a Cambridge poderia usar seus cientistas de dados e seu conhecimento técnico de forma ética, oferecendo proteção de dados de verdade, um conceito que estava em consonância com as minhas expectativas originais quando comecei a trabalhar com Alexander, três anos antes.

Entre nós pairava o reconhecimento de que o que vínhamos fazendo até o momento não estava funcionando. Pela primeira vez me pareceu que estávamos negociando de igual para igual. Ele não estava me demitindo e eu não estava pedindo para sair. Estávamos redefinindo as regras. Não era um divórcio amargo, mas um afastamento sucedido de uma reconfiguração — ainda que não fosse repleta de boa vontade, era uma mudança de status amistosa.

Sorri. Respondi que ia pensar. A sugestão dele me fez refletir pela primeira vez sobre se eu não deveria reconsiderar meu plano de romper completamente com a Cambridge. Parecia haver algum benefício em uma associação menos rígida. Contanto que eu pudesse definir as regras, a ideia me atraía. Mas eu não estava pronta para me comprometer com nada ainda. Se Alexander queria ter acesso aos meus conhecimentos e às minhas conexões na indústria de blockchain, então eu estava em vantagem, e poderia pelo menos conseguir um valor de diária e uma escala de comissões bem melhor pelo meu trabalho.

Talvez nós devêssemos conversar sobre isso depois de Davos, sugeriu Alexander em meio à barulheira da multidão.

"Sim", respondi.

Nós arrumaríamos um tempo, ele disse. Mas primeiro eu deveria falar com Julian Wheatland sobre como seria aquele arranjo.

Depois de quase duas semanas na Suíça, voltei para Nova York para conversar com Julian sobre um futuro em que eu trabalhasse *com*, e não *para*, a Cambridge Analytica. Por várias razões, era estranho subir mais uma vez até o escritório localizado no Charles Scribner's Sons Building, inclusive porque, para entrar, eu precisava atravessar uma porta blindada que apitava sempre que alguém passava.

Julian precisara instalá-las fazia pouco tempo. A empresa tinha recebido ameaças por causa de novas revelações sobre o envolvimento com a campanha de Trump.

Enquanto eu estava no México, focada nas eleições presidenciais de lá, ao norte, as investigações envolvendo o gabinete de Trump estavam cada vez mais quentes. Tanto Paul Manafort, ex-diretor da campanha, como o consultor político e lobista Rick Gates, conselheiro de Trump, haviam sido indiciados por lavagem de dinheiro e sonegação de impostos relacionados ao trabalho deles com ucranianos ligados à Rússia. No primeiro dia de dezembro de 2017, Michael Flynn se declarou culpado de ter mentido ao FBI sobre sua relação com o embaixador russo nos Estados Unidos, Sergey Kislyak. Enquanto isso, o Facebook estava começando a admitir que sua plataforma fora usada para espalhar fake news e provocar controvérsias. Após uma auditoria interna, a empresa revelou que cerca de 3 mil anúncios contendo ataques políticos estavam conectados a 470 contas falsas vinculadas à Rússia.*

---

* Eugene Kiely, "Timeline of Russia Investigation", FactCheck.org, 22 de abril 2019, https://www.factcheck.org/2017/06/timeline-russia-investigation/.

As investigações nos Estados Unidos também estavam chegando cada vez mais perto da Cambridge. Pouco depois, ficou claro que Sam Patten, que Alexander havia contratado para trabalhar para o SCL na Nigéria, e que estava sendo cotado por ele para me substituir no México, era ex-chefe de Konstantin Kilimnik, um suposto espião russo que havia trabalhado com Paul Manafort. Péssimas notícias — isso, e o fato de, em outubro, o *The Guardian* ter revelado que o próprio Alexander havia procurado o Wikileaks durante a campanha para tentar obter os e-mails hackeados de Hillary Clinton. Aquilo provavelmente tinha sido o suficiente para despertar o interesse do Congresso no relacionamento da Cambridge com a campanha de Trump. Alexander Nix e Julian Assange foram a público dizer que a tentativa de Nix de ter acesso aos e-mails de Hillary não tivera êxito. Assange nem se deu ao trabalho de respondê-lo. Nenhuma dessas revelações me surpreendeu. Até onde eu sabia, Assange não tinha nenhum motivo para ajudar alguém como Alexander Nix, além de não ser propriamente o tipo de homem que fazia negócios com desconhecidos.

Em dezembro, o Comitê Judiciário da Câmara interrogou Alexander por Skype e solicitou que ele entregasse todos os e-mails trocados entre a Cambridge e a campanha de Trump. Embora Nix tenha dito a todos na empresa que aquilo fazia parte de uma acusação falsa de conspiração com os russos, o pedido do Comitê Judiciário da Câmara — e as ameaças de outros — deixaram todo mundo preocupado o bastante para que medidas adicionais de proteção fossem tomadas.

Dadas as investigações em andamento que resvalavam na Cambridge, foi um alívio retornar ao escritório de Nova York com uma possível estratégia de saída em mãos. Parecia que a cada dia surgiam novos e perturbadores detalhes sobre o trabalho que havíamos feito e sobre os limites que foram ultrapassados. Rumores surgidos durante o balanço que a empresa fez da campanha não tinham parado de crescer naquele intervalo de um ano. Novos e preocupantes detalhes apareciam aqui e ali, cada um mais perturbador que o outro, e era difícil afastar a impressão de que havia revelações ainda piores por vir. Ao me encontrar com Julian Wheatland, eu esperava dar outro passo em direção à saída e a um futuro no qual eu acreditasse de verdade.

Julian ficou feliz em me ver e me recebeu como se fôssemos velhos amigos. Muita coisa havia mudado, inclusive o próprio escritório. Apesar de as obras de arte da irmã de Bekah ainda estarem penduradas nas paredes, o local agora parecia um pouco mais triste. E eu não conhecia nenhum dos rostos sentados às elegantes mesas. Muitas das pessoas com quem eu havia trabalhado em 2016 tinham recebido propostas astronômicas de outros lugares. E alguns, como Matt Oczkowski — que ficou com o crédito por todo o trabalho que a CA desenvolvera na campanha —, abriram as próprias empresas.

Não eram só as pessoas; o alicerce da empresa parecia ter mudado. Steve Bannon fora enxotado da Casa Branca em agosto, o que para mim e para outros na Cambridge pareceu perturbador. Ele havia entrado em conflito com Jared Kushner, com Ivanka e com o chefe de gabinete da Casa Branca, John Kelly, e sua saída representou uma clara e inesperada cisão. Aquilo fora tão abrupto que, quando um amigo que eu havia encaminhado a Washington para se encontrar com Bannon (para discutir a indicação dele para ser embaixador dos Estados Unidos no México) chegou à Casa Branca no dia 18 de agosto para a reunião, Steve já estava na rua. Os dois acabaram tendo a conversa (que não deu em nada) em uma cafeteria na capital. E assim se foram as minhas conexões com a Casa Branca.

A princípio, parecia que Steve retornaria à "Embaixada" Breitbart, com seu piso coberto de bandeiras norte-americanas, para reassumir o comando daquele império. Cheguei até a me perguntar se não começaríamos a vê-lo circular de novo pela Cambridge. Eu esperava obter alguma coisa em troca por termos nos associado a figuras tão controversas por tanto tempo, mas estava começando a ter a impressão de que o risco que havíamos corrido traria poucas recompensas.

Steve não tinha apenas entrado em conflito com a equipe da Casa Branca; ele havia ofendido os Mercer — e eles eram o tipo de gente que ninguém queria ter como inimigo. De acordo com revelações de Michael Wolff no seu incendiário livro *Fogo e fúria*, Steve fez comentários desagradáveis sobre a família Trump, que o transformaram em *persona non grata* logo no começo de 2018. Bannon também ganhou a inimizade de Bekah e Bob graças a alegações particulares e nem um pouco atraentes que vazaram: para quem quisesse ouvir, Steve dizia que Bekah e Bob o apoiariam se ele próprio se candidatasse à presidência. Bekah respondeu com uma declaração que dizia, em um dos trechos: "Minha família e eu não nos comunicamos com Steve Bannon há muitos meses e não fornecemos apoio financeiro à sua agenda política, nem apoiamos suas ações e declarações recentes." Steve acabou sendo expulso não apenas da Casa

Branca, mas também da Breitbart e da Cambridge. Depois do tumulto, Julian me disse que o moral estava baixo na Cambridge, apontando para os jovens que trabalhavam de forma tão diligente e silenciosa ali perto, nos seus laptops. Eles pareciam completamente sem vida.

"Não é divertido como costumava ser", disse ele, como se tivesse lido os meus pensamentos. O velho espírito de equipe, as madrugadas e as ressacas matinais — nada tinha sobrado.

Julian sentia falta da diversão e disse que esperava que eu retornasse a Nova York e "trouxesse um pouco de alegria". De qualquer forma, ele falou que havia muita coisa porvir para justificar essa alegria.

Alexander havia estabelecido uma nova *holding*, chamada Emerdata, que agora seria proprietária de todos os ativos e propriedades intelectuais do SCL e da CA. Aparentemente, ele tinha realizado uma rodada de investimentos e captado 36 milhões de dólares para que a empresa crescesse em nível global e, graças a parceiros estratégicos no México, em Hong Kong, na Arábia Saudita e outros lugares, enormes oportunidades estavam surgindo para a CA. Talvez eu quisesse ajudar a expandir a filial de Hong Kong, visto que já havia morado lá e falava um pouco de mandarim?

Eu não sabia o que responder. Falei a Julian que a condição para eu permanecer era que a CA me permitisse assumir a liderança dos negócios relacionados à tecnologia blockchain. Eu ficaria se pudesse montar a minha própria equipe, fazer as minhas próprias coisas. Também não queria me comprometer em período integral. E estava farta de política, fosse onde fosse. Era tudo muito desonesto e perigoso.

Nós nos despedimos de forma calorosa, mas Julian sabia que ainda não tinha me conquistado de vez. Ele me pediu para escrever por e-mail para Brendan Johns, que cuidava do departamento de recursos humanos em Londres, para confirmar o valor da diária e os termos e condições da minha consultoria.

Eu preferi esperar antes de escrever. Nesse ínterim, voltei ao México para pegar minhas coisas e receber minha comissão pelo contrato para a campanha presidencial. Depois de anos de trabalho no México, eu estava decidida a conseguir essa comissão.

* * *

Na Cidade do México, me reuni com Alexander e a equipe que ele havia montado para falar sobre a estratégia para a eleição presidencial mexicana. Minha tarefa era transferir todo o trabalho para as mãos deles. Enxerguei aquilo também como um momento de transição, passando de funcionária da Cambridge a uma potencial consultora de blockchain.

A equipe incluía Mark Turnbull e mais três ou quatro funcionários, a maioria dos quais fora levada para lá a um alto custo. Apesar de ter me retirado do projeto, Alexander deixou claro ao chegar que esperava que eu já tivesse fechado o contrato. Por diversas vezes naquele dia, a conversa ficou tensa, o ambiente repleto de recriminações implícitas sobre o porquê de as negociações com o PRI terem estagnado.

Naquela noite, eu estava preocupada não apenas com o contrato e a passagem de bastão, mas também com a minha futura comissão pelo trabalho. Nosso grupo estava sentado em uma grande mesa em uma churrascaria. Enquanto comíamos, debatíamos estratégias para o contrato eleitoral, falávamos sobre pessoal para a equipe e salários. Tentamos abordar a questão da segurança — um tópico preocupante, é claro, e que Alexander tentava evitar. Ainda não podíamos falar sobre segurança com ninguém até que o primeiro pagamento fosse concretizado, informou ele.

Então ele se virou para mim e disse: "Você está devagar demais."

O restante do grupo havia engrenado em uma conversa entre eles. Aquele diálogo era só entre Alexander e mim.

Eu não tinha prestado devida atenção ao contrato, ele continuou.

Aquela acusação não era verdade, pensei, mas não importava o que eu dissesse, ele me culpava: era essencial que eu tivesse assinado o contrato, e não o fiz. A empresa estava perdendo dinheiro.

Fiquei em silêncio por um segundo. *Perdendo dinheiro?* Perguntei como aquilo seria possível, tendo em vista todos os negócios que tínhamos.

Grande parte do trabalho que a Cambridge fizera até então, explicou Alexander, tinha sido gratuito ou a preço de custo, como projetos-piloto (também conhecidos como "favores" para os amigos dos membros do conselho). Mesmo para a campanha de Cruz e grande parte da campanha de Trump, os advogados haviam nos alertado para cobrar por nossos serviços "de maneira justa", por medo de que a Comissão Eleitoral Federal viesse em cima. Havia regras sobre cobrar "valores de mercado justos" pelos serviços; caso contrário, o trabalho poderia ser classificado de "doação disfarçada" e ser objeto de escrutínio, ou até mesmo uma infração.

Mas e os milhões de dólares que fluíram da campanha para a conta da Cambridge? Os milhões de dólares que custearam a campanha e o supercomitê de ação política?

Apesar da percepção pública dos rendimentos da Cambridge, quase todo o dinheiro, sobretudo o de Trump — 95,5 milhões de dólares — tinha fluído *através* da CA ou de uma das holdings usadas pela empresa para esconder o vínculo entre os seus membros do conselho e Trump; em outras palavras, o dinheiro não tinha ficado conosco. Em vez disso, ele pagou por todas as análises de dados e pela publicidade que fizemos no Facebook. O Facebook conseguira obter lucro. Mas nunca tinha havido dinheiro suficiente para os salários das 120 pessoas que Alexander e eu contratamos para ampliar seu império global. Estávamos sempre no vermelho, dependendo do dinheiro dos Mercer para fechar as contas. Por isso que os salários às vezes atrasavam. Por isso Alexander não podia pagar pela segurança, explicou.

Minha cabeça disparou. Eu mesma levara milhões de dólares para a empresa que não tinham nada a ver com Cruz ou Trump. Para onde fora todo aquele dinheiro se não estávamos conseguindo nem mesmo cobrir as despesas básicas?

Aquela foi uma revelação chocante. Desde o meu ingresso na empresa, havia mais de três anos, eu me baseara na suposição de que a Cambridge Analytica era um império em expansão, o começo de algo magnífico, e do qual eu estava participando desde o início. Alexander era muitas coisas, mas, antes de qualquer coisa, era um vendedor, e eu tinha comprado o que ele vendia. Eu havia tolerado muitas coisas pautada na expectativa de que meu grande pagamento, que me era devido por todo o meu trabalho exaustivo e, talvez a pior parte, por todas as concessões que eu fizera, estava por vir. Talvez eu não o recebesse hoje ou amanhã, mas em breve.

Agora, enquanto eu lutava para processar o que Alexander havia dito, eu enfim estava vendo as coisas não como eu queria que fossem, mas como eram. Durante anos, mantive esperanças totalmente sem fundamento. Aquela empresa não era um unicórnio. Nós não estávamos no Vale do Silício. Era uma companhia cujo sucesso ou fracasso aparentemente dependiam do mecenato da família Mercer — não havia visão ou um plano maior. A enorme rodada de levantamento de fundos anunciada não resultaria em uma participação acionária; apenas tiraria a empresa do vermelho. Sem esse capital, a empresa estava indo à falência; a situação estava terrível antes dessa injeção monetária e, de diversas formas, aparentemente ainda estava. O fato é que eu ainda estava muito longe de testemunhar algum grande dia em termos financeiros, como uma abertura de capital ou a venda para um conglomerado de mídia.

"A propósito, Brittany", disse Alexander, me afastando dos meus pensamentos e me trazendo de volta à mesa. "Espero que possa ajudar Mark e Sam enquanto eles fazem a transição aqui para o México." Ele estava se referindo a continuar trabalhando como consultora para eles, a orientá-los enquanto eles assumiam os meus negócios e os meus contatos. E ele claramente achava que eu faria aquilo de graça, como um extra — uma daquelas coisinhas a mais que ele pedia às pessoas para elas mostrarem que faziam parte da equipe.

Só de pensar naquilo fiquei furiosa. Era típico de Alexander. E muito injusto.

Não vendo nenhum motivo para me conter, perguntei a ele sobre a minha comissão pela campanha presidencial mexicana.

Ele baixou o tom de voz, para que o restante da mesa não pudesse ouvir.

"Agora que existem outros envolvidos", falou ele, "as comissões obviamente não vão ser as mesmas." Não seria mais eu a fechar o negócio, portanto o dinheiro teria que ser dividido de forma adequada. *Dividido de forma adequada*. Em que universo havia uma forma adequada de dividir aquele dinheiro? Fui eu que iniciara as negociações, que estava há um ano correndo atrás daquele contrato.

"Você só pode estar brincando", falei.

"Não", respondeu ele. "De maneira alguma." Ele alegou que, agora que havia muito mais gente envolvida, não deveria mais esperar o mesmo que antes.

Fiquei olhando para ele, e enquanto isso me ocorreu pela primeira vez que, independentemente do que ele tinha me dito e do que eu dissera a mim mesma, eu era apenas uma vendedora superestimada. Afinal, em cada *pitch*, meu trabalho fora "vender a mim mesma" tanto quanto aos serviços da empresa. Várias vezes vendi a mim mesma e à empresa — aos bilionários nigerianos, a

Corey Lewandowski e à campanha de Trump, à National Rifle Association, ao PRI. E a lista não acabava aí. E, repetidas vezes, Alexander se recusou a me dar crédito por muitas das vendas que eu intermediara. Ele sempre conseguia se intrometer para fechar o negócio ou enviar outra pessoa, fosse Julian ou Oz, para assinar o contrato e pegar a comissão. Em geral, ela ia para as mãos de qualquer homem que tivesse "me dado suporte" e "fechado o negócio", apesar de ter sido eu a fazer a maior parte do trabalho.

Regularmente, eu abordava Alexander com uma lista dos negócios que eu tinha corrido atrás, destacando aqueles a que tinha dado início (ou seja, aqueles para os quais eu havia escrito a proposta e o contrato) e cuidado até a assinatura. Eu defendia a mim mesma e o meu papel no fechamento daqueles negócios, mas Alexander sempre olhava a lista e riscava item por item, dizendo: "Não, esse é do Matt. Esse aqui foi meu. Robert que fechou esse. Matt. Duke. Matt, Matt. Meu. Eu. Meu. Eu. Nenhum desses é seu", ele dizia, e ficava por isso mesmo. Ele teve a coragem de me dizer que alguns dos acordos tinham sido fechados por Bekah, como se ela tivesse alguma coisa a ver com a área comercial! E eu ia embora furiosa e de mãos vazias. Tinha conseguido convencê-lo a me dar uma comissão pelo primeiro contrato no México, mas ele me fez dividi-la com várias pessoas que nem estavam na empresa quando eu comecei a trabalhar no projeto.

Durante anos, voltei para o meu canto e engoli aqueles insultos, na esperança de que algo maior estivesse para chegar. Agora, enquanto tentava me equilibrar na corda bamba entre deixar a empresa e reclamar a minha parte pelo trabalho que eu fizera, eu tinha muito menos paciência para aquele tipo de tratamento. Já havia cedido demais para continuar aturando aquilo.

Pensei no meu pai, agora deficiente e sem um centavo. Eu tinha feito uma rápida viagem para vê-lo fazia algum tempo. Ele parecia doce e inocente, com um olhar delicado e uma vasta cabeleira sobre a enorme cicatriz, mas estava bastante sedado. Tivemos que transferi-lo de um hospital psiquiátrico para outro por conta do seu comportamento errático e, às vezes, violento, uma vez que seu cérebro ainda lutava para lidar com o grande trauma pelo qual tinha passado. O custo de transferi-lo para qualquer outro lugar que não as instalações em que ele estava, financiadas pelo Medicaid, era proibitivo e insustentável.

Pensei na minha mãe, uma comissária de bordo que vivia indo e voltando de Ohio para Chicago, onde cuidava do meu pai; e para o Tennessee, onde cuidava do próprio pai.

E pensei em como, durante anos, eu não estava disposta a compartilhar com ninguém detalhes da minha família que revelassem sua condição mais do que modesta, seu declínio e, por consequência, minha ligação a um modo de vida que aqueles que eram ricos e bem-nascidos jamais poderiam imaginar. Com quem eu poderia ter compartilhado o meu segredo? Esconder aquilo tinha sido uma decisão estratégica da minha parte. As pessoas ricas e poderosas que eu conhecia na Cambridge e no Partido Republicano — nossos doadores e apoiadores, nossos clientes e parceiros — viam a pobreza como uma fraqueza pessoal, o fracasso financeiro como uma medida do caráter e da incompetência, e eu tinha me empenhado de maneira determinada em nunca mostrar esse meu lado a eles.

Afastei a cadeira e me levantei. "Você está transformando a minha vida em um inferno!", gritei para Alexander. Eu já tinha tolerado muita coisa por causa da Cambridge, acima de tudo, talvez, por ter fingido que a empresa era minha também. Mas aquilo eu não ia tolerar.

Comecei a chorar, as lágrimas escorriam pelo meu rosto e pela minha camisa. Aquilo não tinha terminado, não ainda. A rodada de levantamento de fundos fora rentável, e eu queria o que me era devido, fosse por meio de dividendos ou do trabalho de consultoria. Não era só pelo que eu tinha conquistado; era pelo que eu merecia.

"Eu tenho uma família para cuidar!", gritei.

Alexander olhou para mim, para o meu rosto manchado de lágrimas e meu desespero. Ele parecia completamente inabalável. Não mexeu um músculo nem mudou sua expressão.

"Todo mundo tem uma família para cuidar, querida", respondeu ele friamente, sem alterar o tom de voz.

Balancei a cabeça. Só tinha restado uma resposta. "Vá se foder", falei, pegando as minhas coisas e saindo do restaurante, sem olhar para trás.

17

Inquérito

FEVEREIRO — MARÇO DE 2018

Parecia que, com Alexander, nada nunca estava claro. Eu achava que um belo "foda-se" significava adeus para sempre. Por outro lado, ele sempre dizia que a raiva era uma coisa passageira; ele poderia gritar, dizer o que queria, e então tudo ficava para trás. Talvez ele pensasse que o mesmo valia para mim.

Pouco depois do episódio na churrascaria no México, ele me ligou como se nada tivesse acontecido, pedindo minha ajuda no escritório de Washington. Eu não sabia de onde viria o meu próximo pagamento, então aceitei, julgando que fazer lobby em Washington pela aprovação de legislação de blockchain era uma boa maneira de ganhar comissões sem muito trabalho. Então, no início de fevereiro, Brendan Johns, do RH de Londres, me enviou a proposta de Julian — e, claro, também de Alexander — para o meu trabalho em andamento na empresa. Se eu fosse me tornar consultora, minha diária seria exatamente a mesma de quando eu havia entrado para o SCL Group em meio período, no início de 2014.

Eu me senti insultada com aqueles termos, e mais ainda quando Brendan me escreveu de novo para dizer que a empresa queria que eu fizesse um pedido de demissão formal. Ele disse que, para eu passar a atuar como consultora para a Cambridge, teria que deixar de ser funcionária em período integral. Apesar de isso fazer sentido para a empresa do ponto de vista comercial, achei a ideia em si ofensiva.

Eu ainda estava furiosa quando voltei ao escritório de Nova York para me encontrar com Julian Wheatland no final do mês. A reunião era para discutir a oferta que ele e Alexander fizeram para mim, mas não chegamos a um acordo. Em vez disso, passei algum tempo analisando os novos planos da CA para o blockchain.

Parecia que Alexander tinha tido uma epifania quanto à questão do blockchain, o que significava que seu pensamento sobre dados e privacidade havia evoluído. A Cambridge Analytica, dizia a proposta, "acredita apaixonadamente que os dados do consumidor pertencem ao consumidor (...) e tenciona desenvolver um mecanismo para devolver o controle desses dados aos usuários". A Cambridge desejava "tirar proveito da abertura e da transparência inerentes à tecnologia blockchain".

Aquele era justamente o tipo de declaração de propósito que mantinha vivas as minhas esperanças em relação à Cambridge, ainda que de forma passageira. Por um breve momento, senti como se a maré na empresa pudesse mudar. Eu já tinha visto a Cambridge atuar como um *player* nada exemplar em relação aos dados dos usuários. Agora, parecia ter se arrependido, visando mudar o seu modelo de negócios e seu relacionamento com os dados para se tornar uma defensora da privacidade destes. Mas, claro, eu não poderia estar mais equivocada.

Assim que comecei a me acalmar e a me concentrar nas novas tarefas que tinha em mãos, Julian veio com mais um indício de problemas: o Information Commissioner's Office (ICO) ainda tinha perguntas para a Cambridge Analytica sobre o seu papel no Brexit. A comissão claramente não estava satisfeita com as respostas fornecidas pela CA no ano anterior — as meias verdades que Alexander e Julian nos obrigaram a enviar, editadas por eles em um documento compartilhado. Às vezes, eu não conseguia dormir pensando em quanto mais daquela história eles não me deixariam contar.

Nos últimos doze meses, a ex-jornalista do *The Guardian* continuara a investigar o Brexit e a Cambridge Analytica. Seus artigos davam pistas de que ela estava conversando com ex-funcionários. Ela se referia a eles por pseudônimos, portanto era difícil saber quem eram. Carole Cadwalladr liderava a matilha, obstinada na busca de evidências de que havia uma grande conspiração entre a campanha de Trump e os russos; entre o Brexit e os russos; entre o Vote Leave, o Leave.EU e a AIQ; entre os malucos de direita e bilionários como a família Mercer, que, segundo a tese de Carole, estavam usando a Cambridge

Analytica e o Facebook para tomar o poder nos Estados Unidos e no Reino Unido. Tudo isso me parecia fake news, em grande parte porque muito do que ela escrevera sobre mim eu sabia ser falso. Assim, por que eu deveria acreditar em qualquer coisa mais que ela tivesse a dizer?

Outras pessoas, no entanto, estavam prestando muita atenção: desde os membros da Comissão Eleitoral até o ICO.

O ICO estava começando a se debruçar sobre os pormenores. Alguém da CA havia se encontrado com a equipe de dados do UKIP entre os dias 2 e 19 de novembro de 2015? Foram compartilhados dados em alguma reunião, ou reuniões, ou na sequência delas? Que tipo de dados eram esses e com que finalidade haviam sido compartilhados?

Estava claro que eles tinham ido até as pessoas certas, falado com algumas fontes.

Como eu alertara, a insistência de Julian e Alexander naquelas manobras havia saído pela culatra. Tentar esconder a verdade nunca acaba bem. Eu tinha levado um dia para elaborar a minha resposta. Não menti, mas, com medo de perder o emprego, cometi o pecado da omissão.

Eu sabia que o dr. David Wilkinson havia estado na sede do UKIP em 3 de novembro de 2015. Contei que ele falara com muitos membros da equipe do UKIP para descobrir quais dados eles possuíam, e incluí a informação de que alguém do UKIP havia mandado entregar um disco-rígido no nosso escritório — na verdade, de forma totalmente desnecessária, eles entregaram uma CPU inteira. Falei da minha participação na conferência de 18 de novembro. E relatei que também tinha compartilhado da suposição de que o Leave.EU fecharia conosco, embora jamais tenhamos assinado um contrato nem realizado trabalho de modelagem de dados para eles.

Como o ICO não fez nenhuma pergunta sobre o trabalho que havíamos feito com os dados do disco rígido entregue pelo UKIP, não mencionei a modelagem e a segmentação preliminares que os cientistas de dados fizeram entre os dias 3 e 18 de novembro, e não contei que compartilhara esses dados, visto que eu os tinha apenas resumido para o Leave.EU em nossas reuniões antes e depois da conferência, e pessoalmente, na sede do Leave.EU. Mencionei também a viagem que fiz com o dr. Wilkinson a Bristol, para ir ao escritório da Eldon Insurance.

Seis dias depois, um curioso e-mail de Julian para toda a empresa chegou na minha caixa de entrada. Não tinha nada a ver com o ICO. Tratava-se de uma investigação nova, sobre fake news, que a Comissão de Assuntos Digitais, Cultura, Meios de Comunicação e Esporte (DCMS, na sigla em inglês) da Câmara dos Comuns vinha realizando havia um ano. Alexander fora "convidado" a falar perante o comitê em 27 de fevereiro, para "ajudar" os seus membros a entender o que era marketing baseado em dados. Ele não esperava que o comparecimento gerasse qualquer publicidade negativa, mas queria que a equipe estivesse ciente. Nossa empresa não tinha experiência alguma com fake news, dizia ele, portanto estávamos "contentes em colaborar", segundo Julian. Alexander estava entre os diversos especialistas convidados, incluindo grandes grupos de mídia como a CNN e a CBS, e executivos do Facebook, Twitter, Google e YouTube.

Tudo aquilo parecia bastante plausível. De fato, o e-mail era tão otimista e tão britânico que não me dei conta de que o verdadeiro convite que ele havia recebido era para se sentar na berlinda.

Quando chegou o dia em que Alexander falaria diante do parlamento, eu estava em um evento sobre blockchain em São Francisco, na Califórnia. À medida que o dia avançava na Inglaterra, meu telefone começou a tocar. Amigos me mandavam mensagens dizendo que o meu nome fora mencionado no parlamento — mais de uma vez. Robert Murtfeld me enviou uma mensagem de texto com a menção, palavra por palavra. A investigação da comissão sobre fake news não era um exercício acadêmico destinado a reverter a vitória do Brexit valendo-se de propaganda para forçar uma nova votação (o movimento chamado People's Vote), como alegaram muitos dos *leavers*. Alexander não havia sido convidado a compartilhar suas opiniões sobre a divulgação de fake news. Ele havia sido convocado para explicar o papel da Cambridge Analytica naquilo.

A comissão era composta por onze membros, nove dos quais estavam presentes naquele dia. Seu presidente era Damian Collins, do Partido Conservador, um parlamentar sério, defensor da permanência na UE, com carreira na publicidade. Collins, bem em frente a Alexander, no centro de uma mesa em forma de U e ladeado pelos outros oito integrantes, todos membros do parlamento, pediu silêncio, deu início à sessão e abriu fogo.

Por que, ele queria saber, a Cambridge Analytica insistia tanto que não tinha feito nenhum trabalho para o Leave.EU, sendo que isso foi anunciado em público repetidas vezes?

Alexander, vestido com seu habitual terno azul-marinho e óculos de grife, leu com afetação uma declaração de abertura na qual dizia ser irônico que o próprio DCMS tivesse acreditado em fake news sobre a Cambridge. Aquele desagradável problema havia começado quando um consultor de relações públicas proativo demais enviou uma declaração equivocada à imprensa. Assim que tomou conhecimento do equívoco, a empresa deixou "absolutamente claro para todos os meios de comunicação que não estava envolvida" com o Brexit.

Collins deixou bem claro que não estava engolindo aquela explicação.

Na sua experiência no mundo da publicidade — uma experiência, diga-se, muito tradicional, do tipo *Mad Men*, que Alexander alegou ter morrido —, com certeza havia pessoas de relações públicas proativas demais. Mas o material em questão não era apenas um *release* de imprensa. Era um artigo na revista *Campaign*. Collins estava com a edição em mãos. A matéria, intitulada "How Big Data Got the Better of Donald Trump: A View from Alexander Nix" (Como o Big Data ajudou a obter o melhor de Donald Trump: um ponto de vista de Alexander Nix), foi publicada em fevereiro de 2016, logo após Ted Cruz ter vencido Trump na convenção partidária de Iowa e antes do Brexit.

Nela, Alexander dizia que "recentemente a Cambridge Analytica se associou ao Leave.EU" e que havia impulsionado sua campanha de mídias sociais com tamanho sucesso que ela estava ganhando 3 mil novos "seguidores" por dia no Facebook.*

Em primeiro lugar, disse Collins, era bastante inusitado que uma figura de liderança da empresa tivesse permitido que aquela matéria, se era tão equivocada assim, fosse publicada, com o seu próprio nome. Além disso, uma vez que ele havia descoberto que a edição havia sido distribuída, por que não se esforçou para recolhê-la? Por que o texto ainda constava no site da revista?

---

* 1. Alexander Nix, "How Big Data Got the Better of Donald Trump", *Campaign*, 10 de fevereiro 2016, https://www.campaignlive.co.uk/article/big-data-better-donald-trump/1383025#bpBH5hbxRmLJyxh0.99.

Alexander respondeu com frieza dizendo que não fazia ideia. Ele deu essa mesma resposta quando Collins lhe perguntou por que declarações semelhantes ainda estavam espalhadas por vários outros veículos e por que ele não se manifestara em público sobre elas nem solicitado aos seus autores para corrigi-las. O Leave.EU ainda afirmava no seu site que havia trabalhado em parceria com a Cambridge. Inclusive, Andy Wigmore tinha feito uma publicação no Twitter: "Vocês deveriam usar a Cambridge Analytics [sic] (...) Nós usamos, como deu para ver (...) Recomendo fortemente."

Ian Lucas, um parlamentar do Partido Trabalhista de rosto alegre, com um queixo duplo e um sotaque forte do norte da Inglaterra, mostrou um exemplar do livro de Arron Banks, *The Bad Boys of Brexit*. Ele perguntou sarcasticamente se Alexander já tinha o dele. Se não, deveria arrumar um exemplar para ler. Nele, Banks dizia que contratou a Cambridge, uma empresa de "Big Data e metodologia psicográfica avançada", "com o intuito de influenciar as pessoas".

Infelizmente, respondeu Alexander com desdém, ele não tinha poder sobre o sr. Banks. Disse que tentou várias vezes fazer com que Arron corrigisse aquela afirmação. Banks era visivelmente um homem difícil de controlar.

"Você poderia tê-lo processado, não?", perguntou Lucas, cheio de ironia. "Bom, então isso aqui não é verdade", disse ele. "Logo, ele é um mentiroso."

Alexander suspirou. Ele não estava disposto a chamar Arron Banks de mentiroso diante do parlamento. "Não é *verdade*", disse ele, irritado.

Collins mudou o rumo da conversa. Na sua experiência em uma forma muito antiquada de trabalho publicitário, ele se lembrava de que, ao fazer um *pitch* para clientes em potencial, as empresas costumavam apresentar exemplos inéditos, ou "rascunhos de campanha", utilizando materiais do cliente para demonstrar o tipo de publicidade que era capaz de produzir. A Cambridge já tinha feito algo do gênero?

Alexander descartou essa hipótese. Preparar uma amostra de seu trabalho antes da assinatura de um contrato exigiria uma profunda análise de dados, muito sofisticada e trabalhosa.

"Veja", respondeu ele, irritado e com a testa franzida. "Embora os seus argumentos sejam válidos, o fato é que *não fizemos nenhum trabalho*" — ele bateu na mesa com as juntas dos dedos para enfatizar — "nessa campanha nem em qualquer outra. Não *tivemos nenhum envolvimento* no referendo". Ele continuou: "Embora possamos ficar debatendo para sempre sobre isso, acho que talvez devêssemos examinar os fatos, que são o de que não estávamos" — ele bateu de novo na mesa — "envolvidos e ponto final".

Por mais enfático que tivesse sido, ele parecia cansado. Passou a língua nos lábios. Seu rosto brilhava com a fina camada de suor.

Dava para ver que ele estava com medo.

Simon Hart, um parlamentar Conservador de Carmarthen West e South Pembrokeshire, magro e de queixo estreito, chegou mais para a frente no seu assento. Um homem do campo, gostava de caçar texugos quando não estava trabalhando.

A Cambridge tinha "se aproveitado do medo de parcelas vulneráveis do eleitorado, a fim de influenciar o voto delas", disse ele de maneira enfática. Será que Alexander achava que o trabalho dele contribuía de forma positiva para a sociedade? Ele tinha algum tipo de "bússola moral" ou estava apenas pagando as contas? Alguma vez havia se perguntado onde estava a sua responsabilidade social diante de tudo aquilo?

Foi uma enxurrada de perguntas.

Não seria a pontuação OCEAN uma forma nada sutil de desvendar a personalidade das pessoas a fim de manipulá-las para que fizessem o que gostaria que elas fizessem? O sonho de Alexander era ser uma "presença todo-poderosa"?

A empresa alegou ter até 5 mil pontos de dados sobre cada um dos adultos norte-americanos, toda a população votante. Cada um dos adultos norte-americanos estava ciente disso?

Parecia estranho que a Cambridge trabalhasse nos Estados Unidos, mas não no Reino Unido. Ela também estava coletando dados sobre a população britânica?

Qual era o relacionamento da Cambridge com o Facebook? E com o dr. Aleksandr Kogan?

A empresa obedecia às leis sobre essas questões em nações estrangeiras? A Cambridge Analytica ou o SCL Group haviam feito campanhas políticas em outro país no nome de terceiros?

Qual *era* a diferença entre o SCL Group e a Cambridge Analytica? As duas companhias compartilhavam informações e recursos?

Por que uma figura americana controversa como Steve Bannon fizera parte do conselho da empresa?

Alexander pegou cada pergunta e foi tropeçando nas respostas.

A Cambridge Analytica não se aproveitava do medo. Ela apresentava os clientes que representava da melhor maneira possível. Não escolhia eleitores a dedo; era apenas seletiva quanto ao tipo de comunicação que cada um recebia, para que não houvesse desperdício. Tinha uma equipe jurídica interna meticulosa que assegurava que a empresa observasse as leis em outros países. Steve Bannon havia aconselhado a companhia sobre como trabalhar nos Estados Unidos. Alexander então comparou a relação com o Leave.EU como uma série de encontros que não resultaram em uma "proposta de valor" que levasse ao casamento. Ele não fazia ideia do motivo pelo qual o Leave.EU tinha decidido não trabalhar com a Cambridge. Não, ele não se considerava todo-poderoso. Não, ele não podia dar nenhum exemplo de material enviado pela empresa sobre o qual não estivesse seguro em relação a questões éticas, mas analisaria o assunto e avisaria a comissão se encontrasse algo relevante.

O tempo todo ele escorregou, gaguejou, bateu na mesa, ficou vermelho e procurou medir as palavras.

Quando Alexander tentou explicar a diferença entre *esperar* trabalhar para um cliente, *planejar* trabalhar para um cliente, trabalhar *com* um cliente e trabalhar *para* um cliente, um membro do comitê reclamou que sentia como se estivesse "ouvindo alguém reescrever o idioma". O trabalho com o Leave.EU jamais havia acontecido, insistiu Alexander. "Eu não sei como explicar isso com mais clareza. (...) Qualquer que seja a forma com que se olhe para isso, ou para a aparência disso, ou para o que outras pessoas tuitaram sobre a situação, nós (...) não tínhamos uma relação formalizada com eles. Não trabalhamos no referendo sobre a saída da UE nem com essa, nem com qualquer outra organização." Mas nada daquilo adiantou.

O homem por trás da maior máquina de influência da história fracassou ao tentar influenciar os membros da comissão. Eles acabaram se mostrando clássicos "impersuasíveis", sobretudo quando se debruçaram sobre o assunto "eu".

"E essa Brittany Kaiser?", eles perguntaram. "O que ela estava fazendo naquela conferência em novembro, quando afirmou que a CA "fazia pesquisas em larga escala para o Leave.EU"? Quem era essa tal de Brittany Kaiser?"

Alexander passou a língua nos lábios. "Brittany Kaiser", respondeu ele, "era uma funcionária da Cambridge Analytica".

Para mim, aquela afirmação foi particularmente importante. Foi difícil não notar que ele tinha se referido a mim no passado.

Não assisti ao interrogatório de Alexander ao vivo. Eu o li, depois — e, de alguma forma, isso foi pior.

Eu estava trabalhado com a Cambridge havia mais de três anos e, no último, tinha me esforçado muito para justificar o que a empresa havia se tornado. Mesmo quando mais e mais alertas se acendiam em relação ao comportamento da Cambridge e de Alexander, fui capaz de fundamentar minhas escolhas pelas lentes da necessidade monetária para minha família ou da minha própria necessidade de amparar a minha carreira em uma trajetória mais sustentável. Enquanto estava ali lendo as palavras de Alexander diante do parlamento, não pude deixar de pensar no fardo que eu carregava desde que aceitara trabalhar para a Cambridge. Nos anos que se seguiram, a história da minha relação com Alexander tinha sido de concessões. Fiz uma concessão após a outra para poder seguir em frente e alcançar o sucesso, mas de forma tal que, por um bom tempo, perdi de vista os valores que me eram mais caros. E agora, trabalhando com blockchain, projetando um novo futuro para o uso dos dados, eu tentava corrigir os rumos do barco, aproveitar a minha experiência na Cambridge para oferecer alguma compensação, por menor que fosse, enquanto mantinha a esperança de que a empresa um dia retribuísse tudo que eu havia depositado nela.

Mas ver meu nome impresso na transcrição daquela audiência parlamentar pôs um fim a todo o barulho e toda a racionalização: minha temporada na Cambridge chegara ao fim. Não haveria futuro para mim dando consultoria sobre blockchain. Nada de manter um pé na empresa enquanto eu tentava fazer meu nome na indústria de dados em larga escala. Nenhuma grande compensação financeira. Nenhum pote de ouro no fim do arco-íris.

Não havia como retroceder. Brittany Kaiser era um peso para Alexander Nix e para a Cambridge Analytica.

Eu ainda estava pensando nas ramificações de tudo aquilo quando um e-mail da empresa chegou na minha caixa de entrada em 9 de março. Era de Brendan, do RH. "Cara Brittany", ele começava:

> Como você está ciente, a equipe de RH solicitou diversas vezes que você enviasse a documentação confirmando suas conversas com Alexander Nix sobre seu desejo de encerrar o vínculo com a empresa em 31 de janeiro de 2018.
>
> Como não forneceu essa documentação, segue em anexo uma carta confirmando o encerramento de seu vínculo com a empresa, conforme acordado entre você e Alexander Nix.
>
> Se tiver qualquer dúvida sobre o documento em anexo, por favor entre em contato comigo por telefone ou e-mail.

Fim. O e-mail estava datado da noite em que mandei Alexander ir se foder.

Respondi com um e-mail endereçado a Brendan, Alexander e Julian, explicando que eu não havia deixado a empresa. Jamais faria isso com eles, falei. Muitas outras pessoas tinham pulado do barco. Mas eu não. Sim, aquilo tinha sido como um passeio de montanha-russa, mas a minha intenção não era deixá-los na mão.

Seis dias depois, Alexander escreveu. Era meados de março.

Ele lamentava ter tido que enviar a carta de demissão. "Claramente, este não é um relacionamento viável", escreveu. E, quanto ao futuro, se eu quisesse falar qualquer coisa com ele, podia pedir para a secretária dele agendar uma hora.

Não tinha como ter sido mais claro. Ele "esperava que eu estivesse bem".

Ele assinou "A".

Coloquei o telefone de lado e caminhei até o palco na conferência, não mais me perguntando por que eu havia pedido aos organizadores que imprimissem "DATA" — sigla de Digital Asset Trade Association, a organização sem fins lucrativos de lobby relacionado a blockchain que eu havia acabado de fundar com outras pessoas — em vez de "Cambridge Analytica" no meu crachá.

18

Recomeço

16 A 21 DE MARÇO DE 2018

Vou sempre me perguntar se Alexander já esperava por aquilo, pela bola de demolição tomando impulso, pelo impacto dos seus sucessivos golpes ou pela rapidez com que sua empresa iria desmoronar.

Na sexta-feira, 16 de março, menos de 24 horas depois de Alexander me enviar seu e-mail de despedida, meu telefone piscou com notificações e mensagens de texto dos meus amigos e ex-colegas de trabalho. Mais tarde naquele dia, o vice-presidente e vice-conselheiro-geral do Facebook, Paul Grewal, divulgou um comunicado dizendo que o Facebook estava suspendendo a Cambridge Analytica da sua plataforma. Eles tinham acabado de receber a informação — a declaração não dizia de onde — de que a Cambridge agira de má-fé em 2015 quando disse ao Facebook que havia excluído todos os dados comprados do dr. Aleksandr Kogan. O Facebook fora informado de que a Cambridge ainda detinha esses dados e, segundo Grewal, além da CA, o Facebook suspendia sua empresa-mãe, o SCL Group, o dr. Kogan, e um indivíduo chamado Christopher Wylie, da Eunoia Technologies.

Segundo o Facebook, a Cambridge, Kogan e Wylie haviam garantido ao Facebook que não possuíam dados coletados de forma ilícita. Se as novas alegações fossem verdadeiras, elas representariam a segunda — e inaceitável — violação de confiança do Facebook e dos seus termos de uso por parte da Cambridge.*

---

* Paul Grewal, "Suspending Cambridge Analytica and SCL Group from Facebook", Newsroom, Facebook, 16 de março de 2018, https://newsroom.fb.com/news/2018/03/suspending-cambridge-analytica/.

Grewal postou o comunicado no site do Facebook e as notícias se espalharam pelo mundo como um incêndio.

Li o comunicado e os relatórios e me perguntei como a CA ainda poderia estar em posse dos dados que motivaram a reportagem do *The Guardian* no final de 2015. Alex Tayler havia garantido ao Facebook que eles haviam sido excluídos. Se alguém da CA ainda os tinha, quem era? Por quê? E o que Christopher Wylie e a Eunoia Technologies tinham a ver com isso?

Nunca conheci Wylie pessoalmente, mas falei com ele uma vez, por telefone, no início de 2015. Na época, eu era nova na empresa, e Alexander me disse para ligar para todas as filiais e associadas ao SCL para me apresentar. Como estava em busca de novas oportunidades, deveria falar com cada membro para ver quais as ideias e os negócios que eles poderiam estar desenvolvendo.

Quando liguei para o SCL Canada, nosso parceiro em Victoria, na Colúmbia Britânica, que mais tarde soube que se chamava AggregateIQ, a AIQ, quem atendeu foi Chris.

Eu sabia um pouco sobre ele. Ao que constava, ele havia trabalhado no SCL antes de mim, tendo saído em algum momento em 2014 para passar para o que então se tornou o SCL Canada. Outros funcionários do SCL compartilharam algumas fofocas do escritório: Chris, eles me disseram, tinha sido uma espécie de gerente técnico de projetos no domínio de Alex Tayler, mas o trabalho dele não era de alto nível. Ele não era um cientista de dados, mas tinha feito se passar por um. Havia sido difícil trabalhar com ele e, quando Chris deixou a empresa, ficou descontente com alguma coisa, mas ninguém tinha me contado o que supunham ser o motivo do seu ressentimento.

O telefonema com Chris no início de 2015 não foi muito bom. Ele não foi amigável ou solícito, e parecia impaciente, como se estivesse no meio de alguma coisa e quisesse voltar a ela. Talvez eu tenha soado chata. Talvez eu tenha sido rude ou empolgada demais. Não consegui entender por que Christopher Wylie estava trabalhando para o SCL Canada se estava tão infeliz quando deixou a empresa — talvez ele quisesse apenas se mudar de país —, mas, quando desliguei, nunca me ocorreu perguntar a alguém sobre isso. E essa tinha sido a última vez que eu ouvira falar de Christopher Wylie — até aquele momento.

Na noite em que o Facebook publicou o comunicado, eu estava longe da Inglaterra e longe da Cambridge Analytica. Soube das notícias em Porto Rico, para onde tinha ido para participar da "Restart Week", um esforço da indústria do blockchain para revigorar a economia da ilha após o devastador furacão de setembro de 2017. O Furacão Maria, de categoria 5, com ventos de até 280 quilômetros por hora, destruiu a infraestrutura da ilha e provocou uma crise humanitária de proporções sem precedentes. Deixara milhares e milhares de pessoas sem casa e quase acabara com a rede elétrica de Porto Rico. Os danos causados pelo furacão tornaram quase impossível o acesso a medicamentos, água potável, alimentos e combustível e, no período entre a tempestade e seus efeitos colaterais, quase 3 mil cidadãos norte-americanos morreram. A Restart Week foi uma forma de a indústria do blockchain investir na ilha, transformando-a em um centro de inovação, comércio e tecnologia — levando até Porto Rico os dólares do turismo, milhares de empreendedores, líderes de opinião, lobistas e curiosos. O evento também era um meio de criar uma imagem positiva para um setor cujas complexidades o tornavam opaco para muitos; e outra parte do objetivo era deixar claro que o blockchain não tinha a ver com uma ruptura anarquista, mas sim com construir e reconstruir comunidades, literalmente.

Eu não sabia o que fazer depois do comunicado do Facebook. Se o Facebook não restaurasse os privilégios e o acesso da Cambridge, todo aquele modelo de negócios iria por água abaixo. Era difícil imaginar a empresa sobrevivendo àquilo. A sua dependência e a dos seus clientes da plataforma era tão grande que era como uma simbiose. Sem o Facebook, a CA não era nada; quase 90% de toda a sua publicidade gasta em cada campanha eram para o Facebook. Mesmo tendo deixado a empresa, não pude evitar a sensação de perda, de que era assim que podia chegar ao fim uma empresa cujo futuro havia sido tão brilhante — não por causa de oitivas e vigilância governamentais, mas através do poder do Facebook.

No dia seguinte, sábado, 17 de março, saí mais cedo da Restart junto com outras pessoas para ajudar no mutirão de reconstrução nas áreas rurais da ilha. Fiquei sem internet ou telefone durante a maior parte do dia, enquanto trabalhávamos com um grupo chamado Off Grid Relief para instalar painéis solares no campo. Durante meses as pessoas viveram sem energia elétrica, e, portanto, sem refrigeração ou iluminação, sem falar na internet e no serviço telefônico. Foi bom meter a mão na massa mais uma vez, suar a camisa em uma empreitada que ajudaria outras pessoas de forma direta. Foi gratificante ver as famílias ligando as luzes e os eletrodomésticos das suas casas e começando a estabelecer uma nova normalidade após o desastre.

Quando o sinal voltou, meu telefone, do qual eu tinha esquecido completamente, começou a piscar, como havia acontecido no dia anterior, com uma mensagem atrás da outra. Mais cedo naquele dia, a Cambridge divulgou um comunicado em resposta à suspensão imposta pelo Facebook, mas o seu conteúdo — dizendo que havia cumprido os termos de serviço do Facebook e que estava em contato com a empresa para "resolver a questão" — se perdeu em uma violenta tempestade de novas revelações, ainda mais confusas e catastróficas do que as da véspera.

Carole Cadwalladr e o *The New York Times* haviam trabalhado em conjunto e publicado reportagens investigativas relacionadas à CA e ao Facebook, e o papel de Christopher Wylie nos acontecimentos havia crescido. As duas matérias continham revelações bastante detalhadas e comprometedoras. Chris se portava como o guardião de segredos obscuros de longa data da CA, transformado em herói ao expor esses segredos ao mundo.

O artigo de Carole era intitulado "Revealed: 50 Million Facebook Profiles Harvested for Cambridge Analytica in Major Data Breach" (Descoberto: 50 milhões de perfis do Facebook recolhidos pela Cambridge Analytica em violação de dados importantes). O subtítulo dizia: "'I Made Steve Bannon's Psychological Warfare Tool': Meet the Data War Whistleblower" ("Eu desenvolvi a arma da guerra psicológica de Steve Bannon": Conheça o informante da guerra de dados).

Se fossem verdadeiras, as alegações de Chris seriam chocantes para a maioria da população mundial, sobretudo para os britânicos e norte-americanos, e, para o meu azar, confusas. Para além de todas as histórias que eu já tinha ouvido os meus antigos colegas de trabalho na Cambridge contarem, muitas acusações eram difíceis de digerir.

Por um lado, Chris afirmava ter e-mails que comprovavam que a CA tinha, de fato, relações diretas com o professor Michal Kosinski, da Universidade de

Cambridge — o mesmo do artigo de 2016 da revista *Das Magazin* e criador do aplicativo My Personality. Por outro, Chris dizia ter evidências de que Aleksandr Kogan acabara assumindo o trabalho que o SCL queria que o Centro de Psicometria da Universidade de Cambridge tivesse feito, e que a empresa jamais se preocupou em inspecionar o trabalho para verificar se ele era legal ou se estava em conformidade com os termos do Facebook.

No entanto, muito mais comprometedor, Chris também tinha uma cópia do contrato assinado entre Kogan e a CA, que descrevia o trabalho para o qual Kogan fora contratado — que não tinha fins acadêmicos, como Kogan alegava, mas explicitamente comerciais. Chris também tinha cópias de recibos, faturas, transferências e registros bancários que mostravam que a CA havia pago à empresa de Kogan, a GSR, 1 milhão de dólares pela raspagem de dados do Facebook; outros registros mostravam que a CA tinha gastado 7 milhões de dólares no projeto inteiro de coleta e modelagem de dados do Facebook.

Chris afirmava que Kogan conseguira coletar os dados de 50 milhões de usuários do Facebook em questão de semanas, graças ao Friends API. Ele dizia saber que tanto a velocidade quanto o volume da extração de Kogan haviam disparado alarmes no Facebook, mas, por algum motivo, a empresa optou por ignorá-los — um claro sinal de negligência diante da proteção da privacidade e dos dados dos seus usuários.

Cinquenta milhões era quase o dobro do número de usuários cujos dados haviam sido roubados e que a Cambridge utilizara para fazer a modelagem de cerca de 240 milhões de norte-americanos. Graças àquela única e prodigiosa coleta e à elaboração de perfis de personalidade, a Cambridge conseguiu classificar, por meio de algoritmos preditivos e de outros dados que havia comprado, cada norte-americano com idade superior a 18 anos, de acordo com muitos modelos diferentes, incluindo a pontuação OCEAN; era assim que a empresa sabia quais eram "abertos a novas experiências", "metódicos", "neuróticos" e assim por diante. Foi isso que fez com que o seu *microtargeting* fosse tão preciso e eficaz. Esse era um dos principais ingredientes do molho secreto da Cambridge.

Mais chocante ainda, Chris também alegava que a CA ainda estava de posse dos dados brutos que provavelmente havia usado durante a campanha de

Trump para aprimorar seu *messaging* e influenciar os resultado das eleições. Em suma, a coleta ilícita de dados no Facebook da CA mudou o curso da história.

O artigo de Cadwalladr levantava a questão de onde esses dados estariam agora. Um executivo do Facebook que havia testemunhado diante de Damian Collins e da Comissão de Assuntos Digitais, Cultura, Meios de Comunicação e Esporte (DCMS) antes de Alexander afirmou que era impossível que a CA ainda tivesse aqueles dados. E no seu depoimento perante o DCMS em 27 de fevereiro, Alexander declarou vigorosamente que a CA não possuía mais *nenhum* dado obtido através do Facebook. Nas páginas do *Observer*, Chris Wylie se perguntava em voz alta por que motivo a Cambridge teria excluído aqueles dados, visto que eles formavam a base dos negócios da empresa, que eram a fonte de sua singular metodologia psicográfica e que haviam sido tão caros para obter.

O próprio Wylie recebeu uma carta do Facebook em 2016 perguntando se ele havia excluído o que deveria excluir. Tudo que lhe foi pedido foi uma declaração por escrito, nada mais — nenhuma outra prova. Wylie havia enviado a declaração, mas o Facebook nunca voltou à questão, nunca fez as devidas diligências. Se ele tivesse mantido os dados de 87 milhões de usuários, Wylie se perguntava, como o Facebook iria saber?* A Cambridge sem dúvida possuía os dados, ele afirmava. E se ela ainda estava de posse deles agora, Alexander tinha mentido para o parlamento e o Facebook havia sido negligente, para dizer o mínimo.

O artigo do *The New York Times* ia mais longe do que a reportagem de Cadwalladr na busca por respostas para essa enorme questão. E a resposta era que a Cambridge havia, sim, mantido aqueles dados de forma consciente e que naquele momento detinha os dados raspados. Aparentemente, eles jamais haviam sido deletados.

Na reportagem, intitulada "How Trump Consultants Exploited the Facebook Data of Millions" [Como os consultores de Trump exploraram os dados de milhões de pessoas no Facebook], os autores Matthew Rosenberg e Nick

* Alfred Ng, "Facebook's 'Proof' Cambridge Analytica Deleted that Data? A Signature", CNet.com, https://www.cnet.com/news/facebook-proof-cambridge-analytica-deleted-that-data-was-a-signature/.

Confessore, com a colaboração de Carole — que aparentemente recebeu o crédito por ter colocado o *The New York Times* em contato com Wylie —, relataram que ainda existiam cópias dos dados e que o *NYT* havia visto um conjunto de dados brutos extraídos dos perfis do Facebook obtidos pela Cambridge Analytica. Um ex-funcionário da CA — não estava claro se era Wylie — afirmava ter visto *havia pouco tempo* centenas de gigabytes de dados extraídos do Facebook nos servidores da Cambridge.*

Se verdadeiras, as implicações de ambos os artigos seriam perturbadoras, e suas consequências, de longo alcance. A Cambridge tinha mentido várias vezes para o Facebook, e o Facebook ACEITARA uma simples troca de e--mails como garantia.

Se as alegações fossem verdadeiras, Alex Tayler estava definitivamente mentindo na sua troca de e-mails com o Facebook, quando afirmou que havia excluído os dados, todas as suas cópias e qualquer vestígio deles nos servidores da CA ainda em 2015. Também teria provavelmente mentido quando disse que a modelagem de dados feita por Kogan se mostrara em grande parte inútil, apenas um estudo de viabilidade. Tudo isso significava que a Cambridge fazia parte de um enorme esquema, que estava no centro da maior violação de dados da história da tecnologia moderna e de um dos maiores escândalos do nosso tempo.

As pessoas estavam chamando o caso de Datagate.

Fui ficando desnorteada conforme lia os textos. E durante a leitura não paravam de chegar mais mensagens:

"Isso é verdade?"

"Você sabia disso?"

"Que diabo está acontecendo?"

No que eu havia me metido? O que tinha acontecido pelas minhas costas enquanto eu atuava como porta-voz da CA?

Um amigo e eu estávamos nos preparando para uma festa naquela noite quando ele veio me perguntar o que estava acontecendo. Eu mesma não sabia

* Matthew Rosenberg, Nicholas Confessore, e Carole Cadwalladr, "How Trump Consultants Exploited the Facebook Data of Millions", *New York Times*, 17 de março de 2018, https://www.nytimes.com/2018/03/17/us/politics/cambridge-analytica-trump-campaign.html.

dizer. Haviam me encaminhado os e-mails trocados entre Alexander Tayler e Allison Hendrix, do Facebook, comecei a dizer, e parei.

Eu havia recebido esses e-mails em janeiro de 2016, muitos meses antes do Project Alamo, a montagem do banco de dados para a campanha de Trump. Acreditava que esse conjunto de dados fora descartado muito antes de a CA começar a trabalhar na campanha.

Meu coração disparou. Peguei o telefone e comecei a vasculhar meus e-mails.

Encontrei: a troca de e-mails com o assunto "Declaração de inocência", que havia durado semanas. Ali estava, em preto e branco: a declaração de Alex Tayler de que tudo estava em conformidade com os termos e a resposta agradecida de Allison Hendrix. Por que eu tinha acreditado na declaração do dr. Tayler? Eu não tinha nenhuma razão para duvidar. Eu não era cientista de dados. Nunca tinha tido acesso ao banco de dados da CA, nunca verificara o seu conteúdo. Eu me gabava do nosso material para os clientes, ciente de que possuíamos dados do Facebook, mas Tayler tinha assegurado a mim e aos demais que eles haviam sido obtidos dentro da lei. Eu me gabei centenas de vezes da competência do SCL e da CA em modelar e alcançar o público, e provavelmente toda a propaganda que fiz tinha tido como base ardis e mentiras.

Foi um momento confuso para mim. A reportagem do *NYT* parecia confiável e eu sabia que os fatos haviam sido checados — embora o *NYT* também tivesse sido o propagador de algumas notícias imprecisas sobre mim e a Cambridge no ano anterior, publicando erratas em muitas ocasiões. Mas o que me deixava mais desconfiada era o artigo de Carole Cadwalladr.

Voltei a ele. Eu nunca tinha acreditado em nada que ela publicava porque tudo o que havia escrito sobre mim era impreciso, meras suposições, para dizer o mínimo. Mais tarde naquele mesmo ano, Carole citaria uma fonte anônima que afirmava que eu estava "canalizando" Bitcoins para financiar o Wikileaks (acho que ela estava se referindo à minha modesta doação de 2011 quando eu era estudante) e que tinha ido visitar Julian Assange para falar sobre as eleições norte-americanas. Sua tese de que eu poderia ser o hacker Guccifer 2.0, o elo entre a Rússia, a invasão dos computadores do Comitê Nacional Democrata e o Wikileaks, iam um pouco longe demais. Suas alegações a meu respeito tinham provocado efeitos colaterais de verdade: fui intimada por Mueller no dia seguinte, o que ela então publicou nove meses depois, convenientemente deixando de fora a data e tratando como se tivesse acabado de acontecer, confundindo ainda mais o mundo e ofuscando a verdade.

Mesmo antes desses "artigos", na minha opinião, a desinformação disseminada por Carole já havia ultrapassado os limites — sobretudo no Twitter —, sem falar na sua falta de ética jornalística, ao me privar do direito de me manifestar antes da publicação. Visto que aquilo era típico do seu comportamento, pensei, por que eu deveria acreditar nela agora?

Além disso, era difícil achar que Chris Wylie fosse confiável: ele era um funcionário insatisfeito, cujo acesso às informações naquele momento era sem dúvida limitado, a menos que houvesse alguém infiltrado no SCL ou na CA servindo como uma espécie de agente duplo.

Além disso, a descrição que ele fazia de si mesmo como arquiteto da modelagem psicográfica estava em total descompasso com a forma como os meus colegas o haviam descrito. Chris atribuía a si um papel central no mito fundador da CA, em uma história em desacordo com o que eu tinha ouvido. Ele dizia ter viajado com Alexander, conversado com Steve Bannon; que Steve os apresentara aos Mercer no apartamento de Bekah em Nova York. De que forma aquilo poderia se encaixar às histórias que outros me contaram?

Até mesmo Cadwalladr o descrevia de forma peculiar: um garoto de cabelo cor-de-rosa que havia largado os estudos no ensino médio mas que, de alguma forma, conseguira estudar na London School of Economics. Ele era um canadense de Victoria, na Colúmbia Britânica, com sérias dificuldades de aprendizado, mas que em teoria era um gênio da programação e que alegava ter sido "diretor de pesquisas" na Cambridge Analytica. Até mesmo ele se definia como uma figura difícil de decifrar: um vegano gay que acabou se tornando o criador da "arma de guerra psicológica de Steve Bannon".

Como, sendo um aluno de doutorado que estava escrevendo sua tese sobre previsões para a indústria da moda, ele tinha sido capaz de conceber a ideia de usar perfis do Facebook, pontuação OCEAN e algoritmos preditivos para modelar usuários e fazer *microtargeting* do público *para fins eleitorais*? Ele também afirmava estar familiarizado com o trabalho acadêmico de Kosinski e ter sido a pessoa dentro do SCL que contactara Kogan. Da forma como ele contava, Chris Wylie era o dr. Frankenstein, e a tecnologia da CA, seu monstro fora de controle. Alexander havia me dito certa vez durante uma festa da empresa que estava em disputas judiciais com vários ex-funcionários. "Todo mundo acha que pode sair do SCL e criar a própria versão da minha empresa!", ele falou, e descreveu o roubo dos contatos, o assédio a clientes que indiscutivelmente pertenciam a ele. Chris Wylie era uma dessas pessoas, e Alexander o estava processando por violar suas obrigações contratuais. Alexander disse que Wylie tinha cometido crimes contra ele e que não era nem um pouco confiável.

Portanto, eu me perguntei, o quanto havia de verdadeiro em cada uma dessas versões? Do restante do artigo de Cadwalladr, boa parte estava repleta de teorias da conspiração sobre a CA que, a mim, pareciam improváveis. Ecoando um artigo que ela havia escrito um ano antes, citando uma fonte anônima que agora estava claro que tinha sido Chris Wylie, ela mais uma vez se perguntava em voz alta se a CA e os russos não estariam de alguma forma envolvidos na vitória de Trump e do Brexit. Ela justificava essa suposição usando uma proposta de trabalho apresentada pela Cambridge a uma empresa russa chamada Lukoil, cujo CEO era um ex-ministro da energia soviético ligado a Vladimir Putin. Embora a Cambridge, reconhecia ela, nunca tivesse trabalhado oficialmente para a Lukoil — Wylie tinha uma cópia dessa proposta, que eu mesmo vira nos meus primeiros dias na SCL —, Cadwalladr queria amarrar tudo aquilo, apesar de não haver um nexo. Uma jornalista que se fazia passar por detetive queria conectar a CA ao Wikileaks, à queda de Hillary e à ascensão de Trump, e presumia que tanto Julian Assange quanto Alexander Nix estavam mentindo quando disseram que, na verdade, não tinham trabalhado em parceria depois que Alexander procurou o Wikileaks em busca dos e-mails de Hillary Clinton. Carole queria tão desesperadamente encontrar a arma do crime que acabou ela mesmo atirando para todos os lados, com personagens inverossímeis, como Chris Wylie, e empresas-vilãs, como a Cambridge Analytica, que ela dizia recorrer a PSYOPs e operar de forma muito parecida com o MI6, o serviço de inteligência britânico.

Minha cabeça entrou em parafuso. Eu não sabia em quem acreditar nem o que pensar, e mal dormi naquela noite. Entre as coisas que me tiravam o sono estava o fato de Chris Wylie, cuja experiência na indústria da moda parecia torná-lo excepcionalmente desqualificado para ser uma autoridade naqueles assuntos, ter dito algo um tanto digno de nota. Seu comentário sobre o que a Cambridge fora, em parte, capaz de fazer com Ted Cruz e nas eleições gerais soava autêntico. Ele disse que Donald Trump era "como um par de Uggs", se referindo à marca de botas australianas disformes feitas de couro de ovelha que, de maneira inexplicável, haviam se tornado populares nos últimos anos. O truque para fazer as pessoas gostarem de Trump, dizia Chris, tinha sido o mesmo usado para fazer as pessoas mudarem de ideia em relação às Uggs e não mais considerá-las feias. Elas *eram* feias, mas bastava convencer o mundo a achar que não eram e, de repente, todo mundo estava usando.

Com uma trajetória tão eclética, o relato de Chris sobre como ele tinha ido parar no SCL para trabalhar com Alexander, conforme Cadwalladr reproduzia no artigo, lembrava, de maneira assustadora, a minha própria história. Ele era um candidato extremamente improvável para a vaga. Liberal de longa data, sempre trabalhara em iniciativas ligadas aos Democratas. Mas Alexander o convenceu a trabalhar para ele, dizendo que o SCL era um lugar que poderia apoiar os seus interesses, oferecer infraestrutura e financiamento para fazer as coisas que ele amava de verdade. E, dessa forma, dizia Chris, Alexander fez uma proposta "que ele não pôde recusar". "Por que agir por conta própria se pode trabalhar aqui?", Alexander tinha dito para mim. Ele falara a mesma coisa para Chris. "Nós lhe daremos total liberdade. Experimente. Venha testar todas as suas ideias malucas", ele havia lhe dito. E, por mais diferenças que eu e Chris pudéssemos ter, ambos concordamos. Nenhum de nós foi capaz de dizer não a Alexander. Nós dois respondemos sim.

Eu me solidarizei com Chris por um momento, mas não pude deixar de me perguntar se havia mais naquela história. Wylie estava usando aquela oportunidade para se vingar de Alexander por tê-lo processado? Estava retaliando por ter perdido clientes para o seu ex-chefe? Como ele era capaz de saber de metade das coisas que estava falando com tanta autoridade? Ele nem estava mais na empresa durante as campanhas do Brexit ou de Trump. Ele fez *pitch* para ambas com a própria empresa de dados, concorrendo com a CA. Um informante ou qualquer pessoa que esteja fornecendo provas legais nunca deve repercutir boatos que não possam ser comprovados. Eu estava com raiva e com pena ao mesmo tempo, me preparando para o que estaria por vir.

No domingo, 18 de março, dei uma palestra sobre blockchain e propriedade de dados em um palco na cidade de San Juan. Poucos dias antes, eu havia chegado a Porto Rico me sentindo parte de uma nova comunidade, a comunidade blockchain. Agora, observava a plateia e me perguntava se ainda eles me viam como parte deles. Todos tinham lido as notícias e, enquanto eu transitava pela conferência, as pessoas se aproximavam de mim várias vezes para perguntar o que eu sabia sobre a polêmica Cambridge/Facebook.

Era difícil explicar com alguma credibilidade que eu não sabia o que dizer sobre todas aquelas acusações — que havia oferecido os serviços da CA aos clientes e alardeado o que éramos capazes de fazer usando dados, mas que nunca tinha visto o banco de dados, nem mesmo sabia como acessá-lo, pois não conhecia nenhuma das senhas para isso. Eu sabia apenas o que haviam me dito, e isso parecia algo conveniente, e até mesmo comprometedor, de se dizer. Posso ter soado ainda menos digna de crédito ao alegar isso porque, quando ingressei na comunidade blockchain, tirei amplo proveito da minha ligação com a Cambridge Analytica, e logo construí uma imagem e uma reputação. Da mesma forma que a minha experiência na campanha de Obama havia sido minha *carte de visite* para entrar pra a CA, agora eu usava a CA da mesma maneira na comunidade blockchain. Então, quando eu dizia às pessoas que não trabalhava mais na Cambridge, aquilo provavelmente parecia mentira, e era difícil me explicar em uma ou duas frases, ou mesmo em uma conversa, por mais longa que fosse.

Conforme o dia foi passando, fui me sentindo cada vez pior. Lá estava eu, em uma conferência de profissionais comprometidos com uma nova visão quanto à privacidade e propriedade dos dados, e a pessoa que eu era e o que eu estava fazendo lá simplesmente não se encaixavam, pelo menos não para os outros. Naquela noite, em uma festa, um grande empreendedor da indústria do blockchain que havia manifestado seu desejo de que eu integrasse o conselho da empresa dele se aproximou de mim, com um drinque na mão, me chamou de lado e disse: "Então... sobre aquela reunião...", e retirou o convite.

Não me recordo de muito mais do resto daquela noite. Bebi até esquecer as notícias e, quando acordei na manhã seguinte, estava de ressaca e ainda mais infeliz. Havia sido desconvidada de um passeio exclusivo, de um dia inteiro, no qual estaria um grupo de investidores de alto nível. Em apenas dois dias, milhares de artigos apareceram nos jornais do mundo todo, e passei o dia os acompanhando todos eles, com profundo desgosto. O Facebook permanecia estranhamente em silêncio desde o dia 17 de março, quando Grewal havia corrigido seu comunicado para dizer que a mídia social queria reformular a história da noite anterior: o que a CA e os outros haviam feito era grave, mas não constituía uma violação da política de dados por parte do Facebook. A mensagem era um gerenciamento de danos, mas Mark Zuckerberg não deu nenhuma declaração pública, e o silêncio era desconfortável, um mau sinal.

No dia 18 de março, abri minha caixa de entrada e descobri que minha conta de e-mail da Cambridge ainda não havia sido desativada, apesar de eu ter recebido uma carta de rescisão. Entrei em êxtase — poderia haver algo perdido em meio a quase quatro anos de troca de mensagens e documentos que me ajudasse a entender melhor o ocorrido. Percorri meus e-mails e encontrei um de Julian, convocando uma reunião com toda a empresa, escrito no estilo clássico dele: "Uma rápida reunião (...) para deixá-los a par de alguns questionamentos feitos recentemente pela imprensa." Todos os funcionários deveriam comparecer às salas de reunião de Londres, Washington e Nova York às três horas da tarde, horário do Reino Unido.

Também havia uma mensagem no LinkedIn que eu não tinha visto antes. Era do meu amigo Paul Hilder, o escritor e ativista que conheci em Londres em março e abril de 2016, com quem tinha falado sobre o meu futuro e a minha preocupação com respeito aos dados. Nós nos encontramos diversas vezes logo depois disso, mas já fazia algum tempo que não nos falávamos. Ele estava respondendo a uma atualização que eu fizera no meu perfil do LinkedIn: alterei as minhas informações para deixar claro que não estava mais na Cambridge e que havia fundado com outras pessoas um grupo de lobby sem fins lucrativos, a Digital Asset Trade Association, cujo objetivo era trabalhar com as assembleias parlamentares dos estados para aperfeiçoar as políticas relacionadas aos ativos digitais, inclusive dando aos usuários mais poder sobre estes.

A mensagem de Paul dizia: "Parabéns. Falamos em breve? É bom ver você construindo o seu império."

A terceira, e sem dúvida a pior, onda de más notícias para a Cambridge veio na tarde de segunda-feira, 19 de março.

O Channel 4, da Inglaterra, tinha passado quatro meses desenvolvendo uma investigação secreta visando a Cambridge Analytica. A reportagem, que mostrava reuniões com Alexander Nix, Mark Turnbull e o dr. Alex Tayler, era tão comprometedora que doía assisti-la.

Os repórteres procuraram a Cambridge fingindo serem agentes representando bilionários do Sri Lanka que queriam financiar uma campanha eleitoral suja no seu país. No decorrer de quatro reuniões distintas, todas registradas em vídeo, a CA apresentou o pior das suas capacidades, atividades e operações, no limite da lei e da ética.

Um dos repórteres fazia o papel de testa de ferro e o outro, do seu assistente; ambos estavam grampeados. Em sucessivos encontros com Alexander Tayler, Mark Turnbull e Alexander Nix em hotéis, restaurantes e salas de conferências espelhadas nos distritos de Knightsbridge e Belgravia, em Londres, os repórteres captaram imagens mostrando o pessoal da CA, em particular Mark e Alexander Nix, almoçando e tomando coquetéis enquanto se gabavam das habilidades secretas da Cambridge.

Em um segmento, Mark pergunta sobre o interesse dos "cingaleses" na "coleta de informações". Ele afirma que a CA tem muitos "relacionamentos e parcerias com empresas especializadas" que fazem aquele tipo de coisa. Ele se referia ao MI5 ou MI6, ex-espiões, agentes israelenses — pessoas, segundo ele, que eram boas em desenterrar podres e encontrar esqueletos no armário dos candidatos da oposição.

Tudo podia ser feito sem risco de ser descoberto, disseram os "cingaleses". Eles poderiam fazer contratos usando diferentes entidades, com diferentes nomes, e pagar pelo serviço em dinheiro. "Portanto, nada ficaria registrado", disse Mark aos homens, e depois descreveu uma "operação camuflada" bem-sucedida em um país do leste europeu onde a CA "havia entrado e saído sem deixar rastros".

A empresa estava acostumada a operar em diferentes canais, sempre nas sombras, Alexander explicou a eles.

O pessoal da CA também se gabava de seu trabalho no Quênia em 2013 e 2017, e contou aos "cingaleses" a história sobre Uhuru Kenyatta e o partido político que eles haviam criado para ele.

É importante, Alexander e Mark disseram aos clientes em uma reunião, que qualquer propaganda feita pela CA não esteja associada a ninguém e que não possa ser rastreada.

"Tudo tem que acontecer sem que ninguém pense: 'Isso é propaganda.'" A metodologia psicográfica da empresa, disseram eles aos "cingaleses", era de primeira qualidade. Ninguém tinha o que a CA tinha. A empresa trabalhava com a premissa de que campanhas não estavam ligadas aos fatos, mas aos sentimentos. "Nosso trabalho", disse Mark aos repórteres disfarçados, "é lançar um balde no fundo do poço" da alma das pessoas, para "desvendar quais são seus medos e suas preocupações subjacentes mais firmemente arraigados". A CA também podia subornar pessoas para conseguir o que seus clientes queriam. Podia "enviar algumas meninas para a casa de um candidato", registrar tudo em vídeo e injetar essa propaganda negativa na corrente sanguínea da internet. Estes são "apenas exemplos do que pode ser e do que já foi feito", Alexander murmurava na gravação, como se não houvesse distinção entre as duas coisas. E quando o repórter que se apresentava como testa de ferro perguntou sobre Trump e os candidatos de forma geral — o quanto eles próprios tinham se envolvido naquele tipo de coisa —, Nix respondeu sem constrangimento que o candidato não se envolvia de forma nenhuma. Ao candidato, bastava fazer "o que a equipe de campanha orientava".

"Isso significa que o candidato é apenas um fantoche daqueles que o estão financiando?", pergunta o repórter disfarçado.

"Sempre", responde Alexander com absoluta convicção.

Eu me sentei e encarei a tela. Enquanto todo mundo via pessoas ruins fazendo e dizendo coisas ruins, eu via ex-colegas de trabalho. Via pessoas com famílias, pessoas que, até bem pouco tempo antes, eu acreditava serem boas.

Mas não havia como ignorar o que aquilo representava, não havia sutileza alguma. Muitas daquelas ações, se de fato foram levadas a cabo, constituíam crimes. Nunca tinha ouvido nada daquela escala em nenhuma reunião com clientes na qual tivesse participado. No entanto, por mais perturbador que fosse, eu não estava chocada. Em muitos aspectos, tudo na CA parecia caminhar naquele sentido, em direção a algum tipo de momento dramático que revelaria os verdadeiros riscos que a empresa estava disposta a assumir em nome da vitória. Ainda que alguém diga que se tratava de uma reportagem disfarçada, uma armadilha, a verdade é que tudo o que os meus ex-colegas diziam nas imagens soou verdadeiro para mim, não porque eu já tivesse ouvido aquilo antes — não tinha, com absoluta certeza —, mas porque estava em consonância com alguns dos estudos de caso que Alexander descrevera no *pitch* feito para o PRI na Cidade do México. Por um longo tempo, ele havia tangenciado aqueles assuntos em *pitches* e em conversas particulares. Agora, no vídeo, estava dizendo com todas as letras.

Na gravação, ao falar sobre o que havia sido feito no México, Alexander mais do que extrapolava a verdade. Ele alegava que havíamos feito *microtargeting* quando eu nem sequer recebera verba para elaborar um banco de dados. Não tinha sido feito nenhum *microtargeting*; era impossível.

Em determinado momento das imagens, Mark começava a falar sobre brincar com "as esperanças e os medos das pessoas". Ele chegava a dizer: "Não serve de nada empreender uma campanha eleitoral com base em fatos; o campo de batalha são as emoções." Ouvir aquilo me fez chorar. O *microtargeting* era só uma maneira de brincar com os sentimentos dos outros? A Cambridge não tinha mostrado aos "persuasíveis" fatos sobre os candidatos e suas políticas, para que eles pudessem tomar as próprias decisões. Não, eles tinham mostrado anúncios sentimentais desonestos para alimentar o medo nas pessoas ou dar falsas esperanças a elas.

Mais adiante na reportagem, meus colegas da CA admitiam ter usado diferentes entidades sob diferentes nomes para impedir que qualquer forma de rastreio levasse até o SCL ou a Cambridge. Isso eu sabia que era verdade. Minha primeira campanha chamava-se "Nigeria Forward", que estava presente na web, mas não aparecia associada a nenhuma entidade real. Era um "movimento" de campanha, me disseram, e por isso apontar a identidade do autor não era necessário. Era preferível que fosse assim, dizia Alexander. Naquela época, eu realmente não tinha pensado sobre as implicações daquilo. Eu sabia que essas táticas eram usadas para "proteger a equipe de campanha" ou para obter vistos de trabalho para os funcionários do SCL e da CA sem levantar bandeiras suspeitas, mas ouvir meus colegas descrevê-las para os repórteres disfarçados como um serviço que empregávamos para ocultar trabalhos negativos, e ouvi-los dizer que usavam "diferentes canais" para garantir que suas ações permanecessem "encobertas", fez o meu estômago revirar. Fiquei pensando nos ataques cibernéticos negativos direcionados a cidadãos inocentes e imaginei como devia ser fácil canalizar dinheiro de forma obscura para a política sem deixar vestígios.

Aquela era uma prática comum na Cambridge? Pela minha experiência, o uso de diferentes empresas para reivindicar que um contrato era comercial, quando o trabalho era, na verdade, político, era algo corriqueiro. Me pediram para fazer isso em várias ocasiões — primeiro na Nigéria, depois na Romênia, na Malásia e em outros países — e eu sempre pensava: Bom, tudo bem, meus colegas estarão em segurança diante de condições instáveis, em um lugar onde a subversão política é frequentemente punida com violência. Porém, enquanto eu assistia a Alexander dizer o quanto ele estava ansioso por selar um "relacionamento secreto e de longo prazo" com os homens do vídeo, minha cabeça começou a dar voltas pensando nas implicações daquelas revelações para a legislação de gastos eleitorais em vigor. Teriam órgãos como a Comissão Eleitoral Federal ferramentas para lidar com fluxos de dinheiro obscuro difíceis de rastrear? Como se esses pensamentos já não fossem suficientes para debilitar uma pessoa, o golpe final quase me deixou de joelhos. Na gravação, Alexander ia direto ao ponto ao falar de subornos e ciladas. Ao comentar as armadilhas montadas com garotas ucranianas, ele disse: "Acho que isso funciona muito bem."

Não consegui continuar a assistir. Era avassalador demais. Como pude permitir que um homem como aquele tivesse controlado a minha vida por tantos anos? O que mais eu ia descobrir conforme as notícias continuassem chegando?

Sentindo-me chocada e sozinha, saí e mais uma vez bebi até cair naquela noite. Acordei na manhã de terça-feira, 20 de março, com o toque implacável do celular. Minha cabeça latejava. Olhei para a tela e vi que a ligação era de Alexander. Eram 7h30 da manhã. Ele estava ligando pelo Telegram, um aplicativo criptografado que usava apenas quando queria ter certeza de que ninguém seria capaz de hackeá-lo e ouvir o que ele tinha a dizer.

Eu não sabia se devia atender. Que diabo ia dizer? Mas acabei atendendo.

"Brittany. Oi. É Alexander", eu o ouvi dizer.

Eu gaguejei. "Sinto muito", falei. "Por tudo que está acontecendo. As notícias, quero dizer." Fiz uma pausa. "Espero que você esteja bem."

"Bem, sim, mas estou ligando porque o *The Guardian* acabou de enviar uma série de perguntas que dizem respeito principalmente a você", disse ele.

Eu? Deus do céu.

Ele falou que tinha a ver com a Nigéria, e que não sabia de algumas respostas para o que estavam perguntando.

"Eles" era Carole Cadwalladr. No artigo de 17 de março, ela descrevia os materiais que Chris Wylie havia mostrado a ela sobre a eleição de 2007 na Nigéria, na qual a CA havia desempenhado um papel fundamental. Os materiais, em teoria, constavam da proposta apresentada à campanha. Um slide, sobre as chamadas técnicas de caos eleitoral, detalhava uma "campanha de boatos" por trás da qual a CA estava. Os boatos, espalhados de forma anônima, previam que as "eleições na Nigéria seriam fraudadas".

Era a história que Alexander havia contado aos mexicanos em 2017, quando confidenciou a eles que a Cambridge tinha a capacidade de "vacinar" os eleitores com uma pequena dose de más notícias com bastante antecedência, para que se tornassem imunes a elas no momento mais importante, o dia da eleição. Foi a história que ele ilustrou com a anedota do marido raivoso que encontra com a esposa transando com outro homem e estoura os miolos do amante.

Então, Alexander não estava exagerando naquela reunião. Ações como aquela estavam na proposta enviada aos nigerianos. Era algo que a CA havia feito.

Agora Cadwalladr queria mais informações sobre as eleições de 2015 na Nigéria. Algum tempo antes, ela já havia publicado revelações sobre a empresa israelense de defesa que eu colocara em contato com os nigerianos e que se infiltrara na campanha de Buhari — ela os chamava de "hackers". Cadwalladr identificara a empresa de forma errada, assim como afirmara que ela havia trabalhado para a CA, informação também incorreta. Entre essa história e o trabalho suspeito que Cambridge havia realizado na Nigéria em 2007, as coisas tinham ficado muito mais nebulosas.

"Posso ligar de volta para você para conversar sobre isso?", perguntou Alexander. Não ia demorar, ele disse. Ele tinha que organizar as ideias primeiro. "É com o bem da empresa que estou preocupado", acrescentou.

"Claro", respondi.

Eu não precisava ir muito longe para ver que o cerco estava se fechando ao redor dele. Na minha caixa de entrada, havia um e-mail com o assunto "Reunião informal com a equipe inteira do escritório de Londres", que já devia até ter acontecido. Eu não conseguia imaginar como devia ter sido para ele encarar a equipe da CA depois da reportagem do Channel 4 da noite anterior. Naquela manhã, a Cambridge publicou um comunicado que dizia: "Nós refutamos qualquer alegação de que a Cambridge Analytica ou qualquer uma de suas afiliadas usem ciladas, subornos ou armadilhas sexuais para qualquer finalidade que seja."

Não demorou muito para Alexander ligar de volta. Respondi às perguntas dele sobre a Nigéria da melhor maneira que pude. Eram sobre as reuniões que havíamos feito com os nigerianos no final de 2014 e sobre o nosso trabalho na campanha de Goodluck Jonathan no início de 2015. Fiz uma linha do tempo do papel específico da CA na campanha: meu contato com o príncipe Idris; a proposta que eu redigira; a ida para Madrid com Alexander para fazer o *pitch* para o representante nigeriano; e, depois do Natal, a viagem a Washington para fazer um *pitch* para um dos bilionários nigerianos no Four Seasons. Após a assinatura do contrato, acontecera também a experiência desastrosa com os nigerianos famintos em Davos.

Eu tinha ajudado a contratar Sam Patten para comandar a campanha nigeriana junto com Ceris, eu havia criado a primeira conta do Nigeria Forward no Twitter e eu tinha estado presente às reuniões iniciais de planejamento da equipe que viajaria para Abuja. Mas, como nunca havia ido para a Nigéria, não sabia de tudo que acontecera no local.

Também contei a Alexander como tinha conhecido os israelenses, que me contaram ter uma empresa de defesa (tanto física quanto virtual), e como eu os havia apresentado aos nigerianos. Eu sabia que os clientes ficaram insatisfeitos com o desempenho da CA e que não renovaram o contrato. Apesar dos esforços, tínhamos começado tarde demais, e Buhari venceu a eleição. Além disso, não tinha muito mais a acrescentar.

"Seu nome vai estar por toda parte nessa história", Alexander me falou antes de desligar.

Aquela seria a última coisa que eu ouviria ele dizer para mim.

Enquanto eu recontava a história da Nigéria para Alexander — desde a apresentação dos prestadores de serviços de defesa para os clientes até a criação de uma conta no Twitter usando um perfil não rastreável —, ela me pareceu bem pior do que eu lembrava, e havia ainda muitas coisas que eu não tinha dito em voz alta e que Cadwalladr não estava perguntando. Por exemplo, eu não tinha certeza se havia um contrato por escrito. Eu com certeza nunca vi nada assinado. Os nigerianos fizeram o pagamento através de transferência bancária, mas talvez não houvesse nomes nem entidades reais vinculados à transação. Eu me lembrei de Ceris contando como Alexander havia economizado nas despesas *in loco* para obter um lucro gigantesco.

E havia o fato de Buhari ter vencido. Eu achava que estávamos do lado certo naquela batalha, mas Carole Cadwalladr não se importava — ela estava morta de vontade de me difamar e provavelmente não sabia nada sobre as acusações de crimes de guerra que pesavam sobre Buhari. Até mesmo John Jones, um dos mais renomados advogados de direitos humanos do mundo, dissera que, se tivéssemos que escolher um candidato para apoiar, Goodluck Jonathan era o menor de dois males.

A Restart Week estava chegando ao fim, e meu voo para São Francisco sairia em uma ou duas horas. Eu estava indo até lá para fazer algumas reuniões de negócios e para uma aparição na televisão para falar sobre blockchain e inteligência artificial, mas sabia que, depois disso, estaria no meio do furacão. Os dias que estavam por vir, sem dúvida, seriam um teste de resistência emocional para mim. Quando o artigo de Cadwalladr sobre a Nigéria fosse publicado, as coisas só iriam piorar.

Eu não sabia o que ia acontecer. Liguei para o meu amigo Matt para pedir apoio moral. Ele correu para me dar um abraço e me ajudar a pegar um táxi. Eu estava prestes a fazer algo grande, disse a ele. Talvez não nos víssemos por algum tempo.

No caminho para o aeroporto, enviei uma mensagem de texto para Paul Hilder. Eu tinha respondido aos seus "Parabéns" rapidamente, um ou dois dias antes. Só naquele momento me dera conta de que ele estava tentando falar comigo por meio de duas plataformas diferentes havia dois dias.

"Ei, parceira, você está me evitando", escreveu ele.

"Saindo de Porto Rico para SF. Vamos conversar. Por favor, prepare-se para o que vai sair amanhã na imprensa", escrevi.

Paul mandou mais algumas mensagens depois de eu embarcar, antes da decolagem.

"Bertie", escreveu, usando o apelido de Alexander, "está suspenso pelo conselho, até a conclusão de uma auditoria externa". Ele então me garantiu que estava preparado para qualquer notícia que pudesse vir à tona sobre mim. Me desejou uma boa viagem, e disse que deveríamos conversar quando eu chegasse.

"Estou mandando boas energias", ele escreveu.

19

Verdade e consequência

21 A 23 DE MARÇO DE 2018

Cheguei a São Francisco depois da meia-noite. Sair de Porto Rico e chegar à costa Oeste pereceu levar uma eternidade. E, quando verifiquei o celular, descobri que, enquanto eu estava nas nuvens, com uma larga faixa do planeta girando sob mim, mais coisas além do planeta estavam girando.

O dr. Aleksandr Kogan acusava o Facebook e a CA de transformá-lo em bode expiatório.* Ele não havia procurado a CA, segundo ele. Tinha sido o contrário. A CA o havia ajudado a criar tanto o My Digital Life quanto os termos de serviço do aplicativo, que incluíam garantias de que Kogan e a CA receberiam autorização para "amplo uso" dos dados. Ah, e Kogan não fizera nada que não constasse no acordo. A CA, dizia ele, pagou de três a quatro dólares por usuário pesquisado, o que totalizava 800 mil dólares. Seu lucro, portanto, tinha sido insignificante.

Alexander não tivera a chance de se defender, porque o Channel 4 levou ao ar um segundo segmento da reportagem. Nele, Alexander, o dr. Tayler e Mark Turnbull detalhavam aos repórteres disfarçados o papel da Cambridge na campanha de Trump e no supercomitê de ação política MAN1. Na gravação, Alexander afirmava que a CA tinha sido responsável por todos os aspectos de

---

* Matthew Weaver, "Facebook Scandal: I Am Being Used as a Scapegoat — Academic Who Mined Data", *Guardian*, 21 de março de 2018, https://www.theguardian.com/uk-news/2018/mar/21/facebook-row-i-am-being-used-as-scapegoat-says-academic-aleksandr-kogan-cambridge-analytica.

cada iniciativa — o que estava em completa contradição com tudo que Brad Parscale e Donald Trump alegavam desde 2016. Mark Turnbull explicava que a empresa era capaz de distribuir parte do seu *messaging* por meio de "empresas de fachada", e o dr. Tayler se gabava de ter partido da Cambridge a decisão estratégica de que o foco da campanha seria em mobilização, e que o foco do supercomitê seria em propaganda negativa. Ao final, a reportagem do Channel 4 sinalizava que entre as alegações de Turnbull e Tayler havia possíveis violações graves à legislação eleitoral e outras leis.

No meio da conversa, Paul Hilder me mandou uma mensagem de texto de Londres. A história de Cadwalladr sobre mim e a Nigéria ainda não tinha sido publicada, dizia, mas ele achava que o *The Guardian* ainda estava escondendo parte do jogo em meio ao material fornecido por Chris Wylie e que poderia vir à tona. "Acho que eles não vão lançar nada de novo nas próximas três ou quatro horas", escreveu.

"Ah, ótimo", respondi, e falei que tentaria "dormir um pouco antes da carnificina".

Quando acordei, muito mais tarde naquele mesmo dia, vi que Mark Zuckerberg havia saído de sei lá qual bunker onde estivera escondido para fazer uma postagem na sua página do Facebook e dar algumas entrevistas: ele agora admitia ter havido uma violação de dados por parte do Facebook, mas fazia questão de se referir a ela no pretérito.

"Em 2015, jornalistas do *The Guardian* revelaram que Kogan havia compartilhado dados do seu aplicativo com a Cambridge Analytica", escreveu ele. "É contra as nossas políticas que os desenvolvedores compartilhem dados sem o consentimento das pessoas. Por isso, banimos de imediato o aplicativo de Kogan de nossa plataforma e exigimos que Kogan e a Cambridge Analytica atestassem formalmente que haviam excluído todos os dados coletados de forma ilícita. Eles forneceram esses atestados." A empresa havia se esforçado, desde 2014, para "reprimir aplicativos abusivos" e mudado sua plataforma para que "aplicativos como o de Kogan", desenvolvido em 2013, "não mais pudessem coletar dados de amigos sem a permissão desses amigos". Mas, embora o Facebook tenha "cometido erros", Zuckerberg garantia aos usuários que podiam confiar nele, na sua engenhosidade e na capacidade da sua empresa de proteger os seus clientes de todas as ameaças externas e domésticas. "Há mais coisas que precisam ser feitas, e precisamos arregaçar as mangas e fazê-las."

Tanto Zuckerberg quanto Sheryl Sandberg fizeram postagens dizendo que, quando se tratava de conceber novas formas de proteger a privacidade dos usuários, a engenhosidade da empresa não tinha limites: eles iriam atrás dos desenvolvedores de aplicativos que ainda continham o que ambos chamavam de "informações identificáveis". Estes desenvolvedores seriam banidos do "reino" e as pessoas seriam avisadas que estavam em risco, mas o Facebook também reduziria o volume de dados de usuários que eles vendiam para aplicativos de terceiros e, para deixar todo mundo mais seguro, proporcionaria aos usuários uma maneira mais fácil de saber a quem os dados haviam sido vendidos.

Enquanto isso, os parlamentares norte-americanos queriam cortar a cabeça do rei. Eles exigiam que Zuckerberg fosse depor tanto no congresso norte--americano quanto no parlamento britânico. Nos Estados Unidos, a Federal Trade Commission deu início a uma investigação para determinar se a falha do Facebook em proteger a privacidade dos usuários violara um acordo assinado entre a empresa e o órgão em 2011.

Na Inglaterra, todo mundo estava tentando se antecipar, demonstrando que, em comparação aos Estados Unidos, o país sempre havia estado na vanguarda da proteção de seus cidadãos contra agentes nocivos. Artigos de opinião exaltavam as virtudes de uma nova lei de proteção de dados potencialmente mais rígida que vinha avançando no processo legislativo. O DCMS lembrou que vinha examinando notícias falsas há um ano. O ICO estava determinado a ser o primeiro a chegar na cena do crime, e para tal já havia emitido um mandado de busca e apreensão para os servidores da CA e os arquivos neles contidos, impedindo que uma equipe de auditores independentes, enviados pelo Facebook, invadisse os escritórios da CA.

Os investidores estavam se vingando: as ações do Facebook despencaram nos primeiros minutos de abertura da NASDAQ, totalizando uma perda de quase 20 bilhões de dólares em valor de mercado, e um grupo de acionistas se apressou em entrar com uma ação contra a empresa por "prestar declarações falsas".*

---

* Selena Larson, "Investors Sue Facebook Following Data Harvesting Scandal", CNN, 21 de março de 2018, https://money.cnn.com/2018/03/20/technology/business/investors-sue--facebook-cambridge-analytica/index.html.

Enquanto isso, usuários do mundo todo pediam o fim da dependência global das mídias sociais, em particular da plataforma de Zuckerberg. No Twitter, a hashtag #DeleteFacebook ficou entre os *trending topics*.* Mas quase todo mundo também admitia, sem que fosse preciso dizer com todas as letras, que o Facebook detinha o monopólio do mercado.

Para mim, era um momento desolador em alguns aspectos: uma plataforma à qual eu confiava todos os meus dados (minhas esperanças, meus medos, minhas fotos de família, meus eventos de vida) estava agora encarregada de decidir o que constituía ou não má-fé. Além de permitir que todos os meus dados fossem coletados por qualquer empresa do mundo que estivesse disposta a pagar por eles, também havia aberto sua plataforma à interferência de forças tanto estrangeiras quanto domésticas nas eleições. Crimes cibernéticos foram cometidos contra o povo norte-americano, e Mark Zuckerberg e Sheryl Sandberg estavam lucrando com eles. Mas não parecia haver nenhum remorso. Eles estavam à frente de um novo tipo de ditadura, do mesmo tipo que eu costumava fazer lobby em contrário no parlamento europeu e na ONU. Como pude levar tanto tempo para perceber?

Alexander emitiu um comunicação: "Estou ciente de como isso soa", dizia. Mas tudo o que ele estava fazendo nas imagens da reportagem — que, segundo ele, haviam sido bastante manipuladas — era "entrar no jogo" diante de "cenários hipotéticos ridículos".** A Reuters publicou uma foto dele tentando passar por uma multidão de repórteres diante da entrada do escritório do SCL em Londres, enquanto um segurança o agarrava com força pelo cotovelo para abrir caminho. No rosto de Alexander havia um olhar de espanto quase infantil. Nada daquilo deve ter sido fácil para ele — era tão constrangedor, tão lúgubre, tão pouco aristocrático. Era o "teatro do absurdo" com anabolizantes.

Tecnicamente, eu não fazia parte de nada daquilo. Não trabalhava mais na Cambridge Analytica. Podia assistir a tudo aquilo com outros olhos.

Comecei a falar com Paul por mensagens de texto.

---

* Andy Kroll, "Cloak and Data: The Real Story Behind Cambridge Analytica's Rise and Fall", *Mother Jones*, maio/junho de 2018, https://www.motherjones.com/politics/2018/03/cloak-and-data-cambridge-analytica-robert-mercer/.

** Ibid.

"Você foi demitida?", ele perguntou. "Ou pediu demissão?"

Um pouco de cada, respondi. Para usar uma expressão do Facebook emprestada, era um relacionamento complicado. Qual era o meu lugar? E qual era a minha responsabilidade naquilo, se é que havia alguma? Para falar a verdade, eu não sabia. Eu sabia que era inocente de qualquer crime. Mas tinha em mãos uma prova de que o dr. Alex Tayler havia mentido sobre a exclusão dos dados.

"Tem algumas coisas sobre as quais devíamos conversar", escrevi a Paul. "Evidências relacionadas ao Facebook, e-mails nos quais a CA prometeu excluir os dados."

"Meu Deus", respondeu. "Se eles foram tão sem caráter a ponto de mentir para o Facebook, então deve ter ainda mais coisa", sugeriu ele, insinuando que mentir por escrito para uma empresa tão grande quanto o Facebook era algo tão ousado que eles deveriam estar tentando ocultar muito mais coisas do que parecia em um primeiro momento.

Por mais estranho que possa parecer, foi a primeira vez que me ocorreu aquela hipótese.

Foi chocante descobrir que Alex Tayler não estava dizendo a verdade. Eu tinha muito respeito por ele. Na minha experiência, ele havia sido honesto, responsável e sério. Eu sempre o vira como alguém apartado dos aspectos econômicos da Cambridge — os setores comercial e criativo. E nunca o enxergara como dissimulado ou mentiroso. Ele era o oposto de Alexander Nix. Nunca vendia gato por lebre, e parecia tudo menos moralmente repreensível. Tayler *era* como os dados: científicos e confiáveis.

Até que não era mais.

Sua mentira parecia mudar tudo. Por que ele mentira? Por dinheiro? Porque a CA o forçara? Havia um meio de descobrir. Mas eu tinha um pressentimento: a mentira de Tayler era como aquele fio solto que você tenta puxar de um suéter, mas que acaba transformando tudo em um grande emaranhado.

Eu também tinha mentido, então. Vendera uma ideia para clientes ao redor do mundo que, no fim das contas, era bem diferente da realidade. Qual a fração da Cambridge Analytica que havia sido construída à base de mentiras?

"Precisamos conversar", escrevi para Paul. Havia coisas que eu queria contar a ele, coisas que eu precisava dizer para alguém em voz alta.

"Quando você vai contar a sua própria história?", respondeu ele.

Por três anos e meio, eu tinha vivido a história da CA, não a minha. Tinha participado da ascensão meteórica da empresa. Minha própria história estava intrinsecamente ligada à história da Cambridge. Quando eu começaria a separar uma da outra?

"Para de proteger homem velho branco", uma amiga me dissera em meados de março, quando contei a ela sobre a carta de demissão surpresa. "Eles sabem se proteger sozinhos; não precisam de você" — outro pensamento que nunca havia me ocorrido em tantos anos. Eu me lembrei dos meus dias como ativista de direitos humanos, quando passava o tempo todo pressionando as pessoas que estavam no poder a prestar contas. O que me impedia agora de expor essas pessoas por suas mentiras, suas ofensas, seus crimes? O que eu ganhava protegendo pessoas que, de bom grado, me jogariam aos tubarões? Quem sairia lucrando se eu apagasse a luz que poderia ser usada para iluminar aqueles cantos obscuros?

Então, perguntei a Paul: "Como você acha que devo fazer isso?"

Ele ainda não sabia ao certo. Disse que era para eu não pensar naquilo agora. Que deveria apenas sentar e escrever. "Todos os tópicos que você julgar importantes." Tudo que aconteceu na CA, tudo de que eu havia feito parte "sem esconder nada", ele escreveu. Ele queria que eu olhasse para dentro de mim, e o que eu colocasse no papel deveria vir do coração.

Então, me sentei e escrevi o que sentia, o que eu conseguia pensar que pudesse ser de utilidade pública. Enumerei várias coisas. Botei tudo para fora.

Eu tinha acabado de escrever quando Paul falou comigo de novo. Tinha material suficiente para escrever um artigo de opinião, disse a ele.

Mas ele estava com outra ideia.

Ele perguntou se eu estaria pronta e disposta a me expor de verdade. Nesse caso, ele conhecia um jornalista chamado Paul Lewis. Lewis era o chefe da sucursal do *The Guardian* em São Francisco. Paul Hilder confiava nele, e me enviou links de algumas reportagens de Lewis. Uma delas era recente, de um ou dois dias antes: um perfil de Sandy Parakilas, ex-gerente operacional do Facebook. Na esteira das alegações feitas por Chris Wylie, Parakilas tinha revelado que a coleta de dados do tipo que a CA fazia era rotina no Facebook havia anos. Dezenas de milhões de usuários tiveram os dados pessoais raspados. O escândalo era agora de proporções colossais. Inclusive, aquele roubo de dados era tão antiético que Parakilas havia deixado o Facebook por causa disso.

Se eu gostasse do que visse, e estivesse disposta, Paul disse que poderia me apresentar a Lewis; ele próprio pegaria um avião em Londres e em 36 horas estaria em São Francisco para ajudar a garantir que a história fosse justa. Lewis era um jornalista sério, não ia me ludibriar. Ainda que eu fosse inocente, não havia como saber o que ia acontecer, como aquilo se desenrolaria.

Paul queria saber se eu realmente entendia aquilo. Se estava pronta.

Travei. Eu havia assinado um termo de confidencialidade no primeiro dia de trabalho na empresa, mas sabia um pouco sobre informantes. Ainda no ensino médio, tinha estudado o caso de Daniel Ellsberg e dos "Pentagon Papers". Escrevi minha monografia de graduação recorrendo diretamente a documentos vazados por Julian Assange. Sabia o que Assange havia sofrido. Eu tinha ido visitá-lo no seu asilo. O destino dele me parecia terrível — mantido por anos como preso político. Mas eu também sabia o que o direito internacional dizia sobre os informantes. Durante a minha pós-graduação na Universidade de Middlesex, aprendi que legislações internacionais e nacionais garantiam proteção aos informantes. Se uma empresa infringisse a lei, um ex-funcionário que viesse a público trazer provas do crime tornava aquilo uma questão de interesse público, e esse ato de sacrifício era protegido, a fim de dar incentivo e apoio a todos aqueles que quisessem forçar os infratores a responder pelos seus crimes.

Eu também estava ciente de que informantes sofriam contra-ataques. Eles viravam para-raios e bodes expiatórios. Se eu expusesse a empresa agora, seria um momento tão conveniente que eu daria a impressão de estar tentando me safar, de um jeito ou de outro — um rato abandonando um barco naufragando. E se eu tentasse explicar que já estava infeliz havia um bom tempo, e que me desligara da empresa antes mesmo de o "Datagate" vir à tona, seria vista como a funcionária descontente com uma desculpa bastante cômoda para não estar no centro do escândalo. Era uma situação incontornável.

Paul Hilder disse que o *timing* era crucial. Se eu fosse fazer aquilo, seria bom que me encontrasse com Paul Lewis naquele dia.

* * *

O artigo de Cadwalladr sobre a Nigéria, no *The Guardian*, havia sido escrito em parceria com Anne Marlowe, uma autoproclamada jornalista sem nenhuma credencial, com quem Carole havia trocado tuítes freneticamente sobre mim, chegando ao ponto de publicar meu endereço residencial em Londres. As duas "repórteres" estavam atrás de sangue, obcecadas, incapazes de enxergar com clareza. Elas se lançaram sobre mim e me fizeram parecer um senhor da guerra que havia arquitetado uma das campanhas mais sujas da história do continente africano — aquela campanha de apenas três semanas que elas mal haviam se dado ao trabalho de investigar de maneira adequada.

Para elas, eu era uma oportunista manhosa, muito eficaz em fazer *networking*, que havia dirigido uma campanha marcada por mentiras e desinformação do pior tipo.* Junto à matéria havia um vídeo de campanha da Cambridge, um anúncio atacando Buhari que eu jamais havia visto. Era repleto de imagens chocantes, violentas e sangrentas de apoiadores de Buhari empunhando facões contra apoiadores de Goodluck Jonathan. Um funcionário do SCL havia dito a Carole que toda a campanha fora terrível e perigosa, e que a equipe que *eu* tinha enviado para Abuja mal escapara com vida antes do dia de votação. Fiquei confusa, pois nada daquilo encaixava com o que eu vira ou ouvira falar sobre aquelas poucas semanas em que a equipe de Sam Patten passou na Nigéria confraternizando com a equipe de David Axelrod. Mas eu não estava lá; a realidade pode ter sido outra.

Quando Paul Lewis passou para me buscar de carro em frente ao hotel onde eu estava hospedada, ele me pediu desculpas pelo artigo do *The Guardian* sobre a Nigéria. Ele não tinha nenhuma ingerência sobre o *timing* da publicação. Eram duas redações diferentes, com uma relação complicada, informou. Ele escrevia principalmente sobre tecnologia. Não tivera nenhuma participação naquilo.

Lewis era magro, de cabelo escuro, na casa dos trinta anos, com uma barba curta, como se estivesse por fazer. Tinha mais ou menos a mesma altura que eu, e me olhava nos olhos enquanto falava, com uma expressão afável. Ele agradeceu por eu estar disposta a falar com ele, e estava me levando muito a sério.

Ele disse que estava com medo de me levar à sede do *The Guardian* em São Francisco. Alguém lá poderia me reconhecer ou escutar a nossa conversa, e

* Ibid.

ele não queria isso. Então, dirigiu para longe da cidade, para além dos edifícios mais altos — do Google, do Uber, da Amazon —, todos lotados de pessoas sentadas às suas mesas, buscando novas formas de coletar dados e gerar receita. Em pouco tempo tínhamos cruzado colinas e passado "através do espelho", chegando bem no meio do Vale do Silício, o coração pulsante das plataformas tecnológicas que deram início a toda aquela confusão.

Facebookland.

Paul Lewis havia escolhido um espaço de *coworking* não muito longe da sede do Facebook, talvez por ironia, talvez porque frequentasse aquele local com as suas fontes. Era um local repleto de pequenas empresas e de consultorias independentes de tecnologia, um lugar em que podíamos circular anonimamente e tratar dos nossos assuntos sem perturbação, pelo tempo que quiséssemos. Curiosamente, eu havia sido convidada havia pouco tempo para ir à sede do Facebook por Morgan Beller, a mulher que estava desenvolvendo o blockchain da mídia social, agora conhecido como Libra. O fato de eu ter acabado em um espaço da WeWork nos arredores, prestes a mudar a narrativa deles para sempre, era uma grande ironia.

Entramos em uma sala, fechamos a porta e nos sentamos à mesa. A sala lembrava a antiga Solitária do SCL em Mayfair. Lewis pegou o laptop dele; eu peguei o meu. Por mais de um ano, Alexander tinha me proibido de falar com repórteres, e agora eu tinha mais a dizer do que nunca.

Olhei para Paul Lewis. Ele ligou o gravador, e comecei a falar.

Comecei mostrando a ele o balanço tanto da campanha quanto dos materiais do supercomitê de Trump. Ninguém de fora da empresa jamais havia visto aquilo, além de alguns clientes de alto nível. Mostrei a ele os PowerPoints da campanha e do supercomitê. Os horríveis anúncios anti-Hillary, a segmentação dos afro-americanos, os dados capazes de classificar os hispânicos em categorias tão específicas que deixavam qualquer um tonto: hispanohablantes, não hispanohablantes, mexicanos, porto-riquenhos, cubanos e assim por diante. Mostrei a ele o *messaging* que o supercomitê utilizara com cada grupo; as estatísticas, os êxitos, o retorno do investimento. E mostrei os vídeos que haviam sido usados para os afro-americanos, que grande parte do público não tinha visto por serem *dark ads*, visíveis apenas para aqueles classificados como "persuasíveis".

Mostrei a Lewis os gráficos e as tabelas, as técnicas que a empresa empregara — desde a segmentação estratégica da população não branca até os chocantes materiais negativos de campanha e a estratégia clara para que esses anúncios chegassem ao grupo de "dissuasão", aqueles que poderiam ser persuadidos a não votar. Como eu nunca tinha notado antes que, se esses eleitores foram dissuadidos de votar em Hillary, talvez não tenham nem mesmo ido votar? Havia uma linha muito tênue entre propaganda negativa e supressão de eleitores, e as evidências que se acumulavam diante de nós sugeriam se tratar do segundo caso.

Depois, eu o conduzi pelos números "impressionantes" que a empresa havia alcançado, a limitada, mas eficaz, metodologia psicográfica, usada pelo supercomitê na comunicação com os "neuróticos", empregando um *messaging* deplorável.

Mostrei a ele a troca de e-mails entre Alex Tayler e Allison Hendrix, a declaração de suposta inocência, uma evidência das mentiras da Cambridge e da negligência do Facebook.

Mostrei trocas de mensagens entre a CA e Arron Banks; um convite para a conferência do Leave.EU enviado à imprensa que indicava que a CA fazia, de fato, parte da equipe; pontos de discussão listados por Harris para que eu sugerisse na conferência; a segmentação que fizemos para eles na primeira fase do projeto. Havia um e-mail de Julian Wheatland debatendo o relacionamento complicado e provavelmente ilegal entre o UKIP e o Leave.EU, e uma discussão sobre se o Leave.EU havia usado os dados do UKIP dentro da lei. Mostrei a Lewis o parecer legal sobre essa questão, do qual Matthew Richardson era coautor, afirmando que o UKIP não havia infringido a lei — livrando assim a cara do próprio partido. Eu tinha um e-mail de uma empresa que entrara em contato comigo porque o Leave.EU tinha dito a eles para trabalhar em sincronia com a CA — uma prova do quanto Arron nos considerava parte da equipe, e como víamos a nós mesmos. Recebi um e-mail de Julian sobre qual "postura" adotar na apresentação da conferência pública. Deveríamos dizer de onde vinham os dados que analisávamos? Para ser sincero, ele preferia que eu não mencionasse aquilo, dissera. Isso era o mais próximo de honestidade que consegui reunir em meio à grande quantidade de e-mails sobre o assunto.

A certa altura, Lewis apontou uma troca de e-mails que eu mostrara a ele sobre os contratos entre o Leave.EU e o UKIP, e quase perdeu o fôlego. Estava tudo ali.

Conversamos sobre o foco específico da CA nos "vulneráveis", tanto nos Estados Unidos quanto no Reino Unido; sobre como grande parte da publicidade da campanha fora dedicada a semear o medo — porque o medo funcionava melhor do que qualquer outra ferramenta à disposição, mesmo para aqueles que não eram "neuróticos".

"O que mais você tem?", Lewis me perguntou.

Eu nunca tinha olhado para o meu computador daquela maneira. Eu não fazia ideia do que tinha nem do que aquilo significava quando examinado com outros olhos, em busca de evidências. Havia muita coisa.

Naquela noite fizemos apenas um intervalo, para sair e comprar um sanduíche, mas não consegui comer nada.

"O que eu sabia sobre as bravatas de Alexander nas gravações secretas do Channel 4?", perguntou Lewis: o suborno, a sugestão de empregar armadilhas sexuais. Eu já o havia visto ele usar mulheres daquela maneira?

Falei a Lewis que não tinha certeza. Alexander tinha propensão ao exagero. Eu nunca sabia se ele estava dizendo a verdade ou tentando impressionar os clientes. Mas não era impossível. Havia muita coisa que eu descartara julgando ser exagero, mas que mais tarde havia confirmado ser verdade. Portanto, não sabia ao certo.

Contei a ele sobre a Indonésia e sobre Trindade e Tobago. Tive um palpite de que algo não estava certo em São Cristóvão e Nevis, mas Alexander sempre culpava o primeiro-ministro por qualquer coisa que tivesse dado errado naquelas campanhas. Havia também a Nigéria, é claro; Lituânia, Quênia e Romênia com a criação de partidos políticos; as presenças invisíveis no Facebook e no Twitter; a invenção das contas e dos perfis no Twitter — tudo aquilo era pura astúcia e estratégia, ou constituía crime naqueles países?

Conversamos sem parar, e comecei a ver coisas que nunca tinha me permitido ver antes.

Lewis então se voltou para Chris Wylie e o conjunto de dados do Facebook.

Como eu não tinha acesso aos dados, as dúvidas permaneceram. Então, ele perguntou quanto do que Chris Wylie dissera no artigo de Carole era verdade

— sobre a dinâmica de funcionamento do SCL Group, suas origens realizando trabalhos de defesa, e a história pregressa dos PSYOPs do SCL Defense. Ele queria saber qual era o meu entendimento, se é que eu tinha algum, da relação entre o SCL e a AIQ. Os Mercer usaram mesmo duas empresas para "lavar" os dados empregados na segmentação nas campanhas tanto do Brexit quanto de Trump?

Como se isso não bastasse, havia a pergunta de um milhão de dólares, é claro: e a Rússia? Ele queria saber se eu tinha alguma evidência que associasse a Cambridge Analytica à Rússia. Eu tinha alguma evidência que associasse a campanha de Trump à Rússia? Que associasse Arron Banks? O Brexit? Bob Mercer? Bekah?

Eu dedicara um curto período cultivando uma relação com o escritório da Lukoil na Turquia, e naquela época nem sabia que se tratava de uma empresa russa. Mas o SCL tinha passado muito tempo trabalhando nesse contato. A Lukoil era a única conexão com a Rússia de que eu tinha ouvido falar, mas talvez fosse relevante. E me esqueci de mencionar Michael Flynn e as palavras escritas no exemplar de Alexander do livro de Flynn.

Vasculhamos o meu laptop em busca de mais e-mails e documentos, em busca de evidências que conectassem quaisquer uma dessas entidades às outras — qualquer coisa poderia ser útil naquele momento, pois havia muitas acusações, muitas hipóteses de que alguma infração tivesse sido cometida.

Quanto mais coisas eu contava a Lewis, mais seu queixo caía, e quanto mais seu queixo caía, mais irritada *eu* ficava com o que sabia, mas não tinha me permitido perceber com a devida gravidade para tomar alguma providência. Estava começando a me dar conta do tanto que eu havia escolhido ignorar ou racionalizar.

Contei a Lewis sobre o meu treinamento, sobre os fundamentos por trás da metodologia psicográfica: que o que fazíamos era descobrir o que deixava as pessoas com sede, depois aumentávamos a temperatura na sala de cinema.

Nunca tinha passado pela minha cabeça que aquilo era algo perverso. Eu via como se fosse uma grande sacada.

Por muito tempo, eu testemunhara tudo que a CA fazia pelos olhos de Alexander. Seu entusiasmo e o sucesso da companhia eram inebriantes. Estávamos construindo uma empresa de bilhões de dólares. Estávamos revolucionando a publicidade. Eu fazia parte de algo sem precedentes. Eu era especial, a pessoa mais esperta do mundo. Um dia, eu seria CEO.

Como minha irmã me diria mais tarde: eu caí no "golpe da Coca-Cola no cinema", por assim dizer, que Alexander tanto mencionava nas apresentações que fazia para os clientes.

E eu havia depositado a minha confiança não apenas na CA, mas também em coisas que antes abominava. Tudo isso sob o pretexto de "estar fazendo negócios".

Com horror, admiti a Paul Lewis que havia literalmente entrado para a National Rifle Association, e não apenas por um, mas por dois anos consecutivos! Eu tinha convencido a mim mesma de que, como iria me encontrar com os seus executivos, deveria estar a par dos textos enviados aos membros, para poder entender a organização "de dentro". Ganhei até o boné, e o *usei*! Na época, dissera a mim mesma que estava fazendo isso de maneira irônica, mas lá estava ele na minha cabeça. Havia fotos minhas com ele.

Tive que admitir que havia apreciado momentos como aquele nos últimos três anos e meio. Apreciara a suposta piada que era ter sido apresentada a Donald Trump e pedir que ele autografasse o próprio rosto na capa da revista *Time*. Eu adorava contar a história de como tinha conhecido o xerife Joe Arpaio e sobre a cueca rosa e as medalhas cafonas que ele distribuía como souvenirs. Com entusiasmo, eu recontava a história de Dick Cheney indo em direção ao palco em passos largos ao som da música tema de Darth Vader no Fantasia Ballroom na Disney World. Adorei a atenção recebida quando estive no palco da Conservative Political Action Conference, transmitida ao vivo pela C-SPAN, diante de uma multidão de 10 mil pessoas, usando as minhas botas de caubói e o terninho vintage do Texas, símbolo de que eu fazia parte daquele grupo de renegados do Velho Oeste. Certa vez, havia sentido orgulho por Alexander me julgar responsável o suficiente para participar de uma conferência pública, transmitida na televisão, representando a empresa ao lado do especialista em referendos Gerry Gunster. E eu exibia com prestígio o meu exemplar de *The Bad Boys of Brexit* com o autógrafo de Nigel Farage.

Eu estaria mentindo se dissesse que não sinto falta de tudo isso de vez em quando, e sem nenhum remorso: eu adorava o champanhe *vintage*, os almoços intermináveis, as tardes inebriantes no clube de polo da rainha; o *after* na casa de campo de Alexander, a sensação de exclusividade de estar entre os seus "preferidos"; o acesso VIP; apertar a mão de gente como Ben Carson e Marco Rubio e, levado ao extremo, de pessoas outrora abomináveis para mim como o CEO da NRA, Wayne LaPierre. Eu estive lado a lado com Ted Cruz e tirei uma foto com ele. Frequentei os mesmos lugares que as pessoas mais ricas dos Estados Unidos, com um drinque na mão, celebrando uma vitória em equipe. Por um breve momento, consegui ascender e deixar para trás a minha condição original, e me achei importante, poderosa e sabedora das coisas. Enganei a mim mesma. Traí a mim mesma. E me exibi para as pessoas como alguém que eu não era.

Talvez eu mesma tenha me jogado aos tubarões, mais ainda do que Alexander diante do parlamento.

Como Alexander dizia, eu tinha "vendido a mim mesma". Mas não no bom sentido. De alguma forma, sem perceber o que estava fazendo, eu tinha desligado o som do restante do mundo e, como pessoas que só assistem à *Fox News* ou só leem o Breitbart News, eu sintonizara um único canal: o canal Cambridge Analytica, cuja programação inteira era apresentada por um homem chamado Alexander Nix.

Eu acreditava que estávamos *equilibrando as condições de jogo*. E, em vez de enxergar a manipulação das regras como algo antiético ou até mesmo criminoso, eu via como o custo de se fazer negócios com as mentes mais brilhantes do nosso tempo.

Escolhi ponderar e depois ignorar o fato de Alexander ter tido lucros exorbitantes com um contrato, tanto na Nigéria quanto no México. Eu havia racionalizado a falta de ética dele: realmente não havia tempo suficiente para as equipes em Abuja ou no estado do México executarem todos os planos que eu incluíra na proposta; a culpa era do cliente por ter nos procurado tão em cima da hora, tão perto da votação, querendo que fizéssemos tanta coisa em tão pouco tempo. Eu tinha estado cara a cara com eles, não? Tinha avisado que talvez não fosse possível entregar tudo o que fora prometido.

Fiquei horrorizada com os materiais que vi nos dois dias de balanço da campanha de Trump, mas o horror me fizera sair apenas do país, não da empresa.

"Bem, acho que não é assim que eles vendem refrigerante, hein?", disse o CRO Duke Perrucci após o balanço. Ele, eu e o nosso colega Robert Murtfeld ficamos chocados com aquela sequência de revelações extravagantes. Mas eu tinha justificativas para tudo, incluindo o fato de desconhecer o conteúdo deplorável e tribalista dos nossos materiais, o tom da campanha em si, e como aquilo era capaz de gerar violência.

Eu não tinha visto o conteúdo por causa do *firewall*, poderia dizer a mim mesma e aos outros. E também poderia dizer que, no período que antecedeu as eleições gerais, nem tinha tido tempo de assistir à televisão.

Eu poderia dizer que me concentrava na operação comercial da Cambridge Analytica. Eu poderia dizer que estava viajando o tempo todo. Basta olhar a minha agenda de 2016 e 2017 e você vai ver que eu quase sempre estava voando para algum lugar! *Experimente* tentar acompanhar as notícias com uma rotina dessas. Eu não tinha tempo de assistir aos *jornais*!

Expliquei a Lewis como tinha aberto mão do meu voto e contribuído em grande parte para a falta de apoio a Hillary nas primárias, e até mesmo para a animosidade em relação a ela nas eleições gerais — fatores que indiscutivelmente haviam provocado a sua derrota.

Eu tinha pego um avião para Chicago expressamente para votar em Bernie Sanders nas primárias. Mas depois, em novembro, disse a mim mesma que estava ocupada demais para voltar lá para as eleições gerais. Eu tinha ido apenas para ver meu pai. Não tinha tido tempo de votar por correspondência. Além disso, Illinois não era um estado que costumava oscilar. Não me ocorreu me cadastrar para votar na Virgínia, que não apenas era um estado oscilante, como também era onde ficavam os apartamentos de quem trabalhava no escritório de Washington da Cambridge Analytica.

Por repetidas vezes, dissera a mim mesma que as transgressão que eu vira no meu tempo na Cambridge Analytica não haviam me afetado. Eu tinha princípios. Eu era uma boa pessoa. Eu não passava de uma "espiã democrata imunda" infiltrada em um império conservador.

Eu tinha ajudado os eleitores, incentivando-os a se engajar em um processo "democrático" mais justo e igualitário, dando a eles as ferramentas críticas necessárias para combater o outro lado. Mas não os havia ajudado nem incentivado a participar de nenhum empreendimento sinistro. Não compartilhava das mesmas crenças que eles. Fui indiferente diante do racismo, do sexismo e dos ataques violentos à civilidade.

Meu fracasso em me opor às coisas que eu testemunhara não tinha sido de fato um fracasso, falei a mim mesma. Tinha sido um triunfo da imparcialidade. Eu estudara a legislação internacional de direitos humanos, e a imparcialidade era a sua marca registrada. Os melhores advogados, em qualquer parte do mundo, não julgavam seus clientes. Em um tribunal de crimes de guerra, o objetivo não era impugnar o caráter dos que estavam sendo julgados, mas defender os princípios sagrados da própria lei. Eu tinha feito de John Jones, meu saudoso amigo, um modelo desses princípios e santo padroeiro da minha lógica distorcida: eu não julgaria aqueles cujo comportamento era indefensável. Eu era capaz de permanecer ao lado dos criminosos e pensar: ainda sou boa e justa.

Eu tinha feito escolhas durante todo aquele tempo. Mas, de forma não muito diferente das pessoas que foram alvo da comunicação desonesta e ao mesmo tempo genial concebida pela Cambridge Analytica, talvez eu também tivesse sido, sem perceber, vítima de uma campanha de influência. Como tantas outras pessoas, algo chamara a minha atenção, dei um clique que me lançou em um buraco de minhoca da desinformação, e fiz escolhas que jamais havia imaginado que fosse capaz de fazer.

Isso aconteceu tanto comigo quanto com o país onde eu nasci e com aquele em que eu escolhera viver. Eu era um espelho dessas duas nações, voluntariamente enganadas, vivendo em uma bolha sem se dar conta disso.

Em 21 de março, a Terra deu mais uma volta, e Paul Lewis e eu passamos da meia-noite trabalhando, e, no dia 22, acordamos e começamos tudo de novo.

Naquele dia, no noticiário, o "genial" Steve Bannon, que havia sido defenestrado do paraíso, defendeu a si mesmo e aos seus deuses: ele não sabia de nada sobre mineração de dados no Facebook, afirmava, e nem ele, nem a CA tinham nada a ver com "truques sujos" ou influências nas eleições.*

* Joanna Walters, "Steve Bannon on Cambridge Analytica: 'Facebook Data Is for Sale All over the World'", *Guardian*, 22 de março de 2018, https://www.theguardian.com/us-news/2018/mar/22/steve-bannon-on-cambridge-analytica-facebook-data-is-for-sale-all-over-the-world.

E, então, ele acrescentou uma dose de relativismo moral à mistura: além disso, dizia ele, "os dados do Facebook estão à venda no mundo todo".

E, depois, fez propaganda: a Cambridge não influenciou as eleições, dizia. "Eis o que deu a vitória a Trump: o nacionalismo econômico" e se comunicar com o povo norte-americano em linguagem simples. O populismo, disse Bannon, não o *microtargeting*, é que tinha saído vencedor.

Paul Hilder chegou a São Francisco na noite do dia 22. Àquela altura, Paul Lewis e eu tínhamos repassado todos os assuntos possíveis. Eu estava exausta e, a partir daquele ponto, os dois Pauls poderiam começar a tentar entender a história em parceria. Teria que ser mais de uma reportagem, segundo eles. Quantas, eles não sabiam. O suéter do fio solto tinha mesmo virado um emaranhado.

Deixamos o espaço de *coworking*, paramos para comprar comida e fomos para o quarto de Paul Hilder no hotel, onde nos emburacamos para trabalhar.

De vez em quando, eu dava notícias para minha irmã. Liguei para ela para dizer que estava bem. Ainda não tinha contado muita coisa para ela, mas agora, sem fôlego, expliquei o que eu estava fazendo. Ela perguntou o que eu planejava fazer depois.

Ela queria dizer depois que as reportagens fossem publicadas.

O que eu tinha falado? Ser inocente não fazia diferença alguma. Havia dois governos poderosos que poderiam decidir fazer o que quisessem comigo. Eu precisava me preparar para o pior cenário. Eu estava pronta?

Não conseguia respirar direito.

Eu precisava proteger a minha família primeiro. "Não conte nada à mamãe, exceto que estou bem", falei. Ninguém precisava saber onde eu estava, onde eu iria estar. Isso poderia acabar comprometendo os meus pais. Um sem-número de poderosos e seus capangas poderiam ir atrás de mim depois que as reportagens fossem publicadas.

Os dois Pauls ainda estavam trabalhando na mesa do quarto do hotel. Eu me sentei na cama, depois desabei e, pegando no sono e acordando de tempos em tempos, pegava trechos esparsos da conversa deles a cada vez que despertava.

Eles estavam tentando assimilar aquilo tudo. Enquanto eu dormia, pensei tê-los ouvido gritar de espanto e suspirar de exaustão. Às vezes, os dois me acordavam para fazer uma pergunta específica ou confirmar um fato. Eu voltava a dormir e, quando acordava, me deparava com um deles dando voltas pela sala enquanto o outro digitava freneticamente.

Por volta das cinco ou seis da manhã eu estava morta para o mundo, em sono profundo, mas inquieto. Quando enfim acordei, o sol tinha nascido havia algum tempo.

Era o dia 23 de março.

"Bom dia", disseram os Pauls.

Esfreguei os meus olhos. Eles me encaravam com cara de preocupação.

Paul Lewis tinha más notícias. Não seria possível, disse ele, segurar o artigo. Agora estava nas mãos do seu editor, e ele não tinha mais controle sobre o texto. Seria publicado naquele dia mesmo.

Aquilo não era o que eu tinha planejado. Eu queria estar em algum lugar bem longe quando as notícias irrompessem, mas não me senti traída. Entendi. E, estranhamente, vendo em retrospecto, lembro-me de ter pensado: "Melhor que seja logo." Notícias como aquelas eram efêmeras. No dia seguinte, as pessoas já teriam esquecido.

Mal sabia eu.

No entanto, era o momento de decidir o que fazer para seguir adiante. Havia a possibilidade de a CA me processar por quebra de contrato, difamação ou calúnia. E se houvesse uma conexão entre qualquer uma das empresas e a Rússia, então eu provavelmente tinha muito mais com o que me preocupar.

Eu precisava encontrar um lugar seguro para onde ir. Tinha que ser fora dos Estados Unidos e da Inglaterra. Um lugar onde não fosse fácil me encontrar.

Eu não recebia nenhum pagamento havia dois meses. Não tinha nada no banco. Em algum lugar, eu tinha um pequeno estoque de Bitcoin, mas não sabia direito como ele me levaria onde eu precisava. Pelo menos minha localização não poderia ser rastreada durante o uso, e nenhum governo poderia bloquear a minha conta, mas não era o suficiente para me levar muito longe.

Entrei em contato com Chester, a pessoa com quem tudo tinha começado em um dia de inverno em 2014. Disse a ele que estava encrencada. Muitas coisas estavam prestes a vir à tona, e eu precisava sair do país.

"Para onde?", perguntou ele sem hesitar.

"Para a Tailândia", respondi. Eu conhecia uma ilha para onde eu poderia ir.

Desligamos o telefone e, em uma hora, ele comprou uma passagem para mim, e me enviou o número de confirmação. Até lá, eu ficaria escondida.

Liguei para a minha irmã e pedi que ela liquidasse o Bitcoin que eu tinha, explicando a ela como fazer, onde ir a um caixa eletrônico Bitcoin perto dela, e como enviá-lo para mim via Western Union, de modo a não gerar muitos dados rastreáveis usando o cartão do meu banco. Minhas economias em Bitcoin totalizavam cerca de mil dólares. Eu poderia viver por um tempo com aquilo.

Quando o primeiro de muitos artigos baseados nas minhas evidências e entrevistas foi publicado naquele dia no *The Guardian*, eu o encaminhei para ela. Chorei sem parar.

"Olha o que eu fiz", escrevi.

Eu esperava que ela lesse, entendesse e me apoiasse.

Também o enviei para Morgan Beller, cofundadora do blockchain do Facebook, a Libra, que havia me convidado para ir à sede da empresa quando eu estive no Vale do Silício para debater suas ideias preliminares sobre o desenvolvimento de blockchain. Embora eu desejasse desesperadamente que o Facebook implementasse a tecnologia para incrementar o rastreio dos dados e recompensar os seus usuários por eles, eu tinha decidido, em vez disso, expor a empresa.

Ela leu o artigo e respondeu: "Uau." Talvez agora ela entendesse por que eu não tinha podido comparecer à reunião proposta, e por que empresas de dados como o Facebook precisavam tanto do blockchain.

Eu esperava que todos lessem e entendessem o que estava em jogo. Fui para o aeroporto para pegar outro voo, dessa vez sem ter a menor ideia de quando — ou se — poderia voltar, nem do que estava reservado a mim, nem do que as autoridades iriam fazer. Eu tinha colocado a mão na massa, dado o primeiro passo. O que viria a seguir ia depender das pessoas que lessem o artigo. Elas se importariam? Elas tomariam providências?

O que você faria no lugar delas?

20

Estrada para a redenção

23 DE MARÇO DE 2018 — DIAS DE HOJE

Eu estava livre, enfim.

Quem já esteve com algo entalado até que não aguentou mais e botou para fora sabe o que quero dizer. Eu havia passado anos mirando o futuro, e toda vez que surgia algo incrivelmente empolgante — uma oportunidade de promoção ou um cliente promissor com o qual eu queria trabalhar —, alguém puxava o meu tapete. Algum homem determinado a reter o poder seria colocado acima de mim, me dizendo o que fazer, mais uma vez no controle da minha vida. Meu orgulho, meu ânimo e minha própria dignidade continuavam levando "uma surra", por assim dizer.

As descobertas sombrias que fiz ao longo do passeio na montanha-russa da Cambridge Analytica me deixaram mais do que enojada. Tinha dedicado minha vida inteira a encontrar soluções para os problemas do mundo, trabalhando de graça, ou quase, para alcançar objetivos sublimes, estabelecendo parcerias com organizações sem fins lucrativos e instituições de caridade. E, quando circunstâncias externas me forçaram a aceitar as chamadas "algemas de ouro", fiz concessões e joguei fora a minha bússola moral — e nem recebi tão bem por isso. Como podia ter sido tão cega?

Olhando para o país que eu estava deixando para trás, meu lar, não pude deixar de me perguntar como chegamos aqui. Eu estava deixando para trás um país em que o discurso polarizado se tornara lugar-comum, e onde o decoro político, que costumava proteger o público do extremismo, do sexismo e do racismo, estava começando a desmoronar. Como fui acabar desempenhando um papel na degradação da nossa sociedade e do nosso discurso? Lembrei-me do que tinha tido que aturar durante a campanha de Obama: o fluxo constante de ódio racial nas nossas páginas nas mídias sociais, e nossa opção pela censura, em vez de permitir que aquelas ideias se espalhassem desenfreadas — e, de alguma forma, depois de anos e anos me deixando ser alvejada, acabei indo parar em uma empresa que executava campanhas que davam voz ao ódio que outrora eu buscava reprimir. E os Estados Unidos não eram o único país a sofrer com esse retorno à retórica populista radical — a campanha do Brexit no Reino Unido fez com que líderes ultranacionalistas e fascistas saíssem das sombras por toda a Europa e a América Latina, clamando pela supressão dos ideais progressistas que definiam os direitos humanos e as liberdades fundamentais que deveriam estar sendo defendidos. Eu me vi em meio a um terrível pesadelo — e finalmente tinha despertado. Estava na hora de agir e começar a limpar as bagunças que haviam sido feitas — e nas quais eu participara.

Enquanto eu cortava as nuvens, fugindo do país que tinha sido virado de cabeça para baixo pela campanha de Trump, fiquei refletindo sobre tudo que havia acabado de acontecer: a escuridão invadira nossas vidas através das telas dos nossos celulares, laptops e aparelhos de TV. As pessoas haviam sido segmentadas, e agora estavam mais divididas do que nunca. Nos Estados Unidos, os crimes de ódio aumentaram drasticamente e, desde o início da campanha do Brexit, o Reino Unido passara a vivenciar episódios semelhantes de crimes de motivação racista e contra imigrantes ou contra aqueles considerados "o outro". O tribalismo das duas sociedades ocidentais mais desenvolvidas havia se tornado extremo, e aquilo era só a "ponta do iceberg", como Alexander costumava dizer. Ele também alegava ter realizado campanhas em mais de cinquenta países. Quanto mais havia a ser descoberto ao redor do mundo, em todas as nações em que o SCL trabalhara, para além das consequências devastadoras nos dois países que eu mais conhecia, amava e compreendia?

O problema era maior que a Cambridge; o problema era o Big Data. Era o fato de o Facebook, em particular, ter permitido que empresas como a Cambridge coletassem dados de bilhões de pessoas, e a maneira como, por sua vez, essas empresas haviam vendido esses dados, promiscuamente, para quem estivesse disposto a pagar por eles; e como *essas* partes abusaram desses dados sem que ninguém soubesse como ou com que finalidade. Tudo isso vinha acontecendo desde o início das nossas vidas digitais, sem o nosso conhecimento e sem supervisão governamental. Era impossível de pôr em prática a ínfima legislação que regia o uso de dados sem que houvesse uma tecnologia que fornecesse a transparência e a rastreabilidade necessárias para fiscalizar se indivíduos e empresas estavam cumprindo as leis.

O problema também estava na facilidade com que o Facebook, o Twitter e afins tinham se transformado na nova arena mundial de discussão política, e nas coisas que aconteceram lá: o retrocesso da civilidade, a ascensão do tribalismo e a forma como uma guerra virtual de palavras e imagens extrapolou os limites da internet e alterou a paisagem moral do mundo real.

O problema era que agentes nocivos podiam envenenar a mente das pessoas, e esse veneno havia levado ao derramamento de sangue. As fake news se infiltravam nas telas dos nossos telefones e laptops e nos deixavam surdos, cegos e burros para a realidade — e dispostos a matar uns aos outros por causas que nem mesmo eram reais. O ódio começou a transbordar de pessoas outrora pacíficas. O sonho de um mundo conectado acabou nos desmembrando. Até onde aquilo iria chegar?

Deixei todos esses pensamentos e sentimentos negativos passarem pela minha cabeça, permiti que eles fossem processados, me consumissem de dentro para fora, até que houvesse tanto veneno e tanto vazio dentro de mim que a minha única opção seria ter um colapso ou explodir.

O que eu fiz foi explodir, por toda a imprensa internacional. A reação foi cruel, impiedosa e estava por toda parte.

Ainda catando os pedaços do meu antigo eu, aterrissei na Tailândia sem saber qual seria o meu próximo passo. Alguns informantes, eu estava ciente, eram reverenciados pelo seu heroísmo, e após suas revelações seguiam adiante vivendo vidas felizes e seguras com suas famílias — como Daniel Ellsberg, por exemplo. Depois de ler os Pentagon Papers que ele havia vazado, o mundo rejeitou a Guerra do Vietnã e substituiu Richard Nixon por um líder que de fato merecia o título de presidente dos Estados Unidos. Outros, como Julian Assange e Chelsea Manning, acabaram perdendo grande parte das suas vidas ou sendo vilanizados ou presos. Eles foram enaltecidos por suas tentativas de permitir que o mundo soubesse a verdade. Mas, diferente do caso de Ellsberg, os que estavam no poder no momento dos seus vazamentos não foram substituídos, e os informantes pagaram um preço, tendo como recompensa apenas a consciência de que, quando governos cometiam crimes, não havia nada que os impedisse de expor seus autores.

Eu sabia dos riscos, mas, de alguma forma, me sentia confiante e disposta a encarar as consequências, fossem quais fossem. Eu tinha causado problemas e poderia ter que pagar o preço; só o tempo iria dizer.

Enquanto isso, eu estava indo para uma ilha remota onde ninguém seria capaz de me encontrar, de onde aguardaria para ver como a comunidade internacional, sobretudo os dois países que eu chamava de lar, receberia a notícia. E foi ali, nas docas reais do porto de Phuket, que a equipe de filmagem desembarcou.

Nas horas que antecederam a decolagem do meu voo em São Francisco, minha história correu as mídias do mundo inteiro, tanto a tradicional quanto as virtuais, e mensagens começaram a jorrar. Algumas pessoas estavam furiosas, e assumiram uma postura do tipo "Eu avisei" diante do que eu havia exposto.

Você é uma mentirosa e eles também! Eu sabia!

Outras me disseram para ter cuidado, que pessoas poderosas iriam atrás de mim. Eu não sabia dizer se eram ameaças veladas ou apenas a reação apavorada de gente que jamais teria tido a coragem de fazer o que eu fiz.

Havia os poucos e bons que me disseram que estavam emocionados e muito orgulhosos de mim. Matt, a quem eu havia dito em Porto Rico que estava prestes a fazer algo grande, compartilhou uma das matérias do *The Guardian* elaboradas a partir da minha conversa e escreveu: "Brittany Kaiser é minha heroína." Corei quando vi aquilo, comovida com o fato de que parte das pessoas que importavam de verdade tinham percebido que o que eu havia feito era o certo.

E então o telefone tocou. Era Paul Hilder.

"Brittany, tem alguns cineastas sérios que estão trabalhando em um documentário sobre a crise dos dados, e eles querem falar com você. Posso colocar você em contato com eles? Pesquisei sobre eles e vi que são de alto nível."

Em poucas horas, ele e um dos diretores estavam em um voo com destino à Tailândia para abraçar a causa.

Ali, no porto de Phuket, tive meu primeiro contato com a equipe de filmagem: Karim Amer, um dos diretores e produtores, estava pesquisando um meio de explicar a crise dos dados ao mundo. Na esteira do escândalo da Sony em 2014, quando milhões de dados pessoais hackeados haviam sido expostos, ele e a sua esposa, a cineasta Jehane Noujaim, estavam entrevistando pessoas em todo o mundo, desde executivos da Sony até Steve Bannon e Chris Wylie, mas ainda não haviam encontrado uma voz através da qual pudessem contar a história. Então, leram os artigos dos Pauls no *The Guardian*, me disse Karim, e tiveram quase certeza de que eu poderia ser essa voz.

E lá estávamos nós, prestes a pegar uma lancha rumo à ilha particular que eu havia escolhido para me esconder por um tempo, e de onde assistiria aos desdobramentos, avaliando se seria seguro ou não retornar aos lugares que eu chamava de lar.

Assim que desembarcamos da lancha naquele dia escaldante, nos aninhamos na piscina, com o cinegrafista e o operador de som de Karim debruçados sobre a água, e demos início à nossa primeira entrevista.

"Onde nós estamos?", perguntou Karim.

"Prefiro não dar nenhuma localização precisa, se você não se importa", respondi. "Só eu, sentada aqui, a pessoa que está tentando desmascarar duas votações importantes com uma... narrativa desconexa, mas que em breve fará todo o sentido."

Ele deu uma risada, mas continuou: "Por que está preocupada com essas votações?"

As campanhas de Trump e do Brexit provavelmente haviam sido conduzidas de forma ilegal, e eu tinha provas disso. Era desnecessário dizer que não estava em segurança e não fazia ideia de como as coisas iriam se desenrolar.

Em seguida, fomos mais fundo e tentamos abordar todos os tópicos que sabíamos ser reveladores: o banco de dados da Cambridge, as fontes daqueles dados, os atalhos, as relações obscuras com clientes de moral duvidosa e as consequências de tudo aquilo. O que havíamos feito, o que eu sabia e o que aquilo significava agora? O que tínhamos planejado para durar trinta minutos se transformou em três horas, e Karim e eu, nossos rostos queimados de sol, saímos da piscina mentalmente exaustos. Era coisa demais para tratar em um dia só, mas ele e sua equipe não iriam embora dali tão cedo. Uma coisa nós sabíamos ao certo: aquilo era o começo de algo incrível.

Eu tinha planejado passar algum tempo na Tailândia. Minha vida tinha sido... bem, nada agradável por muitos anos, e eu precisava de uma pausa, um lugar onde pudesse clarear as ideias, sem nenhuma influência de fora. Estava ansiosa por libertar a minha mente dos grilhões do passado recente e encarar a realidade da decisão que eu acabara de tomar.

Infelizmente, esse cenário ideal não durou muito tempo. Enquanto a equipe de filmagem e eu estávamos explorando as ilhas da Tailândia, recebi um convite: o parlamento britânico solicitava que eu prestasse depoimento como testemunha no inquérito do DCMS sobre fake news. O que eu tinha visto? O que sabia? Poderia expor ao público aquelas injustiças? Sabia o que fazer com todas aquelas informações? Felizmente, eu tinha a companhia da equipe de filmagem e de Paul, e começamos a explorar não apenas as minhas próprias memórias, mas também o meu computador e as evidências contidas nele. Tentamos entender muitas coisas que pareciam não ter explicação. Era como ligar um HD externo ao meu cérebro, com várias mentes contemplando as coisas pelas quais eu tinha passado, mapeando tanto o que realmente havia ocorrido quanto para onde aquilo nos levara.

Sem hesitar, minha resposta ao convite foi sim. Respondi quase que de imediato, reafirmando meu entusiasmo e perguntando quando eu deveria estar na Inglaterra, meu lar adotivo, que havia sido recentemente despedaçado pelas mentiras de alguns. Eu precisava voltar e ajudar a consertar aquilo. Era o meu dever. Para mim, não era uma escolha; era um privilégio e uma honra.

Quando estava no avião, ouvi a imprensa noticiar que Alexander Nix prestaria depoimento no dia seguinte a mim.

"Agora é para valer", disse Paul, sentado ao meu lado enquanto voávamos em direção ao que tinha restado da minha vida na Inglaterra.

Eu já havia escrito para o melhor advogado britânico que conhecia, Geoffrey Robertson QC, fundador do Doughty Street Chambers, o lugar onde eu, um dia, havia sonhado em trabalhar como *barrister*. Geoffrey passou algum tempo fazendo trabalhos *pro bono* com o meu falecido amigo John Jones e a ilustre Amal Clooney, lutando para libertar presos políticos que estavam morrendo atrás das grades devido aos seus esforços para tornar o mundo um lugar melhor.

Mais ou menos uma hora depois, recebi uma resposta com o número do celular de Geoffrey e uma solicitação para ligar para ele. Fiz isso, é claro, e ele me convidou para ir até o Doughty Street, um lugar que suscitava emoções muito fortes em mim. Era onde eu havia desejado poder contribuir para proteger os clientes. Mas agora o mundo estava de cabeça para baixo: eu estava indo até lá para me sentar na cadeira do cliente (pela primeira vez na vida), e, quando me afundei na almofada de couro, só então comecei a sentir o peso da minha situação. Graças a Deus eu tinha trabalhado *pro bono* em muitas causas, e agora tinha a oportunidade de ser representada *pro bono* por eles, como uma demonstração de gratidão.

Para ajudar no caso, Geoffrey tinha chamado o renomado Mark Stevens, um dos principais advogados quando o assunto era dados, também conhecido por representar dissidentes e ativistas de direitos humanos de outras esferas. Mark estava pronto para lutar contra os *leavers* que mantinham o seu país como refém. Eu estava nas melhores mãos.

"Você sabe que tem os melhores advogados da Europa, certo?", um amigo meu que trabalhava na BBC se meteu na conversa. "O Alexander e os caras do Leave.EU deviam começar a se preparar com o que vem por aí!"

Enquanto isso, com a confiança renovada, comecei a trabalhar com Paul Hilder na minha estratégia de "saída da toca": sabíamos que precisávamos mobilizar as massas e, com a minha aparição na TV no parlamento britânico, além do inevitável fluxo de atenção da mídia global que viria a seguir, era o momento certo de criar um slogan e lançá-lo para o mundo. Fizemos um *brainstorm*: como sintetizar a necessidade de transparência, propriedade e responsabilidade? Começamos a redigir algumas políticas ideais, as mudanças que queríamos ver no mundo e quebramos a cabeça até achar o slogan certo.

De repente, tive uma ideia: *Own Your Data*. Era simples, curto e direto. "*Seja dono dos seus dados*, Paul! Esses dados são seus!"

Paul abriu um largo sorriso, com a expressão de um ativista experiente que sabe reconhecer um bom slogan a quilômetros de distância. "É perfeito!", disse ele entusiasmado, e começamos a elaborar o *messaging*, o conteúdo e a equipe inicial. Tínhamos o nosso grito de guerra e, depois dos retoques finais na campanha do Change.org e de alguns materiais criativos fazendo pressão sobre Mark Zuckerberg, estava quase na hora do lançamento.

Meu testemunho no parlamento acabou por chegar no maior escândalo que eu já havia testemunhado. Depois que as autoridades perceberam o quanto eu estava sendo aberta em relação a tudo — e quero dizer *tudo* —, as solicitações não pararam de chegar: eu poderia ajudar a comissão de inteligência do senado? A comissão judiciária? A comissão de inteligência do congresso? O departamento de justiça — ou seja, a investigação do procurador-especial Robert Mueller em relação à interferência russa nas eleições nos EUA? O ICO no Reino Unido? As investigações em Trindade e Tobago? A lista era interminável. Disse sim para tudo, consentindo abertamente em compartilhar as minhas informações, o meu tempo, a minha consciência e a minha memória.

Era hora de voltar para casa e fazer pelo meu país de origem o que havia acabado de fazer pelo governo, as autoridades e o público britânicos. Os Estados Unidos mereciam saber a verdade sobre como tudo tinha acontecido. Sem dúvida, os cidadãos norte-americanos eram mais vulneráveis ao uso de dados contra eles do que no Reino Unido: nos Estados Unidos havia muito mais pontos de dados disponíveis sobre cada pessoa e quase nenhum instrumento legal ou regulatório que gerenciasse esses dados ou rastreasse a forma como eles eram usados (ou abusados) por entidades privadas e governamentais.

Obter total transparência ou rastreabilidade era algo quase impossível. Isso precisava mudar.

Quando voltei aos Estados Unidos, e antes de fazer a minha primeira rodada de reuniões em Washington, fui para Nova York. Alguns dos meus amigos da indústria do blockchain estavam criando soluções tecnológicas para os problemas que eu estava apontando e queriam realizar uma conferência de imprensa. A organização reservou um quarto no Roosevelt Hotel, em Manhattan, onde reuniram alguns dos principais jornalistas que escreviam sobre tecnologia, sobretudo aqueles reportando os abusos da Cambridge Analytica durante o jogo sujo das últimas eleições. Com alguns membros do conselho consultivo reunidos em frente a um gigantesco *backdrop* onde se lia "RIP: STOLEN DATA 1998 — 2018 #OWNYOURDATA" (DESCANSE EM PAZ ROUBO DE DADOS: 1998 — 2018 #OWNYOURDATA), transmitimos em quinze redes de canais de mídia o nosso desejo de criar soluções tecnológicas para proteger os dados que o governo deixava ao léu para que fossem roubados.

Foi nessa mesma semana que, devido ao assédio da imprensa que se seguiu à conferência no Roosevelt Hotel, Karim e sua equipe de filmagem queriam que eu contratasse um estrategista de relações públicas. E que lugar melhor para conhecer essa pessoa do que no discurso que Daniel Ellsberg faria sobre informantes em uma conferência de direitos humanos?

Apesar de não fazer parte da delegação oficial da conferência, fui para o Hilton Midtown — curiosamente, um lugar ao qual eu não voltava desde a palestra de Alexander sobre *microtargeting* comportamental — sem saber o que esperar, mas morrendo de vontade de conhecer um dos meus heróis. Lá dentro, fiquei no fundo do salão de conferências, de onde ouvi atentamente as palavras de Ellsberg.

"O que vocês fariam se fossem um jovem profissional trabalhando no seu emprego dos sonhos", disse Ellsberg, "e descobrissem que seu empregador estava mentindo para o público, promovendo uma guerra desastrosa no exterior, e expandindo em larga escala um programa armamentista que ameaçava destruir a vida humana na Terra?".

Fiquei chocada. Aquilo parecia muito familiar.

Quando Ellsberg deixou o palco, foi rapidamente cercado: todos, desde advogados nova-iorquinos nos seus ternos elegantes até senhoras com aparência de avós nos seus vestidos de tricô, se aproximaram para lhe cumprimentar e agradecer por assumir um risco tão grande diante da adversidade. Ellsberg era sereno, atencioso e aberto a todas as perguntas, e eu simplesmente não podia esperar pela minha oportunidade. Ela não demorou a chegar, quando ele começou a vir na minha direção.

Eu não sou do tipo que costuma tietar as pessoas, mas logo entrei no "modo fã": minhas mãos começaram a suar, eu não sabia o que dizer, e então fiquei olhando para ele, esperando uma palavra de sabedoria.

E foi o que aconteceu. Ao sermos apresentados pela equipe de filmagem, Daniel — como ele me pediu para chamá-lo — se sentou ao meu lado, tão perto que eu podia sentir o calor do seu corpo, e me perguntou com gentileza: "Então, quantos anos você tem?"

"Trinta", murmurei.

"Uau!", ele exclamou. "Eu tinha trinta anos quando decidi me tornar um informante também, quando vazei os Pentagon Papers. Imagino que a coragem seja maior nessa idade."

Eu ainda estava radiante por ter sido apresentada a Ellsberg quando aterrissei em Washington — pela primeira vez em bastante tempo. Minha última viagem para lá havia sido em fevereiro, para um café da manhã com funcionários da Comissão de Títulos e Câmbio (SEC na sigla em inglês), da Comissão de Negociação de Futuros de Commodities (CFTC na sigla em inglês) e do Fed, o Sistema de Reserva Federal, para discutir a política de blockchain, catalisadora do lançamento da Digital Asset Trade Association (DATA), a primeira empresa de lobby ligada ao blockchain. A DATA já havia ajudado a aprovar oito novas leis nos últimos meses no Wyoming, graças ao trabalho da equipe na assembleia legislativa daquele estado, sob a liderança da feroz especialista Caitlin Long e do trabalho esforçado da Wyoming Blockchain Coalition. A DATA também estava em contato com parlamentares de todo o país para implementar outras leis e regulamentos para o bem maior — o que eu gosto de chamar de "leis positivas para o blockchain", para diferenciá-las das legislações que impõem obstáculos à inovação, como o BitLicense do estado de Nova York.

Agora, de volta a Washington por outra razão, eu estava procurando reequilibrar as condições de jogo no meu país de origem: que diabo havia acontecido nas eleições de 2016, e por quê? E, se aquilo havia sido tão nocivo, como impedir que se repetisse? Paul Hilder e a equipe de filmagem tinham vindo comigo, me ajudando — mais uma vez, a exemplo do meu depoimento ao parlamento britânico — a organizar meus pensamentos, fazendo entrevistas, seguindo as trilhas das evidências que eu tinha fornecido e oferecendo apoio moral.

Dessa vez, eles marcaram uma reunião para mim com outra grande heroína do meu panteão, Megan Smith, ex-diretora de tecnologia da Casa Branca no gabinete de Obama e o principal nome no campo de políticas sobre tecnologia no país há muitos anos. Ela nos encontrou em uma sala que Paul havia decorado com materiais de leitura sobre ética e política. Ele estava carregando uma mala cheia de livros como aqueles para a maioria dos lugares a que viajávamos, me oferecendo um aqui outro ali para orientação, ou sacando ele mesmo um e lendo citações inspiradoras para mim em momentos de dilema emocional. Os livros foram a melhor forma de dar as boas-vindas perfeitas a Megan, que os admirou, comovida.

Sentada ao sofá com ela, sua aparência era de uma profissional experiente, mas também ficava claro que ela era uma ativista, em um terno perfeitamente engomado, mas com sapatos confortáveis — uma mulher que provavelmente passava dias inteiros andando de um lado para o outro pela Casa Branca, trabalhando muito mais do que o funcionário público padrão. Expliquei a ela minha trajetória, de "tiete do Obama" a informante expondo a Cambridge Analytica. Me doeu profundamente falar daquilo com uma funcionária da administração Obama — e ver o quanto eu havia me distanciado dos meus princípios. Mas Megan não se fechou nem pareceu me julgar. Em vez disso, ela pegou o laptop e abriu uma imagem que mostrava a forma como o Congresso tinha votado desde a década de 1920 até os dias de hoje. Os dois lados costumavam votar em uníssono, como era possível ver pelos indistinguíveis pontos azuis e vermelhos compartilhando o espaço inteiro do infográfico. Então, à medida que os gráficos aproximavam do presente, os pontos azuis e vermelhos começavam a se separar — como água e óleo, quase como se fisicamente se repelindo —, caminhando em sentidos opostos.

"É por causa do uso de dados", proclamou Megan. Os algoritmos nos separavam porque vamos sendo empurrados para dentro da nossa própria bolha de crenças, entrando em confronto direto com as pessoas com quem deveríamos dialogar.

Eu sabia que ela estava certa. Afinal, tinha visto aquilo com meus próprios olhos.

Depois que contei minha história, ela pegou a minha mão e disse que me perdoava. Não tinha sido culpa minha, ela me lembrou; às vezes, pessoas boas se envolvem em coisas ruins. Além disso, é fácil se aproveitar de uma jovem — o que de fato tinha ocorrido —, mas agora havia uma oportunidade para eu aplicar minha experiência para mudar o que o futuro nos reservava.

Fiquei encantada com Megan. Tomando a mão que ela estava segurando, ela me fez ficar de pé e me deu um abraço. Ela, então, enfiou a mão no bolso e tirou uma medalha esmaltada: "Esta é a medalha do CTO da Casa Branca. Estou dando uma para cada um de vocês, pois ela vai fazê-los lembrar da sua força, da sua inteligência e de que podemos resolver qualquer problema ao qual dedicarmos nossos esforços se trabalharmos em conjunto. Vocês, como indivíduos, e nós, como sociedade, sofremos um abuso. Há muitas coisas que podemos fazer para combater esse abuso, mas precisamos trabalhar duro todos os dias."

Nesse momento, Paul e eu estávamos às lágrimas, e cada um de nós foi presenteado com uma medalha de bronze esmaltada em vermelho, branco e azul, com uns e zeros por toda parte — uma medalha de dados, símbolo do problema que precisávamos consertar e da campanha que tínhamos pela frente.

Depois do encontro com Megan e com membros de várias agências governamentais e comissões do Congresso, voamos de volta para Nova York. Havia alguém que queria falar conosco sobre o Facebook, alguém que tinha quase tanto conhecimento das engrenagens dele quanto o próprio Mark Zuckerberg. Ele havia sido um dos primeiros investidores do Facebook e mentor de Zuckerberg e Sheryl Sandberg. Alguns anos antes, ele também havia irrompido na imprensa como um crítico mordaz da mídia social. Agora, eu queria entender por quê.

Enquanto eu o aguardava na sua elegante residência em Nova York junto com a equipe de filmagem, assisti a um vídeo do agora conhecido Roger McNamee. Assim como eu, McNamee desempenhara papel significativo no crescimento de uma empresa de tecnologia que tomou um caminho inédito e que fez toda a diferença. Ninguém conhecia melhor do que ele os perigos por trás do rápido crescimento de uma empresa sem concorrentes, sem nada similar no mercado. Tanto a CA quanto o Facebook foram liderados por homens brancos privilegiados que não viam problema em explorar as pessoas em nome das comunicações avançadas, que não paravam para se perguntar se seus algoritmos eram intrinsecamente defeituosos ou se o que eles estavam proporcionando ao mundo provocava mais mal do que bem. No vídeo, Roger estava na CNN, explicando como ele não podia mais ficar em silêncio.

Quando McNamee entrou na sala, botei o meu celular de lado e o cumprimentei, tudo diante da câmera, mas tão genuíno quanto teria sido se não estivesse sendo gravado. Ele estava bem-vestido, mas debruçado sobre a mesa, entregue, cansado depois de um longo dia, com os olhos injetados como alguém que tivesse passado a noite em claro se revirando na cama. Depois de algumas trocas de gentilezas preliminares, conversamos sobre como foi ter feito parte da construção de algo que se tornou um monstro, e como, apesar de termos manifestado nossas preocupações repetidas vezes em particular, o CEO responsável por aquele monstro se recusara a dar ouvidos às nossas críticas construtivas.

"Eu quis levá-las a Mark primeiro", disse Roger, "pois achava que ele ficaria feliz em ver as falhas no sistema que eu havia apontado. Vi a falta de clareza nos algoritmos, vi os dados das pessoas sendo usados contra elas e sugeri várias maneiras de corrigir isso. Infelizmente, ele não queria ter nada a ver com isso e me encaminhou para funcionários de nível inferior para que eles 'me ouvissem.'"

Zuckerberg, assim como Sheryl Sandberg, tinha ignorado as advertências de Roger, e, ao encaminhá-lo para departamentos abaixo deles, eles lhe mostraram a verdade: os dois não se importavam com nada, desde que o Facebook aumentasse o seu valor de mercado em um ritmo constante.

"O que aconteceu com o Facebook é o caso mais triste que já vi de uma empresa que ficou cega devido ao sucesso", disse Roger. "E gosto de pensar que ainda é possível consertar isso. Passei anos tentando convencê-los disso. Primeiro, em particular, discretamente. E agora, não tão discretamente. Isso é frustrante, porque eles conquistaram mais do que seus sonhos mais loucos, e agora estão brigando por mero orgulho. Eles estão basicamente nos pedindo para serem desafiados, porque têm muito orgulho de admitir que cometeram erros. Isso é péssimo. É obrigação nossa descobrir se é possível resolver o problema." Tudo saiu um pouco de controle e, naquele momento, McNamee tinha o dever de se manifestar, pois a abordagem em particular não rendeu frutos, e tudo no Facebook estava ficando pior. "Ajudei a construir essa coisa", ele me falou. "Minhas impressões digitais estão por toda parte! Eu só queria poder dormir com a consciência limpa, sabe?"

Armada com confiança e com o conhecimento de que as melhores pessoas, as mais geniais, apoiavam a minha causa, e com a certeza de que o que eu estava fazendo era o certo, perseverei com a campanha #OwnYourData, angariando centenas de milhares de apoiadores em todo o mundo e milhões de visualizações dos meus vídeos e meus artigos. Tantas pessoas tentaram assistir ao vídeo do meu depoimento no site do Parlamento Britânico que ele caiu logo após a publicação. Havia sido dada a largada para falar a verdade às autoridades, e a campanha me consumia 24 horas por dia, sete dias por semana.

Uma das minhas primeiras grandes aparições foi no parlamento europeu, um dia antes da promulgação do Regulamento Geral sobre Proteção de Dados, a primeira mudança significativa nas políticas de privacidade de dados em vinte anos. Também falei no painel de abertura da maior conferência de blockchain já feita pela UE, com moderação do ex-primeiro-ministro da Estônia, lado a lado com um ministro das finanças e do diretor de FinTech do Banco Central Europeu. Participei de eventos sobre proteção de dados e de reuniões sobre tecnologia, de conferências de imprensa e de programas de notícias. Estive em reuniões a portas fechadas com parlamentares e formuladores de políticas do mundo todo, e me tornei fonte de repórteres de todos os cantos em busca de informações privilegiadas.

As aparições como palestrante não eram apenas de natureza informativa; via de regra, muitas vezes acabei atuando como perita em casos de crimes envolvendo o uso de dados. Em pelo menos doze investigações e diversos julgamentos, ofereci meu testemunho especializado, para a alegria dos meus apoiadores e dos legisladores. O melhor exemplo foi o caso McCarthy *versus* Equifax, em que meus colegas do escritório de advocacia Madgett and Partners processaram a empresa que agora é famosa por haver permitido um dos maiores vazamentos de dados da história. No momento em que foi hackeada, mais de trezentos certificados de segurança da Equifax estavam expirados, o que o promotor David Madgett classificou como "deixar a porta aberta com as luzes acesas e o alarme desligado". Madgett processou a Equifax por danos à propriedade, como consequência da exposição dos dados particulares de 157 milhões de norte-americanos a um risco vitalício de atividades fraudulentas e roubo de identidade. Com a vitória no caso na Suprema Corte do estado, os dados agora pertencem aos próprios indivíduos no estado de Minnesota, e todos nós estamos melhores assim. Depois do caso Equifax — e de novos projetos de lei sendo apresentados no parlamento britânico, no congresso norte-americano e nas casas legislativas de outros países —, a jurisprudência sobre proteção de dados é cada vez maior.

A que conclusões todas essas investigações e esses julgamentos chegaram? No momento em que escrevo este livro, ainda não está claro. Apenas o Relatório Mueller foi divulgado, com muitas emendas e sem uma conclusão direta — embora eu acredite que Robert Mueller tenha sido bastante claro para quem souber ler nas entrelinhas:

> Se o presidente não tivesse cometido nenhum crime, ele nos teria dito = O presidente cometeu crime.
>
> Se não existisse um indiciamento sigiloso contra o presidente, ele nos teria dito = Assim que Donald Trump puser os pés fora da Casa Branca, vamos botá-lo na cadeia.

Por que os norte-americanos, e o mundo como um todo, precisam de um diploma em mensagens cifradas para entender isso está além da minha capacidade de compreensão, mas foi o que eu li e espero que outros tenham lido o mesmo.

Muitas investigações semelhantes ainda estão em curso, desde a negociação da FTC de impor uma multa de 5 bilhões de dólares ao Facebook pela negligência e incapacidade de proteger os consumidores, até os supostos crimes cometidos pelas figuras à frente da campanha pelo Brexit. E, é claro, as audiências das comissões judiciária e de inteligência da câmara, parte da investigação de Mueller sobre interferência nas eleições russas e sobre a possível obstrução da justiça por parte do presidente Trump estão em andamento no momento em que escrevo.

Em uma manhã de março de 2019, acordei com uma enxurrada de textos e e-mails: o congressista Jerry Nadler tinha publicado no Twitter uma lista de 81 pessoas que seriam intimadas a depor como testemunhas na sua investigação sobre a competência de Trump para ser presidente. Eu era a número nove.

Eu não deveria estar surpresa. Tinha sido uma das pessoas que tornara aquilo possível. Ajudei a construir aquela máquina e testemunhei Trump, Facebook e Brexit arrasarem a democracia bem diante dos meus olhos, invadindo nossas vidas digitais e usando os nossos dados contra nós. Agora, era hora de impedir que isso voltasse a acontecer.

Quanto a Trump, nada mudou, mas o Relatório Mueller foi divulgado. Mueller testemunhou no Congresso e reafirmou seu pedido: tirem-no daqui que ele será preso.

Quanto ao Facebook, a empresa teve que alterar algumas de suas políticas: agora temos alertas de fake news e de conteúdo de vídeo manipulado, e as notificações avisam quanto a propagandas políticas e a origem delas. O site foi condenado por violar leis de proteção de dados em diversos países e tinha acabado de receber uma multa de 5 bilhões de dólares da FTC — um recorde —, que, com sorte, integrará o orçamento do governo para financiar tecnologias que protejam os consumidores.

Quanto ao Brexit, ainda não há acordo, portanto, um novo referendo é possível. Os envolvidos na campanha pela saída foram condenados por violar leis de proteção de dados e os regulamentos que regem despesas eleitorais.

Isso ainda não é o desfecho esperado, mas, apesar do que dizem os críticos, nunca é tarde para fazer a coisa certa. As escolhas que fazemos todos os dias nos tornam parte do problema ou parte da solução. Eu decidi fazer parte da solução. E você?

Qual é o próximo passo? Como damos algum sentido a tudo o que aconteceu? É possível haver uma eleição livre e justa de novo, ou mesmo ter autonomia nas nossas vidas? Vamos dar uma olhada nos principais *players* e de onde é possível que surjam casos semelhantes, em prol da vigilância coletiva:

A Cambridge Analytica e o SCL Group foram dissolvidos, mas o que isso significa? Muitos de meus ex-colegas ainda estão por aí, dando consultoria em campanhas eleitorais e trabalhando com análise de dados. Isso inclui Alexander Nix, que, segundo relatos da imprensa, se reuniu com a ex-primeira-ministra Theresa May, assim que ela deixou o cargo, e com o recém-empossado Boris Johnson. Dado que o trabalho do ICO e as investigações parlamentares ainda não chegaram ao fim, estou preocupada com os rumos das conversas sobre o Brexit e do apoio à campanha dele. E, além de Alexander, apesar de muitos ex-funcionários da Cambridge Analytica serem profissionais brilhantes e bem-intencionados, alguns eram definitivamente o oposto — e eles seguem empregando os velhos truques, sem ter tido que prestar contas por isso até hoje.

Os Mercer, apesar de terem caído em desgraça com Trump, ainda são influentes no cenário político e provavelmente estão financiando muitas causas, algumas das quais podem estar usando materiais desagregadores e incendiários, dada o histórico do discurso adotado pela família. Eu ficaria de olho para onde vai o dinheiro que passa pelas organizações sem fins lucrativos 501(c)3s e 4s, e pelos comitês e supercomitês de ação política. A influência deles sobre nós ainda não acabou.

O Facebook, apesar de ter posto em prática uma extensa lista de correções paliativas, não fez nenhum progresso de fato quanto à fiscalização de fake news, aos algoritmos que privilegiam informações polêmicas e falsas, nem quanto aos recursos para de fato impedir que agentes nocivos usem a plataforma para fazer *targeting*. Embora eles agora permitam que você tenha acesso aos seus dados e saiba quando está vendo um anúncio político ou um conteúdo criativo editado (como o vídeo manipulado de Nancy Pelosi), eles ainda não estão inteiramente preparados para as próximas eleições, muito menos para a atividade diária dos usuários. Recentemente, compartilhei o palco com Ya'el Eisenstat, que, após uma carreira na CIA lidando com ações de contraterrorismo e contrapropaganda, foi recrutada pelo Facebook para ser diretora de integridade eleitoral. Ela deixou o cargo seis meses depois, recusando-se a receber qualquer pagamento em dinheiro ou ações pelo seu tempo de serviço, pois Mark e Sheryl não queriam implementar nenhuma das suas recomendações para proteger os cidadãos antes do próximo ciclo eleitoral. Não acho que preciso dizer mais nada.

Na esfera legislativa, estamos recebendo o apoio necessário para fazer mudanças reais este ano, mas esse tipo de lei só funciona se houver tecnologia de qualidade por trás. Felizmente, as soluções blockchain, que eu sempre acreditei serem capazes de ajudar a resolver os problemas do Facebook, agora terão a chance de virar a indústria de dados de cabeça para baixo, devolvendo aos indivíduos o valor que eles mesmos geram, e habilitando o restante do mundo a fazer parte de uma nova economia global à qual antes apenas as organizações mais poderosas tinham acesso.

O Big Data, Trump e o Facebook arrasaram a nossa democracia. Ela está em cacos, aos nossos pés, e as pessoas estão lutando para reconstruí-la.

Agora, temos uma janela de ação: podemos começar a juntar esses cacos para construir uma comunidade global ética, justa e estável, que vai dedicar tempo e tomará decisões visando a mudanças positivas e projetar um mundo mais ético — ou podemos deixar as nossas sociedades em cacos aos nossos pés, preparando-se para sofrer os impacto todos os dias, esperando até esses cacos virarem pó e não ser possível recolocá-los no lugar.

A escolha é nossa: temos um homem na Casa Branca com um indiciamento sigiloso provavelmente à sua espera no momento em que ele sair de lá — confie em mim, um ditador lutando para permanecer no cargo é mais perigoso do que nunca. Ele pode ser preso se perder a próxima eleição: reflita sobre isso por um momento. Ele se recusou a prestar depoimento a Mueller e, em vez disso, fica publicando calúnias sobre o homem nas mídias sociais. Esteja certo de que ele vai lançar mão de todos os recursos possíveis para se manter no poder.

Além disso, temos um homem no Vale do Silício que também está lutando a todo custo para não perder seu posto: seu mais recente anúncio, a Libra, é um ecossistema de pagamentos em blockchain que eu gostaria de poder apoiar, mas não posso. A Libra, um consórcio de grandes corporações, como Facebook, Uber e Visa, que desejam lançar seu próprio sistema financeiro, permitiria o uso abusivo de dados de forma tão generalizada que os governos do mundo todo se uniram para impedir que o gerente de ativos digitais mais negligente da nossa geração se transforme no novo "banco central" digital do mundo. Imagine uma distopia na qual um mesmo produto seja vendido a preços diferentes, porque o vendedor sabe quanto você tem na sua conta bancária. Já está acontecendo, e a Libra nos lançará em um mundo conectado com o qual jamais havíamos sonhado — mais parecido com um pesadelo, na verdade.

E, por fim, existe o fluxo interminável de dados, ainda não regulamentado e, sobretudo, não rastreável. Uma vez liberado, não há como resgatá-lo. Precisamos exigir mudanças, e direitos, em relação aos nossos dados antes que esse ecossistema comece a vazar de forma incontornável. Como Paul Hilder disse uma vez: "Sou um otimista. Acredito que as coisas quebradas possam ser consertadas." Gostaria de ver a mesma postura na nova geração de políticos que está disputando a nossa atenção. Queremos um pouco de esperança e ferramentas para retomarmos nossa autonomia. Precisamos de mudanças legislativas e regulatórias, e investimentos reais em soluções tecnológicas que nos permitam implementar esses novos parâmetros.

A hora é essa. Precisamos unir forças para juntar os cacos das nossas vidas digitais e construir algo que proteja o nosso futuro.

Epílogo

COMO ACABAR COM A GUERRA DE DADOS

Temos que querer a paz, querer o suficiente para pagar por ela, com nosso próprio comportamento e de formas concretas. Temos que querê-la o suficiente para superar nossa letargia e sair por aí em busca de todos aqueles, em outros países, que a quer tanto quanto nós.

— Eleanor Roosevelt

Em última instância, a questão dos direitos aos dados é a questão central dessa geração. Os dados, nossos ativos digitais intangíveis, são a única classe de ativos à qual os próprios produtores não opinam sobre o valor atribuído a eles, não consentem com sua coleta, seu armazenamento ou sua venda, nem, em última instância, têm direito aos lucros que eles geram. Ao longo da história, não demos importância à ação dos colonizadores que exploravam as terras, as águas e o petróleo dos nativos, seus verdadeiros donos, não tão poderosos quanto aqueles que levaram embora à força seus valiosos bens, e hoje sabemos que isso é uma mancha no nosso passado.

Como, então, permitimos cegamente que o Vale do Silício nos ludibriasse? Embora tenhamos tido orgulho de publicar e compartilhar nossas vidas digitais em suas plataformas, fomos cúmplices do próprio *targeting* que nos atingiu. Assistimos à escalada do racismo e da intolerância, à dissolução da sociedade, à epidemia de fake news e às repercussões disso no mundo físico, quando descambaram em violência e assassinato. Como agora, enxergando com mais clareza, podemos ser capazes de ter o mesmo sentimento de "nunca mais" que experimentamos ao aprender sobre outras atrocidades cometidas ao longo da história?

A verdade é que agora temos uma oportunidade de ouro, que não aparece toda hora. Está em nossas mãos aproveitá-la ou entrarmos para a história como os "ativistas de sofá" que deixaram um futuro brilhante escorrer por entre os dedos. Temos muitas formas de zelar por nossas vidas digitais, tomar posse dos nossos dados, exigir transparência e acabar com a cleptocracia obscura em que se transformou a indústria da tecnologia.

Sou uma eterna otimista, de outro modo não estaria emitindo este aviso: devemos agir logo, enquanto a maré está a nosso favor. Se optarmos por ficar à toa, as realidades distópicas de *1984* e *Black Mirror* se tornarão ainda mais reais do que são hoje. O tribalismo vai crescer, a linha que separa a verdade da manipulação ficará menos nítida, e o direito à nossa identidade digital, o ativo mais valioso do mundo, jamais será recuperado. A hora de agir é agora.

Temos um grande trabalho a fazer, e tornar esses problemas tangíveis se tornou minha razão de ser, meu chamado. Depois de ler este livro, é possível entender como até mesmo um intelectual de mente aberta pode ser facilmente enganado por nada mais do que um truque de ilusionismo e pela desinformação que recebemos todo dia.

Então, como nos proteger? Como proteger a nossa democracia? Ficando de pé, falando e agindo. É dever de cada cidadão não ficar calado.

Você pode começar hoje mesmo, com o seguinte:

1. ***Torne-se um alfabetizado digital.*** Chegou a hora aprender e de ensinar aos outros, para entendermos o que estamos enfrentando: como nossos dados são coletados, para onde eles vão, onde são mantidos e como podem ser usados contra nós (ou para tornar o mundo um lugar melhor). Entrei para o mundo dos dados com uma grande esperança de usá-los para o bem, e pude ver o que acontece quando práticas antiéticas permeiam os mais altos escalões do poder. Alguns dos melhores recursos para lutar contra isso podem ser encontrados no site do DQ Institute. Lá, você pode aprender por que a inteligência digital é essencial na era digital, e como proteger a si mesmo e às pessoas ao seu redor. Visite: http://www.dqinstitute.org

Além disso, recentemente cofundei a Own Your Data, visando aumentar a conscientização sobre a necessidade de termos o controle dos nossos próprios dados. A organização, sem fins lucrativos, promove a alfabetização digital por meio de noções de ciência, tecnologia, engenharia e matemática, para que um dia todos possam saber como controlar e proteger suas vidas digitais. Para obter ferramentas e saber de oportunidades, visite: http://ownyourdata.foundation

2. ***Interaja com parlamentares.*** Embora eu admita que redigir e aprovar mais leis não seja uma solução de curto prazo, é uma maneira tangível de trabalhar em direção a um futuro melhor, de proteger nossa sociedade nas próximas gerações. Existem muitas pessoas excelentes no governo e em organizações da sociedade civil se dedicando a promover leis para nos proteger. Informe-se sobre as próximas iniciativas nesse sentido e participe!
   a. ***Um projeto de lei do senador Ed Markey, o CONSENT Bill,*** inverteria o script, exigindo que as empresas obtenham o consentimento dos usuários (em vez de que o consentimento seja automático), desenvolvam práticas razoáveis de proteção de dados e notifiquem os usuários sobre toda coleta e violação de dados.
   b. ***A lei de responsabilidade executiva corporativa da senadora Elizabeth Warren*** tornaria os executivos das empresas criminalmente responsáveis por violações de dados que ocorram como resultado de negligência, como nos vazamentos de dados da Equifax e do Facebook.
   c. ***A iniciativa legislativa "O produto é você" de Jim Steyer*** consagraria o recurso à justiça caso haja uso abusivo de seus dados, e no sentido dos direitos de propriedade. O texto dessas leis ainda não foi divulgado, mas é algo para se ficar atento, já que Jim e a organização Californians for Consumer Privacy foram fundamentais para traduzir o Regulamento Geral sobre a Proteção de Dados na Lei de Privacidade do Consumidor da Califórnia (CCPR), a legislação de dados mais abrangente nos Estados Unidos.
   d. ***A lei de dividendos de dados proposta pelo governador da Califórnia, Gavin Newsom,*** que foi apresentada e está sendo debatida,

reconhece que as pessoas de quem os dados pessoais foram coletados devem ser recompensadas pelo seu uso.

e. ***O DETOUR Act, do senador Mark Warner,*** e projetos de lei associados que visam a regulamentar os gigantes da tecnologia, oferecendo transparência ao valor dos dados dos consumidores e bloqueando padrões manipuladores no uso de algoritmos.

f. ***A legislação de ativos digitais do estado de Wyoming,*** que inclui treze novas normas já aprovadas, e contém muito mais a ser debatido no próximo termo legislativo. Seus benefícios incluem a definição dos ativos digitais como propriedade pessoal intangível, atribuindo assim direitos e recursos legais para seu uso. Saiba mais sobre a nova capital da tecnologia dos Estados Unidos aqui: http://www.wyoleg.gov

g. ***A lei de integridade científica do projeto de responsabilidade governamental*** oferece apoio aos informantes da indústria científica, protegendo aqueles que vêm à tona denunciar abusos, desperdício e negligência. Queremos que mais indivíduos denunciem tudo aquilo que vai contra o bem maior e que se sintam seguros em fazê-lo. Participe aqui: http://www.whistleblower.org/supportingsciencewhistleblowers

3. ***Ajude as empresas a optar pela ética.*** Muitas empresas procuram oferecer soluções para os problemas de nossas vidas digitais que sejam acessíveis e de fácil implementação. Precisamos fazer com que seja mais fácil para empresas novas e pequenas entrar em conformidade com as novas legislações e incentivá-las a operar mudanças fundamentais em seus modelos de negócios. Empresas tão grandes quanto o Facebook e o Google não precisam desse tipo de assistência, pois costumam ter mais experiência do que os reguladores em como solucionar esses problemas. Enquanto os reguladores lidam adequadamente com os agentes nocivos, mostre que você se importa implementando algumas das soluções éticas de tecnologia listadas em: http://designgood.tech. Para um exemplo de liderança em pensamento corporativo, confira a Phunware (NASDAQ: PHUN), uma empresa de Big Data que está devolvendo aos consumidores os dados que eles mantêm e os recompensa pelo uso deles: http://www.phunware.com

Além disso, aguardo ansiosamente a primeira versão beta do Voice, uma nova plataforma de mídias sociais que permite que você seja dono dos seus dados, receba pelo conteúdo que produz e bloqueie *bots* e contas falsas por meio de verificação de identidade KYC/AML. Obrigada à BlockOne por criar um ótimo exemplo daquilo que o Facebook e o Twitter deveriam estar se esforçando para se tornar: http://www.voice.com

4. ***Cobre dos parlamentares que responsabilizem aqueles que cometem abusos de poder.*** O principal problema com longas e prolongadas investigações é que os indivíduos, as campanhas e as empresas culpadas geralmente ficam constrangidos, mas não são punidos. Muitos deles não tomarão decisões éticas a menos que sejam forçados a isso; daí a minha ênfase aqui na legislação e na regulamentação. Como essas mudanças não acontecem de dentro para fora, é necessário exercer pressão. As campanhas do Brexit e de Trump não cumpriram a lei e a regulamentação vigentes, e impor meras multas a entidades com bolsos cheios não os desencoraja de violar a lei novamente. Se queremos reconstruir nossa democracia arrasada, temos que tomar a iniciativa e fazer nossas vozes serem ouvidas. Entre em contato com a Comissão Eleitoral Federal, a Comissão Federal de Comércio e a Comissão Eleitoral Britânica para que eles saibam que você exige soluções reais e uma conclusão satisfatória das investigações em curso antes das próximas eleições.
5. ***Faça escolhas éticas em sua própria vida digital.*** Questione se notícias negativas são verdadeiras. Evite compartilhar mensagens que incitem ódio ou medo. Não se envolva na negatividade, no assédio ou no *targeting*. Se você administra uma empresa, ofereça transparência aos seus clientes e peça o consentimento deles. Explique a eles os benefícios dos dados que estão compartilhando; você colherá maiores recompensas mantendo uma comunicação aberta. Não se envolva em trapaças e não revenda dados a terceiros sem informar seus clientes disso, e sem dar a eles a opção de recusar. Não use táticas obscuras para chamar a atenção das pessoas; *dark ads* e discurso polarizador fraturam nossas sociedades com muita facilidade usando apenas um clique. Não caia na armadilha de adotar o que é mais conveniente. Não é hora de ficar parado — precisamos da ajuda de todos.

Como disse Albert Einstein: "Eu não sou apenas um pacifista, mas um pacifista militante. Estou disposto a lutar pela paz. Nada acabará com a guerra, a menos que o povo se recuse a ir à guerra." Devemos lutar para consertar nossa democracia antes que ela se deteriore além da possibilidade de conserto.

A única forma de fazer isso é unindo forças.

Lembre-se: você tem autonomia para agir! Nossa proteção não depende só dos gigantes da tecnologia ou de nossos governos. Temos que nos defender também. Você não precisa do novo aplicativo viral do Facebook, nem responder ao novo quiz, nem entregar de bandeja os valiosos dados que são seu reconhecimento facial só para ver como vai ser quando ficar velho. São Francisco foi a primeira cidade nos Estados Unidos a banir totalmente o reconhecimento facial, e essa cidade conhece os perigos dessa tecnologia melhor do que qualquer outra.

Todos os dias você pode escolher se quer usar um novo aplicativo mais conveniente, ou se prefere viver com as opções tradicionais de internet e telefone. Veja por si próprio: esse aplicativo coleta seus dados e, em caso afirmativo, com quem ele os compartilha? Para que fins? Essas escolhas têm consequências. Um bom exemplo são as trocas de mensagens no dia a dia. Vou dar uma dica: use o Signal, não o WhatsApp! Mark Zuckerberg enfraqueceu a criptografia para extrair dados e usá-los em *targeting*. E você pode evitar o *targeting* fazendo uma escolha simples.

Eu sei como é, porque isso aconteceu comigo. Fui vítima de *targeting* e me perdi. Provavelmente já aconteceu com você de uma maneira ou de outra, caro leitor. E não quero que você termine a leitura se sentindo desamparado, mas empoderado. Você pode ser dono dos seus dados e tirar proveito do valor que eles têm, mas todos nós precisamos participar da criação de um mundo baseado em transparência e confiança. Se fizermos isso, posso garantir que é a hora certa, com todas as circunstâncias a favor, para pensarmos juntos em uma forma de construir um futuro mais ético.

Agradecimentos

Agradeço todos os dias pelas oportunidades que me foram dadas por aqueles que estão ao meu redor e pelo apoio incondicional que chega até mim vindo tanto dos meus entes queridos quanto de pessoas que não conheço pessoalmente. Portanto, mencionar todo mundo nesta lista é tarefa quase impossível, mas farei de tudo para demonstrar minha gratidão às pessoas e às organizações mais importantes da minha vida. Obrigada a todos que ajudaram, e ainda vão ajudar, ao longo do caminho. Vocês me inspiram, e as diferenças que estão fazendo são muito importantes. Juntos, podemos guiar o mundo em direção a um futuro digital mais ético.

Meus agradecimentos especiais:

À minha família; acima de tudo à minha irmã e parceira, Natalie, que entrou no ativismo pelos direitos aos dados com toda a empolgação. Seu amor, seus propósitos e, é claro, sua extrema organização são responsáveis por grande parte do impacto que estamos causando juntas. Aos meus pais, por sempre acreditarem em mim e por me encorajarem a buscar a o melhor. Vocês me educaram para fazer o que é certo e para trabalhar duro pelas coisas em que eu acredito, e não tenho palavras para demonstrar minha gratidão. Aos meus avós, tias, tios, primos e demais familiares: amo vocês demais. Sou muito grata por vocês fazerem parte da minha trajetória.

À Digital Asset Trade Association (DATA), especialmente a David Pope, Alanna Gombert, Jill Richmond e Brent Cohen, por trabalharem diligentemente e de graça desde janeiro de 2018 para impulsionar novas iniciativas legislativas a fim de definir e proteger ativos digitais em todo o mundo. A energia e o apoio de vocês não têm limites.

A Paul Hilder, eu luto para colocar em palavras o quão importante têm sido a sua amizade e a sua crença em mim — e não só para mim, mas para o mundo. Agradeço por se importar tanto com as causas a ponto de dedicar sua vida a elas. Obrigado por resolver problemas em nome de um bem maior e não parar até conquistar a vitória. Você é um especialista em transformar ideias em ações e é o motivo pelo qual a campanha #OwnYourData existe. Você nunca desistiu de mim, sempre acreditou em mim. Meu orgulho pelo tempo que você dedicou a essa causa será eterno.

Às equipes do documentário *The Great Hack* e à Netflix, especialmente a Geralyn Dreyfous pelo seu apoio incomparável, e aos brilhantes Karim Amer, Jehane Noujaim e Pedro Kos por contar parte da minha história ao mundo de uma maneira tão incrivelmente impactante. A Elizabeth Woodward, Bits Sola, Basil Childers, Matt Cowal e o restante das belas (e pacientes) equipes de filmagem e da Netflix que criaram e promoveram a campanha de impacto que viralizou, liderada pelo *The Great Hack* e por nossos parceiros.

À Harper Collins e a Eileen Cope, por me darem a oportunidade especial de contar minha história ao mundo todo por meio de um livro de memórias, e pela chance de finalmente expor a verdade — o que aconteceu e por quê — e de fornecer ao público os recursos para fazer mudanças significativas.

A Julie Checkoway, por apoiar a criação de *Manipulados* de uma maneira que eu jamais poderia ter imaginado. Sua inteligência sagaz, suas sugestões atentas e seu apoio emocional mudaram minha vida para sempre. Eu jamais poderei agradecer o suficiente.

A Julia Pacetti, por não apenas se tornar minha protetora, minha segunda mãe adotiva e uma das minhas melhores amigas, mas também pelo seu dinamismo profissional e pela capacidade incomparável de transformar debates importantes em fenômenos globais. Sua capacidade de sensibilizar líderes jurídicos, políticos e comerciais para que eles defendam iniciativas importantes sempre me surpreende. Você é uma força da natureza!

Aos meus advogados Geoffrey Robertson QC, Mark Stephens, Jim Walden e Amanda Senske, que dedicaram tanto do seu tempo *pro bono* a mim e me deram a orientação e o apoio de que eu precisava para ser eficaz em fornecer inúmeros testemunhos ao redor do mundo. Sua experiência em fazer a verdade ser ouvida fez muitas causas avançarem, e me sinto honrada em ser representada por todos vocês.

Ao estado de Wyoming e às pessoas que o transformaram na capital nacional de proteção de ativos digitais. Com menção especial a Caitlin Long, ao parlamentar Tyler Lindholm, ao senador Ogden-Driskill, a Rob Jennings, Steven Lupien e a toda a Wyoming Blockchain Task Force, à Wyoming Blockchain Coaltion e aos legisladores com visão de futuro que votaram para aprovar todas as treze novas leis que protegem seus cidadãos e seus residentes. Tenho orgulho de dizer que esse lugar é o meu novo lar!

Ao Congresso e seus *thought leaders*, por avançarem com a regulamentação dos gigantes da tecnologia e com as leis de proteção dos ativos digitais dos cidadãos e residentes dos Estados Unidos. Um agradecimento especial ao senador Mark Warner, ao senador Ed Markey e à senadora Elizabeth Warren. Vocês são o farol para que os outros possam ver o quanto isso tudo é essencial ao futuro do nosso país.

A Matt McKibbin, por ser um incrível amigo, parceiro e *thought leader*. Seu amor e seu apoio me mantiveram sã e me ajudaram a abrir minha cabeça, ser mais eficaz e atenciosa. Você me ensinou a questionar tudo o que haviam me dito antes e a reinventar um mundo melhor com base em princípios éticos. Estamos mudando o mundo juntos, e mal posso esperar para ver o que o futuro nos reserva.

A Lauren Bissell, por ser minha parceira de viagem ao redor do mundo, empreendedora casca grossa e melhor amiga aventureira que eu não apenas amo, mas de quem preciso! Mal posso esperar pelo resultado de todas as coisas emocionantes que estamos fazendo juntas, agora e no futuro.

A Chester Freeman, por sua mente brilhante, por sua amizade e por abrir meu mundo a essa louca jornada. Eu amo você e quero que você saiba o quanto você tem sido importante para mim, há mais de uma década.

Ao demais amigos, colegas, ativistas, informantes e apoiadores em todo o mundo: obrigada por tudo o que vocês fizeram para promover essas causas e por apoiar a mim e a essa campanha. Temos um futuro muito brilhante pela frente graças aos seus esforços. #OwnYourData vive e cresce a cada dia graças a vocês!

E aos meus leitores: obrigada por se importarem e por lerem minha história. Espero que vocês sejam inspirados a operar uma mudança em suas próprias vidas e a se juntar ao movimento para criar mudanças positivas em nossas vidas digitais.

Este livro foi impresso pela Exklusiva, em 2020,
para a HarperCollins Brasil. O papel do miolo é
offwhite 70g/m^2, e o da capa é cartão 250g/m^2.